数据科学与大数据管理丛书

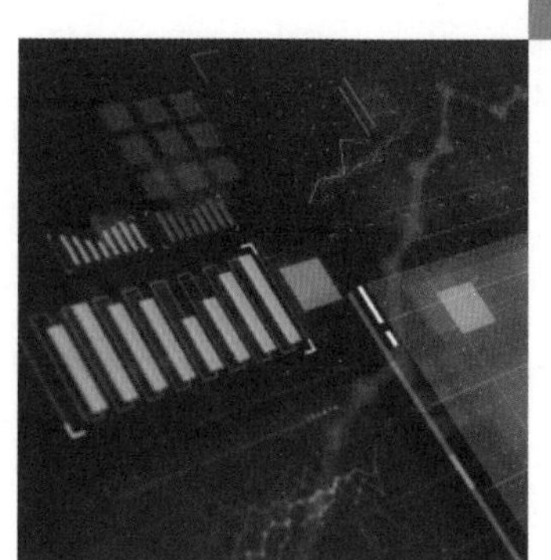

Data Visualization

数据可视化

蒋国银 雷俊丽 冯小东 邱之涵
南梦婷 张 峰 刘永芳 ◎编著

本书系统讲解了数据可视化的基本概念、基于 Python 的数据可视化实现方法、可视化综合案例。本书共分三个部分：第一部分为概述部分（第 1 章），讲述可视化与数据可视化的概念和分类、数据可视化的研发和开发工具；第二部分包含 8 章（第 2 ～ 9 章），介绍常用的 Python 绘图库在数据可视化中的应用方法，包括 Matplotlib、Seaborn、Plotly、Pyecharts 以及 Bokeh 的基本方法和技术；第三部分为应用案例部分，包含 3 章（第 10 ～ 12 章）共 3 个案例，即银行、金融、政务领域的数据可视化应用案例。

本书可作为信息管理与信息系统、电子商务、大数据管理与应用、行政管理、城市管理等专业本科生和研究生的数据可视化课程的入门教材，也可用作数据分析类进阶课程和实训用书，还可作为数据可视化爱好者、研发人员与应用开发人员的参考用书。

图书在版编目（CIP）数据

数据可视化 / 蒋国银等编著 . —北京：机械工业出版社，2024.1
（数据科学与大数据管理丛书）
ISBN 978-7-111-74679-9

Ⅰ. ①数…　Ⅱ. ①蒋…　Ⅲ. ①可视化软件 – 数据处理 – 教材　Ⅳ. ① TP31

中国国家版本馆 CIP 数据核字（2024）第 031953 号

机械工业出版社（北京市百万庄大街 22 号　邮政编码 100037）
策划编辑：张有利　　　　　　责任编辑：张有利
责任校对：韩佳欣　牟丽英　　责任印制：张　博
北京利丰雅高长城印刷有限公司印刷
2024 年 4 月第 1 版第 1 次印刷
185mm × 260mm · 30 印张 · 651 千字
标准书号：ISBN 978-7-111-74679-9
定价：109.00 元

电话服务　　　　　　　　　网络服务
客服电话：010-88361066　机　工　官　网：www.cmpbook.com
010-88379833　机　工　官　博：weibo.com/cmp1952
010-68326294　金　　书　　网：www.golden-book.com
　机工教育服务网：www.cmpedu.com

P R E F A C E

前言

随着社会经济生活的发展，数据成为人们耳熟能详的一个高频热点词语，数据的方方面面正被大家感知和认识。作为数据分析的一种工具，数据可视化成为各行各业认知数据的一种必备方法和途径。尤其是数字经济快速发展的背景下，数据可视化冲击感观、加强认知、辅助决策的作用凸显，成为大数据挖掘和分析的一个重要阶段。

数据可视化是关于数据视觉表现的一种方法和技术，涉及数据科学、多媒体设计、视觉艺术等交叉学科领域知识，被广泛应用于自然科学和社会科学的一些研究领域。数据可视化成为信息管理与信息系统、电子商务、大数据管理与应用、数据科学与大数据技术等专业领域的重要课程。2023 年，教育部组织开展战略性新兴领域“十四五”高等教育教材体系建设工作，数据可视化是新一代信息技术（大数据）领域 15 门拟建设的核心课程之一。

近几年，本人多次在大数据、信息系统、电子商务类学术会议中与同行交流教学设想，也与机械工业出版社、科学出版社、清华大学出版社编辑部的老师探索过数据类课程教材和教材出版的想法。我们一致认为在大数据管理类、信息管理类、电子商务类人才培养中开设偏实务操作类课程和建设相关教材有其必要性，为此，本人特邀请几位同事共同研讨数据类课程的研发和教材的编写。在出版了数据处理分析类课程教材（《数据挖掘原理、方法及 Python 应用实践教程》）后，本人开启了数据可视化类课程教材的开发工作。本书为其中第一本偏实务类教材，系统讲解了数据可视化的基本原理和基于 Python 的数据可视化实践。本书由浅入深，层层递进，并辅以综合案例讲解，以期帮助初学者快速入门并开展数据可视化实战。

本书以 Python 的数据可视化分析为主线，全面介绍常见数据可视化工具的基本和进阶使用及基于真实数据集的综合可视化分析。本书第 2 ～ 9 章介绍了数据可视化的工具，包括 Matplotlib、Seaborn、Plotly、Pyecharts、Bokeh 等，涉及条形图、饼图、直方图、散点图、折线图、雷达图等基本图形及热力图、关系图、地图、仪表盘、词云图、树形图等多样化图形绘制，并涵盖交互式可视化图形的绘制。最后，第 10 ～ 12 章展示了三个基于实际数据集的可视化分析案例，帮助读者融会贯通全书知识。

本书得到电子科技大学精品教材建设项目支持，也得到国家自然科学基金委项目（No.72071031）部分资助。在编撰的过程中，我们参阅并应用了许多学者和实务工作者的相关成果、编程工具的库和函数等文档。本书分工如下：蒋国银制订编著方案，负责内容简介、前言、第 1 章和第 10 ～ 12 章部分文字的撰写，以及全书统稿和协调等工作；雷俊丽指导第 2 ～ 11 章部分文字的撰写；冯小东负责第 10 章初稿的撰写、全书的代码调试和部分校稿工作；邱之涵负责第 2 ～ 4 章、第 9 章部分文字的撰写工作；南梦婷负责第 7 ～ 8 章部分文字的撰写工作；张峰负责第 5 ～ 6 章部分文字的撰写工作；刘永芳负责第 11 ～ 12 章部分文字的撰写工作。同时，机械工业出版社的编辑也对本书做了严谨细致的编辑工作。另外，电子科技大学博士研究生罗甜、硕士研究生付应超等同学参与了本书初稿的校订工作。在此，我们对帮助过本书编撰的朋友致以衷心的感谢。

由于作者水平有限，不足之处在所难免，恳请广大读者不吝赐教。

蒋国银

2023 年 8 月

C O N T E N T S

目录

CHAPTER 1

第1章

数据可视化概述

1.1 可视化简介

1.1.1 可视化的意义

人类主要依靠视觉、听觉、味觉等途径来获取外在世界的信息，而视觉是最重要的途径之一。视觉是指通过人眼来感知外在世界，同时接收和处理外界信息。虽然人眼具有高带宽的并行处理能力，对于一般的数字、文本等符号能够达到较好的识别效果，但是人眼对可视化符号的感知速度更快，而且有助于人类进行潜意识加工[1]。通常，人类执行高效搜索的过程只能保持几分钟，并且信息越丰富，越容易耗费大量的注意力。通过可视化手段可以保存待处理信息，弥补人脑有限记忆的不足，同时也能吸引关注，高效传递信息。

1.1.2 可视化的功能

可视化（Visualization）是一种利用图形进行信息交流的方法表示[2]。可视化过程是指将复杂的信息以图形的形式呈现出来，让这些信息更容易、更快速地被人理解。因此，它也是一种放大人类感知的图形化表示手段[3]。可视化技术是对所需表达内容进行可视化表达以增强认知的技术。

通常，可视化具有以下几个功能。

1. 信息记录与保存

古今中外，草图是记录与保存大量历史信息的最好方式。最早，古人采用结绳记事，通过在不同粗细的绳子上结成不同距离、不同大小的结来记录事物。虽然结绳记事的方式不能直接反映出记录的事物，但通过结法、结的大小、距离大小以及绳子粗细可以表达出不同的信息。草图不仅能直观地描述事物，如达·芬奇对人头盖骨的可视化，而且多幅连续渐变的图能反映事物周期变化，如伽利略关于月亮周期的绘图。当然，现代的绘画和图形图像形式更为多样，内容更为丰富，能更加详细地记录历史信息的方方面面。

2. 信息推理与分析

可视化能扩充人脑记忆，帮助人脑形象地理解和分析任务，显著提升信息分析的效率。将信息以可视化的形式呈现给受众，可以引导受众通过可视化结果进行合理的推理和分析，进而得到有用的信息。这种直观的信息感知机制，大大降低了受众对对象感知和理解的复杂程度。如湖泊藻类生长的可视化场景，能帮助受众理解藻类蔓延的路径和速度等信息，以辅助分析消除和控制藻类蔓延的关键点和时长等。

3. 信息传播与扩散

一般认为，"百闻不如一见""一图胜千言"，可视化图形能简洁明了地让受众理解并传播信息，也能抓住受众"眼球"，对信息进行扩散。例如，在数字经济蓬勃发展的当下，电子商务平台充分使用图片和视频等可视化形式展示和推广商品，如在酒店产品及服务的在线展示中，一张好的图片或一段视频展示胜过长篇的文字性介绍。

1.1.3 可视化的分类

可视化的目标在于帮助感知者洞悉蕴藏于事物中的知识和规律。从展示时间变化来看，可视化可分为动态和静态的形式；从展示形式来看，可视化可分为直接和间接的形式；从信息传递方式来看，可视化可分为探索性和解释性的形式。

1. 从展示时间变化来看

（1）动态可视化。动态可视化是随时间流动而改变形态的可视化形式，通过动态的图像和视频等方式展示。这种动态方式可以呈现出信息随时间的变化，用帧的形式进行可视化对象的形态展示，即动态成像方式。随着帧数变多，动态变化越细致，时间粒度越小，就形成了一种动画或视频的可视化展示方式。动态可视化的表现形式丰富多样，具有极强的包容性，也可以采用多种形式混搭，尤其随着交互技术的出现，可以以交互形式进行动态可视化展示。

（2）静态可视化。静态可视化是对对象的某一个时间点上的形态、属性等方面进行展示，相当于动态可视化某一时刻点上的一个截面，可以通过图、表或混合的方式进行展示。其中：图形可以展示对象的形态，如线条型、平面图、立体图、多维空间图等；表格可以用于展示对象的多个属性和内容，如二维表、三维表、多维表等；图表或者图文等混合方式结合了图形、表格、文字等多方面的优势，可以综合展示对象的形态、属性等。

2. 从展示形式来看

（1）直接可视化。直接可视化是将对象表面的属性和内容进行直接展示，能最直接表现出对象的原始形态和特征，让受众获得最直观的印象。这种形式通常利用图、表等直接输出，技术上比较容易实现且成本较低。

（2）间接可视化。相比于直接可视化，间接可视化是将对象部分属性进行合并或者变换以展示对象的某些特点或者特征。属性合并是将对象的多个属性用一个属性进行替代，以达到降维的目的，如将多个成绩用平均绩点或者成绩等级来替换。属性变换是将对象的属性数据类型或者取值进行某种变换，如将字符型变换成数值型，将百分制成绩分数变换为绩点等。

3. 从信息传递方式来看

（1）探索性可视化。有时候，观察者不容易直接从对象的属性和内容中获取所需要的信息，但是可以通过可视化的手段进行呈现和展示，以辅助发现对象的特征、趋势或异常，如罪犯特征、犯罪时间趋势等。这种可视化技术通常配合数据挖掘技术一起运用。

（2）解释性可视化。解释性可视化是一种在视觉呈现阶段，依据已知的信息或知识，以可视化的方式将它们传递给受众的形式。相比于探索性可视化，解释性可视化更为直观，但表达的潜在信息相对较少。

1.1.4　可视化的发展史 [4]

1. 17 世纪前：早期地图与图表

最早的可视化萌芽出现在几何图、恒星和其他天体的位置表，以及帮助导航和探索的地图制作中。公元前 200 年，古埃及的测量师在规划城镇时使用了坐标的概念，地球和天体的位置也是由类似于经纬度的符号确定的。

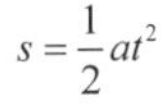

图 1-1　匀加速公式

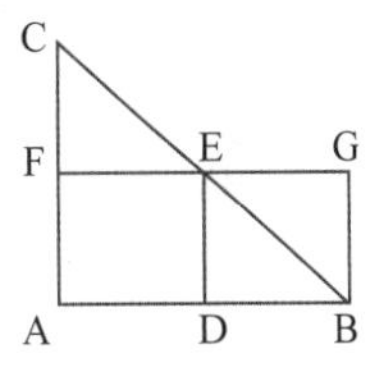

图 1-2　匀加速运动构形

14 世纪，尼科尔 · 奥雷斯姆（Nicole Oresme）提出了关联值制表和绘制值的想法，随后不久尼科尔提出了距离与速度的理论图，即匀加速定理，如图 1-1 和图 1-2 所示。

到了 16 世纪，精确观测和测量物理量、地理位置及天体位置的技术和仪器得到了很好的发展。1617 年，斯涅耳（W.Snell）首创三角测量法（见图 1-3），此后绘制地图的视觉呈现方式更加精确。这些早期探索构成了可视化的开端。

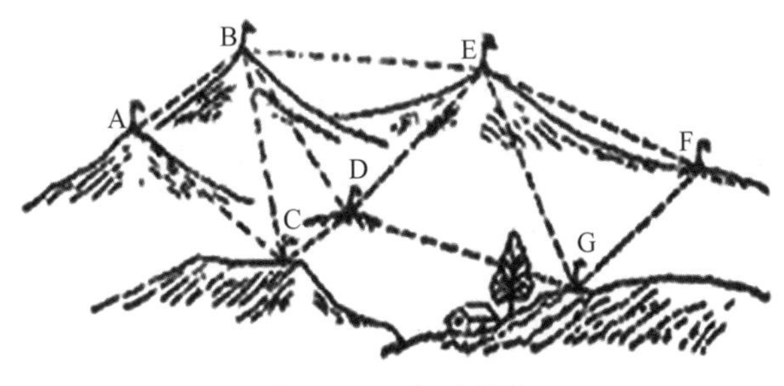

图 1-3　三角测量法

2. 17 世纪：几何学与坐标系

到了 17 世纪，最重要的问题之一是与时间、距离和空间的物理测量有关的问题。在使用测量和估计误差理论以及概率论等理论解决这些问题的同时，诞生并发展了几何学和坐标系等可视化方法。

3. 18 世纪：新的图形形式

到了 18 世纪，随着统计理论的发展，收集重要数据的基础逐渐完善以及图形表示思想的逐渐确立，制图者开始尝试在地图上显示新的数据表示，等高线和等值线由此被发明。物理量的专题映射也在此阶段建立完成。到了 18 世纪末，首次地质、经济和医学数据专题制图尝试成功。

4. 19 世纪上半叶：现代图形的开端

随着之前设计和技术创新的发展，到了 19 世纪上半叶，统计图形和专题制图出现了爆炸式增长。在统计图形学中，条形图、柱形图、线形图和时间序列图、等高线图、散点图等所有的现代数据显示形式都被发明了。专题地图学中的地图是从单一地图发展而来的，综合地图集则描绘了经济、社会、道德等各种数据主题，并介绍了各样新颖的象征形式。在此期间，描述和分析天气、潮汐等自然和物理现象的图形也开始出现在科学出版物上，图 1-4 为 1833 年出版的利兹霍乱地图。

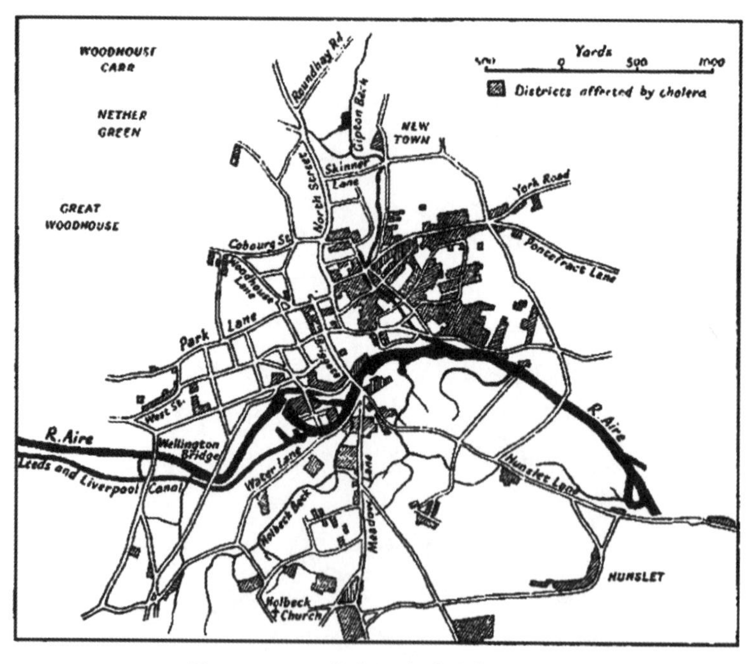

图 1-4 1833 年出版的利兹霍乱地图

5. 19 世纪下半叶：统计图形的黄金时代

到了 19 世纪下半叶，可视化技术发展的所有条件都已经建立起来了。人们认识到数字信息对社会规划、工业化、商业和运输的重要性，欧洲各国纷纷设立国家统计局。为理解大量数据，高斯和拉普拉斯开创了统计理论，并由格雷和奎特莱特扩展到社会领域。19 世纪下半叶可谓可视化发展的黄金时代。

6. 20 世纪上半叶：现代黑暗时代

到了 20 世纪初，图形创新很少；20 世纪 30 年代中期，社会科学中量化和统计模型的兴起取代了 19 世纪末人们对可视化的热情。对可视化的发展来说，这是一个必要的休眠期、应用期和普及期，而不是创新期。在这一时期，统计图形成为主流，图解法也进入了英语教科书。

7. 20 世纪下半叶：新的曙光

随着计算机科学和技术的发展，数据可视化具有了新的活力，人们可以利用计算机技术在电脑屏幕上绘制出各种图形及图表，可视化技术开启了全新的发展阶段。20 世纪 70 年代至 80 年代，人们开始尝试将静态数据用多维定量数据的静态图来表示；20 世纪 80 年代中期，动态统计图表开始出现。20 世纪末，静态统计图和动态统计图开始逐渐结合，试图实现动态的交互式可视化。

8. 21 世纪：数据可视化

21 世纪，随着现代互联网技术的飞速发展，人们开始将可视化技术和数据挖掘、计算机图形学等结合起来，借助 HTML5、JavaScript 等技术动态地、可交互地展示高维数据，辅助用户将纷繁复杂甚至不完整的数据进行数据可视化，以便快速挖掘出有用的信息、做出决策，并形成了可视分析学这门新的学科。

1.2　数据可视化简介

1.2.1　数据可视化的意义

数据分析是面向决策问题，通过收集相关数据，从数据中获取信息并总结知识的过程。数据分析是为了辅助决策，为决策者提供相关的信息和知识。通常，数据以一定形式进行表达，如以位置、大小、长度、宽度、高度、颜色、形状等直观可见的方式表达，也有经过一些转换和间接方式呈现，如通过汇总、旋转、切片和切块等手段展示出来。这些直接和间接方式，都需要依靠图、表等工具进行视觉上的展示，即进行数据可视化。

相比于包含历史记录、标记等的传统可视化，数据可视化重点关注数据科学和数据分析。在技术方面，随着数据量的激增，传统的可视化不能适应海量、多源、异构、动态、高维数据的挑战，而数据可视化综合了可视化、计算机图形学、人机交互等理论与方法。在展示方面，传统的可视化科学性不太强，有些时候以草图和示意图形式出现，而数据可视化强调科学标准图示的输出，将数据映射为可识别的图形、图像、视频或动画等形式，更吸引眼球，呈现出更精准、更有价值的信息。用户可以通过对数据可视化的感知，借用数据可视化交互手段或工具进行数据分析，进而获取知识[5]。数据可视化借助人类的视觉感知与认知能力，可以有效地传达丰富的、极易被隐藏的信息，对人类分析数据和解决实际问题起到辅助作用。

现代数据可视化除了将数据进行图形可视显示，在有些场景下还需从数据中发现规律并获取新模式，进而通过可视化形式进行展示。现代管理决策需要从海量数据中获取潜在有用的知识。传统统计方法和数据挖掘方法往往对数据进行简化和抽象，在一定程度上进行了压缩解析，隐藏了数据集中的真实细节。而新的数据可视化则可以还原乃至增强数据中的全局结构和计算转换过程的细节。因此，数据可视化经常与统计学、数据挖掘、大数据分析等结合起来，利用数据可视化，洞见模式和知识。

1.2.2　数据可视化的作用

在大数据时代，数据可视化技术作用明显，主要包括观测与跟踪数据、分析数据、辅助理解数据、增强数据吸引力[6]等。

1. 观测与跟踪数据

数据可视化能进行历史数据的跟踪。图 1-5 为截至 2020 年年底全国人口统计图，我们可以观测历次人口普查数据情况。该图通过柱形直观反映了人口多少及变化，尤其是相对情况。

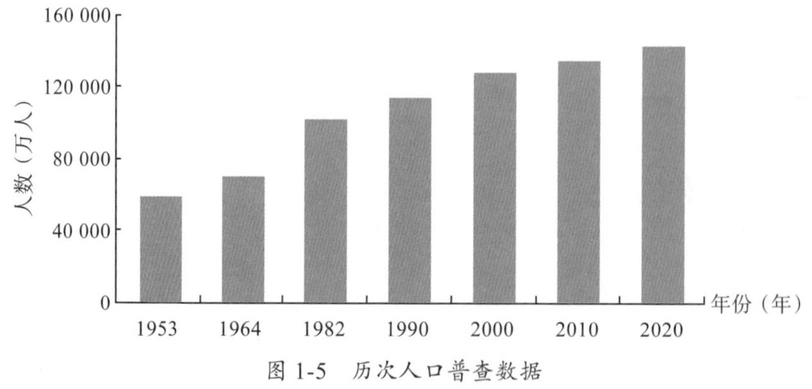

图 1-5　历次人口普查数据

资料来源：国家统计局《2020 年第七次全国人口普查主要数据》。

数据可视化也能对平面数据进行跟踪，如百度平台展示的气温数据图，动态地展示了各省级行政区气温。

2. 分析数据

图 1-6 为用户参与数据可视化分析的过程。从图中可以看出数据可视化是连接数据和用户的桥梁，可视化能够将数据更直观地展现在用户面前，提高用户分析数据和获取

信息的效率[6]。

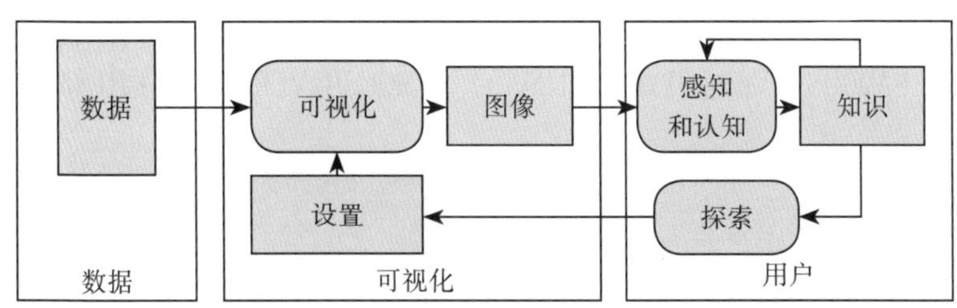

图 1-6　用户参与数据可视化分析的过程

资料来源：林子雨．大数据技术原理与应用：概念、存储、处理、分析与应用 [M]. 3 版．北京：电子工业出版社，2021.

3. 辅助理解数据

为了辅助理解 PageRank 中网页重要程度的变化，可以利用如图 1-7 所示的数据可视化方式来展示计算过程。其中，圆圈表示网页，箭头符号表明网页间的连接关系，三角标识标注当前计算焦点，而圆圈大小则可以直观显示网页的重要程度，即圆圈直径越大，对应的网页重要程度越大。

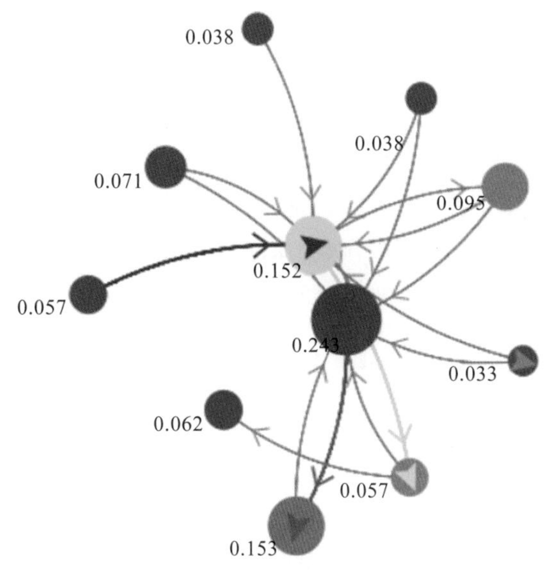

图 1-7　PageRank 的计算过程

4. 增强数据吸引力

图 1-8 为同样文字的不同可视化展示方式。图 1-8a 和图 1-8b 字母组合、各字母的形状和展示位置都一样，但由于图 1-8b 将所有的字母“A”用粗体显示。所以，观测者可以更快速地定位图 1-8b 中字母“A”的位置，辅助统计字母“A”的数量。这就是数据可视化的魅力所在。

JIANGAREFORMHBUETOUEST CTWHERISCHENGDUSICHUAN GPROVINCECHINAWHICHISA FAMOUSUIVERSITYOFCHINA	JI**A**NG**A**REFORMHBUETOUEST CTWHERISCHENGDUSICHU**A**N GPROVINCECHIN**A**WHICHIS**A** F**A**MOUSUIVERSITYOFCHIN**A**
a)	b)

图 1-8　同样文字的不同可视化展示方式

1.2.3　数据可视化的分类

通常，数据可视化处理的数据为科学数据和半结构化或非结构化数据，因此，数据可视化在广义上可以分为科学可视化和信息可视化两类。科学数据往往是一些可以进行空间描述的数据，即有坐标或者测量数据、仿真数据，如通过计算机模拟等手段获取的数据，通过 X 射线、CT、核磁共振、超声等手段获取的影像数据。信息可视化处理的对象是一些半结构化或非结构化的数据，如社交网络、网页、文本等。

1. 科学可视化

科学可视化是可视化领域相对比较成熟的一个领域[7]，其基础理论和方法比较成型，早期关注三维世界现象，数据通常表达为立体或平面形式，常用三维或二维空间形式呈现[8]。

科学可视化可分为标量场可视化、向量场可视化、张量场可视化三类[5]。

（1）标量场可视化（Scalar Field Visualization）。标量（或作纯量），也被称为“无向”的量，是指那些只具有数值大小而无方向性的物理量，为单一数值，多个标量值构成标量场。如 CT 照片实际上是一个二维数据标量场，照片的灰度表示密度。将这些数据按一定顺序排列起来，就构成一个三维数据标量场。

标量场可以表示成含有标量值的函数，即 $f(x, y, z)$。可视化函数 f 的方法有三种：第一种是将数值直接映射为颜色等，如用颜色表示污染严重程度等；第二种方法是将 f 的点集进行连线或连面，如地图中的等高线；第三种是将标量数据场看成媒介，如利用光源透射该媒介以显示内部结构。

（2）向量场可视化（Vector Field Visualization）。数学中的向量也称为欧几里得向量、几何向量、矢量，是指具有大小和方向的量。在物理学和工程学中，几何向量更常被称为矢量。向量场的每一个采样点是一维向量（一维数组），向量场可视化主要关注其中蕴含的流体模式和关键特征区域。向量场可视化主要应用于计算流体动力学中速度场的可视化。任何涉及流的领域都可以采用向量场可视化，如人口的流动等。

向量场可视化有三种方法。第一种为粒子对流法，可以模拟粒子流动，通过获取轨迹模拟流体模式，包括流线、流面、流体、迹线等具体方法。第二种为影像展示法，即通过向量场转换为纹理图像。第三种为图标编码标识，即通过简易图标，如线条、箭头、方向标志符等标识向量场信息。

（3）张量场可视化（Tensor Field Visualization）。张量概念是向量概念的推广，标量可看作 0 阶张量，向量可看作 1 阶张量。张量是一个可用来表示在一些向量、标量和其他张量之间线性关系的多线性函数。

张量场可视化方法分为三类：基于纹理、几何、拓扑的方法。纹理的方法是将张量场转换为静态或者动态图像，即将张量转换为向量，从而用向量场可视化方法处理。几何的方法是刻画某类张量场属性的几何表达，其中的图标法采用某种几何形式表达单个张量，如椭球和超二次曲面；也可以使用超流线法（Hyper Streamline）将张量转换为向量，再用向量场可视化方法处理，如二阶对称张量的主特征方向。拓扑的方法是计算张量场的拓扑特征，将感兴趣区域划分为具有相同属性的子区域，并建立对应的图结构，实现拓扑简化、拓扑跟踪和拓扑显示。

2. 信息可视化[3]

信息可视化是通过人类的视觉能力来理解抽象信息的含义，从而加强人类的认知活动。计算机图形学助推信息可视化发展，但相比于传统的计算机图形学，信息可视化可以增强认知能力，通过可视化图形呈现数据中隐含的信息和规律，建立符合人们认知规律的心理映像。

信息可视化面向半结构化或非结构化数据，关注抽象、高维数据。其分析方法与分析数据的类型紧密相关，通常有以下分类。

（1）多维数据可视化（Multidimensional Data Visualization）。多维数据可视化可以处理多变量的高维数据，将其在二维平面上呈现出来。多维数据可视化通常将数据降维到低维空间，使用相关联的多视图来展现不同维度。多维可视化的方法包括基于几何图形、基于图标、基于像素、基于层次结构、基于图结构及多方法混合等。

（2）图形数据可视化（Graphical Data Visualization）。图形是由元素和元素之间连接组成的数据的抽象表现。社交网和地图都是图形数据可视化的具体例子。通常，图形数据可视化可分为静态图形数据可视化和动态图形数据可视化。静态图形数据可视化主要有基于节点链接的图形可视化方法和矩阵可视化方法，这些方法比较直观，且表现力强。动态图形数据可视化是用自然的方式来说明随时间变化事物发生的改变。有人已经通过动画技术对动态图形进行了无数次的可视化尝试，然而，维持一个意境地图并不能帮助我们深入了解动画动态图。因此，如何用静态的方式呈现动态图是一种可行的尝试，即以静态方式编码时间维度，其中时间轴和组图是两种较常见的选择。

（3）时空数据可视化（Spatiotemporal Data Visualization）。时间和空间是描述事物的两个主要因素，时空数据和地理信息数据的可视化显得至关重要。时空数据可视化面向的对象是带有时间与地理位置标签的数据，通常面向线性和周期性两种特征，可以使用不同的可视化方法。对于地理信息数据可视化来说，合理地选择和布局地图上的可视化元素，呈现更多的信息要素是关键。

（4）文本数据可视化（Textual Information Visualization）。随着网络的发展，特别是社交媒体的深度应用，大量的非结构化在线信息等内容数据不断增长，形成海量的文本数据。人们对于视觉的感知和认知速度远远高于文本。通过文本数据可视化技术可以将文本中蕴含的语义特征（例如词频与重要度、逻辑结构、主题聚类、动态演化规律等）直观地展示出来。文本数据可视化方法可分为静态和动态两种。静态文本数据可视化方法主要有基于特征的文本数据可视化和基于主题的文本数据可视化。动态文本数据可视化试图展示随时间变化的文本内容演化模式，如使用云图、主题词裂变图等方式。

1.3 数据可视化的研发

1.3.1 学术机构

可视化领域的学者在北美洲较为集中，欧洲次之。分国家来看，顶尖学者分布在 38 个不同的国家，美国东部和西部相对集中，其次是中国，欧洲主要以德国、英国和法国为主。2008 年以后，国内知名大学纷纷组建了可视化研究团队，国内学术界开始重点关注可视化方面的研究。AMiner 提取了 2014 ～ 2018 年可视化领域顶级学术会议（IEEE VIS 年会）论文中所有学者的信息，从中选出了排名前 1 000 位活跃学者（称为 Top 学者），并对全球可视化领域 Top 学者所属机构进行了统计（见图 1-9）。清华大学为亚洲国家中唯一位列 Top10 的机构 [3]。

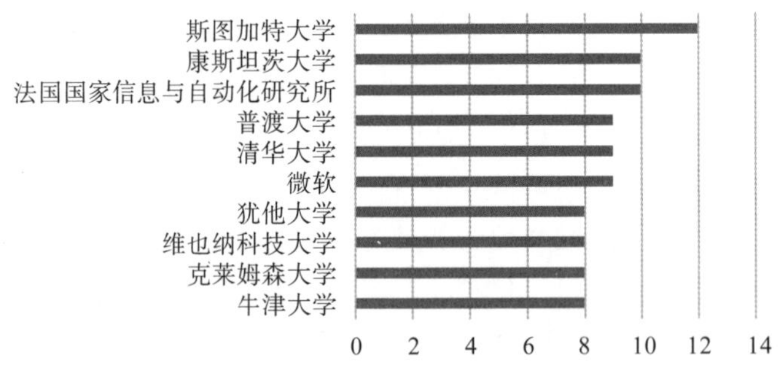

图 1-9 全球可视化领域 Top 学者所属机构分布统计

IEEE VIS 是由电气与电子工程师协会（IEEE）旗下的可视化和图形技术专委会（IEEE VGTC）主办的在可视化领域最具权威的国际性学术会议，是可视化与可视化分析的理论、方法和应用发展的首要论坛。会议召集学术界、工业界、政府的研究人员和从业人员，致力于探索和交流可视化的理论、方法、应用和分析。IEEE VIS 每年 10 月份在美国的某一城市举办，最近几年注册并参加会议的人员维持在 1 000 人左右。

可视化领域的顶级期刊是 *IEEE Transactions on Visualization and Computer Graphics*，即 IEEE TVCG㊀。IEEE TVCG 发表计算机图形学、信息与科学可视化、视觉分析、虚拟与增强现实等相关学科的论文，主要集中在理论、算法、方法论、人机交互技术、系统、软件、硬件等领域，以及在这些领域的应用。

㊀ 官网：https://ieeexplore.ieee.org/xpl/RecentIssue.jsp?punumber=2945。

1.3.2 业界机构

国际知名公司，如谷歌、亚马逊、微软、Uber 等，它们在开发新的可视化技术方面做出了巨大努力，并在国家安全、科学研究、数据信息、金融和智慧城市等领域发挥了重要作用。例如，微软公司开发的产品 Power BI，将人工智能技术与可视化相结合，大大提高了商务智能中的可视化分析水平 [9]。

国内较为领先的科技公司，如阿里巴巴，为解决行业应用中的实际问题，早在 2011 年就开始建立可视化团队。现如今，阿里巴巴集团、阿里云、蚂蚁集团、华为、百度、360 等都设立了多支专攻可视化的研发团队，业界应用水平不断提升。

1.3.3 应用领域

随着数据资源的丰富，大数据技术的发展，数据可视化应用领域不断扩展，在金融、工业、农业、医学、教育、商务等领域都有较多应用。

1. 数据可视化在金融业中的应用

随着“互联网 + 金融”的不断发展，市场形势不断变化，金融业面临诸多挑战。通过使用数据可视化技术，企业可以动态掌握金融业务的实时变化，如对信贷金融和客户数据进行监管，对企业业务进行实时监控，加强市场管理；还可以通过多维数据的分析和挖掘，指导企业科学决策，降低风险 [10]。

2. 数据可视化在工业中的应用

随着智能技术的发展，智能硬件发展需求增加，智能硬件领域延伸到电视、家居、汽车、医疗、玩具、机器人、交通等多领域。通过可视化呈现智能硬件采集的数据，可以提升智能设备的使用效率，提升用户满意度，提高智能技术和设备的附加值 [10]。

3. 数据可视化在农业中的应用

数据可视化手段也开始被用于农业现代化以促进农业的管理与发展。一是对农产品生长过程的监控数据进行可视化，并将农产品生长数据动态展示给消费者。二是对农产品安全领域中农药化学物残留检测数据的可视化，用于多维度、多尺度的对比分析，如结合多种最高残留限量（MRL）进行分类统计，将多重放射环与地图结合实现地域维度上的数据可视化对比，对农药化学物残留检测数据的时序分组可视化 [11]。

4. 数据可视化在医学中的应用

数据可视化在医学中的应用有多方面。医疗物资管理的数据可视化可以辅助医院进行物资的动态调配和科学管理。医学影像的数据可视化，如 CT 等图像，可以辅助医生进行病症和病灶分析，也可以辅助医生进行一些建模分析，如外科手术的精确建模，通过三维图像和数据输出，辅助医生进行外科手术。医学研究的数据可视化可以增强疾病防控、提高流行病预测和分析能力。

5. 数据可视化在教育中的应用

计算机辅助教学不断深入，数据可视化应用逐渐成熟，一些可视化的多媒体教学资源越来越丰富，这些多媒体可以将被感知、被认知、被想象、被推理的事物及变化形式用仿真化的方式呈现。在教学中，数据可视化可以帮助学生更好地进行知识与记忆的关联、知识与知识之间的关联，增强学习兴趣，提高认知效率，减少信息损耗[10]。

6. 数据可视化在商务中的应用

数据可视化在商务中的应用广泛，传统商务中的报表可视化存在已久，而随着电子商务的发展，电商领域中的数据可视化应用越来越广。对内可以进行客户成像管理，挖掘客户资源，提升客户关系管理、营销管理和销售绩效管理水平；对外可以进行企业和服务商之间的竞争分析，加强战略管理能力，提升企业竞争力[12]。

7. 数据可视化在其他领域中的应用

数据可视化还可以应用到社区管理、园区管理、输电管理、水务管理、工商税务、交通运输、旅游服务、卫星遥感、新闻传播、舆情管理、科学研究等诸多领域中。事实上，只要有数据产生、处理和输出的领域，就有数据可视化的需求，相比之下，只是应用的深度和广度不同。

1.3.4 数据可视化的研发挑战

可视化的理念伴随着形象思维、图形图像、动画等方法不断发展而演化。现代数据可视化是计算机硬件和计算机可视化方法发展到一定阶段的新兴技术。数据可视化的研究实质仍旧是两个方面：理解和呈现。理解数据，找到连接可视化的通道，即对数据建模；理解可视化，即找到将建模结果传递给受众的方式。呈现，即找到合适的方法增强认知与感知，增强可视化与数据之间的联系[5]。

1. 数据挑战

数据可视化的对象是数据，高质量的数据可视化依靠高质量数据支撑。因此，高质量的数据变得更加重要。随着大数据时代数据确权和隐私保护限制，不是所有数据都能被使用或被完全透明地使用，这在一定程度上限制了数据集的完整性和可用性，进而影响数据可视化的效果。

2. 算力挑战

在大数据时代，随着数据量呈指数级增加，计算力的重要性越发突出。面向大数据的数据可视化，都需要计算力作为基础能力进行支撑，它无时无刻不在推动数字经济的发展。尽管如今的算法效率不断提高、芯片技术高度发达，但依然面临着算力稀缺的问题。除了传统意义上的存储资源的限制，数据可视化还须同步考虑传输时间等限制。

3. 算法挑战

可视化研制者往往执行于像素之外，屏幕的分辨率已经不能同时显示所有要表达的信息，即有限的像素如何被庞大的数据资源使用？这就需要有合理的算法进行连接和分配，平衡显示代价和可视效率效果。

4. 认知挑战

尽管可视化充分利用人类视觉的感知能力，但人类大脑对实物的记忆终究是不可见的，而且人的记忆容量、认知能力、关注力是有限的。因此，在强算力和算法保障的前提下，认知也会降低或减弱可视化感知，在数据可视化算法设计时也需考虑人的认知局限性。

1.4　数据可视化的开发工具

1.4.1　常用工具

1. Excel

Microsoft Office 是一套由微软公司开发的办公软件套装，它可以在 Microsoft Windows、Windows Phone、Mac 系列、iOS 和 Android 等系统上运行。与其他办公应用程序一样，它包括联合的服务器和基于互联网的服务。Excel 是 Microsoft Office 系列中的一个软件，专门用于电子表格制作与分析。Excel 有直观的界面，内嵌出色的计算功能和图表工具，是市场上较为流行的个人计算机数据处理软件之一。

Excel 拥有强大的函数库，能快速创建各种数据图（条形图、饼图、气泡图、折线图、仪表盘图以及编辑图），是入门级的理想工具。但相比于专业图形化软件，Excel 的图形化功能并不算强大，调整图表中的颜色、线条和样式的范围有限，十分难输出较为专业的可视化图表，尤其是多维图形。

2. SPSS

SPSS（Statistical Product and Service Solutions）是一款统计产品与服务解决方案软件，是由 IBM 公司推出的一系列用于统计分析运算、数据挖掘、预测分析和决策支持任务的软件产品及相关服务的总称，有 Windows 和 mac OS X 等版本。SPSS 有专门的绘图工具，可以根据数据绘制各种图形[㊀]。

SPSS 统计可视化图形能够简洁、直观地对主要的数据信息进行呈现，反映事物内在的规律和关联。根据统计图呈现变量的数量，可以将其分为单变量图（直方图、茎叶图、箱图、P-P 图、饼图、条形图、Pareto 图等）、双变量图（线图、条形图、马赛克图等）、多变量图（三维散点图等）。SPSS 在常规图中引入了更多的交互图功能，例如：图组（Paneled Charts），带误差线的分类图形如误差线条形图和线图；三维效果的简单、堆

㊀ 百度百科，https://baike.baidu.com/item/spss/2351375?fr=aladdin。

积和分段饼图等；也有人口金字塔和点密度图等图形。虽然 SPSS 擅长统计分析，也有较多图表可视功能，但在输出专业的可视图表上也有一定的难度。

3. ECharts

ECharts（Enterprise Charts）是百度开发的一个开源的数据可视化工具，是一个基于 JavaScript 实现的开源可视化库，提供直观、生动、可交互、可个性化定制的数据可视化图表。它可以流畅地运行在 PC 和移动设备上，兼容较多浏览器（IE、Chrome、Firefox、Safari 等），底层依赖轻量级的矢量图形库（ZRender），提供拖拽重计算、数据视图、值域漫游等功能，具有增强用户体验，提升数据挖掘、信息整合的能力。

ECharts 提供常规的折线图、柱形图、散点图、饼图、K 线图，用于统计的盒形图，用于地理数据可视化的地图、热力图、线图，用于关系数据可视化的关系图、旭日图，多维数据可视化的平行坐标，还有用于商务智能（Business Intelligence，BI）的漏斗图或仪表盘，同时提供标题编辑、气泡详情、图例、值域、数据区域、时间轴、工具箱等可交互组件，支持多图表、组件的联动和混搭展现㊀。

4. Tableau

Tableau 帮助人们看到和理解数据，该分析平台正在改变人们使用数据解决问题的方式。Tableau 独创 VizQL 技术，具有 SQL 查询的综合性功能，又兼顾业务人员的便捷易用需求，只需要拖曳，就能生成可视化图形。Tableau 在 Tableau Desktop 可视化工具的基础上新增 Tableau Prep Builder，弥补了敏捷数据整理的短板。Tableau 已从可视化分析工具逐步发展成为企业级的数据可视化分析平台。

Tableau 定位数据可视化敏捷开发和实现的商务智能展现工具，具有以下核心优势：支持广泛的部署选择、丰富的交互渠道、模块化的产品组合、不断开放的开发接口等[13]。虽然 Tableau 入门容易，但较难精通掌握。

5. R 语言

许多数据科学家使用 R 语言进行数据分析，R 语言及其许多可用的包几乎为可以想象到的每种情况提供了许多不同形式的可视化。R 语言具有丰富的作图功能，通过借助第三方包，比如 graphics、gplot、ggplot2、lattice 等可视化包，可以实现数据可视化功能。在使用 R 语言进行数据可视化之前，需要下载好各种可视化包，然后加载使用，调用可视化包里面的函数功能。

使用 R 语言进行数据可视化，虽要编程实现，但比 C++ 或 JavaScript 等许多语言都要简单。因此，R 语言并不太难学，但由于 R 语言最初是专门为统计学家和科学家设计的，因此入门门槛较高。

6. Python 语言

和 R 语言一样，Python 语言以其大量的开放库而闻名，有很多库可以用于绘图和可

㊀ 简书，https://www.jianshu.com/p/db47306ababd。

视化，如 Matplotlib、Seaborn 等。Python 语言还拥有大量的机器学习库，包括 Scikit-learn、XGBoost、TensorFlow、Keras 和 PyTorch 等。Python 中的 Pandas 库也可以兼容表格形式的数据，利用 Pandas 库处理 CSV 或 Excel 数据非常容易。除此之外，Python 还有很优秀的科学计算软件包，比如 Numpy 库可以帮助用户瞬间完成复杂的数学计算，比如矩阵运算。所有这些包组合在一起，使 Python 语言成为专业级数据可视化的编程类流行工具。

Python 语言的理念是强调代码的可读性和使编程变得简单或简洁，Python 语言的设计者显然做到了，因为这种语言非常容易学习。虽然 Python 语言的语法灵感来自 C 语言，但与 C 语言不同的是，它的实现并不复杂。因此，Python 语言作为初学者的计算机编程语言学习首选，用户可以在相对较短的时间内学会它。

由于 Python 语言在数据可视化方面的专业性和易学易用性，本书选择基于 Python 语言的可视化工具，详细介绍如何用 Python 实现数据可视化。

1.4.2　Python 的数据可视化库

下面介绍几种常用的 Python 数据可视化库。

1. Matplotlib

Matplotlib 是 Python 数据可视化库中的泰斗，尽管它已有十多年的历史，但仍然是 Python 社区中使用最广泛的绘图库，通过 Matplotlib 可以很方便地绘制二维、三维图表。但是在 Matplotlib 的使用过程中，也会受到图标控制参数不统一的困扰，如 plot() 函数参数中颜色参数用 color，而散点图 scatter() 函数则用 c[14]。

Matplotlib 具有使用简单绘图语言实现复杂绘图、以交互式操作实现精细绘图、对图表的组成元素进行精细化控制等主要特点 [15]。虽然 Matplotlib 使用起来有些复杂，上手有一定难度，但是它具有强大的数据可视化功能，因此，后来陆续出现的很多第三方库都是建立在 Matplotlib 库的基础上，有些甚至直接调取 Matplotlib 库中的方法，例如 Pandas 库、Seaborn 库 [16]。

2. Seaborn

Seaborn 与 Matplotlib 一样，也是 Python 进行数据可视化的重要的第三方包。Seaborn 是基于 Matplotlib 的图形可视化包，它在 Matplotlib 的基础上进行了更高级的 API 封装，提供了一种高度交互式界面，从而使得作图更加容易。我们用 Seaborn 能轻易做出各种有吸引力的统计图表。

Seaborn 在 Matplotlib 的基础上，侧重于数据统计分析图表的绘制，包括带误差线的柱形图和散点图、箱体图、小提琴图、统计直方图与核密度估计图等。和 Matplotlib 绘图相比，Seaborn 利用 Matplotlib 的强大功能，有以下几个优势：一是几行代码就能创建漂亮的图表；二是 Seaborn 可以快速设定图表颜色、主题和风格，以更美观、更现代的调色板进行可视化设计；三是 Seaborn 有图表分面展示 [14]。

3. Bokeh

Bokeh 是一个专门针对 Web 浏览器呈现功能的交互式可视化 Python 库，支持现代化 Web 浏览器展示（图表可以输出为 JSON 对象、HTML 文档或者可交互的网络应用），这是 Bokeh 与其他可视化库最核心的区别。Bokeh 提供风格优雅、简洁的 D3.js 图形化样式，并将此功能扩展到高性能交互的数据集、数据流上。使用 Bokeh 可以快速便捷地创建交互式绘图、仪表板和数据应用程序等㊀。

Bokeh 基于 The Grammar of Graphics，源自原生 Python，而不是从 R 语言移植过来的。它的优势在于能够创建交互式网站图，可以很容易地输出为 JSON 对象、HTML 页面或交互式 Web 应用程序㊁。其缺点是语法较复杂，不易上手。Bokeh 提供三种不同的控制水平：最高级的控制管理水平可以帮助开发者快速地绘制常用图形，比如直方图、散点图等；中等的控制管理水平，与 Matplotlib 库原理相同，允许开发者控制图像的基本元素信息；最低级的控制管理水平主要是针对高端的开发者，需要定义图表中的每个元素 [16]。

4. Plotly

Plotly 是一个开源的、交互式和基于浏览器的 Python 图形库，可以创建在仪表板或网站上使用的交互式图表（可以将它们保存为 HTML 文件或静态图像）。Plotly 基于 plotly.js，而 plotly.js 又基于 D3.js，因此它是一个高级图表库。Plotly 的优势在于制作交互式图，包含了超过 30 多种图表类型，提供了一些在大多数库中没有的图表，如等高线图、树状图、科学图表、3D 图表、金融图表等。Plotly 绘制的图能直接在 jupyter notebook 中查看，也能保存为离线网页，或者保存在 http://plot.ly 云端服务器内，以便在线查看㊂。虽然 Plotly 功能较多，但 Plotly 的部分功能需付费使用。

5. Pyecharts

Pyecharts 是基于 Echarts 开发的，是一个用于生成 Echarts 图表的类库。Echarts 是一个百度开源的数据可视化 JS 库，凭借着良好的交互性、精巧的图表设计，得到了众多开发者的认可。更重要的是，该库的文档全部用中文撰写。Pyecharts 实际上就是 Echarts 与 Python 的对接。

Pyecharts 有支持交互式展示与点击、默认生成的样式美观、详细的中文文档与 Demo、对中文开发者友好等特点。但 Pyecharts 不支持使用 Pandas 中的 Series 数据，需要将其转换为 List 数据才可以使用。

6. 功能对比㊃

表 1-1 为 Matplotlib、Seaborn、Bokeh、Plotly 和 Pyecharts 在图形输出功能上的对比。

㊀ 知乎，5 大 Python 可视化库到底选哪个好？一篇文章搞定从选库到教学。

㊁ 玩 SAP 零售的苏州 Boy，12 个流行的 Python 数据可视化库总结，简书。

㊂ 同㊀。

㊃ 同㊀。

表 1-1　Matplotlib、Seaborn、Bokeh、Plotly 和 Pyecharts 的功能对比

	Matplotlib	Seaborn	Bokeh	Plotly	Pyecharts
基本图表	●	●	●	●	●
地图			●	●	●
3D	●		○	●	●
多子图	●		●	●	●
动画	○		○	●	●
交互控件			●	●	

注：○表示支持不是很好；●表示支持较好；空白表示不支持。

由表 1-1 可以得出的结论是，Matplotlib 可以制作基本图表、3D 和多子图，但动画功能有限；Seaborn 是 Matplotlib 的封装，功能比较有限，主要用于基本图表；Bokeh 的控件功能比较多，但在绘制 3D 和动画图时要装插件；Pyecharts 虽然动画好看，但是控件无法定制；和其他 4 个库相比，Plotly 在功能上较为完善。

◎ 本章小结

数据可视化是一门理论性和实践性都较强的课程，但本书主要从应用角度出发，面向数据可视化的实现操作，以 Python 语言为编程环境，基于常见的数据可视化分析工具包，包括 Matplotlib、Seaborn、Plotly、Pyecharts 和 Bokeh，利用真实的数据，结合代码案例，展现不同图形的特点及使用方法，具体的框架如图 1-10 所示。

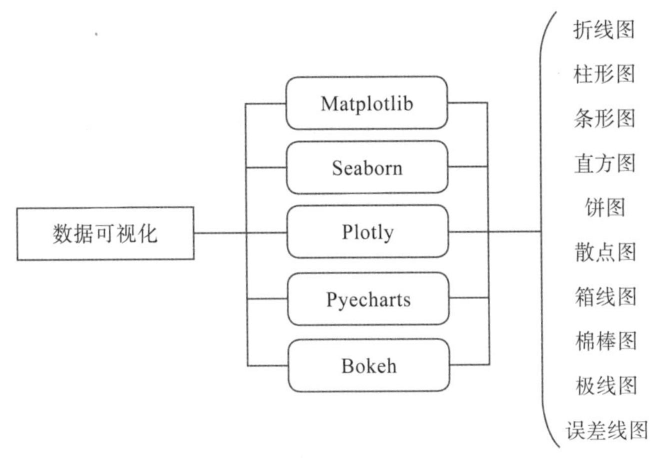

图 1-10　本书框架

◎ 课后习题

基于 Python 3 环境，安装如图 1-10 所示常见的数据可视化代码库，完成基本的环境配置。

◎ 思考题

对比几种常见的 Python 数据可视化库的异同及不同的应用场景。

◎ 参考文献

[1] 陈为，张嵩，鲁爱东 . 数据可视化的基本原理与方法 [M]. 北京：科学出版社，2013.

[2] WARD M O, GRINSTEIN G G, KEIM D A. Interactive data visualization: foundations, techniques, and applications [M]. Boka Raton-London-New York: CRC press, 2015.

[3] 清华大学人工智能研究院 . 人工智能之可视化 [R/OL].（2019-04-01）[2023-08-08]. https://static.aminer.cn/misc/pdf/visualization.pdf.

[4] FRIENDLY M. A brief history of data visualization[M]//CHEN C-H, HäRDLE W, UNWIN A. Handbook of data visualization. Berlin: Springer Berlin Heidelberg, 2018.

[5] 陈为，沈则潜，陶煜波 . 数据可视化 [M]. 2 版 . 北京：电子工业出版社，2019.

[6] 林子雨 . 大数据技术原理与应用：概念、存储、处理、分析与应用 [M]. 3 版 . 北京：人民邮电出版社，2021.

[7] 石教英，蔡文立 . 科学计算可视化算法与系统 [M]. 北京：科学出版社，1996.

[8] 唐泽圣 . 三维数据场可视化 [M]. 北京：清华大学出版社，1999.

[9] 傅耀威，贾燕红，张军，等 . 大数据可视分析发展现状与趋势 [J]. 中国基础科学，2019，21（4）：6.

[10] 黄源，蒋文豪，徐受蓉 . 大数据可视化技术与应用 [M]. 北京：清华大学出版社，2021.

[11] 陈红倩 . 数据可视化与领域应用案例 [M]. 北京：机械工业出版社，2019.

[12] 黑马程序员 . 数据分析思维与可视化 [M]. 北京：清华大学出版社，2019.

[13] 喜乐君 . 数据可视化分析：Tableau 原理与实践 [M]. 北京：电子工业出版社，2020.

[14] 张杰 . Python 数据可视化之美：专业图表绘制指南 [M]. 北京：电子工业出版社，2020.

[15] 刘大成 . Python 数据可视化之 matplotlib 实践 [M]. 北京：电子工业出版社，2018.

[16] 肖慧明 . Python 技术在数据可视化中的研究综述 [J]. 电子测试，2021（13）：87-89.

C H A P T E R 2

第2章

Matplotlib的基本使用

2.1 Matplotlib简介

Matplotlib是Python语言中最著名的绘图库之一，它的pyplot子库提供了一整套与Matlab相似的绘图API，方便用户快速绘制2D图表，包括直方图、饼图、散点图等。它的发明人为约翰·亨特（John Hunter，1968—2012年），很不幸的是，约翰已经由于癌症治疗过程中引发的综合征而去世。

Matplotlib利用了Python的数值计算模块Numeric及Numarray，克隆了Matlab中的许多函数，用以帮助用户轻松地获得高质量的二维图形。Matplotlib可以绘制多种形式的图形，包括普通的线图、直方图、条形图、饼图、散点图以及误差线图等；它可以比较方便地定制图形的各种属性，比如图线的类型、颜色、粗细、字体的大小等；它能够很好地支持一部分TeX排版命令，可以比较美观地显示图形中的数学公式。Matplotlib使用的大部分函数都与Matlab中对应的函数同名，且各种参数的含义、使用方法也一致，这就使得熟悉Matlab的用户使用起来得心应手，掌握起来很容易。对那些不熟悉Matlab的用户而言，这些函数的意义往往也是一目了然的，只要花很少的时间就可以掌握。

同时，Matplotlib还为各种通用的图形用户界面工具包（如Tkinter、wxPython、Qt或GTK+等）进行嵌入式绘图提供了多种API。此外，Python很多其他优秀的数据可视化库，如后续我们会学到的Seaborn以及ggplot和plotnine等绘图工具库，都是以Matplotlib为底层实现的。

接下来，就让我们由浅入深，慢慢熟悉和掌握Matplotlib吧。

图2-1是本章知识结构的思维导图。

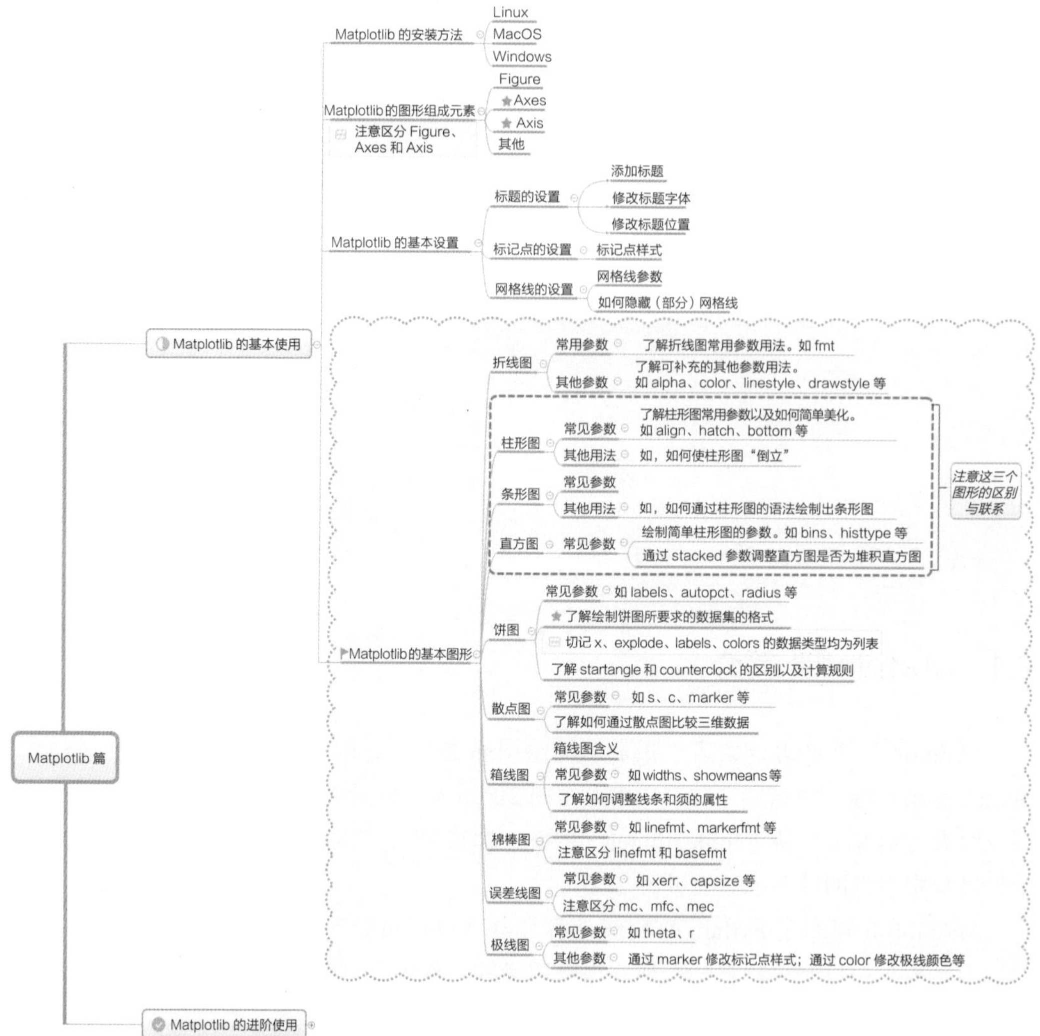

图 2-1 第 2 章知识结构思维导图

2.2 Matplotlib 的安装方法

在正式开始使用 Matplotlib 工具库前，需要确保在 Python 解释器中已经安装了 Matplotlib 可视化库。读者可以在自己的 Python 解释器中输入命令：import matplotlib，以此验证 Matplotlib 库是否已安装。如运行该命令没有报错，则表示 Python 解释器中已包含该可视化库。如运行提示：no module named ‘matplotlib’，则需要首先对其进行安装。本书只讲解各可视化库最基本的安装方法，如采用基本安装方法安装失败，读者可参考相关 Python 书籍或资料，也可以与作者联系。在不同的操作系统下，安装命令稍有不同，具体如下。

2.2.1　Linux 操作系统下的安装

打开 Terminal 窗口，输入以下命令可完成 Matplotlib 的安装。

```
$ sudo apt-get install python3-matplotlib
```

2.2.2　MacOS 操作系统下的安装

打开 Terminal 窗口，输入以下命令可完成 Matplotlib 的安装。

```
$ pip3 install matplotlib
```

2.2.3　Windows 操作系统下的安装

若读者的计算机内安装了 Anaconda 软件，会默认安装 Matplotlib 库。如需单独安装，可以通过 pip 命令来实现，方法为打开 Windows 操作系统的 cmd 命令行窗口，输入以下命令可完成安装。

```
pip install matplotlib
```

2.3　Matplotlib 的图形组成元素

在 Matplotlib 中，一个图形被看作由很多元素组成，每个元素都有各自的功能。图 2-2 是 Matplotlib 官网[⊖]提供的图像组件说明图（中文文字为作者添加），读者可通过该图对 Matplotlib 的图形组成有一个整体的认知。

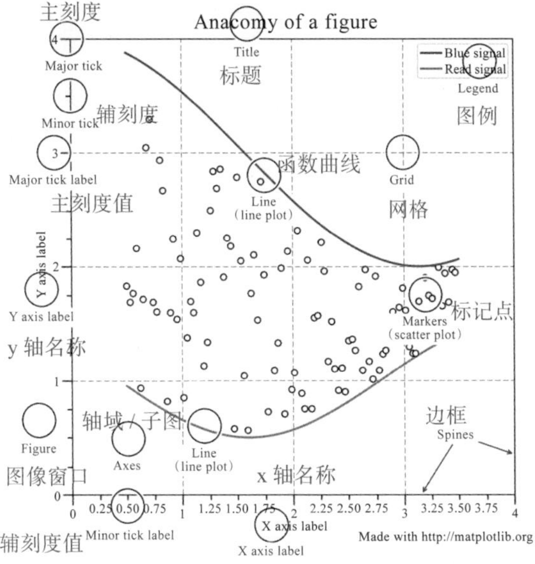

图 2-2　Matplotlib 图像组件说明

⊖ https://matplotlib.org/。

图 2-2 中的大部分组成元素根据字面意思即可理解，但 Figure、Axes 和 Axis 三者之间会比较容易混淆，在这里首先对这三个元素进行区分和比较。

图 2-3 解释了这三个元素的含义。

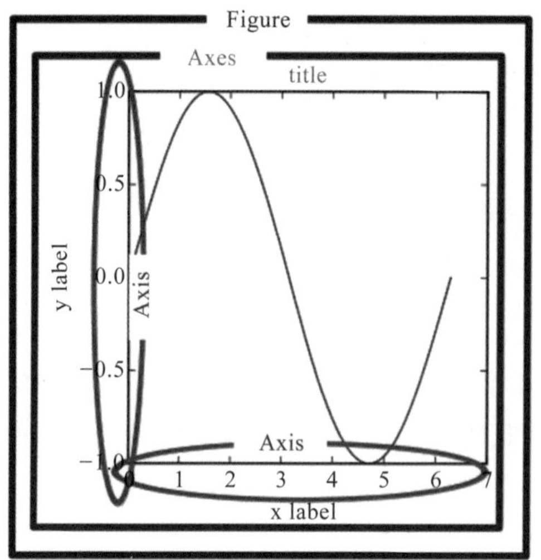

图 2-3 Figure、Axes 和 Axis

Figure 是图像窗口，又称作画布（板），类似于绘画时的纸张。一个 Figure 可以包含多个 Axes（轴域 / 子图），每个 Axes 都有自己的 Axis（坐标轴）。

Figure 可以编号，用户作图时可以指定在某一个确定编号的画布上创作。该功能通过 pyplot.figure() 创建或调用，缺省情况下会创建 figure(1) 作为画布。使用时遵循就近原则。

Axes 通过 pyplot.axes([x, y, w, h]) 来确认位置和大小。其中，x 和 y 表示图形左下角相对于整个画布的坐标，w 和 h 表示图形的宽和高，缺省时在 figure(1) 上操作。

Axis 是用来设置所绘制图形的视窗大小的，直观表现是绘图区实际展示的坐标范围。

掌握了以上内容，我们就可以用 Matplotlib 绘制简单的图形了[⊖]：

代码 2-1

```
import matplotlib.pyplot as plt        # 导入模块 matplotlib.pyplot
import numpy as np


%matplotlib inline      # 通过该命令将绘制的图片呈现在 jupyter notebook 上
# 注：运行时请删掉上一行的注释，否则会报错

fig = plt.figure(1)                    # 创建空画布，并且编号为 1
ax1 = fig.add_axes([0.1, 0.1, 1, 1]) # 在 [0.1, 0.1] 处绘制宽和高均为 1 的图 ax1
ax2 = fig.add_axes([1, 1, 1, 1])       # 在 [1, 1] 处绘制宽和高均为 1 的图 ax2
# 定义 x 和 y 的值
x = np.linspace(0.05, 20, 200)         # x 为 0.05 到 20 之间等间隔的 200 个数
```

⊖ 本书代码均在 jupyter notebook 上运行。

```
y1 = np.sin(x)                # y1 为 x 的 sin 函数值
y2 = np.cos(x)                # y2 为 x 的 cos 函数值
ax1.plot(x,y1,'g-.')          # 在 ax1 上绘制 sin(x) 曲线图
ax1.axis([0,10,0,1])          # 将 ax1 的 x 轴显示范围设为 [0,10], y 轴显示范围设为 [0,1]
ax2.plot(x,y2,'r')            # 在 ax2 上绘制 cos(x) 曲线图
ax2.axis([6,20,-1,1])         # 将 ax2 的 x 轴显示范围设为 [6,20], y 轴显示范围设为 [-1,1]
plt.show()                    # 显示绘制的图形
```

运行结果如图 2-4 所示。

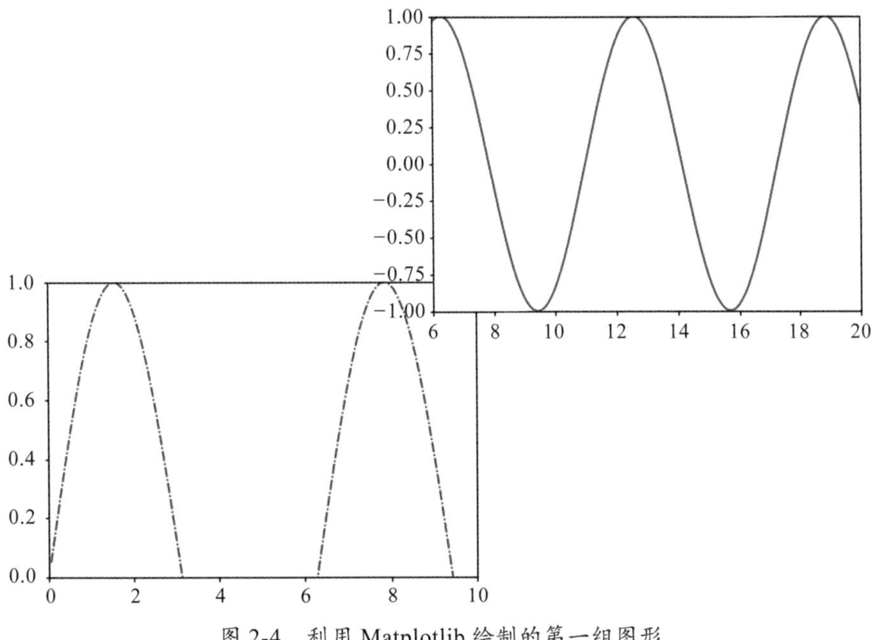

图 2-4　利用 Matplotlib 绘制的第一组图形

2.4 标题的设置

通过简单的几行代码我们就绘制出了两条曲线，接下来我们来学习如何为图形添加标题。在 matplotlib.pyplot 中通过 title() 函数添加标题。我们先来看 title() 的语法：

代码 2-2

```
title(label, fontdict=None, loc='center', pad=None, **kwargs)
```

参数含义如下。

label：标题的名称。

fontdict：包含一系列对标题字体的设置。具体如下：

① fontsize：设置字体大小，可选参数 ['xx-small', 'x-small', 'small', 'medium', 'large', 'x-large', 'xx-large'];

② fontweight：设置字体粗细，可选参数 ['light', 'normal', 'medium', 'semibold', 'bold', 'heavy', 'black']；

③ verticalalinement：设置垂直对齐方式，可选参数 ['center', 'top', 'bottom', 'baseline']；

④ horizontalalignment：设置水平对齐方式，可选参数 ['left', 'right', 'center']。

loc：标题水平样式，可选参数 ['center', 'left', 'right']，默认为居中。

pad：标题离图表顶部的距离，默认为 None。

kwargs：可以设置一些其他的文本属性。

代码 2-3

```
import matplotlib.pyplot as plt
import numpy as np

%matplotlib inline
# 定义 x 和 y 的值
x = np.linspace(0.05, 10, 100)
y1 = np.sin(x) #y1 为 x 的 sin 函数值
y2 = np.cos(x) #y2 为 x 的 cos 函数值
plt.plot(x,y1) # 绘制 sin(x) 曲线图
plt.plot(x,y2) # 绘制 cos(x) 曲线图，默认与 sin(x) 在同一轴域上
# 为图形设置标题“My first picture”，其中，标题字体是加粗小号，水平方向左对齐，
## 标题离图表顶部距离为 20
plt.title('My first picture', fontsize='small',fontweight='bold', loc='left',
    pad=20)
plt.show()
```

运行结果如图 2-5 所示。

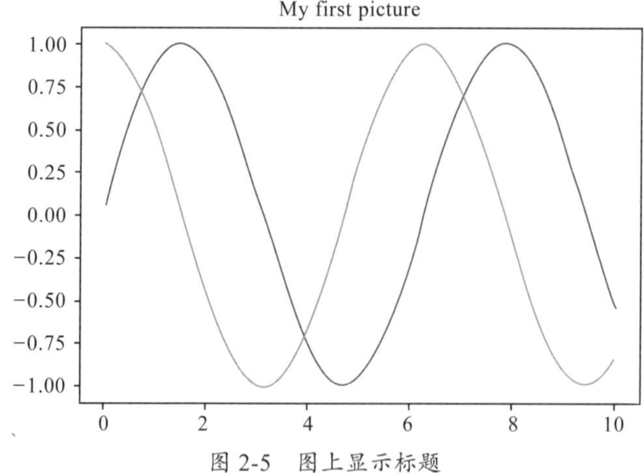

图 2-5　图上显示标题

2.5　标记点的设置

当点的个数比较少的时候，曲线实际上没有平滑得很好（见图 2-6），我们可以看到

图形中的拐点。我们可以通过 pyplot.plot 中的 marker 参数自定义设置标记点的样式。

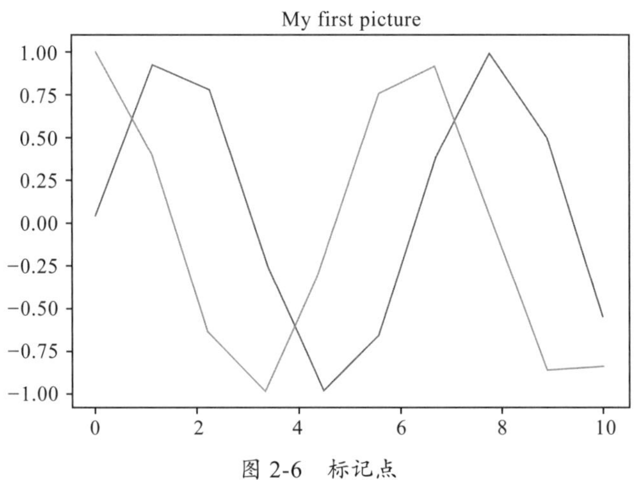

图 2-6　标记点

具体参数见表 2-1。

表 2-1　pyplot.plot 中的 marker 参数设置

字符	含义	字符	含义
‘+’	加号点	‘<’	左三角点
‘x’	乘号点	‘>’	右三角点
‘_’	横线点	‘1’	下三叉点
‘*’	星形点	‘2’	上三叉点
‘.’	点	‘3’	左三叉点
‘,’	像素点	‘4’	右三叉点
‘o’	实心圆点	‘s’	正方点
‘v’	下三角点	‘p’	五角点
‘^’	上三角点	‘h’	六边形点 1
‘H’	六边形点 2	‘d’	瘦菱形点
‘D’	实心菱形点		

通过这些 marker 参数，我们可以个性化设置标记点的样式，代码 2-4 展示了如何设置标记点样式。

代码 2-4

```
import matplotlib.pyplot as plt
import numpy as np

%matplotlib inline
# 定义 x 和 y 的值
x = np.linspace(0.05, 10, 10)
y1 = np.sin(x)
y2 = np.cos(x)
plt.plot(x,y1,marker='s')  # 第一条线的标记点为正方形
```

```
plt.plot(x,y2,marker='o')  # 第二条线的标记点为实心圆
plt.title('My first picture')
plt.show()
```

运行结果如图 2-7 所示。

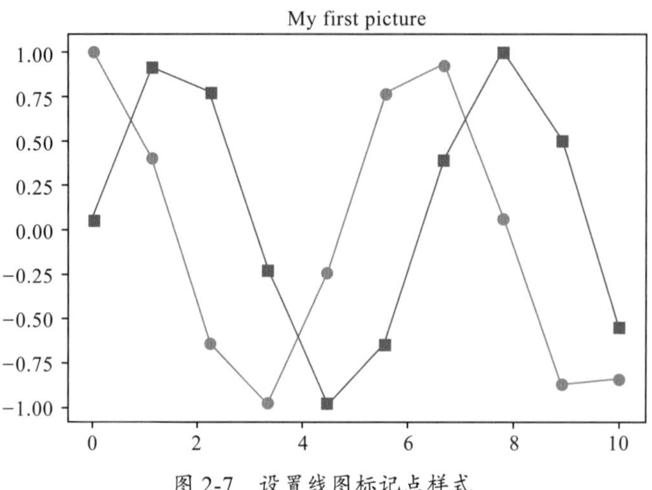

图 2-7 设置线图标记点样式

2.6 网格线的设置

通过 pyplot.grid() 可以给图形加上网格线。grid() 语法如下：

代码 2-5

```
grid(b=None, which='major', axis='both', **kwargs)
```

参数含义如下。

- b：布尔值，用来控制是否显示网格。如果在 grid() 中设置为 False，但又设置了其他参数，如颜色和宽度，则 False 失效。
- which：网格线显示的尺度，可选参数 ['major', 'minor', 'both']。当输入为 'minor' 时网格为白色。
- axis：选择网格线显示的轴，可选参数 ['x', 'y', 'both']。若输入的是 'x'，则绘制垂直于 x 轴的网格线。
- kwargs：可以设置一些其他的属性，如线的样式、颜色、宽度等。具体参数会在后文提到。

代码 2-6

```
import matplotlib.pyplot as plt
import numpy as np

%matplotlib inline
```

```
# 定义 x 和 y 的值
x = np.linspace(0.05, 10, 10)
y1 = np.sin(x)
y2 = np.cos(x)
plt.plot(x,y1,marker='s')
plt.plot(x,y2,marker='o')
# 绘制垂直于 x 轴的网格线
plt.grid(axis='x')
plt.title('My first picture')
plt.show()
```

运行结果如图 2-8 所示。

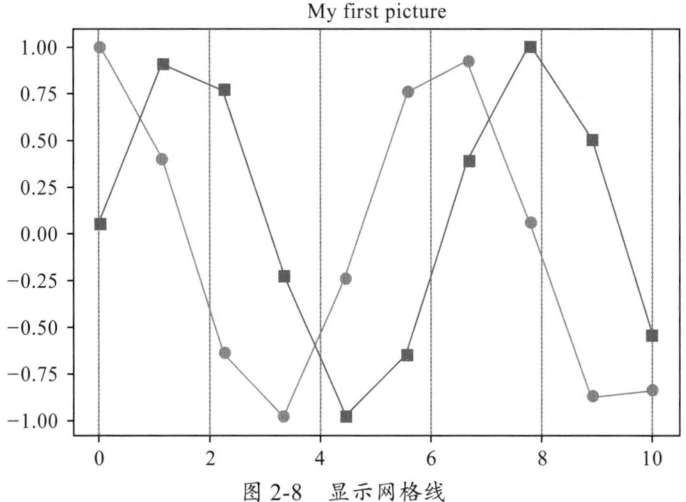

图 2-8　显示网格线

2.7　折线图

折线图是通过 pyplot.plot() 实现的。plot() 函数的本质是将多个点连接成线。x（数组或者列表）和 y（数组或者列表）成对组成点，然后将这些点依次连接成线，折线图由此产生。

plot() 语法如下：

代码 2-7

```
plot(*args, scalex=True, scaley=True, data=None, **kwargs)
```

实际使用过程中用到的参数其实并不限于通过 help（pyplot.plot）列举出来的参数。具体常用参数如下。

- x, y：输入的 x 和 y 的值，需要以列表形式输入。其中 x 是可选参数，若没有，将默认为 [0, n−1]，也就是 y 的索引值。
- fmt：定义线条颜色、标记点和线条样式的参数（线条样式见表 2-2）。这是一个快速设置的方式，如‘ro:’表示线条颜色为红色（r 为 red 的缩写），标记点样式是实心圆（也就是 o），线条的样式是点虚线（“:” 表示线型是点虚线）。

➢ kwargs：其他的属性，包括 alpha（透明度）、drawstyle（点连接方式）、linestyle（线条样式）、linewidth（线条宽度）、color（线条颜色）等。其中，alpha 的取值范围为 [0,1]，drawstyle 可选参数有 ['steps', 'steps-pre', 'steps-mid', 'steps-post']。

表 2-2　线条样式设置

字符	含义
‘-’	实线
‘--’	虚线
‘-.’	点划线
‘:’	点虚线

接下来通过两段代码展示以上部分参数绘制出来的效果。

代码 2-8

```
import matplotlib.pyplot as plt
import numpy as np

%matplotlib inline
# 定义 x 和 y 的值
x = np.linspace(0.05, 10, 10)
y1 = np.sin(x)
y2 = np.cos(x)
# 第一条曲线为红色点虚线实心圆
plt.plot(x,y1,'ro:')
# 第二条曲线为绿色点划线星号
plt.plot(x,y2,'g*-.')
plt.grid()
plt.title('My first picture')
plt.show()
```

运行结果如图 2-9 所示。

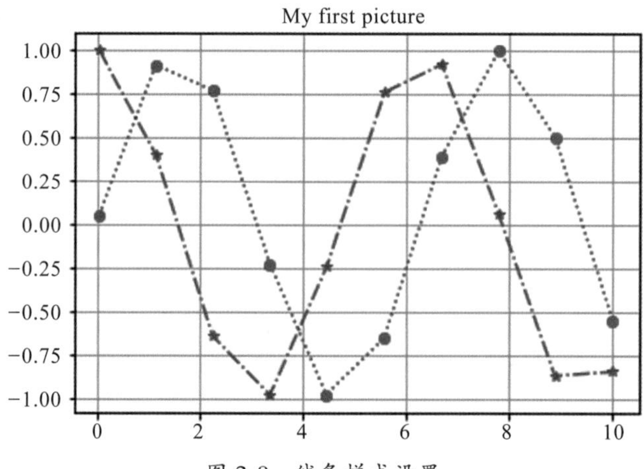

图 2-9　线条样式设置

代码 2-9

```
import matplotlib.pyplot as plt
import numpy as np

%matplotlib inline
# 定义 x 和 y 的值
x = np.linspace(0.05, 10, 10)
y1 = np.sin(x)
# 绘制阶梯状线条宽度为 7，透明度为 0.3，点型为五角星的紫色曲线
plt.plot(x,y1,drawstyle='steps',color='purple',linewidth=7,
            alpha=0.3,marker='*')
plt.title('My first picture')
plt.show()
```

运行结果如图 2-10 所示。

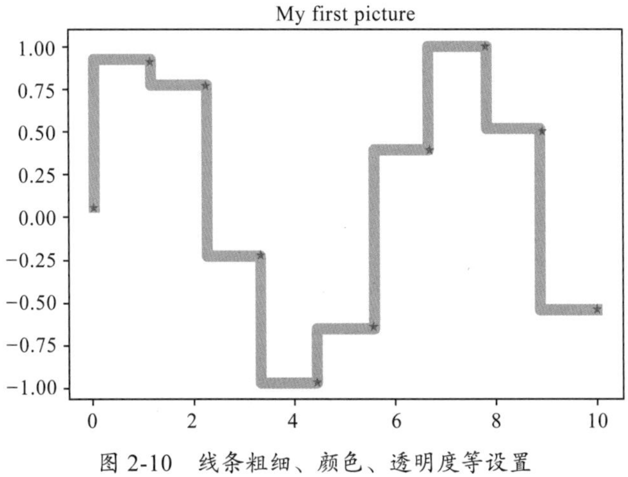

图 2-10　线条粗细、颜色、透明度等设置

2.8　柱形图

柱形图是数据可视化过程中非常常见的一个图表。它主要应用于展示离散数据的分布情况，如不同城市同一职位人数分布、某学校毕业生的职业分布等。

柱形图在 Matplotlib 中通过 pyplot.bar() 创建。

bar() 语法如下：

代码 2-10

```
bar(x, height, width=0.8, bottom=None, *, align='center', data=None, **kwargs)
```

除代码 2-10 中所示参数外，还有一些常见的参数，具体如表 2-3 所示。

表 2-3　pyplot.bar() 参数含义

参数	含义	参数	含义
'x'	x 坐标	'align'	条形的中心位置
'height'	柱形的高度	'tick_label'	数据的标签
'width'	柱形的宽度	'log'	y 轴是否经过对数转换
'bottom'	y 轴的起始位置	'facecolor'	柱形的颜色
'hatch'	填充柱形的样式	'edgecolor'	柱形外边框颜色

其中：align 的可选参数有 ['center', 'edge']；hatch 的可选参数有 ['|', '/', '-', '\', '*']，同一符号出现的次数越多，形成的线条越密集。另外还有 alpha（图形透明度）、lw（边框的线条宽度，即 linewidth）等参数，与前面提到的用法相同，此处不再赘述。下面展示以上部分参数的绘制效果（见图 2-11 ～图 2-12）。

代码 2-11

```
import matplotlib.pyplot as plt
import numpy as np

%matplotlib inline
# 定义 x 和 y 的值
x = np.arange(5) # x 为 (0,1,2,3,4)
y1 = np.random.randint(1,20,5) # y1 为 1 到 20 之间随机产生的 5 个数
# 绘制横纵坐标分别为 x 和 y1 的柱形图，柱体颜色为蓝色，透明度 0.3，
## 柱体用星形符号填充，柱体边框为绿色，宽度为 3
plt.bar(x,y1,facecolor='blue',edgecolor='green',alpha=0.3,hatch='*',lw=3)
plt.title('The bar char')
plt.show()
```

运行结果如图 2-11 所示。

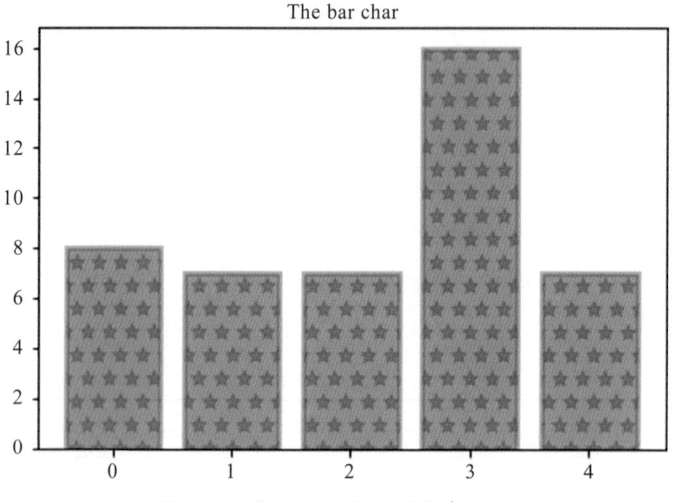

图 2-11　柱形图：柱形的颜色设置

代码 2-12

```
import matplotlib.pyplot as plt
import numpy as np
%matplotlib inline

x = np.arange(5)
y1 = np.random.randint(1,20,5)
# 绘制横坐标为 ['Zero','One','Two','Three','Four']，纵坐标分别为 y1 的柱形图，
## 柱体用符号 '///' 填充，柱体与横坐标标签左对齐，y 轴起始位置为 4
plt.bar(x,y1,hatch='///',align='edge',bottom=4,
         tick_label=['Zero','One','Two','Three','Four'])
plt.title('The bar char')
plt.show()
```

运行结果如图 2-12 所示。

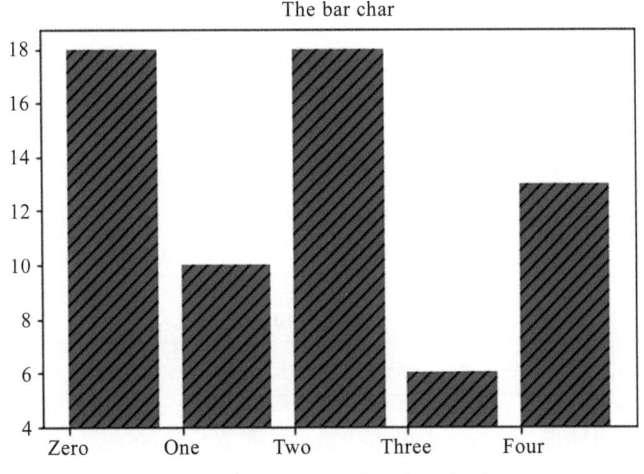

图 2-12　柱形图：修改数据标签

还可以通过在 y1 前面加负号，使柱形“倒立”。

代码 2-13

```
import matplotlib.pyplot as plt
import numpy as np

%matplotlib inline
# 定义 x 和 y 的值
x = np.arange(5)
y1 = np.random.randint(1,20,5)
plt.bar(x,-y1,facecolor='blue',edgecolor='green',alpha=0.3,hatch='*',lw=3)
plt.title('The bar char')
plt.show()
```

运行结果如图 2-13 所示。

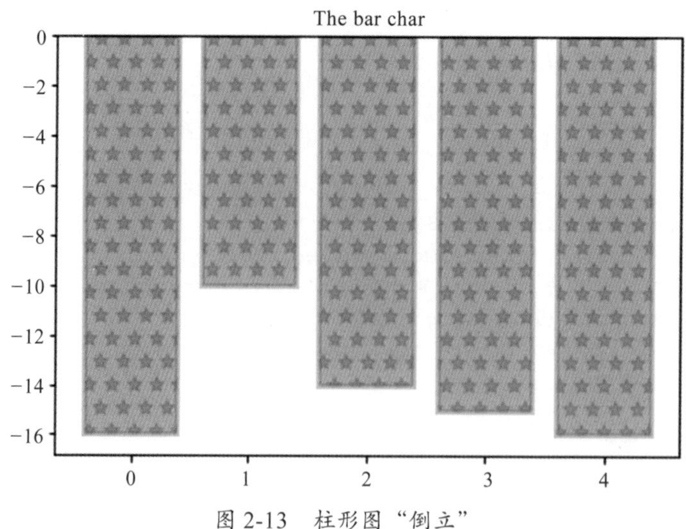

图 2-13　柱形图“倒立”

2.9 条形图

将柱形图中的柱体变成水平方向，就可以将柱形图变成条形图。

在 Matplotlib 中通过 pyplot.barh() 绘制条形图。

barh() 语法如下：

代码 2-14

```
barh(y, width, height=0.8, left=None, *, align='center', **kwargs)
```

其中，‘left’和柱形图 bar() 中的 bottom 本质是一致的，其余参数和前面的基本类似，在此不过多赘述。

代码 2-15

```
import matplotlib.pyplot as plt
import numpy as np

%matplotlib inline
# 定义 x 和 y 的值
x = np.arange(5)
y1 = np.random.randint(1,20,5)
plt.barh(x,y1,facecolor='blue',edgecolor='green',alpha=0.3,hatch='*',lw=3)
plt.title('The barh char')
plt.show()
```

运行结果如图 2-14 所示。

我们除了可以通过 barh() 绘制条形图，还可以通过 bar() 绘制条形图。只需要设置 orientation="horizontal"，然后将 x 与 y 的数据交换，再添加 bottom=x, 即可实现。

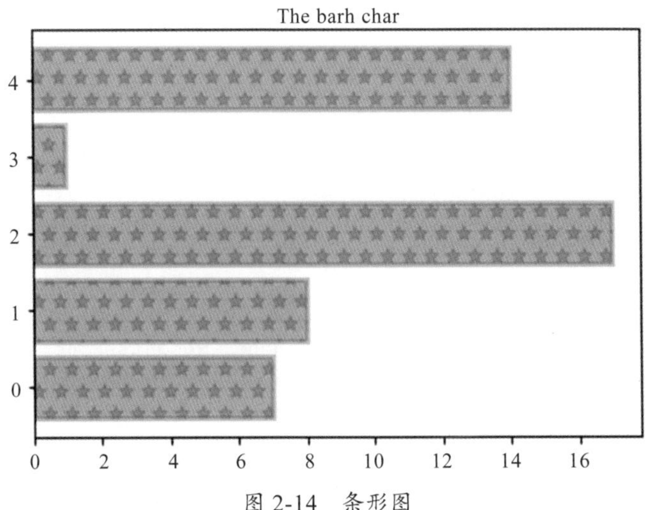

图 2-14　条形图

代码 2-16

```
import numpy as np
import matplotlib.pyplot as plt
%matplotlib inline

x = np.random.randint(1,20,5)
y = np.arange(5)
# 利用 plt.bar() 绘制条形图
plt.bar(x=0, bottom=y, height=0.5, width=x, orientation="horizontal",
         facecolor='blue',edgecolor='green',alpha=0.3,hatch='*',lw=3)
plt.title('The bar char')
plt.show()
```

运行结果如图 2-15 所示。

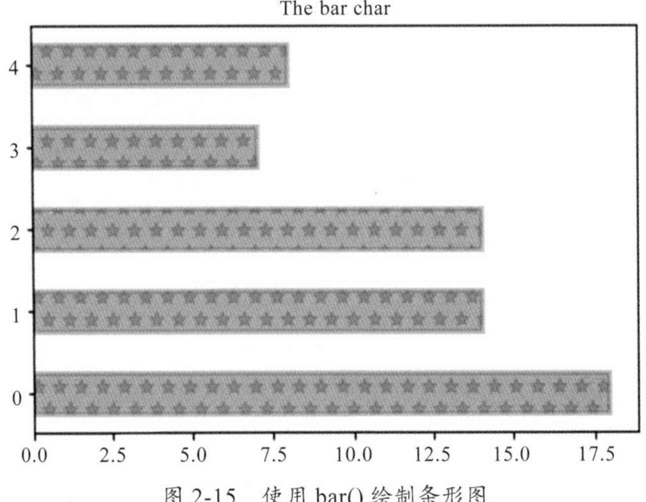

图 2-15　使用 bar() 绘制条形图

2.10 直方图

直方图是用来展示连续性数据分布特征的图形。它主要应用于定量数据的可视化场景中，如居民可支配收入、考试成绩的区间分布等。

在 Matplotlib 中，通过 pyplot.hist() 绘制直方图。

hist() 语法如下：

代码 2-17

```
hist(x, bins=None, range=None, density=None, weights=None, cumulative=False,
    bottom=None, histtype='bar', align='mid', orientation='vertical', rwidth=
    None, log=False, color=None, label=None, stacked=False, normed=None, *,
    data=None, **kwargs)
```

关键参数如下。

- x：定量数据集，最终的直方图将对数据集进行统计。
- bins：统计的区间划分。
- range：tuple，显示的区间。
- density：bool，默认为 False。控制是否显示频数统计结果，为 True 则显示频率统计结果。这里需要注意，频率统计结果 = 区间数目 /（总数 × 区间宽度），和 normed 效果一致，官方推荐使用 density。
- histtype：可选参数为 ['bar', 'barstacked', 'step', 'stepfilled']，默认为 bar，推荐使用默认配置，step 使用的是梯状，stepfilled 则会对梯状内部进行填充，效果与 bar 类似。
- stacked：bool，默认为 False，是否为堆积状图。

代码 2-18

```
import matplotlib.pyplot as plt
import numpy as np
%matplotlib inline

x = np.random.randint(0, 100, 100) # 随机产生 0 ～ 100 之间的 100 个数
bins = np.arange(0, 101, 10)       # 划分成 10 个区间

# 直方图会统计各个区间的数值
plt.hist(x, bins, color='red', alpha=0.3)
plt.title('The hist char')
plt.show()
```

运行结果如图 2-16 所示。

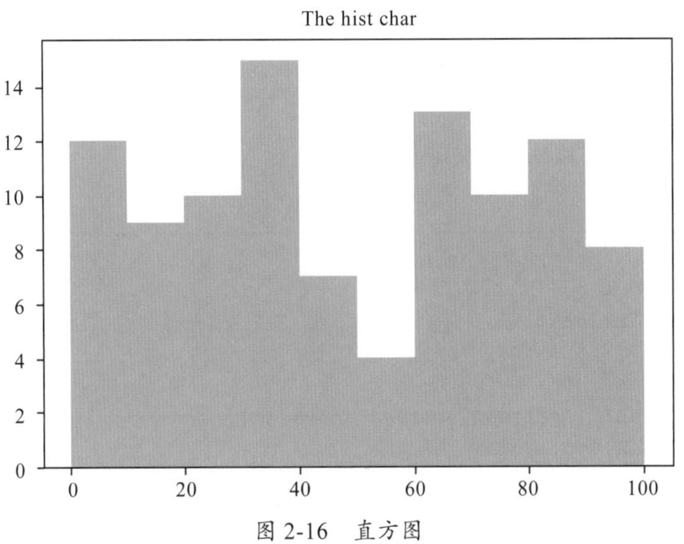

图 2-16　直方图

2.11　饼图

饼图主要应用在定性数据的可视化场景中，或是用来进行离散型数据的比例展示。饼图可以十分直观地反映所研究对象的比例分布情况。

在 Matplotlib 中，通过 pyplot.pie() 绘制饼图。

pie() 语法如下：

代码 2-19

```
pie(x, explode=None, labels=None, colors=None, autopct=None, pctdistance=0.6,
    shadow=False, labeldistance=1.1, startangle=None, radius=None, counterclock=
    True, wedgeprops=None, textprops=None, center=(0, 0), frame=False,
    rotatelabels=False, *, data=None)
```

常见参数及含义如下。

- x：数据集，数据类型为列表。
- explode：突出的部分，数据类型为列表。
- labels：标签，数据类型为列表。
- colors：每个区域的颜色，数据类型为列表。
- autopct：每个区域的百分比标签展示，如“%0.1f%%”为保留一位小数。
- pctdistance：百分比标签到圆心的距离，取值范围为 [0,1]，默认为 0.6。
- shadow：是否显示阴影。
- labeldistance：标签到圆心的距离，默认为 1.1。
- startangle：开始绘图的角度。以正右方为 0°，startangle 为正则逆时针旋转，为负则顺时针旋转。

➢ radius：圆的半径，默认为 1。
➢ counterclock：布尔值，可选参数，默认为 None。指定指针方向，若为 False，则顺时针绘制。

接下来通过几个实例展示绘制出来的效果。

代码 2-20

```
import matplotlib.pyplot as plt
import numpy as np
%matplotlib inline
labels = ["A", "B", "C", "D"]
x = [15, 30, 45, 10]
colors = ['red', 'yellow', 'blue', 'green']
explode = [0.2,0,0.1,0]
plt.pie(x, labels=labels, colors =colors, autopct='%0.2f%%',
              shadow=True, explode=explode)
plt.title('The pie char')
plt.show()
```

运行结果如图 2-17 所示。

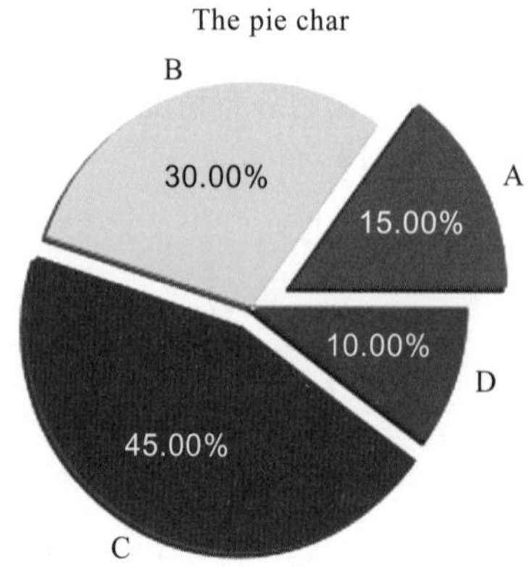

图 2-17　饼图：突出显示

代码 2-21

```
import matplotlib.pyplot as plt
import numpy as np
%matplotlib inline

labels = ["A", "B", "C", "D"]
x = [15, 30, 45, 10]
colors = ['red', 'yellow', 'blue', 'green']
plt.pie(x, labels=labels,colors =colors,autopct='%0.2f%%',shadow=True,
               startangle=30, counterclock=False)
plt.title('The pie char')
plt.show()
```

运行结果如图 2-18 所示。

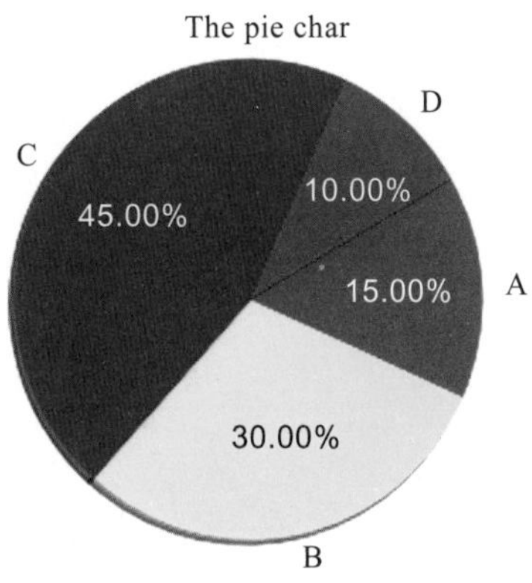

图 2-18　饼图：控制起始角度

2.12　散点图

散点图是非常常见的一种图表类型，它可以绘制出离散点的分布，当离散点数量十分多的时候，甚至可以看出离散点分布的趋势。

在 Matplotlib 中通过 pyplot.scatter() 绘制散点图。

scatter() 参数如下：

代码 2-22

```
scatter(x, y, s=None, c=None, marker=None, cmap=None, norm=None, vmin=None,
    vmax=None, alpha=None, linewidths=None, verts=None, edgecolors=None, *,
    data=None, **kwargs)
```

各参数含义如下。

- x，y：表示的是 shape 大小为 (n,) 的数组，也就是我们即将绘制散点图的数据点。其中 n 为数据点的个数。
- s：表示点的大小，是一个标量或者是一个 shape 大小为 (n,) 的数组，可选，默认 20。
- c：表示点的色彩或颜色序列，可选，默认蓝色 'b'。但是 c 不应该是一个单一的 RGB 数字，也不应该是一个 RGBA 的序列，因为不便区分。c 可以是一个 RGB 或 RGBA 二维行数组。
- cmap：Colormap，标量或者是一个 Colormap 的名字，cmap 仅仅当 c 是一个浮点数数组的时候才使用。如果没有申明就是 image.cmap，可选，默认 None。
- norm：Normalize，数据亮度在 0 ～ 1 之间，也是只有 c 是一个浮点数的数组的时候才使用。如果没有申明，默认为 None。
- vmin，vmax：标量，当 norm 存在的时候忽略。用来进行亮度数据的归一化，可选，默认 None。

代码 2-23

```
import numpy as np
import matplotlib.pyplot as plt
%matplotlib inline
# 设置伪随机种子
np.random.seed(0)
x=np.random.rand(20)
y=np.random.rand(20)
lines=np.zeros(20)+5
# 只有当 marker 为封闭图形的时候，linewidths 才生效
plt.scatter(x,y,c='r',marker='*',alpha=0.5,linewidths=lines)
plt.show()
```

运行结果如图 2-19 所示。

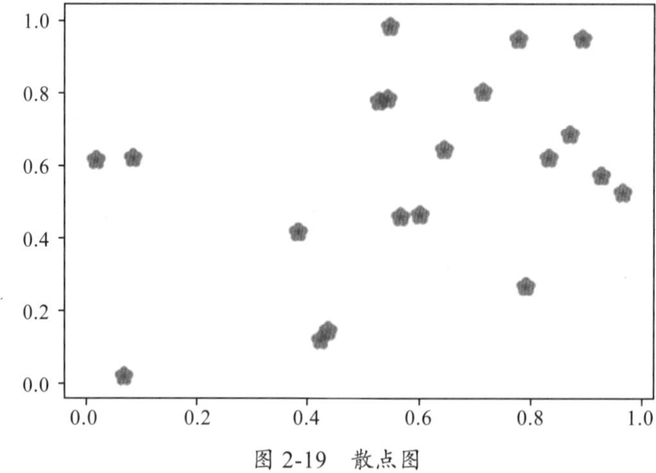

图 2-19 散点图

散点图更多地用来反映二维数据的分布情况，若为三维数据，可以通过散点的大小来比较第三个维度，这时就需要用到参数 s，如代码 2-24 所示。

代码 2-24

```
import numpy as np
import matplotlib.pyplot as plt
%matplotlib inline
# 设置伪随机种子
np.random.seed(0)
x=np.random.rand(20)
y=np.random.rand(20)
# 设定一个随机颜色数组
colors=np.random.rand(20)
# 设定一个随机 marker 大小
s = (50*np.random.rand(20))**2
plt.scatter(x, y, s=s, c=colors, alpha=0.5)
plt.title('The scatter char')
plt.show()
```

运行结果如图 2-20 所示。

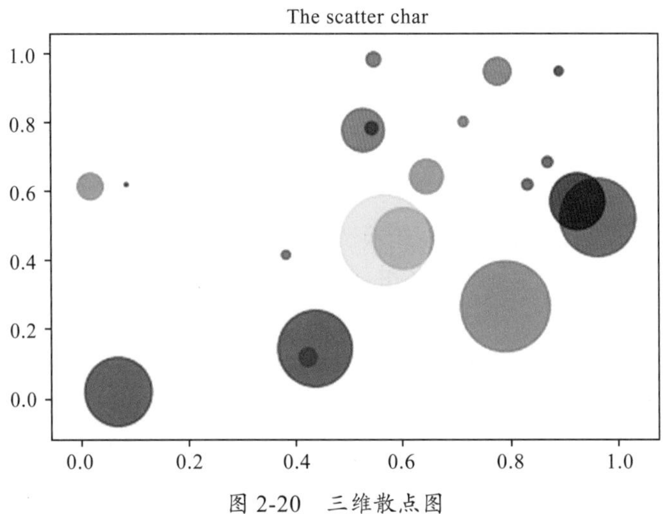

图 2-20　三维散点图

2.13　箱线图

箱线图又称“盒图”（见图 2-21），由一个箱体和一对箱须组成。1977 年，美国统计学家约翰・图基（John Tukey）发明了箱线图。它常被用于反映一组数据的分布特征，如分布是否对称、是否存在离群点等。它主要应用于一系列测量或观测数据的比较场景中，如班级测试成绩的比较、产品优化前后测试数据比较等。

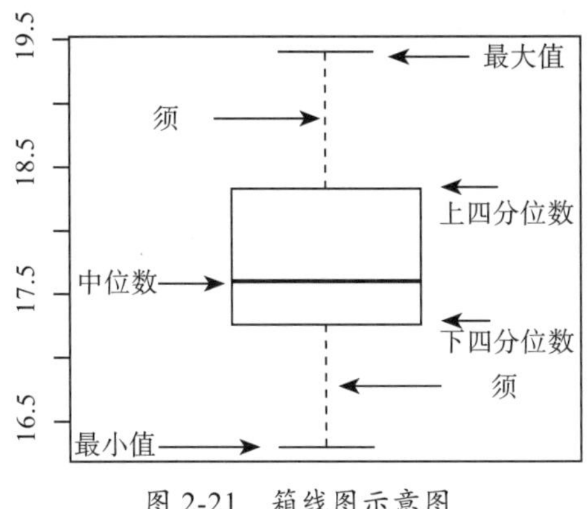

图 2-21　箱线图示意图

箱线图在 Matplotlib 中通过 pyplot.boxplot() 绘制。

boxplot() 参数如下：

代码 2-25

```
boxplot(x, notch=None, sym=None, vert=None, whis=None, positions=None,
    widths=None, patch_artist=None, bootstrap=None, usermedians=None,
```

```
conf_intervals=None, meanline=None, showmeans=None, showcaps=None,
showbox=None, showfliers=None, boxprops=None, labels=None,
flierprops=None, medianprops=None, meanprops=None, capprops=None,
whiskerprops=None, manage_xticks=True, autorange=False, zorder=None, *,
data=None)
```

各参数含义如下。

- x：指定要绘制箱线图的数据。
- notch：是否以凹口的形式展现箱线图，默认非凹口。
- sym：指定异常点的形状，默认为‘+’号显示。
- vert：是否需要将箱线图垂直摆放，默认垂直摆放。
- whis：指定上下须与上下四分位的距离，默认为 1.5 倍的四分位差。
- positions：指定箱线图的位置，默认为 [0,1,2,...]。
- widths：指定箱线图的宽度，默认为 0.5。
- patch_artist：是否填充箱体的颜色。
- meanline：是否用线的形式表示均值，默认用点来表示。
- showmeans：是否显示均值，默认不显示。
- showcaps：是否显示箱线图顶端和末端的两条线，默认显示。
- showbox：是否显示箱线图的箱体，默认显示。
- showfliers：是否显示异常值，默认显示。
- boxprops：设置箱体的属性，如边框色、填充色等。
- labels：为箱线图添加标签，类似于图例的作用。
- flierprops：设置异常值的属性，如异常点的形状、大小、填充色等。
- medianprops：设置中位数的属性，如线的类型、粗细等。
- meanprops：设置均值的属性，如点的大小、颜色等。
- capprops：设置箱线图顶端和末端线条的属性，如颜色、粗细等。
- whiskerprops：设置须的属性，如颜色、粗细、线的类型等。

代码 2-26

```
import matplotlib.pyplot as plt
import numpy as np
%matplotlib inline
# 定义数据集
data = [np.random.normal(0,std,100) for std in range(1,4)] # 随机生成三组服从
    正态分布（均值为 0）的各 100 个数据，标准差分别为 1、2、3.
plt.boxplot(data, notch=True, sym='o',
                medianprops={'color':'red'},                # 中位线设置为红色
                boxprops=dict(color="blue"),                # 箱体边框设置为蓝色
                whiskerprops = {'color': "purple"},         # 设置须的颜色为紫色
                capprops = {'color': "green"})              # 设置顶端和末端横线为绿色
plt.title('The boxplot char')
plt.show()
```

运行结果如图 2-22 所示。

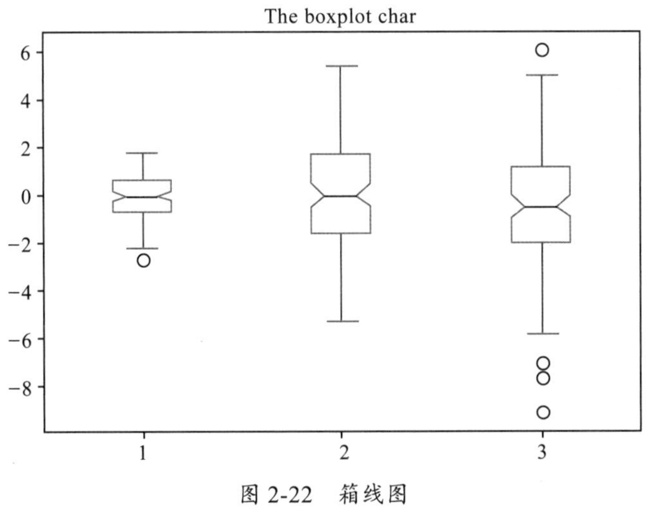

图 2-22　箱线图

2.14　棉棒图

棉棒图主要用来显示一个包含正负数据的数据集，如在地震勘探中表示地层间反射系数等。

棉棒图在 Matplotlib 中通过 pyplot.stem() 绘制。

stem() 参数如下：

代码 2-27

```
stem(*args, linefmt=None, markerfmt=None, basefmt=None, bottom=0, label=
    None, data=None)
```

参数含义如下。

- x：制定棉棒的 x 轴基线上的位置。
- y：绘制棉棒的长度。
- linefmt：棉棒的样式，参照 plot() 的参数取值。
- markerfmt：棉棒末端的样式，参照 plot() 的参数取值。
- basefmt：指定基线的样式，参照 plot() 的参数取值。
- bottom：设置 y 轴的起始位置，默认为 0。

代码 2-28

```
import matplotlib.pyplot as plt
import numpy as np
%matplotlib inline

x = np.linspace(1, 20, 20) # 在 [1,20] 区间内生成间隔相等的 20 个数
```

```
y = np.random.randn(20) #随机产生 20 个服从标准正态分布的数
plt.stem(x, y, linefmt='-.', markerfmt='*', basefmt=':')
plt.title('The stem char')
plt.show()
```

运行结果如图 2-23 所示。

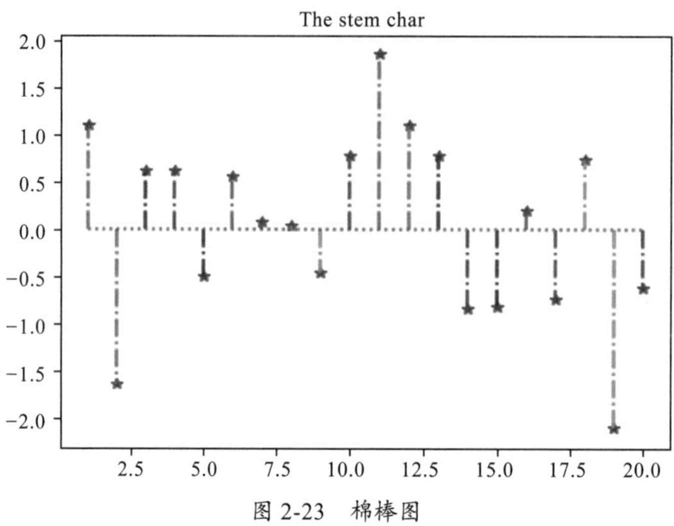

图 2-23 棉棒图

2.15 误差线图

在对总体参数进行估计时，会出现参数估计值波动的情况。这时就需要用误差置信区间来表示可信范围，误差线就很完美地充当了这个展示置信区间的角色。

在 Matplotlib 中通过 pyplot.errorbar() 绘制误差线图。

errorbar() 参数如下：

代码 2-29

```
errorbar(x, y, xerr=None, yerr=None, fmt='', ecolor=None, elinewidth=None,
    capsize=None, barsabove=False, lolims=False, uplims=False, xlolims=
    False, xuplims=False, errorevery=1, capthick=None, *, data=None, **kwargs)
```

参数含义如下。

- x，y：数据点的位置坐标。
- xerr，yerr：数据的误差范围。
- fmt：数据点的标记样式以及相互之间连接线的样式。
- ecolor：误差棒的线条颜色。
- elinewidth：误差棒的线条粗细。
- capsize：误差棒边界横杠的大小。

- capthick：误差棒边界横杠的厚度。
- ms：数据点的大小。
- mfc：数据点的颜色。
- mec：数据点边缘的颜色。

代码 2-30

```
import matplotlib.pyplot as plt
import numpy as np
%matplotlib inline
x = np.linspace(-4,4,10)
y = np.sin(x)
plt.errorbar(x, y, xerr=0.3,yerr=0.2,
                  fmt='b*:',          # 数据点为 '*', 连接线为 ':', 颜色为 'b'
                  ecolor='yellow',  # 误差棒颜色为黄色
                  elinewidth=4,       # 误差棒宽度为 4
                  ms=15,              # 标记点大小为 7
                  mfc='black',        # 标记点颜色为黑色
                  mec='red'           # 标记点边缘颜色为红色
                )
plt.title('The errorbar char')
plt.show()
```

运行结果如图 2-24 所示。

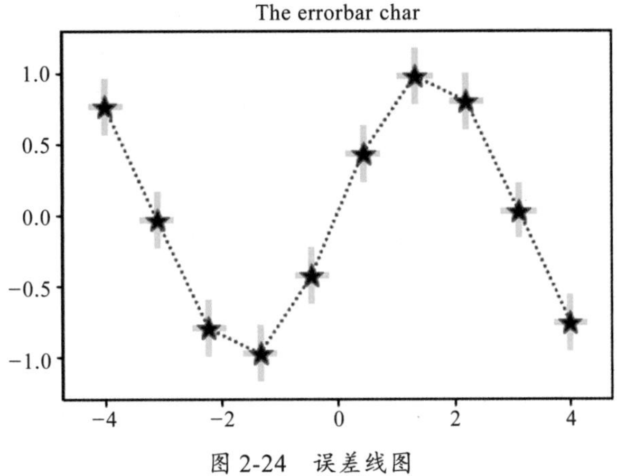

图 2-24　误差线图

2.16　极线图

极线图又称雷达图，可以通过极坐标形式展示多维数据的分布，如衡量比较不同同学的成绩是否偏科等。通过 pyplot.polar() 可以绘制极线图。

常用参数如下。

theta：每个标记所在射线与极径的夹角。

r：每个标记到原点的距离。

代码 2-31

```
import matplotlib.pyplot as plt
import numpy as np
%matplotlib inline

theta = np.linspace(0.0, 2*np.pi, 12, endpoint=False) #0-2pi 角度内分割成 12 份
r = 30*np.random.rand(12) #12 个随机数，大小 0-30

# mfc 是 marker face color; ms 是 marker size
plt.polar(theta, r, color='blue', linewidth=2,
             marker="*", mfc="b", ms=10, alpha=0.3)
plt.title('The polar char',pad=20)
plt.show()
```

运行结果如图 2-25 所示。

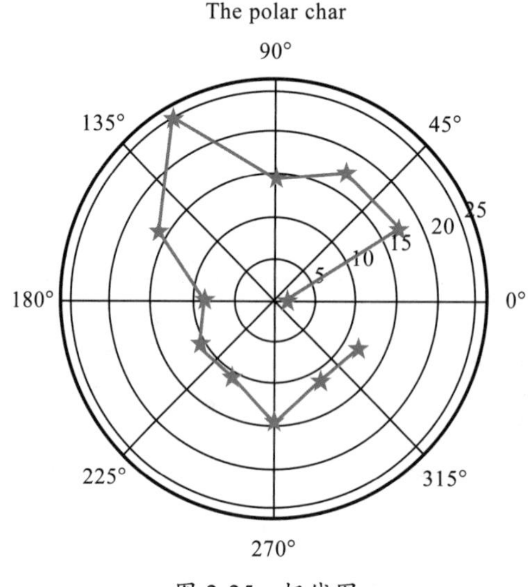

图 2-25 极线图

◎ 本章小结

本章是 Matplotlib 可视化的初阶入门部分，主要讲述了 Matplotlib 库的安装以及如何利用 Matplotlib 库中的 pyplot 子库绘制一些基本图形，包括折线图、柱形图、条形图、直方图、饼图、散点图、箱线图、棉棒图、误差线图、极线图等，并对每种图形中部分参数的设置进行了实例展示。

◎ 课后习题

尝试绘制图 2-26，并试着添加或修改其他元素使图形更完善。

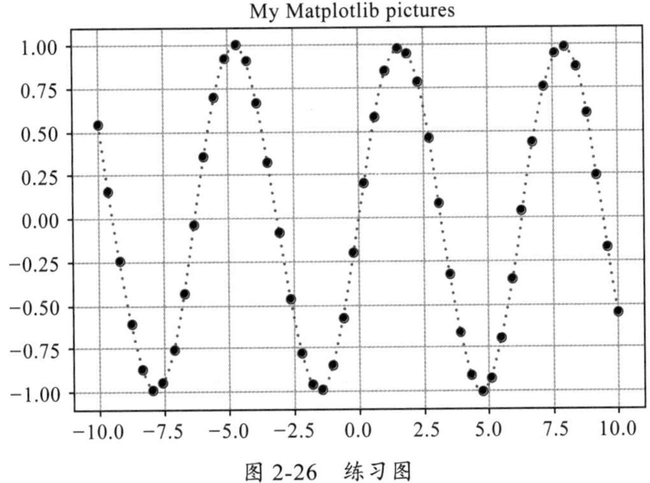

图 2-26　练习图

◎ 思考题

思考如何用 Matplotlib 绘制出三角形、弧线等。

C H A P T E R 3

第 3 章

Matplotlib 的进阶使用

3.1 Matplotlib 的进阶使用概述

第 2 章讲述了使用 Matplotlib 绘制基本图形的方法，帮助读者掌握了一些常见图形的函数使用以及其参数含义。但是，这样的简单图形显然不能满足用户更复杂的实际需求。

本章重点讲解如何对 Matplotlib 图形进行更复杂的设置，以及如何绘制更复杂和完善的图形，使读者能够更美观、更全面、更灵活地展示数据，真正做到用数据讲故事。

图 3-1 是本章知识结构的思维导图。

3.2 rc 参数的设置

可能有的细心的读者已经发现，在设置标题时，如果标题中出现了中文，会显示不出来，或是出现负号无法显示的情况（见图 3-2）。

这个时候通用的解决办法是添加两行命令：

代码 3-1

```
import matplotlib.pyplot as plt

plt.rcParams['font.sans-serif']=['SimHei']
plt.rcParams['axes.unicode_minus']=False
```

这就涉及了 rc 参数的相关问题。实际上，matplotlib 使用 matplotlibrc（matplotlib resource configurations）配置文件来自定义各种属性，我们称之为 rc 配置或者 rc 参数。通过 rc 参数可以修改默认的属性，包括窗体大小、每英寸（1 英寸 = 0.025 4 米）的点数、线条宽度、颜色、样式、坐标轴、坐标和网络属性、文本、字体等。

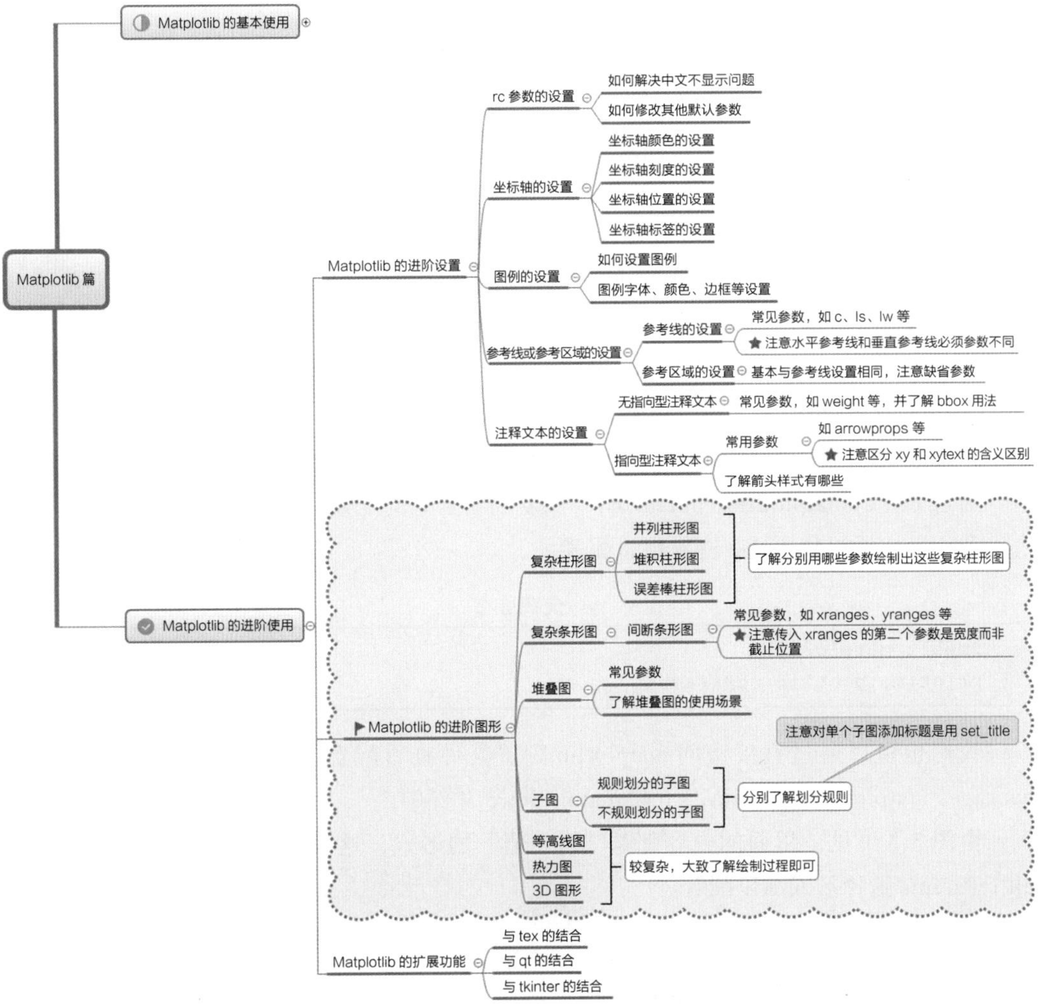

- Matplotlib 篇
  - Matplotlib 的基本使用
  - Matplotlib 的进阶使用
    - Matplotlib 的进阶设置
      - rc 参数的设置
        - 如何解决中文不显示问题
        - 如何修改其他默认参数
      - 坐标轴的设置
        - 坐标轴颜色的设置
        - 坐标轴刻度的设置
        - 坐标轴位置的设置
        - 坐标轴标签的设置
      - 图例的设置
        - 如何设置图例
        - 图例字体、颜色、边框等设置
      - 参考线或参考区域的设置
        - 参考线的设置
          - 常见参数，如 c、ls、lw 等
          - ★注意水平参考线和垂直参考线必须参数不同
        - 参考区域的设置
          - 基本与参考线设置相同，注意缺省参数
      - 注释文本的设置
        - 无指向型注释文本
          - 常见参数，如 weight 等，并了解 bbox 用法
        - 指向型注释文本
          - 常用参数
            - 如 arrowprops 等
            - ★注意区分 xy 和 xytext 的含义区别
          - 了解箭头样式有哪些
    - Matplotlib 的进阶图形
      - 复杂柱形图
        - 并列柱形图
        - 堆积柱形图
        - 误差棒柱形图
        - （了解分别用哪些参数绘制出这些复杂柱形图）
      - 复杂条形图
        - 间断条形图
          - 常见参数，如 xranges、yranges 等
          - ★注意传入 xranges 的第二个参数是宽度而非截止位置
      - 堆叠图
        - 常见参数
        - 了解堆叠图的使用场景
      - 子图
        - 规则划分的子图
        - 不规则划分的子图
        - （分别了解划分规则）（注意对单个子图添加标题是用 set_title）
      - 等高线图
      - 热力图
      - 3D 图形
      - （较复杂，大致了解绘制过程即可）
    - Matplotlib 的扩展功能
      - 与 tex 的结合
      - 与 qt 的结合
      - 与 tkinter 的结合

图 3-1　第 3 章知识结构思维导图

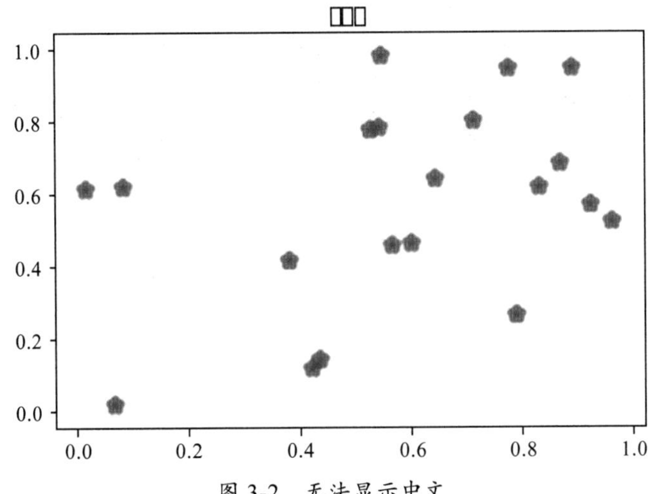

图 3-2　无法显示中文

配置文件 matplotlibrc 主要包括以下配置要素。

➢ lines：设置线条属性，包括线条颜色、宽度和标记等。
➢ patch：填充 2D 空间的图形对象。
➢ font：字体类别、风格、粗细和大小等。
➢ text：文本颜色等。
➢ axes：坐标轴的背景颜色、边缘颜色，刻度值大小，刻度标签大小，等等。
➢ xtick、ytick：x 轴和 y 轴刻度值，刻度线宽度颜色，标签大小等。
➢ grid：网格颜色、线条设置、透明度等。
➢ legend：图例的文本大小，线框风格等。
➢ figure：画布标题大小、粗细，画布分辨率等。
➢ savefig：保存画布图像的分辨率、背景颜色等。

通过命令“matplotlib.rcdefaults()”恢复到缺省时的配置。

我们可以通过代码 3-2 查看默认配置。

代码 3-2

```
import matplotlib
print(matplotlib.rcParams)
```

我们也可以通过直接访问 matplotlib 配置文件查看配置，在“Anaconda3\Lib\site-packages\matplotlib\mpl-data”下的 matplotlibrc 文件中。

由图 3-3 可见，里面的内容都是“键－值”的形式，这也就是为什么我们可以通过 plt.rcParams 这种形式加以配置。

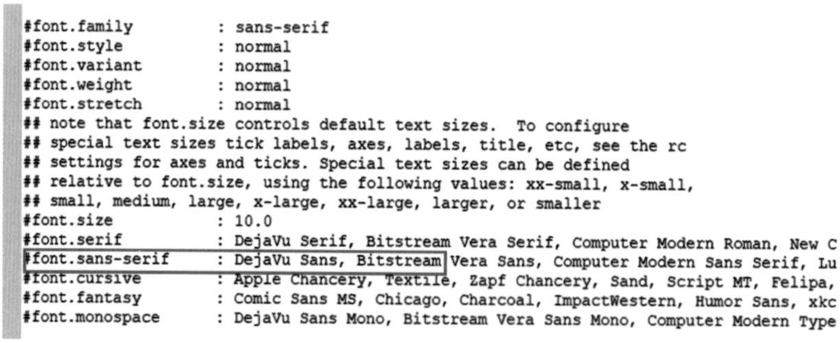

```
#font.family         : sans-serif
#font.style          : normal
#font.variant        : normal
#font.weight         : normal
#font.stretch        : normal
## note that font.size controls default text sizes.  To configure
## special text sizes tick labels, axes, labels, title, etc, see the rc
## settings for axes and ticks. Special text sizes can be defined
## relative to font.size, using the following values: xx-small, x-small,
## small, medium, large, x-large, xx-large, larger, or smaller
#font.size           : 10.0
#font.serif          : DejaVu Serif, Bitstream Vera Serif, Computer Modern Roman, New C
#font.sans-serif     : DejaVu Sans, Bitstream Vera Sans, Computer Modern Sans Serif, Lu
#font.cursive        : Apple Chancery, Textile, Zapf Chancery, Sand, Script MT, Felipa,
#font.fantasy        : Comic Sans MS, Chicago, Charcoal, ImpactWestern, Humor Sans, xkc
#font.monospace      : DejaVu Sans Mono, Bitstream Vera Sans Mono, Computer Modern Type
```

图 3-3　查看 rc 默认配置

同样，我们也可以通过这种方式修改函数曲线的颜色、粗细等，如代码 3-3 所示。

代码 3-3

```
import matplotlib
import matplotlib.pyplot as plt
import numpy as np

x=np.linspace(0,2*np.pi)
```

```
y=np.sin(x)

# 设置曲线的默认颜色为蓝色
# 设置曲线形状默认为 '-.'
plt.rcParams['lines.color']='blue'
plt.rcParams['lines.linestyle']='-.'

# 修改默认字体以及正常显示负号
plt.rcParams['font.sans-serif']=['SimHei']
plt.rcParams['axes.unicode_minus']=False

plt.plot(x,y,linewidth=5)
plt.title('我的 matplotlib 图形')
plt.show()
```

运行结果如图 3-4 所示。

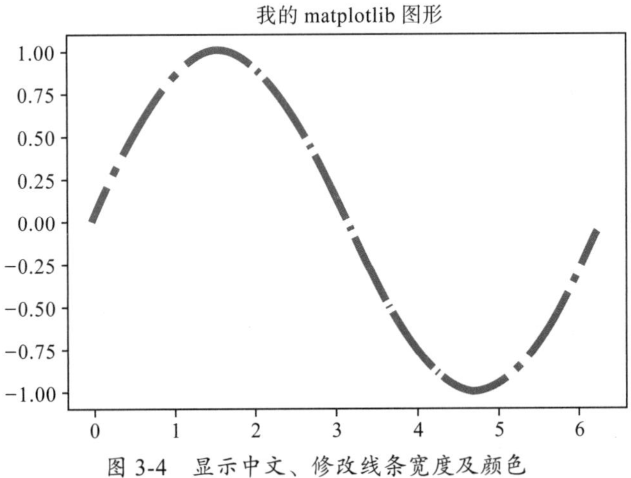

图 3-4　显示中文、修改线条宽度及颜色

其中，可选的中文字体参数[⊖]如表 3-1 所示。

表 3-1　Matplotlib 绘图的中文字体参数

字体	参数
黑体	SimHei
微软雅黑	Microsoft YaHei
微软正黑体	Microsoft JhengHei
新宋体	NSimSun
新细明体	PMingLiU
细明体	MingLiU
标楷体	DFKai-SB
仿宋	FangSong
楷体	KaiTi
仿宋_GB2312	FangSong_GB2312
楷体_GB2312	KaiTi_GB2312

⊖ 仅在 Windows 环境下，若为 Linux 或 MacOs，可能有所出入。

3.3 坐标轴的设置

在正常显示中文标题后，我们就可以开始对图形进行美化了。让我们先来学习坐标轴设置的相关操作。

3.3.1 坐标轴颜色的设置

坐标轴颜色的设置思路如下：获取坐标轴并修改颜色，如代码 3-4 所示。

代码 3-4

```
import matplotlib
import matplotlib.pyplot as plt
import numpy as np

x=np.linspace(0,2*np.pi)
y=np.sin(x)
# 通过 plt.gca() 获取当前坐标轴信息
ax=plt.gca()

plt.rcParams['font.sans-serif']=['SimHei']
plt.rcParams['axes.unicode_minus']=False

# 设置右边坐标轴颜色为红色，上方坐标轴为蓝色，下方坐标轴为绿色
ax.spines['right'].set_color('red')
ax.spines['top'].set_color('blue')
ax.spines['bottom'].set_color('green')

plt.plot(x,y,linewidth=5)
plt.title('我的 matplotlib 图形')
plt.show()
```

运行结果如图 3-5 所示。

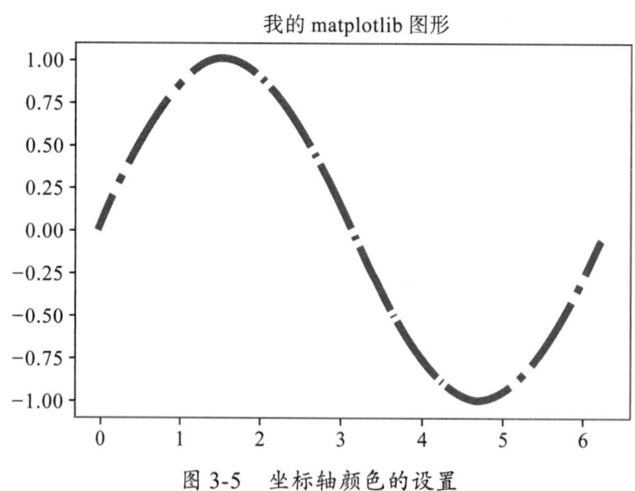

图 3-5 坐标轴颜色的设置

当前的图与子图可以使用 plt.gcf() 和 plt.gca() 获得，分别代表 Get Current Figure 和 Get Current Axes。实际上，在 pyplot 模块中，许多函数都是对当前 Figure 或 Axes 对象进行操作的，如，plt.plot() 首先会通过 plt.gca() 获得当前对象的 ax，然后调用 ax.plot() 实现绘图。

既然可以改变颜色，则也可以“隐藏”坐标轴，如代码 3-5 所示。

代码 3-5

```
import matplotlib
import matplotlib.pyplot as plt
import numpy as np

x=np.linspace(0,2*np.pi)
y=np.sin(x)
# 通过 plt.gca() 获取当前坐标轴信息
ax=plt.gca()
plt.rcParams['font.sans-serif']=['SimHei']
plt.rcParams['axes.unicode_minus']=False

ax.spines['right'].set_color('white')
ax.spines['top'].set_color('none') # “隐藏”坐标轴

plt.plot(x,y,linewidth=5)
plt.title(' 我的 matplotlib 图形 ')
plt.show()
```

运行结果如图 3-6 所示。

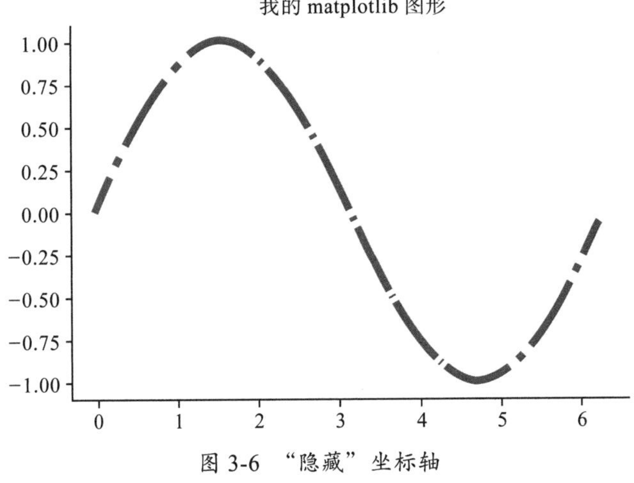

图 3-6　“隐藏”坐标轴

虽然将坐标轴颜色设置成“white”和“none”看起来都可以达到“隐藏”坐标轴的目的，但当画布颜色为黑色时，将坐标轴颜色设置成“white”还是会显示出来的，而设置成“none”则不会显示出来。

3.3.2 坐标轴刻度的设置

若只想显示一定范围内的图形，可以通过 xlim() 和 ylim() 两个函数来设置坐标的显示范围，接收的参数为一个元组，如代码 3-6 所示。

代码 3-6

```
import matplotlib
import matplotlib.pyplot as plt
import numpy as np

x=np.linspace(0,2*np.pi)
y=np.sin(x)

plt.rcParams['font.sans-serif']=['SimHei']
plt.rcParams['axes.unicode_minus']=False
# 设置 x 轴值域为 [1,3]
plt.xlim(1,3)
# 设置 y 轴值域为 [0,1]
plt.ylim(0,1)
plt.plot(x,y,linewidth=5)
plt.title('我的 matplotlib 图形')
plt.show()
```

运行结果如图 3-7 所示。

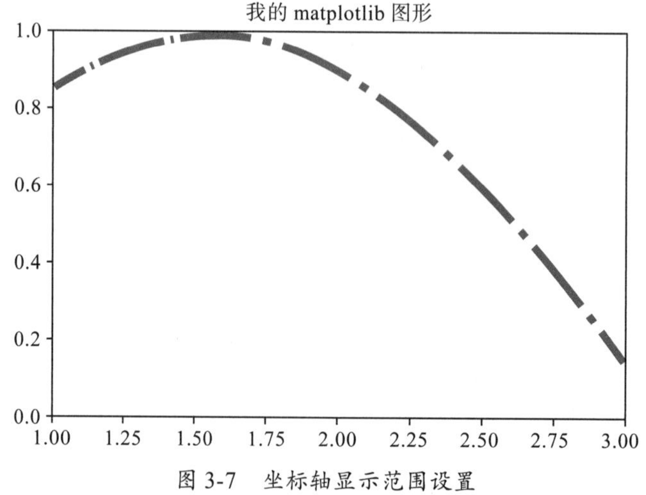

图 3-7　坐标轴显示范围设置

如果想修改坐标轴刻度的值，可以通过 xticks() 和 yticks() 两个函数来设置，接收的参数为一个列表，如代码 3-7 所示。

代码 3-7

```
import matplotlib
import matplotlib.pyplot as plt
```

```
import numpy as np

x=np.linspace(0,2*np.pi)
y=np.sin(x)

plt.rcParams['font.sans-serif']=['SimHei']
plt.rcParams['axes.unicode_minus']=False

# 设置 y 轴刻度值只显示 -1、0、1
plt.yticks([-1,0,1])
plt.plot(x,y,linewidth=5)
plt.title('我的 matplotlib 图形')
plt.show()
```

运行结果如图 3-8 所示。

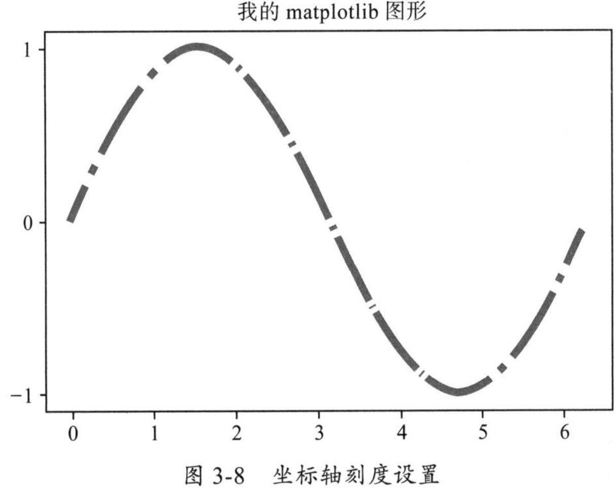

图 3-8　坐标轴刻度设置

我们也可以将坐标轴刻度用文字来表示，只需要再加入一个列表即可。此时会在第一个列表中进行坐标轴刻度划分，在第二个列表中找到所需要表达的文字，如代码 3-8 所示。

代码 3-8

```
import matplotlib
import matplotlib.pyplot as plt
import numpy as np

x=np.linspace(0,2*np.pi)
y=np.sin(x)

plt.rcParams['font.sans-serif']=['SimHei']
plt.rcParams['axes.unicode_minus']=False

plt.yticks([-1,0,1])
# 设置 x 轴刻度值
plt.xticks([0,2,4,6],['零','two','four','six'])
```

```
plt.plot(x,y,linewidth=5)
plt.title('我的 matplotlib 图形')
plt.show()
```

运行结果如图 3-9 所示。

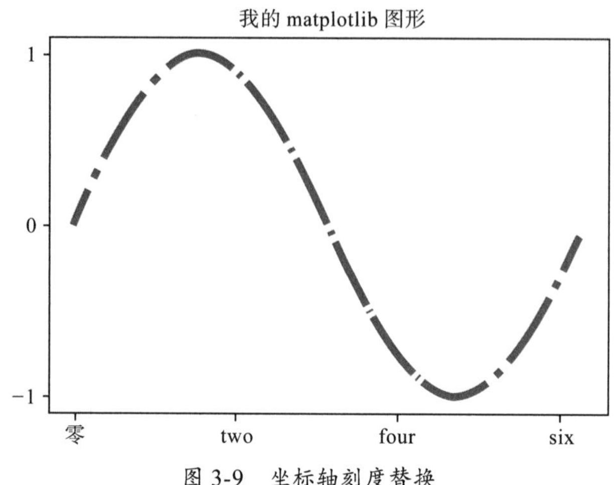

图 3-9　坐标轴刻度替换

3.3.3　坐标轴位置的设置

数学中的 x-y 直角坐标系，x 轴与 y 轴相交于 (0,0) 点。在 Matplotlib，也可以调整坐标轴的位置，绘制出 x-y 直角坐标系下的图形，如代码 3-9 所示。

实现思路如下：

（1）获取坐标轴。

（2）设置右边和上方坐标轴颜色为 none。

（3）将左边和下方的坐标轴调至中心处。

代码 3-9

```
import matplotlib
import matplotlib.pyplot as plt
import numpy as np

x=np.linspace(-3.15,3.15,100)
y=np.sin(x)

ax = plt.gca()
plt.rcParams['font.sans-serif']=['SimHei']
plt.rcParams['axes.unicode_minus']=False

# 设置右边和上方坐标轴的颜色为 none
ax.spines['right'].set_color('none')
ax.spines['top'].set_color('none')
# 修改默认的坐标轴位置
```

```
ax.spines['left'].set_position('center')
ax.spines['bottom'].set_position('center')

plt.plot(x,y)
plt.title(' 我的 matplotlib 图形 ')
plt.show()
```

运行结果如图 3-10 所示。

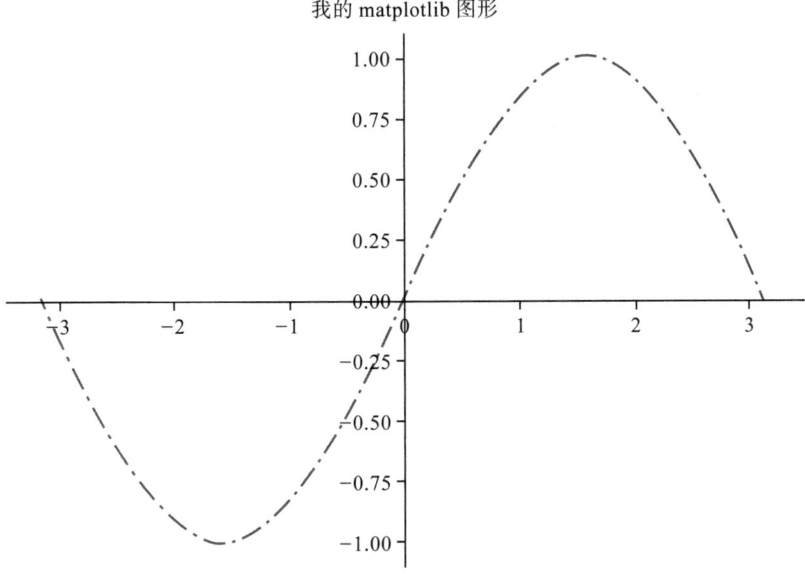

图 3-10　修改坐标轴位置（1）

还可以通过设置左边和下方的坐标轴到 0 点达到同样的效果，如代码 3-10 所示。

代码 3-10

```
import matplotlib
import matplotlib.pyplot as plt
import numpy as np

x=np.linspace(-3.15,3.15,100)
y=np.sin(x)

ax = plt.gca()
plt.rcParams['font.sans-serif']=['SimHei']
plt.rcParams['axes.unicode_minus']=False

# 设置右边和上方坐标轴的颜色为 none
ax.spines['right'].set_color('none')
ax.spines['top'].set_color('none')
# 修改默认的坐标轴位置
ax.spines['left'].set_position(('data',0))
ax.spines['bottom'].set_position(('data',0))
```

```
plt.plot(x,y)
plt.title('我的matplotlib图形', pad=20)
plt.show()
```

运行结果如图 3-11 所示。

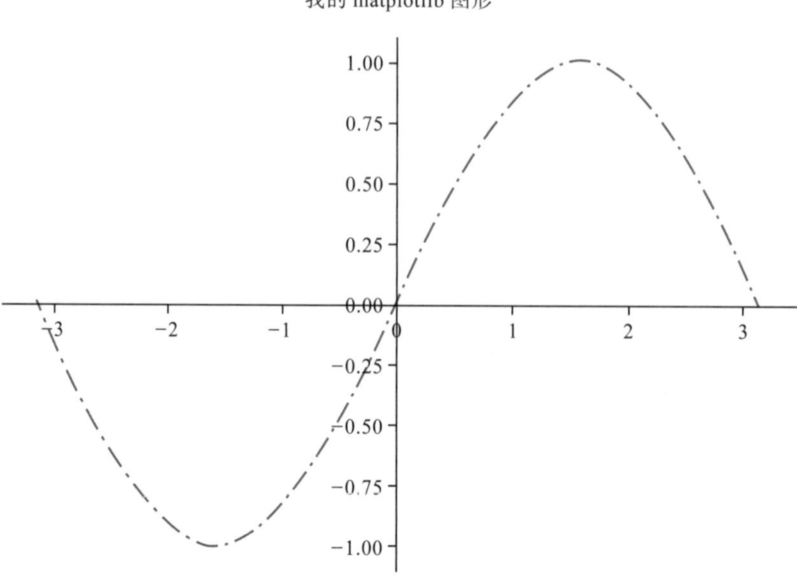

图 3-11 修改坐标轴的位置（2）

3.3.4 坐标轴标签的设置

如果想要给 x 轴或 y 轴添加名称，则需要使用函数 xlabel() 和 ylabel()。同样可以通过 fontsize 调整字体大小，通过 color 设置字体颜色等，如代码 3-11 所示。

代码 3-11

```
import matplotlib
import matplotlib.pyplot as plt
import numpy as np

x=np.linspace(-3.15,3.15,100)
y=np.sin(x)
ax = plt.gca()
plt.rcParams['font.sans-serif']=['SimHei']
plt.rcParams['axes.unicode_minus']=False

# 添加x轴、y轴标签
plt.xlabel('这是x轴', fontsize=15,color='r')
plt.ylabel('这是y轴', fontsize=10,color='g')

plt.plot(x,y)
```

```
plt.title('我的 matplotlib 图形', pad=20)
plt.show()
```

运行结果如图 3-12 所示。

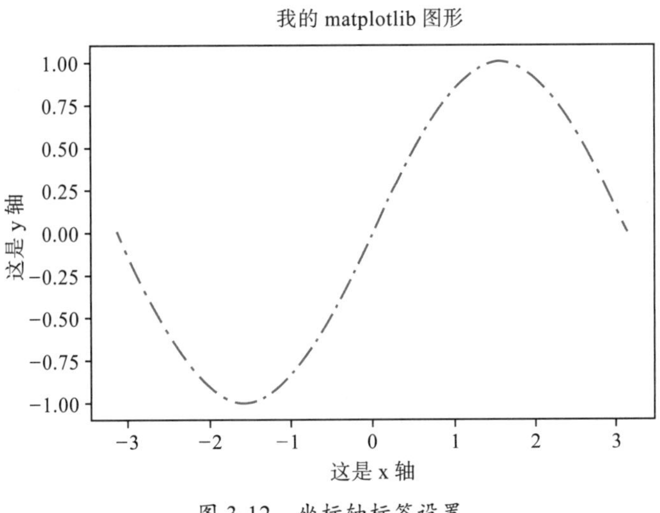

图 3-12　坐标轴标签设置

3.4 图例的设置

在绘图区域中可能会出现多个图形，如果没有图例进行区分，是很难识别出这些图形的主要内容的。因此，对于有两条及两条以上曲线的图形，需要添加图例进行区分。

在 Matplotlib 中，通过 pyplot.legend() 创建图例，但是需要在绘图过程中加上 labels 名称，如 plt.plot(x,y,labels='1')。

pyplot.legend() 常见参数如下。

- loc：int 或 str。可选参数如表 3-2 所示，可使用左侧的字符串或者右侧的整型代号。默认为 'best'，同时，'best' 意味着会自行调节位置以不遮挡内容，运行速度相对要慢。若使用了 bbox_to_anchor，则该项无效。
- fontsize：设置图例字体大小。
- frameon：设置图例的边框，默认为 True，设置为 False 时不显示。
- title：图例的标题。
- shadow：是否为图例边框添加阴影。
- markerfirst：True 表示图例标签在句柄右侧，False 反之。
- markerscale：图例标记的缩放比例。
- fancybox：是否将图例框的边角设为圆形。
- framealpha：控制图例框的透明度。
- bbox_to_anchor：（横向看右，纵向看下），如果要自定义图例位置或者将图例画在坐标外边，所使用的参数一般配合 ax.get_position() 等参数使用。

表 3-2　图例位置设置

String	Code	String	Code
'best'	0	'center left'	6
'upper right'	1	'center right'	7
'upper left'	2	'lower center'	8
'lower right'	3	'upper center'	9
'lower right'	4	'center'	10
'right'	5		

代码 3-12 展示了示例应用。

代码 3-12

```
import matplotlib.pyplot as plt
import numpy as np

%matplotlib inline

x = np.linspace(0.05, 10, 10)
y1 = np.sin(x)
y2 = np.cos(x)
plt.plot(x,y1,'ro:',label='y1=sin(x)')
plt.plot(x,y2,'g*-.',label='y2=cos(x)')

plt.legend(fancybox=True, shadow=True)
plt.title('MultiLine Char')
plt.show()
```

运行结果如图 3-13 所示。

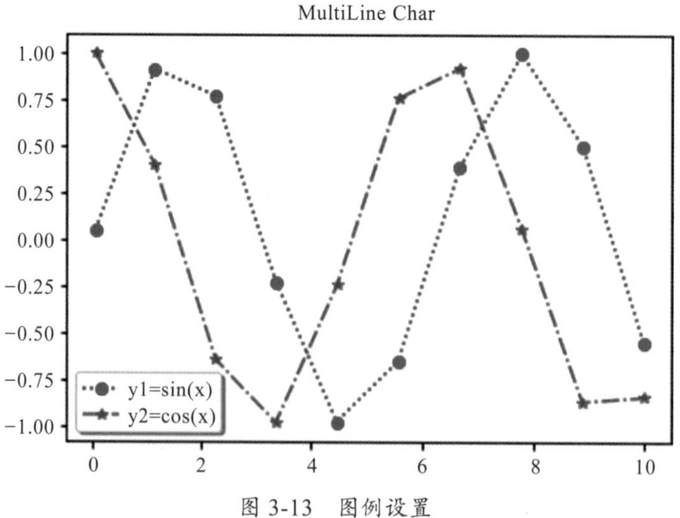

图 3-13　图例设置

3.5 参考线或参考区域的设置

我们有时需要在图形中添加参考线或参考区域，以对数据进行比较。例如，在对营业收入进行分析时，会用到帕累托分析，找出营业收入超过 80% 的点（见图 3-14）。

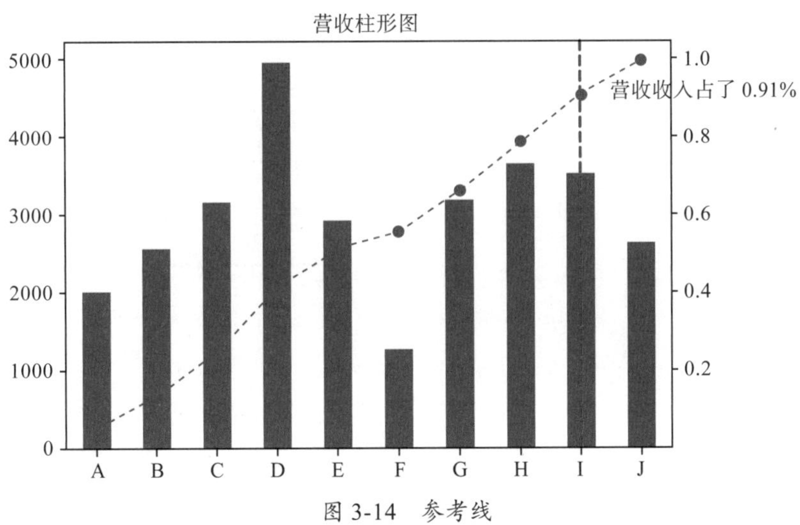

图 3-14　参考线

3.5.1 参考线的设置

在 Matplotlib 中，通过 pyplot.axhline() 绘制平行于 x 轴的水平参考线，通过 pyplot.axvline() 绘制平行于 y 轴的垂直参考线，如代码 3-13 所示。

axhline() 常见参数如下。

- y：水平参考线的出发点。
- xmin & xmax：x 最小（最大）刻度所占百分比，取值范围为 [0,1]。如设置 xmin=0.5，即参考线起始处到左坐标轴的距离占 50%。缺省时绘制平行于整个坐标轴的参考线。
- c：参考线的颜色。
- ls：参考线的线条风格。
- lw：参考线的宽度。

代码 3-13

```
import matplotlib
import matplotlib.pyplot as plt
import numpy as np
%matplotlib inline

plt.rcParams['font.sans-serif']=['SimHei']
plt.rcParams['axes.unicode_minus']=False
```

```
x=np.linspace(-3.15,3.15,100)
y=np.sin(x)
plt.plot(x,y)
plt.axhline(y=0.5,c='red',xmin=0.58,xmax=0.88,
             ls=':',lw=3)
plt.title('参考线区域', pad=20)
plt.show()
```

运行结果如图 3-15 所示。

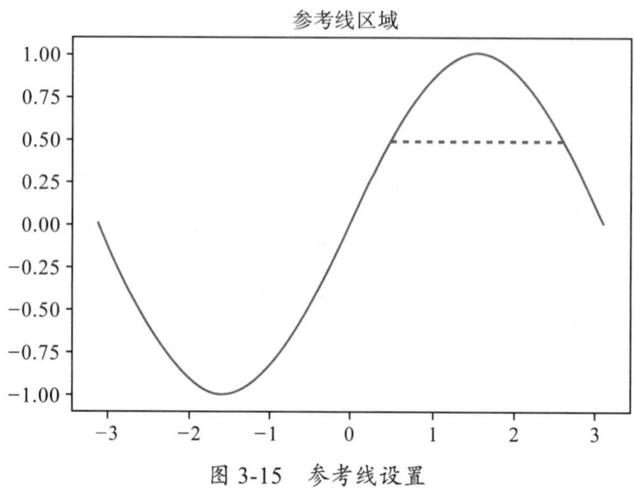

图 3-15 参考线设置

axvline() 和 axhline() 使用方法基本一致，唯一的区别在于 axhline() 绘制的是平行于 x 轴的参考线，axvline() 绘制的是平行于 y 轴的参考线，因此在参数上由 axhline() 中的 y，xmin 和 xmax 对应变成 axvline() 中的 x, ymin 和 ymax，如代码 3-14 所示。

代码 3-14

```
import matplotlib
import matplotlib.pyplot as plt
import numpy as np
%matplotlib inline

plt.rcParams['font.sans-serif']=['SimHei']
plt.rcParams['axes.unicode_minus']=False

x=np.linspace(-3.15,3.15,100)
y=np.sin(x)
plt.plot(x,y)
# 平行于 x 轴的参考线
plt.axhline(y=0,c='purple',ls='-.',lw=3)
# 平行于 y 轴的参考线
plt.axvline(x=0,c='purple',ymin=0.2,ymax=0.8,
          ls='-.',lw=3)
plt.title('参考线区域', pad=20)
plt.show()
```

运行结果如图 3-16 所示。

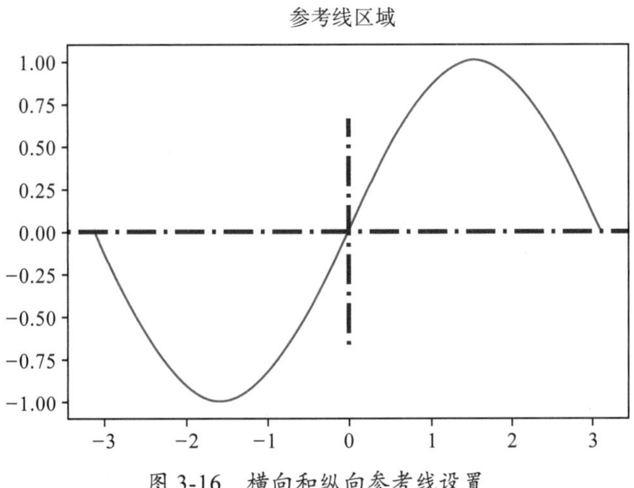

图 3-16　横向和纵向参考线设置

3.5.2　参考区域的设置

参考线可以满足一定的需求，但如果需要对整个区域进行标记的话，用参考线是不够的，这时就要使用到参考区域。Matplotlib 通过 pyplot.axhspan() 创建平行于 x 轴的参考区域；通过 pyplot.axvspan() 创建平行于 y 轴的参考区域。

其中，axhspan() 常见参数如下。

- xmin & xmax：区域的左、右坐标对于整个图表的位置，范围在 0 到 1 之间。缺省时 xmin 取 0，xmax 取 1。
- ymin & ymax：区域的上、下坐标对于整个图表的位置。

同样可以通过 alpha 参数调整透明度，通过 facecolor 调整区域颜色，通过 edgecolor 调整边框颜色等，如代码 3-15 所示。

代码 3-15

```
import matplotlib
import matplotlib.pyplot as plt
import numpy as np
%matplotlib inline

plt.rcParams['font.sans-serif']=['SimHei']
plt.rcParams['axes.unicode_minus']=False

x=np.linspace(-3.15,3.15,100)
y=np.sin(x)
plt.plot(x,y)

plt.axhspan(ymin=0.3,ymax=0.5,facecolor='r',
              edgecolor='black',lw=3,alpha=0.3)
```

```
plt.title('参考线区域', pad=20)
plt.show()
```

运行结果如图 3-17 所示。

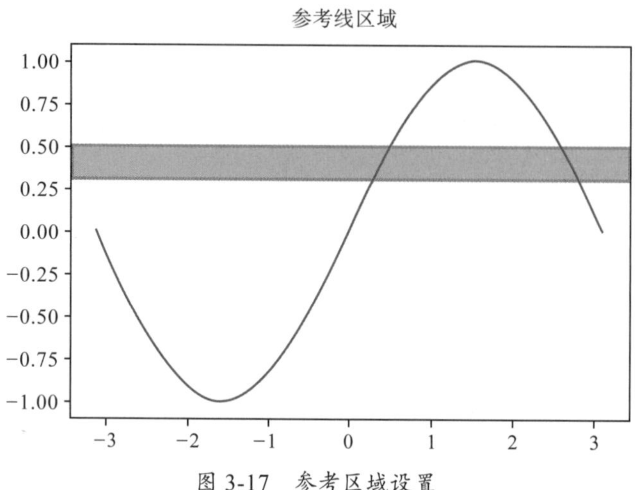

图 3-17　参考区域设置

与 axhline() 和 axvline() 类似，axvspan() 和 axhspan() 的唯一区别在于 axvspan() 的 ymin 和 ymax 在缺省时分别为 0 和 1，如代码 3-16 所示。

代码 3-16

```
import matplotlib
import matplotlib.pyplot as plt
import numpy as np
%matplotlib inline

plt.rcParams['font.sans-serif']=['SimHei']
plt.rcParams['axes.unicode_minus']=False

x=np.linspace(-3.15,3.15,100)
y=np.sin(x)
plt.plot(x,y)

# 平行于 x 轴的参考区域
plt.axhspan(ymin=0.3,ymax=0.5,facecolor='r',
              edgecolor='black',lw=3,alpha=0.3)
# 平行于 y 轴的参考区域
plt.axvspan(xmin=0.6,xmax=3,ymin=0.2,ymax=0.8,
             facecolor='y',edgecolor='r',lw=3,alpha=0.5)
plt.title('参考线区域', pad=20)
plt.show()
```

运行结果如图 3-18 所示。

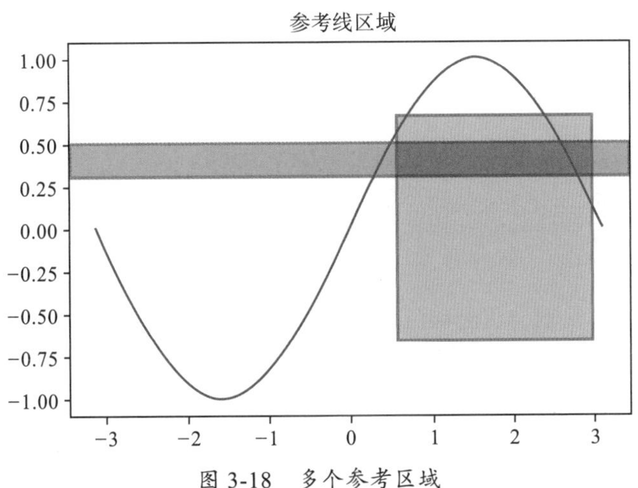

图 3-18 多个参考区域

需要注意的是，参考区域和参考线之间还是有区别的。例如，参考区域中必选参数如 axhspan() 中的 ymin 和 ymax 是实际的坐标轴刻度值，范围不属于 [0,1]。这是我们在绘图过程中需要十分注意的。

3.6 注释文本的设置

我们在图形展示中经常要展示一些特殊的点，并且要进行标记，这时就需要注释文本了。在 Matplotlib 中，注释文本有两种方式：text() 为无指向型注释文本，annotate() 为指向型注释文本。下文将分别介绍这两种注释方式。

3.6.1 无指向型注释文本

无指向型注释文本，文如其名，是指没有指向型的注释。它通过 pyplot.text() 创建。基本思想是，定位到需要注释的位置，添加注释，如代码 3-17 所示。

其中，常用参数如下。

- x，y：注释开始的位置坐标。
- string：表示说明文字。
- fontsize：表示字体大小。
- verticalalignment：垂直对齐方式，可选参数有 [‘center’, ‘top’, ‘bottom’, ‘baseline’]。
- horizontalalignment：水平对齐方式，可选参数有 [‘center’, ‘right’, ‘left’]。
- weight：字体的粗细，可选参数有 [‘normal’, ‘bold’, ‘bolder’, ‘lighter’]。
- bbox：给字体添加框。以字典的形式，可以修改框内的颜色、字体颜色、边框颜色等。

代码 3-17

```
import matplotlib
import matplotlib.pyplot as plt
import numpy as np
%matplotlib inline

plt.rcParams['font.sans-serif']=['SimHei']
plt.rcParams['axes.unicode_minus']=False

x=np.linspace(-3.15,3.15,100)
y=np.sin(x)
plt.plot(x,y)
# 在 (-2,-0.75) 处添加第一个注释
plt.text(-2,-0.75, 'y=sin(x)', fontsize=20, color='r')
# 在 (0.5, 0.5) 处添加第二个注释
plt.text(0.5,0.5, 'function:y=sin(x)', fontsize=15, weight='lighter',\
            bbox=dict(facecolor='y', edgecolor='purple', alpha=0.3,lw=3))
plt.title(' 无指向型注释文本 ', pad=20)
plt.show()
```

运行结果如图 3-19 所示。

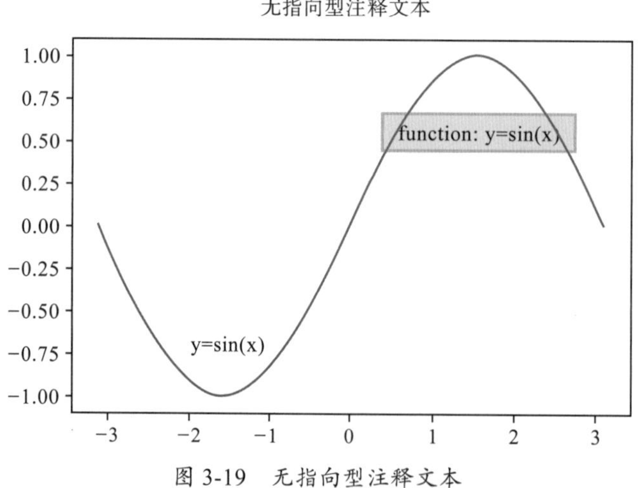

图 3-19 无指向型注释文本

3.6.2 指向型注释文本

无指向型注释文本对于简单图形的说明性较好，若图形较复杂，或者需要精确指明是对哪些点进行标注，那么指向型注释文本的效果会更好。在 Matplotlib 中通过 pyplot.annotate() 创建指向型注释文本。实现思路是，定位被注释的坐标点，定位注释文本的坐标点，添加注释，如代码 3-18 所示。

其中，常用参数如下。

- s：注释文本内容。
- xy：被注释的坐标点。
- xytext：注释文字的坐标位置。
- arrowprops：设置指向箭头的参数，包含：

  arrowstyle：设置箭头的样式，可选参数 ['->','|-|','-|>', 'simple','fancy']；

  connectionstyle：设置箭头的形状，可选参数 ['arc3','arc','angle','angle3']；

  color：设置箭头的颜色；

  headlength：设置箭头的长度；

  headwidth：设置箭头的宽度；

  width：设置箭尾的宽度。若指定了 arrowstyle，则不能通过 headlength、headwidth、width 这三个参数个性化设置箭头。
- bbox：为注释文本添加边框。

代码 3-18

```
import matplotlib.pyplot as plt
import numpy as np
%matplotlib inline

plt.rcParams['font.sans-serif']=['SimHei']
plt.rcParams['axes.unicode_minus']=False

x = np.linspace(-3.15, 3.15, 100)
y = np.sin(x)
plt.plot(x,y)

# 用 headlength 等参数个性化设置箭头
plt.plot([-1.6], [-1], 'ro')
plt.annotate("最小值", xy=(-1.6,-1), xytext=(-2.52,-0.25), size=10,\
                arrowprops = dict(facecolor = "y", headlength = 10,
                    headwidth = 20, width = 10, alpha = 0.3))

# 使用 arrowstyle 设置箭头
plt.plot([1.6],[1],'ro')
arrowprops = dict(facecolor = "purple",arrowstyle='fancy',alpha = 0.3)
plt.annotate("最大值", xy=(1.6,1), xytext=(1.5,0.5), arrowprops=arrowprops,\
                bbox=dict(boxstyle='round,pad=0.5', fc='yellow', ec='red',
                    lw=3,alpha=0.5))

plt.title('指向型注释文本', pad=20)
plt.show()
```

运行结果如图 3-20 所示。

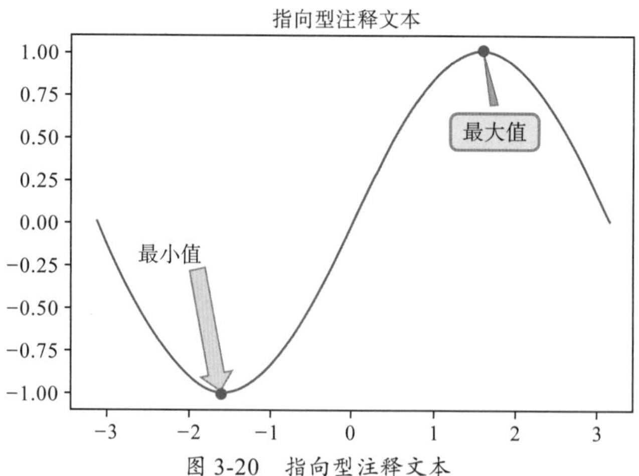

图 3-20　指向型注释文本

3.7　复杂柱形图

复杂柱形图包括很多种，本章从并列柱形图、堆积柱形图、误差棒柱形图来讲解复杂柱形图的绘制思路、流程以及代码实现。

3.7.1　并列柱形图

当对多个样本进行某个因素的比较时，如对多个班级某次考试的语数英三门成绩平均分进行比较时，就可以用到并列柱形图，如代码 3-19 所示。绘制思路如下：

（1）绘制第一个班级的语数英成绩柱形图；

（2）间隔一定的距离绘制第二个班级的语数英成绩柱形图，以此类推；

（3）补充 x、y 轴名称，完善图形。

代码 3-19

```
import matplotlib.pyplot as plt
import numpy as np
import matplotlib
%matplotlib inline

plt.rcParams['font.sans-serif']=['SimHei']
plt.rcParams['axes.unicode_minus']=False

x = np.arange(3)
y1 = np.random.randint(70,100,3)
y2 = np.random.randint(70,100,3)
y3 = np.random.randint(70,100,3)

# 将整个空间作为 1，3 个科目的成绩各占 0.2
index = 0.2
```

```
plt.bar(x,y1,index,label=' 班级 A')
plt.bar(x+index,y2,index,label=' 班级 B')
plt.bar(x+2*index,y3,index,label=' 班级 C')
tick_label= [' 语文 ',' 数学 ',' 英语 ']

plt.legend()
# 调整 label 位置，使其落在两个直方图中间位置
plt.xticks(x+index, tick_label)
plt.title(' 全年级语数英成绩对比柱形图 ')
plt.show()
```

运行结果如图 3-21 所示。

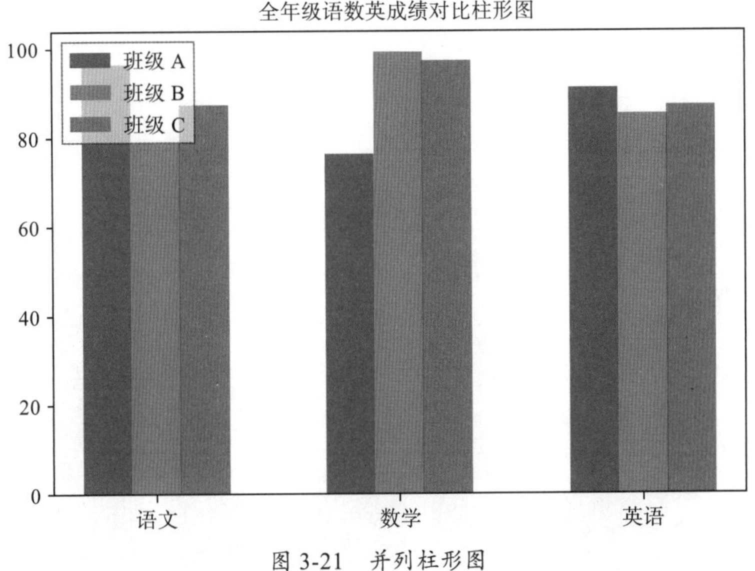

图 3-21　并列柱形图

3.7.2　堆积柱形图

堆积柱形图，即将若干柱形图堆叠起来的统计图形。它也可以类似于饼图展示数据的分布，如代码 3-20 所示。

绘制思路如下：

（1）绘制第一个柱形图；

（2）以第一个柱形图为底绘制第二个柱形图，以此类推；

（3）完善图形。

代码 3-20

```
import matplotlib.pyplot as plt
import numpy as np
import matplotlib
%matplotlib inline
```

```
plt.rcParams['font.sans-serif']=['SimHei']
plt.rcParams['axes.unicode_minus']=False

x = np.arange(5)
y1 = np.random.randint(10,50,5)
y2 = np.random.randint(10,50,5)
y3 = np.random.randint(10,50,5)

plt.bar(x,y1,label='语文')
plt.bar(x,y2,bottom=y1,label='数学')
plt.bar(x,y3,bottom=(y1+y2),label='英语')
plt.legend()

plt.xticks(x,['1班','2班','3班','4班','5班'])
plt.title('堆积柱形图')
plt.show()
```

运行结果如图 3-22 所示。

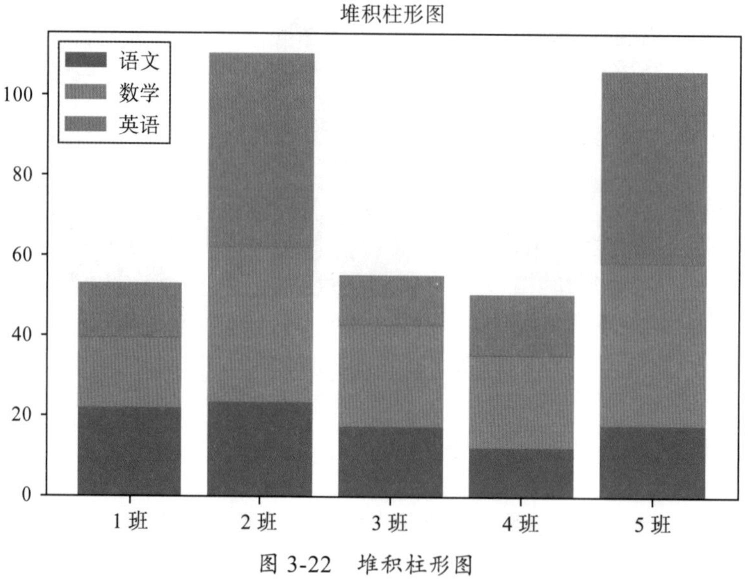

图 3-22 堆积柱形图

如果想要绘制能够反映数据的百分比分布的堆积柱形图，则需要先计算百分比值，再绘制图形，如代码 3-21 所示。

代码 3-21

```
import matplotlib.pyplot as plt
import numpy as np
import matplotlib
%matplotlib inline

plt.rcParams['font.sans-serif']=['SimHei']
plt.rcParams['axes.unicode_minus']=False
```

```
x = np.arange(5)
y1 = np.random.randint(10,50,5)
y2 = np.random.randint(10,50,5)
y3 = np.random.randint(10,50,5)
# 计算百分比
sum_ = y1+y2+y3
pcen1 = y1/sum_
pcen2 = y2/sum_
pcen3 = y3/sum_

plt.bar(x,pcen1,label='语文')
plt.bar(x,pcen2,bottom=pcen1,label='数学')
plt.bar(x,pcen3,bottom=(pcen1+pcen2),label='英语')
plt.legend()
plt.xticks(x,['1班','2班','3班','4班','5班'])

plt.title('百分比堆积图')
plt.show()
```

运行结果如图 3-23 所示。

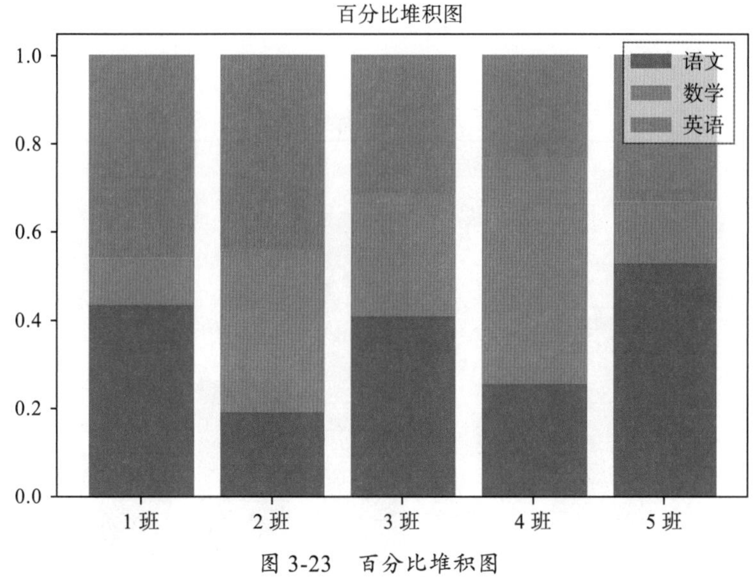

图 3-23　百分比堆积图

3.7.3　误差棒柱形图

在前一章讲过了误差棒图的绘制。误差棒图实际上还可以和柱形图结合使用，需要在 pyplot.bar() 中补充一些参数，如代码 3-22 所示。补充参数含义如下。

- xerr, yerr：分别针对水平型、垂直型误差。
- error_kw：设置误差记号的相关参数，例如，elinewidth 设置线型粗细，ecolor 设置颜色，capsize 设置误差线边界横线的长度。

代码 3-22

```
import matplotlib.pyplot as plt
import numpy as np
%matplotlib inline
plt.rcParams['font.sans-serif']=['SimHei']
plt.rcParams['axes.unicode_minus']=False

x = np.arange(5)
y = np.random.randint(10,40,5)
colors = ['red','yellow','blue','green','purple']

# 误差列表
std_err=[1,2,5,3,2]
# 设置误差标记参数
error_params=dict(elinewidth=4,ecolor='black',capsize=5)

# 在 bar() 中补充误差参数
plt.bar(x,y,yerr=std_err,error_kw=error_params,color=colors)

plt.title('误差棒柱形图')
plt.show()
```

运行结果如图 3-24 所示。

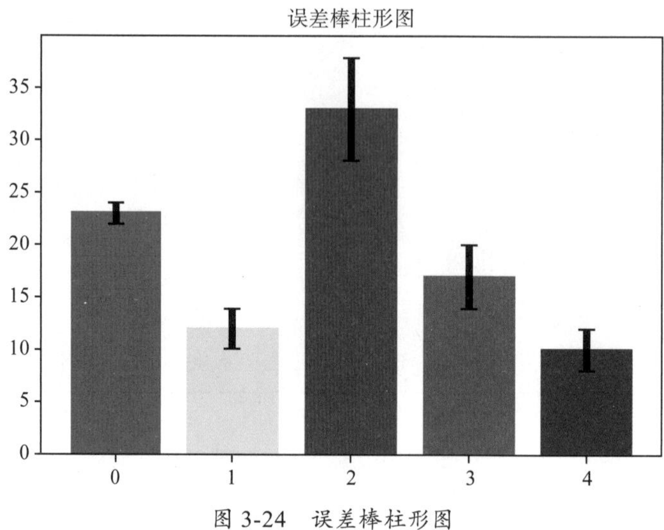

图 3-24　误差棒柱形图

3.8　复杂条形图

复杂条形图如并列条形图、堆积条形图、带误差棒的条形图，其实现过程与复杂柱形图相比没有很大的区别，基本上和柱形图与条形图的绘制流程一致，此处不再赘述。本小节主要介绍如何通过条形图达到类似甘特图的效果。

在 Matplotlib 中通过 pyplot.broken_barh() 绘制类似甘特图的间断条形图，如代码 3-23。其中，常用参数如下。

➢ xranges：(xmin, xwidth) 组成的数组，其中 xmin 是每个起始点的坐标，xwidth 是每个块的宽度。
➢ yranges:（ymin, ymax）规定某一组方块的 y 坐标位置，ymin 为起始坐标，ymax 是宽度。

代码 3-23

```
import matplotlib.pyplot as plt
import numpy as np
%matplotlib inline
plt.rcParams['font.sans-serif']=['SimHei']
plt.rcParams['axes.unicode_minus']=False

ax = plt.gca()
ax.spines['right'].set_color('none')
ax.spines['top'].set_color('none')

plt.broken_barh([(30,100),(180,50),(260,70)],(20,10), facecolors=('#FF6347
    ',' #03A89E','#ED9121'))
plt.broken_barh([(60,90),(190,20),(230,30),(280,60)],(10,5),facecolors=("#
    7fc97f","#beaed4","#fdc086","#D2B48C"))

plt.xlim(0,360)
plt.ylim(5,35)
plt.xticks(np.arange(0,361,60))
plt.yticks([12.5,25],["A","B"])

plt.title(' 间断式条形图 ')
plt.show()
```

运行结果如图 3-25 所示。

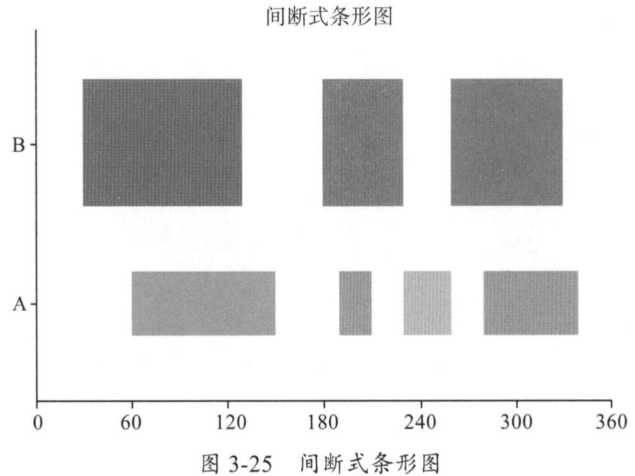

图 3-25　间断式条形图

3.9 堆叠图

堆叠图主要用于显示部分对整体随时间的变化关系，它与饼图很相似，但是，堆叠图反映的是数据随着时间的变化关系。在 Matplotlib 中通过 pyplot.stackplot() 绘制堆叠图，如代码 3-24 所示。主要参数如下。

➢ x：维度为 n 的一维数组；

➢ y：2 维数组（维度 m × n）或 1 维数组的序列（每维 1 × n）。

代码 3-24

```
import matplotlib.pyplot as plt
import numpy as np
%matplotlib inline

plt.rcParams['font.sans-serif']=['SimHei']
plt.rcParams['axes.unicode_minus']=False

x = np.arange(10)
y1 = np.random.randint(5,20,10)
y2 = np.random.randint(5,20,10)
y3 = np.random.randint(5,20,10)

labels = ['早餐', '中餐', '晚餐']
colors = ['#FA8072', '#FF6103', '#87CEEB']

plt.stackplot(x, y1, y2, y3, labels=labels, colors=colors)
plt.title("10 天三餐支出汇总图")
plt.legend()
plt.show()
```

运行结果如图 3-26 所示。

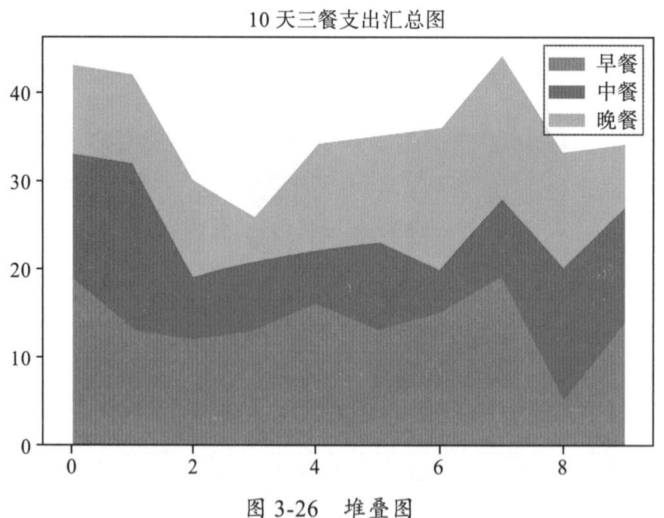

图 3-26 堆叠图

3.10 子图

子图是将整个画布划分成若干块，再在每一块上绘制的图形。在 Matplotlib 中，有两种子图：规则划分的子图与不规则划分的子图。在正式介绍子图之前，先解释一个概念。以 subplot() 为例，subplot(n1,n2,n3) 表示将整个画布划分成 n1 × n2 的矩阵，该 plot 为第 n3 个图。subplot(n1,n2,n3) 也可以写作 subplot(n1n2n3)，中间省略逗号也是可以运行成功的，但不提倡这么做。

3.10.1 规则划分的子图

通过 pyplot.subplot() 创建几何形状相同的子图。不过需要记得在调用 pyplot.subplot() 前要先调用 pyplot.figure() 获取画布，才能进行后续操作，如代码 3-25 所示。

代码 3-25

```
import matplotlib.pyplot as plt
import numpy as np
%matplotlib inline

plt.rcParams['font.sans-serif']=['SimHei']
plt.rcParams['axes.unicode_minus']=False
plt.figure()

x = np.arange(1,11)
y1 = np.random.randint(1,10,10)
y2 = np.sin(x)
y3 = np.cos(x)
y4 = x * x

plt.subplot(2,2,1)
plt.bar(x,y1,color='#33A1C9',alpha=0.7)
plt.title('第一个图')

plt.subplot(2,2,2)
plt.plot(x,y2,drawstyle='steps',color='#A066D3')
plt.title('第二个图')

plt.subplot(223)
plt.plot(x,y3,color='#BC8F8F')
plt.grid()

plt.subplot(224)
plt.plot(x,y4)
plt.xlim(1,5)

plt.show()
```

运行结果如图 3-27 所示。

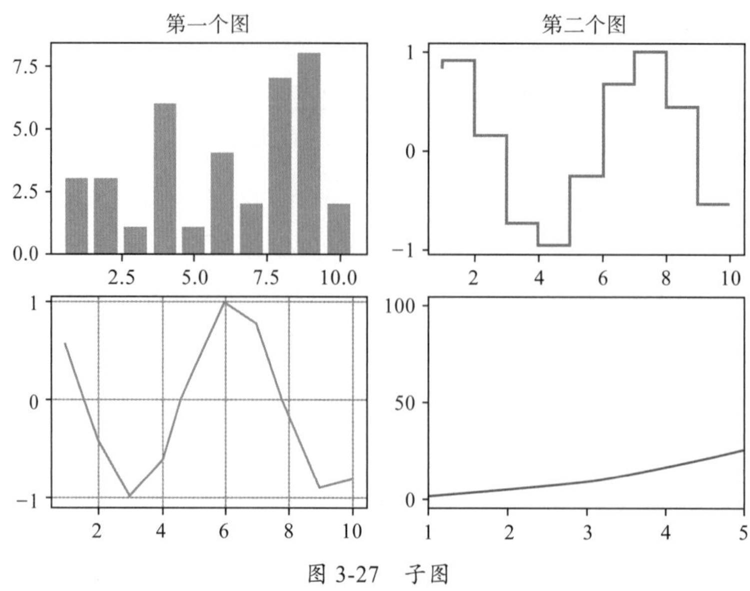

图 3-27 子图

还可以在整个画布中显示奇数个子图，如代码 3-26 所示。

代码 3-26

```
import matplotlib.pyplot as plt
import numpy as np
%matplotlib inline

plt.rcParams['font.sans-serif']=['SimHei']
plt.rcParams['axes.unicode_minus']=False
plt.figure()

x = np.arange(1,11)
y1 = np.random.randint(1,10,10)
y2 = np.sin(x)
y3 = np.cos(x)
y4 = x * x

plt.subplot(2,2,1)
plt.bar(x,y1,color='#33A1C9',alpha=0.7)
plt.title('第一个图')

plt.subplot(2,2,2)
plt.plot(x,y2,drawstyle='steps',color='#A066D3')
plt.title('第二个图')

"""
将剩下的 223 和 224 重新划分，按 2*1 划分
前面的 221 和 222 共占了 2*1 的第一部分，也就是 211
因此剩下的为 212
"""
plt.subplot(212)
```

```
plt.plot(x,y3,color='#BC8F8F')
plt.grid()
plt.show()
```

运行结果如图 3-28 所示。

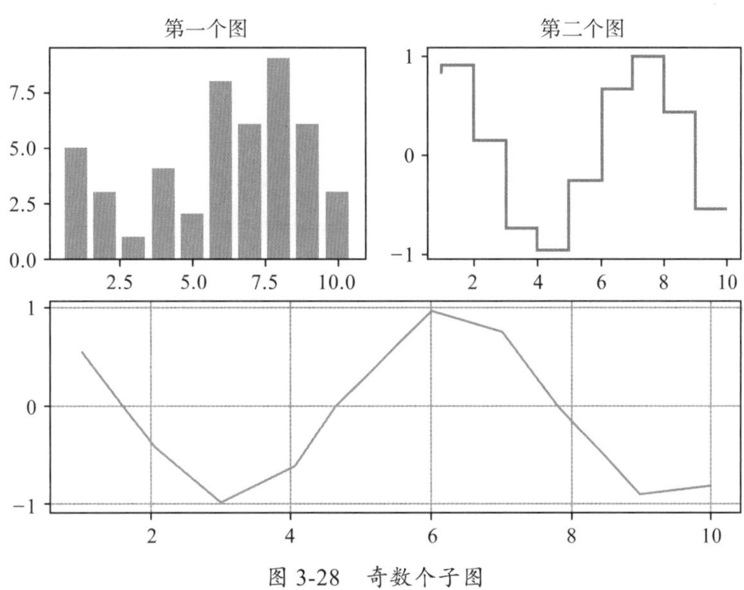

图 3-28　奇数个子图

3.10.2　不规则划分的子图

在 3.10.1 小节中，即使绘制的是奇数个图形，但还是规则划分的。如果想要将画布不规则划分，需要使用函数 pyplot.subplot2grid()。

首先对 subplot2grid() 参数的含义进行解释。

以 subplot2grid((3,3),(1,0),colspan=2 ,rowspan=2) 为例，该命令表示将整个画布看作 3×3 的矩阵，该图形起始于 (1,0)，占 2 列 2 行。其中参数 colspan 和 rowspan 的缺省值为 1，如代码 3-27 所示。

代码 3-27

```
import matplotlib.pyplot as plt
import numpy as np
%matplotlib inline

plt.rcParams['font.sans-serif']=['SimHei']
plt.rcParams['axes.unicode_minus']=False
plt.figure()

x = np.arange(1,11)
y1 = np.random.randint(1,10,10)
y2 = np.cos(x)
y3 = np.sin(x)
y4 = np.log(x)
```

```
# 对单个子图添加标题用 set_title
ax1 = plt.subplot2grid((3,3),(0,0))
ax1.bar(x,y1,color='#33A1C9',alpha=0.7)
ax1.set_title(' 第一个图 ')

ax2 = plt.subplot2grid((3,3),(1,0))
ax2.plot(x,y2)

ax3 = plt.subplot2grid((3,3),(0,1),colspan=2,rowspan=2)
ax3.plot(x,y3,color='#A066D3')
ax3.set_title(' 第三个图 ')

ax4 = plt.subplot2grid((3,3),(2,0),colspan=3)
ax4.plot(x,y4,color='#BC8F8Fv)
ax4.grid()

# 将总标题设置到最下方
plt.title(' 不规则划分子图 ',y=-0.1,pad=-20)
plt.show()
```

运行结果如图 3-29 所示。

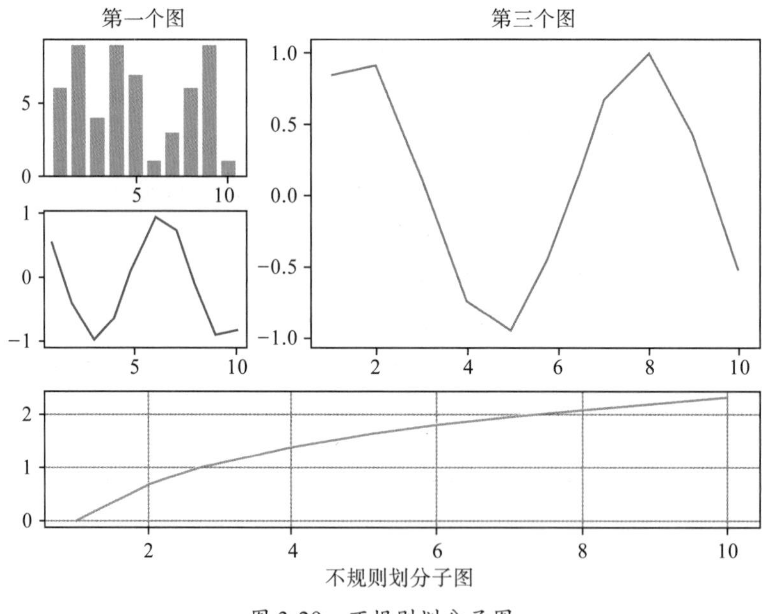

图 3-29　不规则划分子图

3.11　等高线图

等高线图经常用在绘制梯度下降算法的相关示意图中。

在 Matplotlib 中通过 pyplot.contour() 绘制等高线。绘制等高线最基本、最重要的三个参数是长、宽、高，对应 x、y 和 z，如代码 3-28 所示。

代码 3-28

```
import matplotlib.pyplot as plt
import numpy as np
%matplotlib inline

plt.rcParams['font.sans-serif']=['SimHei']
plt.rcParams['axes.unicode_minus']=False

# 生成数据
# 计算 x,y 坐标对应的高度值
def f(x, y):
    return (1-x/2+x**5+y**3) * np.exp(-x**2-y**2)

n = 256
x = np.linspace(-3, 3, n)
y = np.linspace(-3, 3, n)
# 把 x,y 数据生成 mesh 网格状的数据，因为等高线的显示是在网格的基础上添加高度值
X, Y = np.meshgrid(x, y)

plt.contour(X, Y, f(X, Y))
# 显示图表
plt.title('等高线图')
plt.show()
```

运行结果如图 3-30 所示。

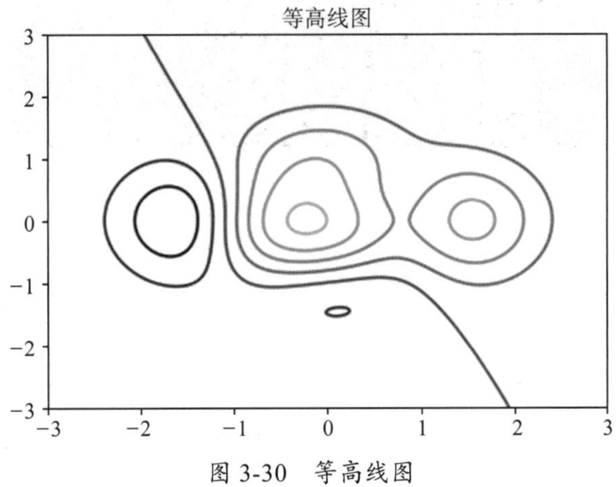

图 3-30　等高线图

如果需要的是填充等高线，使用命令 pyplot.contourf()，如代码 3-29 所示。

代码 3-29

```
import matplotlib.pyplot as plt
import numpy as np
%matplotlib inline

plt.rcParams['font.sans-serif']=['SimHei']
plt.rcParams['axes.unicode_minus']=False
```

```
def f(x, y):
    return (1-x/2+x**5+y**3) * np.exp(-x**2-y**2)

n = 256
x = np.linspace(-3, 3, n)
y = np.linspace(-3, 3, n)
X, Y = np.meshgrid(x, y)
# 显示热力图
plt.contourf(X, Y, f(X, Y),20,cmap=plt.cm.hot)
# 添加标注
C = plt.contour(X, Y, f(X, Y), 20)
plt.clabel(C, inline=True, fontsize=12)
plt.title('填充等高线图')
plt.show()
```

运行结果如图 3-31 所示。

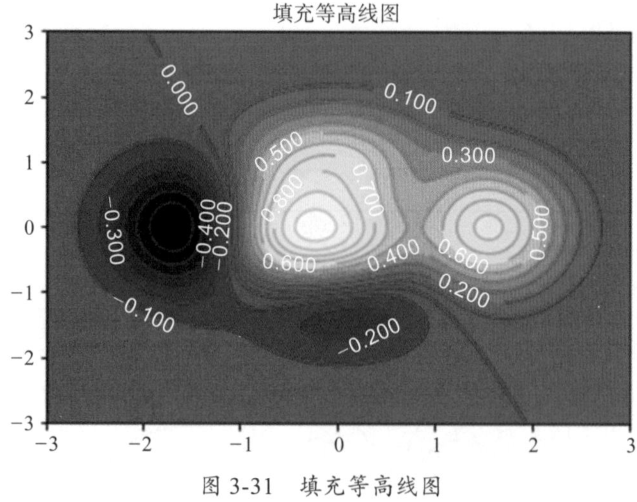

图 3-31 填充等高线图

3.12 热力图

热力图，也可以称作热图、密度表等，主要用于展示数据的分布情况。标准的热力图由三个维度的数据组成，两组连续的数据作为 x 轴和 y 轴，第三组数据通过颜色深浅程度反映。热力图在机器学习中的使用频率较高。

Matplotlib 中绘制热力图需要使用到两个函数——pyplot.imshow() 和 pyplot.colorbar()，如代码 3-30 所示。

代码 3-30

```
import matplotlib.pyplot as plt
import numpy as np
%matplotlib inline

plt.rcParams['font.sans-serif']=['SimHei']
```

```
plt.rcParams['axes.unicode_minus']=False

x = np.random.random(16).reshape(4,4)
plt.imshow(x, cmap=plt.cm.hot)
plt.colorbar()
plt.title('热力图')
plt.show()
```

其中，imshow() 的 cmap 用来修改色系，有以下参数。

- hot：从黑色平滑过度到红色、橙色和黄色的背景色，然后到白色。
- cool：包含青绿色和品红色的阴影色。从青绿色平滑变化到品红色。
- gray：返回线性灰度色图。
- bone：具有较高的蓝色成分的灰度色图。
- white：全白的单色色图。
- spring：包含品红色和黄色的阴影颜色。
- summer：包含绿色和黄色的阴影颜色。
- autumn：从红色平滑变化到橙色，然后到黄色。
- winter：包含蓝色和绿色的阴影色。

运行结果如图 3-32 所示。

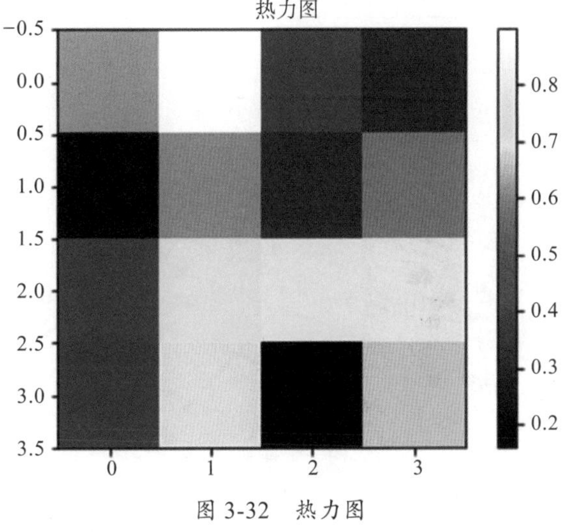

图 3-32　热力图

3.13　3D 图形

Matplotlib 除了可以绘制上述各式各样的 2D 图形，还可以绘制 3D 图形。最基本的 3D 图是由 (x, y, z) 三维坐标点构成的线图与散点图，可以用 ax.plot3D 和 ax.scatter3D 函数来创建，默认情况下，散点会自动改变透明度，以在平面上呈现出立体感。在此分别展示两种 3D 图形及其代码实现，如代码 3-31 和代码 3-32 所示。

代码 3-31

```
import matplotlib.pyplot as plt
import numpy as np
from mpl_toolkits import mplot3d
%matplotlib inline

plt.rcParams['font.sans-serif']=['SimHei']
plt.rcParams['axes.unicode_minus']=False
ax = plt.axes(projection='3d')

# 三维线的数据
zline = np.linspace(0, 15, 1000)
xline = np.sin(zline)
yline = np.cos(zline)
ax.plot3D(xline, yline, zline, 'yellow')

# 三维散点的数据
zdata = 15 * np.random.random(100)
xdata = np.sin(zdata) + 0.1 * np.random.randn(100)
ydata = np.cos(zdata) + 0.1 * np.random.randn(100)
ax.scatter3D(xdata, ydata, zdata, c=zdata, cmap='PuRd')

ax.view_init(70, 60)
plt.show()
```

运行结果如图 3-33 所示。

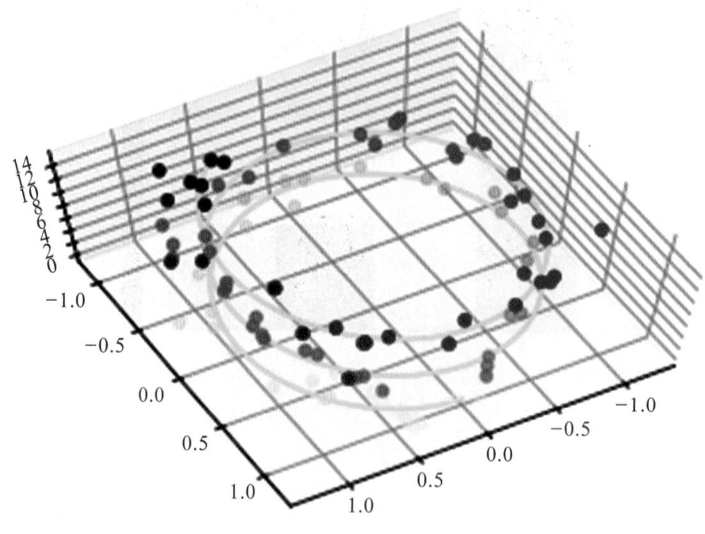

图 3-33　三维散点图及线图

代码 3-32

```
import matplotlib.pyplot as plt
import numpy as np
from mpl_toolkits import mplot3d
```

```
%matplotlib inline

plt.rcParams['font.sans-serif']=['SimHei']
plt.rcParams['axes.unicode_minus']=False

def f(x, y):
    """
    计算高度 Z
    """
    return np.sin(np.sqrt(x ** 2 + y ** 2))
x = np.linspace(-6,6,30)
y = np.linspace(-6,6,30)
X, Y = np.meshgrid(x, y)
Z = f(X,Y)

fig = plt.figure()
ax = plt.axes(projection='3d')
ax.contour3D(X, Y, Z, 50, cmap='OrRd_r')
ax.set_xlabel('x')
ax.set_ylabel('y')
ax.set_zlabel('z')

# 调整观察角度和方位角
# 俯仰角设为 60 度，方位角设为 30 度
ax.view_init(60, 30)
plt.title('三维等高线图', pad=20)
plt.show()
```

运行结果如图 3-34 所示。

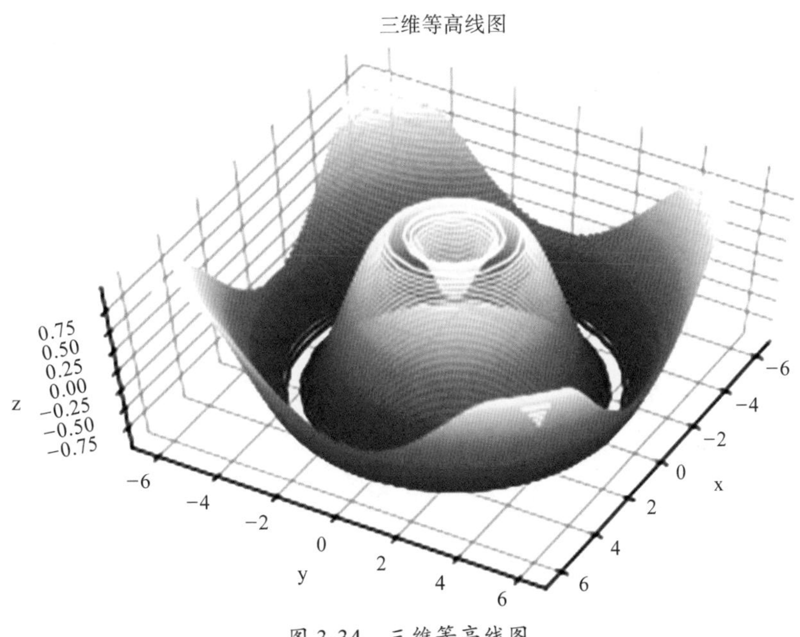

图 3-34　三维等高线图

3.14 Matplotlib 的扩展功能

Matplotlib 除了前述功能外，还可以和其他框架结合使用。本节从 Matplotlib 与 tex、qt 和 tkinter 三个组件的结合使用出发，简要地介绍 Matplotlib 的扩展功能。

3.14.1 Matplotlib 与 tex 的结合

当对复杂的函数进行标注时，若需要添加特殊的数学公式，可以使用 LaTex 编写数学公式。由于 Matplotlib 自带 TeX 的表达式解析器、字体和引擎等，直接将数学表达式放在一对 $ 之间就可以正常输出，如代码 3-33 所示。

代码 3-33

```
import matplotlib.pyplot as plt
import numpy as np
%matplotlib inline

plt.rcParams['font.sans-serif']=['SimHei']
plt.rcParams['axes.unicode_minus']=False

x = np.arange(0,1,0.01)
y = np.power(np.cos(np.power(x,4)),3)+3*np.pi*np.power(np.sin(x),4)
plt.text(0.2,3.5,r'function: $cos(x^4)^3+3 \pi {sin(x)^4}$',
          fontsize=15,color='b')
plt.plot(x,y,'r-.')

plt.title('LaTex')
plt.show()
```

运行结果如图 3-35 所示。

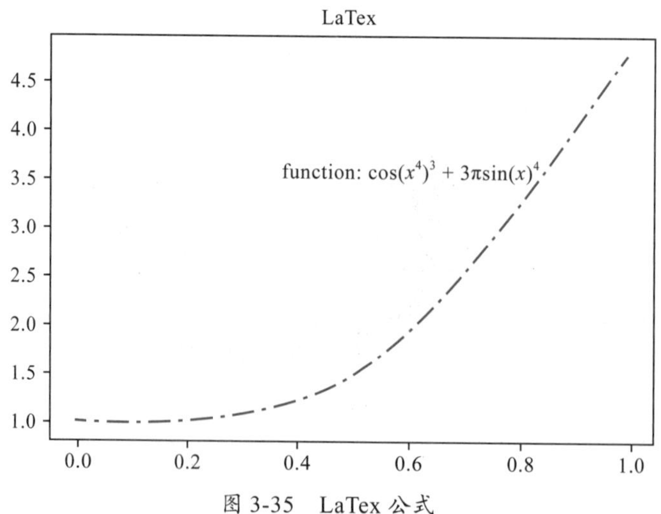

图 3-35 LaTex 公式

3.14.2 Matplotlib 与 qt 的结合

Matplotlib 可以将 qt 作为图形后端，实现交互式绘图，如代码 3-34 所示。

代码 3-34

```
import matplotlib.pyplot as plt
import numpy as np

%matplotlib qt

x = np.linspace(0.05, 10, 10)
y1 = np.sin(x)
y2 = np.cos(x)
plt.plot(x,y1,'ro:')
plt.plot(x,y2,'g*-.')

plt.show()
```

运行结果如图 3-36 所示。

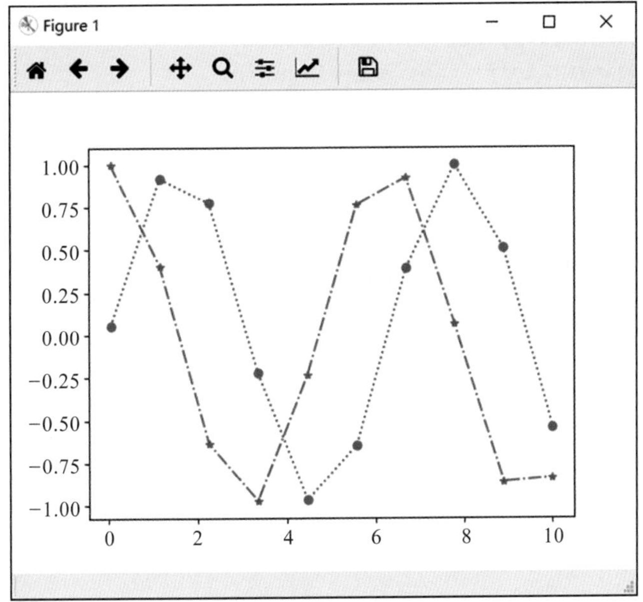

图 3-36 交互式绘图

此时会弹出一个窗口，在这个窗口就可以对图形进行缩放、个性化设置窗口的大小、保存图片等操作。

3.14.3 Matplotlib 与 tkinter 的结合

tkinter 是使用 Python 进行窗口视窗设计的模块。tkinter 模块（“Tk 接口”）是 Python

的标准 Tk GUI 工具包的接口。作为 Python 特定的 GUI 界面，tkinter 也可以内嵌在 Matplotlib 中，如代码 3-35 所示。

代码 3-35

```
# 导入需要使用到的模块
import tkinter
from matplotlib.backends.backend_tkagg import FigureCanvasTkAgg
from matplotlib.backends.backend_tkagg import NavigationToolbar2Tk
from matplotlib.backend_bases import key_press_handler
from matplotlib.figure import Figure
import numpy as np

# 实例化一个根窗口与设置标题
root = tkinter.Tk()
root.wm_title("Matplotlib & Tk")

# 设置画布的大小和分别率
fig = Figure(figsize=(6, 4), dpi=150)

# 利用子图画图
axc = fig.add_subplot(111)
x = np.linspace(0,2*np.pi)
axc.plot(np.sin(x),c='r',label='y=sin(x)')
axc.plot(np.cos(x),c='g',label='y=cos(x)')
axc.axhline(y=0,linestyle=':')
axc.legend()

# 创建画布控件
canvas = FigureCanvasTkAgg(fig, master=root)
canvas.draw()
# 显示画布控件
canvas.get_tk_widget().pack()

# 创建工具条控件
toolbar = NavigationToolbar2Tk(canvas, root)
toolbar.update()
# 显示工具条控件
canvas.get_tk_widget().pack()

# 绑定快捷键函数
def on_key_press(event):
    print("you pressed {}".format(event.key))
    key_press_handler(event, canvas, toolbar)

# 调用快捷键函数
canvas.mpl_connect("key_press_event", on_key_press)

# 退出函数
def quit_mk():
```

```
        root.quit()
        root.destroy()

# 退出按钮控件
button = tkinter.Button(master=root, text="退出", command=quit_mk)
button.pack(side=tkinter.BOTTOM)
# 消息循环
tkinter.mainloop()
```

运行结果如图 3-37 所示。

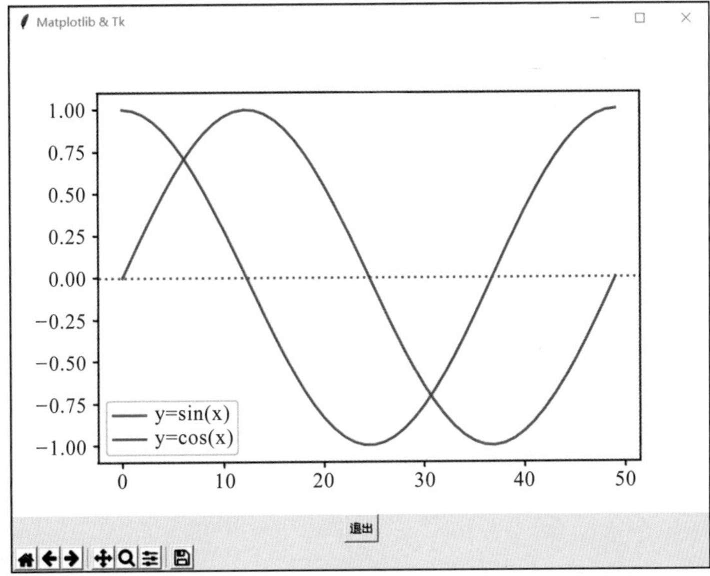

图 3-37　Matplotlib 与 tkinter

此时单击“退出”按钮，就可以达到退出窗口的目的。

◎ 本章小结

本章主要介绍了 Matplotlib 库的进阶使用，包括：图形默认参数的设置及修改；坐标轴、图例、参考线或参考区域、注释文本的设置；复杂柱形图、复杂条形图、堆叠图、等高线图、热力图、3D 图的绘制方法；子图的设置和绘制方法，以及 Matplotlib 与 tex、qt、tkinter 等组件相结合的扩展功能等。

◎ 课后习题

思考如何绘制环形图，并绘制出图 3-38。

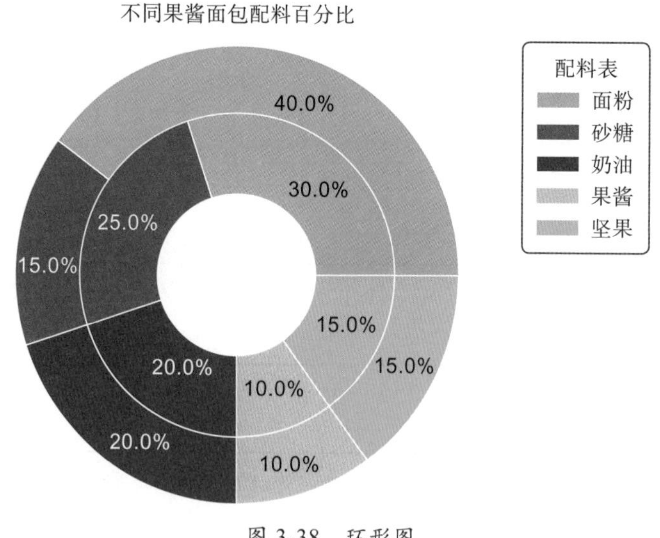

图 3-38 环形图

◎ 思考题

1. 自学热力图 imshow() 中的 interpolation 参数的设置方式，并绘制示意图。
2. 思考 Matplotlib 还可以与哪些组件结合使用。

C H A P T E R 4

第4章

Seaborn 的使用

4.1 Seaborn 简介

Matplotlib 虽然能绘制各具特色的图，并具有非常好的扩展性，但它绘出的图形从某种程度来说，会显得比较单调，在色彩的渐变上也比较单一。而 Seaborn 是基于 Matplotlib 的图形可视化 Python 包。它提供了一种高度交互式界面，便于用户制作各种有吸引力的统计图表。它在 Matplotlib 的基础上进行了更高级的 API（Application Programming Interface）封装，从而使得作图更加容易，在大多数情况下我们使用 Seaborn 能做出很具有吸引力的图，比使用 Matplotlib 能制作具有更多特色的图。我们可以把 Seaborn 视为 Matplotlib 的补充，而不是替代物。同时，它能高度兼容 Numpy 与 Pandas 数据结构以及 Scipy 与 Statsmodels 等统计模型。

Seaborn 的官网主页[⊖]向我们展示了实例，有着各种各样的分类图、线图等。接下来让我们由浅入深地学习 Seaborn 这个可视化工具。

图 4-1 是本章知识结构的思维导图。

4.2 基本设置

在正式开始学习之前，首先要清楚 Seaborn 的一些基本设置。Seaborn 虽然基于 Matplotlib，但和 Matplotlib 相比也有着许多不同的地方。

⊖ http://seaborn.pydata.org/examples/index.html。

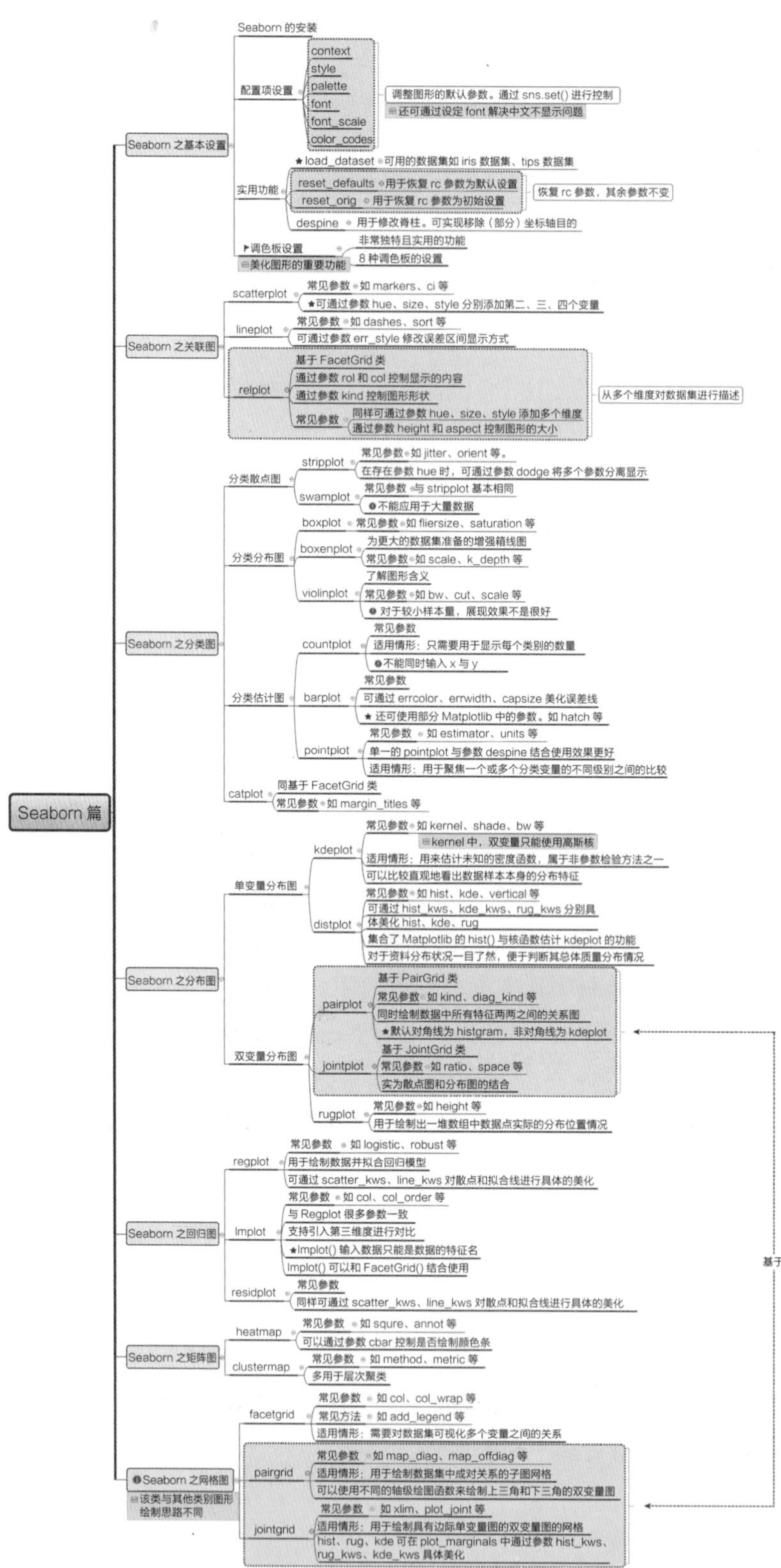

图 4-1 第 4 章知识结构思维导图

4.2.1 Seaborn 的安装

首先说一说 Seaborn 的安装。Seaborn 与 Matplotlib 的安装大同小异，读者只需将本书 2.2 节的安装命令中的 matplotlib 替换为 seaborn，即可完成安装。例如，在 Windows 环境下，在 cmd 中直接输入命令“ pip install seaborn”就可以完成 Seaborn 的安装。如果是使用 Anaconda，在 Anaconda Prompt 中输入“ conda install seaborn”也可以完成 Seaborn 的安装。

4.2.2 配置项设置

在 Seaborn 中，通过 seaborn.set() 调整图像的一些配置项，如代码 4-1 所示，包括以下内容。

- context：参数控制着默认的画幅大小，可选参数有 [paper, notebook, talk, poster] 四个值。其中，画幅大小依次为 poster > talk > notebook > paper。
- style：参数控制默认样式，可选参数有 [darkgrid, whitegrid, dark, white, ticks]。
- palette：参数为预设的调色板，可选参数有 [deep, muted, bright, pastel, dark, colorblind]。有关 palette 的具体设置，后续会详细介绍。
- font：用于设置字体。
- font_scale：设置字体大小。
- color_codes：不使用调色板而采用 Matplotlib 中的如 r 等颜色缩写。

代码 4-1

```
import matplotlib.pyplot as plt
import numpy as np
import seaborn as sns
%matplotlib inline

x = np.arange(1,11)
y = np.random.randint(1,10,10)

sns.set(context='poster', style='whitegrid', palette='muted', font='KaiTi')
sns.barplot(x,y,palette='Spectral_r')
plt.title(' 简单的第一个图 ')
plt.show()
```

运行结果如图 4-2 所示。

如果想具体地对某一个配置项如 context 进行设置，可以通过 sns.set_context() 来配置，如代码 4-2 所示。

代码 4-2

```
import matplotlib.pyplot as plt
import numpy as np
import seaborn as sns
%matplotlib inline
```

```
x = np.arange(1,11)
y = np.random.randint(1,10,10)

sns.set(style='ticks',palette='muted',font='KaiTi')
sns.set_context('notebook', font_scale=1.5, rc={"lines.linewidth":6})
sns.barplot(x,y,palette='Spectral_r')
plt.title(' 简单的一个图 ')
plt.show()
```

运行结果如图 4-3 所示。

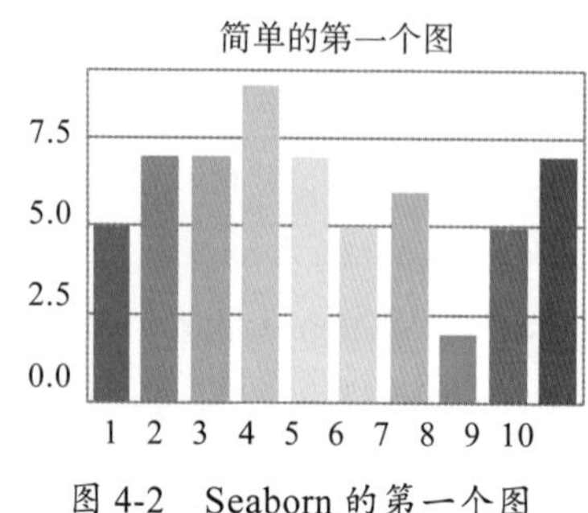

图 4-2 Seaborn 的第一个图

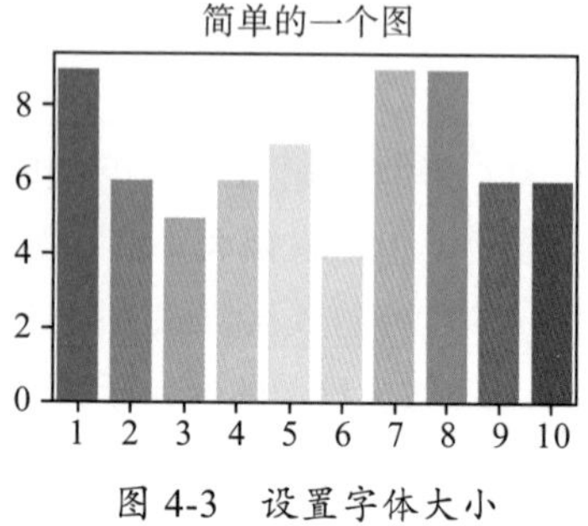

图 4-3 设置字体大小

如果想知道 context() 当前的具体参数情况，可以通过 sns.plotting_context() 查看，如代码 4-3 所示。

代码 4-3

```
import seaborn as sns
sns.plotting_context()
```

运行结果如图 4-4 所示。

```
{'font.size': 18.0,
 'axes.labelsize': 18.0,
 'axes.titlesize': 18.0,
 'xtick.labelsize': 16.5,
 'ytick.labelsize': 16.5,
 'legend.fontsize': 16.5,
 'axes.linewidth': 1.25,
 'grid.linewidth': 1.0,
 'lines.linewidth': 6.0,
 'lines.markersize': 6.0,
 'patch.linewidth': 1.0,
 'xtick.major.width': 1.25,
 'ytick.major.width': 1.25,
 'xtick.minor.width': 1.0,
 'ytick.minor.width': 1.0,
 'xtick.major.size': 6.0,
 'ytick.major.size': 6.0,
 'xtick.minor.size': 4.0,
 'ytick.minor.size': 4.0}
```

图 4-4 查看 Seaborn 的 context() 参数

我们在代码 4-2 中设定了 lines.linewidth=6，与此处显示的一致。

我们还可以添加 context 参数，查看另一个参数下的具体参数值分别是多少，例如，我们想了解当 context = ‘poster’ 时的具体参数值，如代码 4-4 所示。

代码 4-4

```
import seaborn as sns
sns.plotting_context('poster')
```

运行结果如图 4-5 所示。

```
{'font.size': 24,
 'axes.labelsize': 24,
 'axes.titlesize': 24,
 'xtick.labelsize': 22,
 'ytick.labelsize': 22,
 'legend.fontsize': 22,
 'axes.linewidth': 2.5,
 'grid.linewidth': 2,
 'lines.linewidth': 3.0,
 'lines.markersize': 12,
 'patch.linewidth': 2,
 'xtick.major.width': 2.5,
 'ytick.major.width': 2.5,
 'xtick.minor.width': 2,
 'ytick.minor.width': 2,
 'xtick.major.size': 12,
 'ytick.major.size': 12,
 'xtick.minor.size': 8,
 'ytick.minor.size': 8}
```

图 4-5 查看 Seaborn 的 context 参数（poster 设置）

图 4-5 为 context = ‘poster’ 时的具体参数，例如，lines.markersize 为 12，lines.linewidth 为 3。

4.2.3 实用功能

除了一些基本的配置项设置，在 Seaborn 中还有很多非常实用的功能。

1. load_dataset()

我们在学习使用 Seaborn 绘图的过程中，可能会因为数据而头疼。Seaborn 很好地为我们解决了数据的问题。Seaborn 自带了很多数据集，不过首次加载需要计算机处于联网状态。通过 load_dataset(‘data_name’) 加载后会得到 DataFrame 格式的数据。

Seaborn 包含的数据集如图 4-6 所示，有非常著名的泰坦尼克号数据集、鸢尾花数据集等。我们可以充分利用这些数据集[⊖]。

⊖ https://github.com/mwaskom/seaborn-data。

png	Update pngs	Jan 20, 2020
process	Add mpg dataset	Jun 30, 2018
raw	Add mpg dataset	Jun 30, 2018
README.md	Add cautionary note in README.	Jan 13, 2018
anscombe.csv	Add anscombe dataset	Mar 6, 2014
attention.csv	Add attention dataset	Feb 24, 2014
brain_networks.csv	Add brain networks dataset	Oct 11, 2014
car_crashes.csv	Add 538 car crash dataset	Mar 28, 2015
diamonds.csv	Add diamonds dataset	Jun 30, 2018
dots.csv	Add dots dataset	Oct 22, 2017
exercise.csv	Add exercise dataset	Feb 24, 2014
flights.csv	Add flights dataset	Oct 9, 2014
fmri.csv	Change sorting of events in fmri data	Nov 26, 2017
gammas.csv	Make fake fmri data make a bit more sense	Mar 13, 2014
iris.csv	Add iris dataset	May 2, 2014
mpg.csv	Add mpg dataset	Jun 30, 2018
planets.csv	Add planets dataset	Mar 14, 2014
tips.csv	Add tips dataset	Feb 24, 2014
titanic.csv	Update titanic datset to remove index variable	Mar 21, 2014

图 4-6 Seaborn 包含的数据集

以 tips 数据集为例，我们可以制作一个柱形图，如代码 4-5 所示。

代码 4-5

```
import matplotlib.pyplot as plt
import numpy as np
import seaborn as sns
%matplotlib inline

tips = sns.load_dataset('tips')
sns.barplot(x = 'day', y = 'tip', data = tips, hue = 'sex')
```

运行结果如图 4-7 所示。

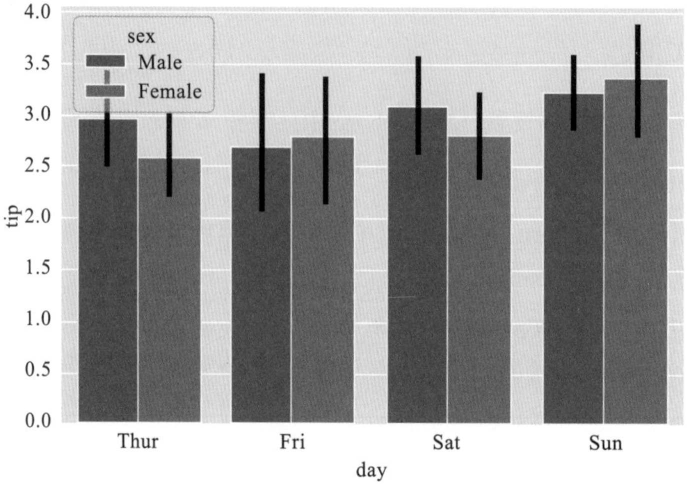

图 4-7 使用 Seaborn 的内置数据集绘图

2. reset_defaults() / reset_orig()

在对某一个特定的图形修改了如 context 或 style 后，若后面的图不想用修改后的参数，可以直接利用 sns.set() 命令全部恢复默认值。但是如果只是修改了 rc 参数，想要恢复 rc 参数，其他的参数不变，用 sns.set() 就会显得有点大材小用。Seaborn 中通过 reset_defaults() 将所有 rc 参数恢复为默认设置；通过 reset_orig() 将所有 rc 参数恢复为原始设置。

3. despine()

在 Matplotlib 中，需要令坐标轴的颜色为 none，以达到移去部分坐标轴的目的。而在 Seaborn 中，通过 seaborn.despine() 来控制坐标轴相关的操作，如代码 4-6 所示。

despine() 参数如下：

代码 4-6

```
despine(fig=None, ax=None, top=True, right=True, left=False,
        bottom=False, offset=None, trim=False)
```

其中，默认上方和右方为 True，即不显示。如果需要显示，可以设置为 False。

offset 是坐标轴偏移的距离；而当刻度没有完全覆盖整个轴的范围时，trim 参数可以用来限制已有脊柱的范围，如代码 4-7 所示。

代码 4-7

```
import matplotlib.pyplot as plt
import numpy as np
import seaborn as sns
%matplotlib inline

x = np.arange(1,11)
y = np.random.randint(1,10,10)

sns.set(style='ticks',font='SimHei')
sns.lineplot(x,y)
sns.despine(offset=10, trim=True)
```

运行结果如图 4-8 所示。

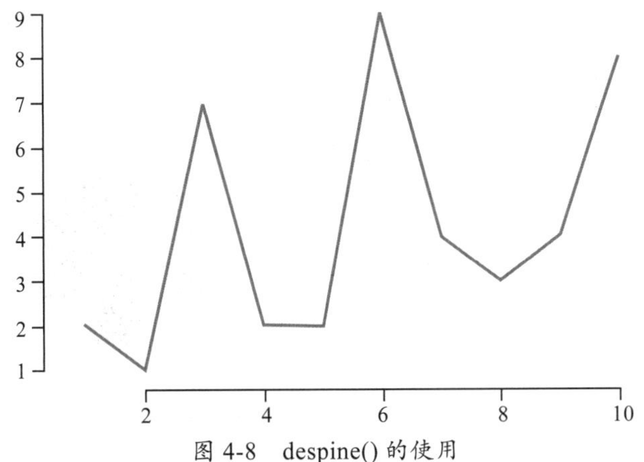

图 4-8　despine() 的使用

4.2.4 调色板设置

调色板可以说是 Seaborn 中非常重要且十分独特的一个功能。虽然 Matplotlib 中的颜色选项可以满足很多需求，但是想要更好地从颜色方面美化图形，单一的颜色是远远不够的。

1. 分类调色板

当不用区分离散数据的顺序时，可以使用分类调色板。分类调色板通过 color_palette() 创建，是系统默认给出的颜色，如代码 4-8 所示。

代码 4-8

```
import matplotlib.pyplot as plt
import numpy as np
import seaborn as sns
%matplotlib inline

current_palette = sns.color_palette()
sns.palplot(current_palette)
```

运行结果如图 4-9 所示。

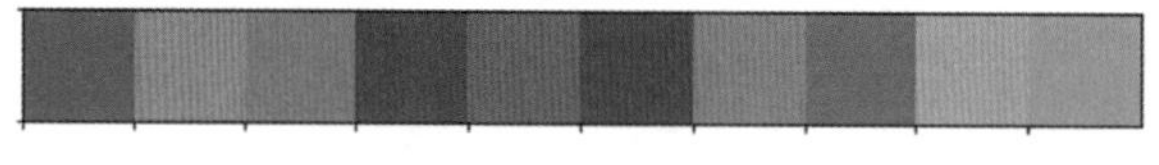

图 4-9 调色板

同时，分类调色板还有 6 种主题（见图 4-10）。

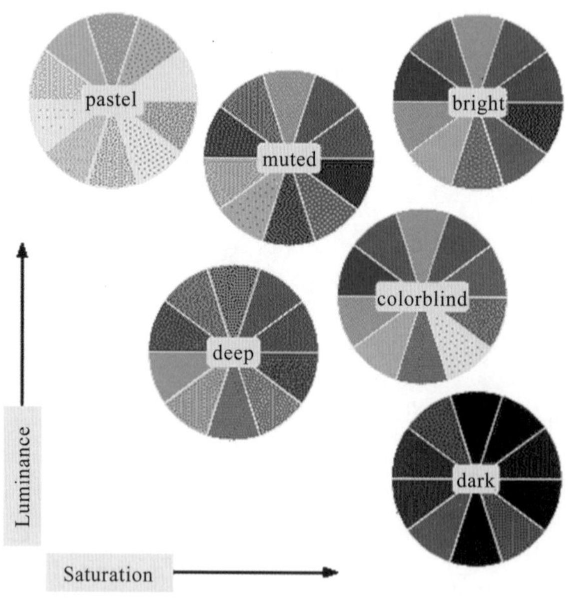

图 4-10 分类调色板的 6 种主题

以 'muted' 为例，设置方式如代码 4-9 所示。

代码 4-9

```
import matplotlib.pyplot as plt
import numpy as np
import seaborn as sns
%matplotlib inline

current_palette = sns.color_palette('muted')# 设置调色板主题
x = np.arange(1,11)
y = np.random.randint(1,10,10)
sns.barplot(x,y,palette=current_palette)
plt.show()
```

运行结果如图 4-11 所示。

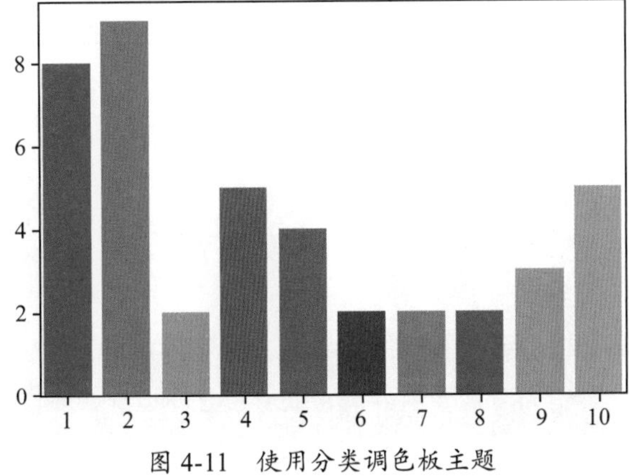

图 4-11　使用分类调色板主题

2. 圆形调色板

当需要 6 种以上的颜色时，可以在圆形颜色空间中按均匀间隔画出颜色，如代码 4-10 所示。

代码 4-10

```
import matplotlib.pyplot as plt
import numpy as np
import seaborn as sns
%matplotlib inline
# 均匀划分 10 个颜色
current_palette=sns.color_palette("hls", 10)
sns.palplot(current_palette)
```

运行结果如图 4-12 所示。

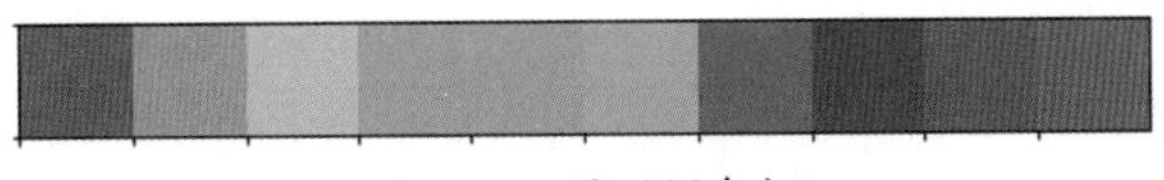

图 4-12　圆形调色板

还可以通过 hls_palette() 或 husl_palette() 来控制亮度和饱和度，如代码 4-11 和 4-12 所示。

代码 4-11

```
import matplotlib.pyplot as plt
import numpy as np
import seaborn as sns
%matplotlib inline
# h: 颜色个数   l: 亮度   s: 饱和度
current_palette = sns.hls_palette(h=10, l=0.6, s=0.5)
x = np.arange(1,11)
y = np.random.randint(1,10,10)
sns.barplot(x,y,palette=current_palette)
plt.show()
```

运行结果如图 4-13 所示。

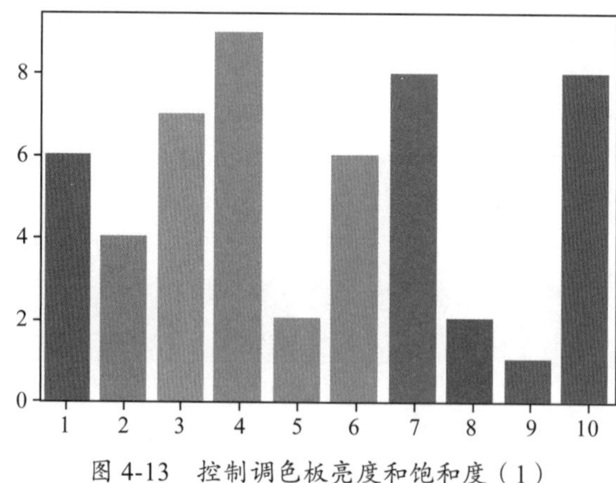

图 4-13　控制调色板亮度和饱和度（1）

代码 4-12

```
import matplotlib.pyplot as plt
import numpy as np
import seaborn as sns
%matplotlib inline
# h: 颜色个数   l: 亮度   s: 饱和度
current_palette = sns.husl_palette(h=10, l=0.7, s=0.8)
x = np.arange(1,11)
y = np.random.randint(1,10,10)
sns.barplot(x,y,palette=current_palette)
plt.show()
```

运行结果如图 4-14 所示。

3. Color Brewer 调色板

Color Brewer 其实也是一个分类色板，它同样存在于 matplotlib colormaps 中，但是并没有得到很好的处理。在 Seaborn 中，当调用 Color Brewer 分类色板时，颜色会成对出现，一浅一深，如代码 4-13 所示。

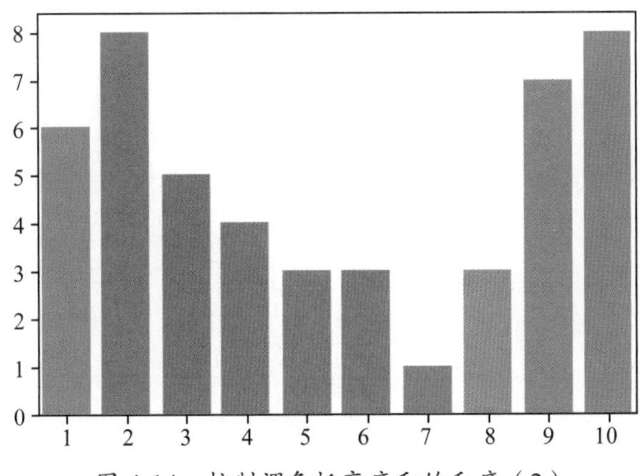

图 4-14　控制调色板亮度和饱和度（2）

代码 4-13

```
import matplotlib.pyplot as plt
import numpy as np
import seaborn as sns
%matplotlib inline

# 10 种成对出现的颜色
current_palette = sns.color_palette("Paired",10)
sns.palplot(current_palette)
```

运行结果如图 4-15 所示。

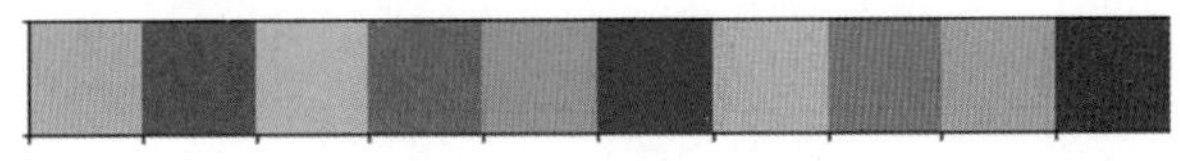

图 4-15　Color Brewer 调色板

4. xkcd 调色板

xkcd 包含了一系列命名 RGB 颜色[⊖]，通过 xkcd_rgb 函数调用，如代码 4-14 所示。

代码 4-14

```
import matplotlib.pyplot as plt
import numpy as np
import seaborn as sns
%matplotlib inline

plt.plot([0, 1], [0, 1], sns.xkcd_rgb["light violet"], lw=3)
plt.plot([0, 1], [0, 2], sns.xkcd_rgb["brownish orange"], lw=3)
plt.plot([0, 1], [0, 3], sns.xkcd_rgb["dark magenta"], lw=3)
plt.show()
```

⊖ 据统计，xkcd 对 954 种颜色进行了命名。具体颜色名可查看 https://xkcd.com/color/rgb/。

运行结果如图 4-16 所示。

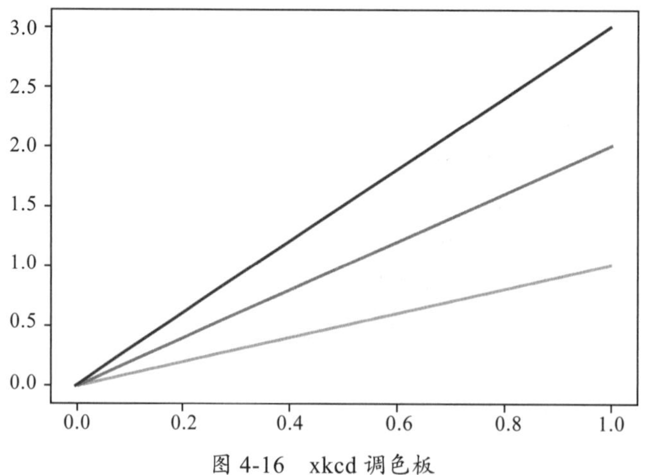

图 4-16 xkcd 调色板

5. 渐变调色板

当数据范围从相对较低或不感兴趣的值到相对较高或有趣的值时，就需要使用到渐变调色板，渐变调色板在利用 kdeplot() 和 heatmap() 函数绘制图形时使用频率较高，如代码 4-15 所示。

代码 4-15

```
import matplotlib.pyplot as plt
import numpy as np
import seaborn as sns
%matplotlib inline

current_palette = sns.color_palette("Reds",10)
sns.palplot(current_palette)
```

运行结果如图 4-17 所示。

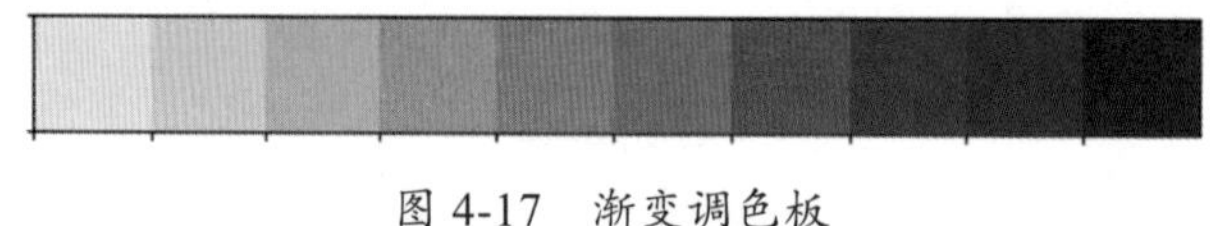
图 4-17 渐变调色板

可以在 "Reds" 后面添加 "_r" 使亮度反转，如代码 4-16 所示，但不是所有的颜色都可以反转。

代码 4-16

```
import matplotlib.pyplot as plt
import numpy as np
import seaborn as sns
%matplotlib inline
```

```
current_palette = sns.color_palette("Reds_r",10)
sns.palplot(current_palette)
```

运行结果如图 4-18 所示。

图 4-18　反转渐变调色板

6. cubehelix 调色板

cubehelix 调色板是一个既能使亮度线性变化又能使色调变化的线性色板，如代码 4-17 所示。其中参数含义如下。

- n_colors：颜色个数。
- start：值区间在 [0,3]，开始颜色。
- rot：float，颜色旋转角度，值区间在（−1,1）。
- gamma：颜色伽马值，大于 1 时较亮，小于 1 时较暗。
- dark，light：值区间在 [0, 1]，表示颜色深浅。
- reverse：布尔值，默认为 False，颜色由浅到深。

代码 4-17

```
import matplotlib.pyplot as plt
import numpy as np
import seaborn as sns
%matplotlib inline

current_palette = sns.cubehelix_palette(10, start=2.2, rot=-0.5,\
                                        dark=0.1, light=0.7, reverse=True)
sns.palplot(current_palette)
```

运行结果如图 4-19 所示。

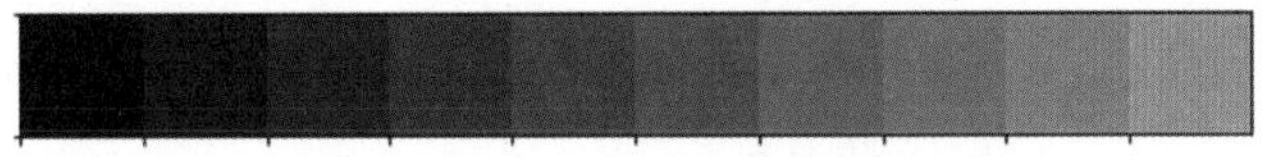

图 4-19　cubehelix 调色板

7. 自定义渐变调色板

自定义渐变调色板可以简单地通过 light_palette() 或 dark_palette() 设定某种颜色，如代码 4-18 所示。

代码 4-18

```
import matplotlib.pyplot as plt
import numpy as np
import seaborn as sns
```

```
%matplotlib inline

current_palette = sns.dark_palette("yellow",10)
sns.palplot(current_palette)
```

运行结果如图 4-20 所示。

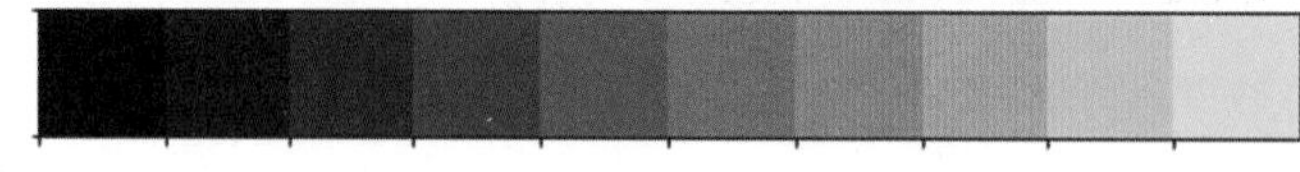

图 4-20　自定义渐变调色板

还可以通过 input 参数选择颜色模式，包括 rgb、hls、husl、xkcd，如代码 4-19 所示。

代码 4-19

```
import matplotlib.pyplot as plt
import numpy as np
import seaborn as sns
%matplotlib inline
current_palette = sns.light_palette('electric purple',10,\
                                    input='xkcd')
sns.palplot(current_palette)
```

运行结果如图 4-21 所示。

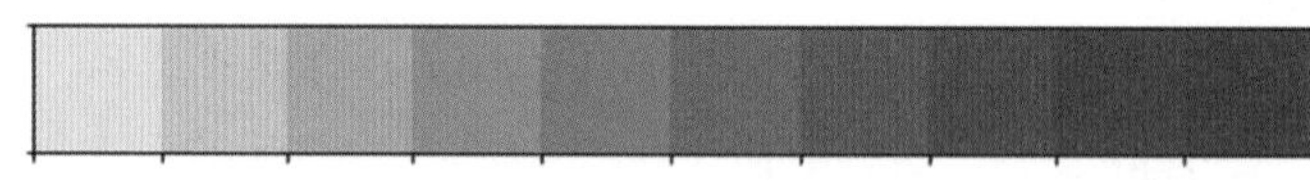

图 4-21　选择颜色模式

8. 选择调色板

我们可以通过 choose_colorbrewer_palette() 函数来选择调色板，如代码 4-20 所示。参数含义如下。

- sequential：顺序，可以简写为 s。
- diverging：发散，可以简写为 d。
- qualitative：分类，可以简写为 q。

代码 4-20

```
import matplotlib.pyplot as plt
import numpy as np
import seaborn as sns
%matplotlib inline
sns.choose_colorbrewer_palette('s')
```

运行结果如图 4-22 所示。

然后就可以根据个人需求来设置调色板。如果希望返回值是可以传递给 Seaborn 或

Matplotlib 函数的 colormap 对象，则可以将 as_cmap 参数设置为 True。

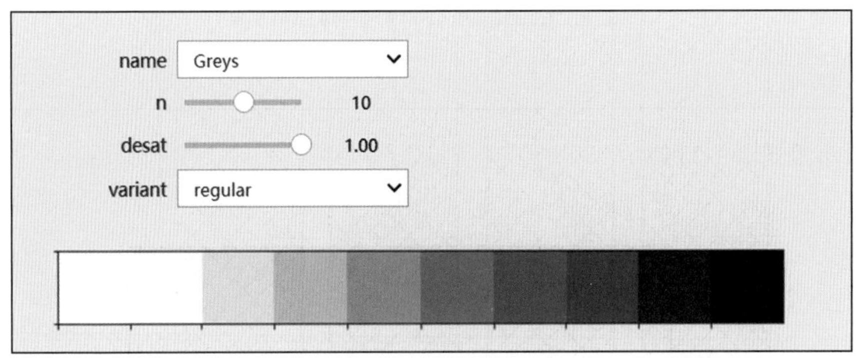

图 4-22　选择调色板

4.3 关联图

关联图是日常生活中非常常见的一个图形种类，用来了解变量之间的相互关联，或探寻变量之间的相关关系等。

4.3.1 散点图：scatterplot()

散点图用点描绘了两个变量甚至三个变量的分布，每个点代表着每个数据的观察值，可以很直观地看出变量之间是否存在一定的关系或者趋势。

在 Seaborn 中通过 seaborn.scatterplot() 创建散点图，如代码 4-21 所示。常用参数如下。

- x, y：数据中变量的名称，可以是分类或数字。
- data：DataFrame，数据集。
- hue：data 中的变量名称，用于确定颜色的变量。
- style：data 中的变量名称，用于确定形状的变量。
- sizes：列表，字典或元组，控制散点大小。
- markers：布尔型，列表或字典。

代码 4-21

```
import matplotlib.pyplot as plt
import numpy as np
import seaborn as sns
%matplotlib inline
sns.set(style='white',font='SimHei')
# 以 tips 数据集为例
tips = sns.load_dataset('tips')
```

```
# 通过参数 s 调整散点大小
sns.scatterplot(x='total_bill',y='tip',\
                     s = 100, marker='*', data=tips)
plt.title(' 散点图 ')
plt.show()
```

运行结果如图 4-23 所示。

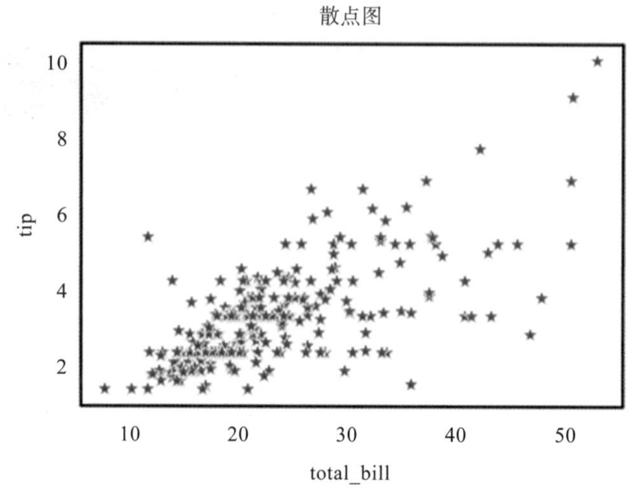

图 4-23 使用 Seaborn 绘制散点图

通过 hue、size、style 参数分别添加第二、三、四个变量，如代码 4-22 所示。不过，变量过多会显得图形很混乱。

代码 4-22

```
import matplotlib.pyplot as plt
import numpy as np
import seaborn as sns
%matplotlib inline
sns.set(style='white',font='SimHei')
# 以 tips 数据集为例
tips = sns.load_dataset('tips')
# 通过 matplotlib 中的参数 s 调整散点大小
markers = {'Lunch':'s','Dinner':'X'}
sns.scatterplot(x='total_bill',y='tip',\
                     s = 100,markers=markers,\
                     hue='sex',style='time',data=tips)
plt.title(' 散点图 ')
plt.show()
```

运行结果如图 4-24 所示。

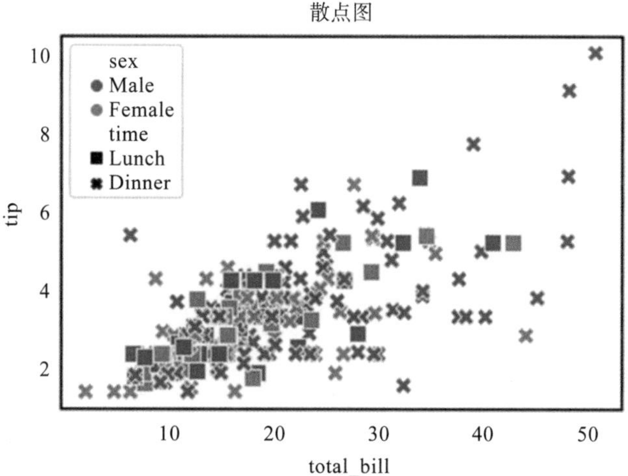

图 4-24 Seaborn 绘制散点图的更多设置

4.3.2 折线图：lineplot()

散点图只能得到一个大致的趋势，如果想了解一个变量与连续变量的关系，则需要使用到折线图。

在 Seaborn 中通过 seaborn.lineplot() 创建折线图，如代码 4-23 所示。常用参数如下。

- x, y：data 或向量数据中变量的名称。
- hue：data 中的变量名称，用于确定点的颜色的变量。
- size：data 中的变量名称，用于确定点的大小的变量。
- style：data 中的变量名称，用于确定点的形状的变量。
- palette：调色板名称，列表或字典。用于 hue 变量的不同级别的颜色。
- dashes：布尔值，列表或字典。设置为 True 时将使用默认的短划线，设置为 False 时将对所有子集使用实线。
- sort：布尔值，如果为 True，则数据将按 x 与 y 变量排序，否则将按照它们在数据集中出现的顺序连接点。
- err_style：取值 band 或 bars，表示用半透明误差带或离散误差棒绘制置信区间。
- err_band：关键字参数字典。用于控制误差线美观的附加参数。

代码 4-23

```
import matplotlib.pyplot as plt
import numpy as np
import seaborn as sns
%matplotlib inline

plt.rcParams['axes.unicode_minus']=False
```

```
sns.set(style='white',font='SimHei')
# 以 fmri 数据集为例
fmri = sns.load_dataset('fmri')

sns.lineplot(x='timepoint',y='signal',data=fmri,\
               hue='event', style='event', markers=True)
plt.title(' 折线图 ')
plt.show()
```

运行结果如图 4-25 所示。

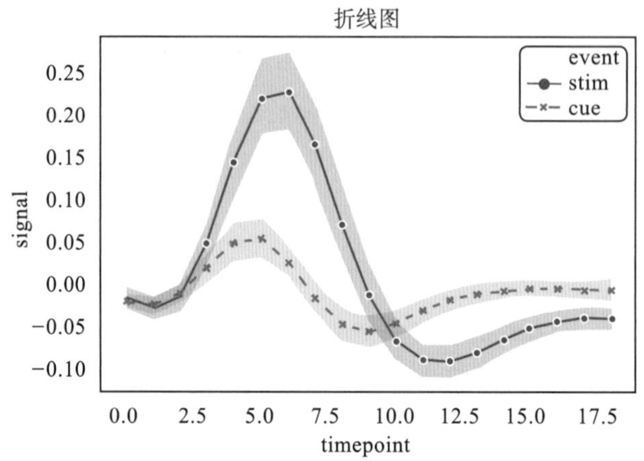

图 4-25 使用 Seaborn 绘制折线图（误差带）

还可以将误差带修改成误差棒，并修改置信区间大小，如代码 4-24 所示。

代码 4-24

```
import matplotlib.pyplot as plt
import numpy as np
import seaborn as sns
%matplotlib inline

plt.rcParams['axes.unicode_minus']=False
sns.set(style='white',font='SimHei')
# 以 fmri 数据集为例
fmri = sns.load_dataset('fmri')
# 将置信区间由默认的 95% 改为 90%
sns.lineplot(x='timepoint',y='signal',data=fmri,\
               hue='event', style='event',err_style='bars',\
               ci=90)
plt.title(' 折线图 ')
plt.show()
```

运行结果如图 4-26 所示。

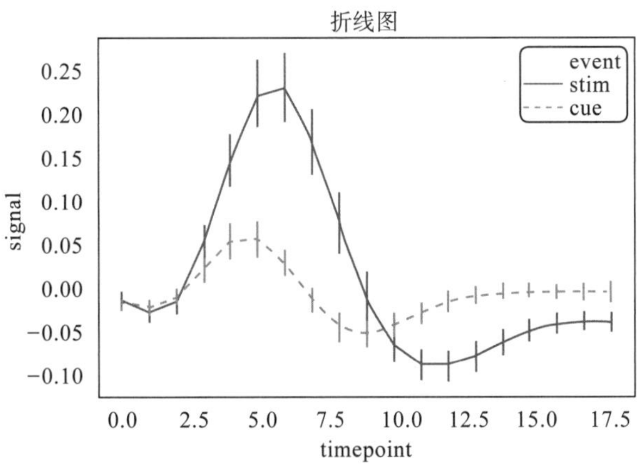

图 4-26　使用 Seaborn 绘制折线图（误差棒）

4.3.3　子图：relplot()

relplot() 函数是基于 FacetGrid 类（后续会详细介绍 FacetGrid），并能够通过修改 kind 参数绘制散点图和折线图的一个关联图函数，通过 col 和 row 参数控制行和列显示的内容，如代码 4-25 所示。

常用参数如下。

- x, y：data 中的变量名。
- hue：data 中的变量名称，用于确定点的颜色的变量。
- size：data 中的变量名称，用于确定点的大小的变量。
- style：data 中的变量名称，用于确定点的形状的变量。
- row, col：data 中的变量名，用于确定分面的变量。
- row_order, col_order：设置 col 和 row 中的顺序。
- kind：string，绘制图的类型，与 seaborn 相关的图一致。
- height：每个 facet 的高度（英寸），默认为 5。
- aspect：标量，每个 facet 的长宽比，默认为 1。

代码 4-25

```
import matplotlib.pyplot as plt
import numpy as np
import seaborn as sns
%matplotlib inline
plt.rcParams['axes.unicode_minus']=False
sns.set(style='white',font='SimHei')
tips = sns.load_dataset('tips')
sns.relplot(x='total_bill',y='tip',hue='sex',row='time', col='smoker',
    data=tips,s=300, palette='Set2')
plt.show()
```

运行结果如图 4-27 所示。

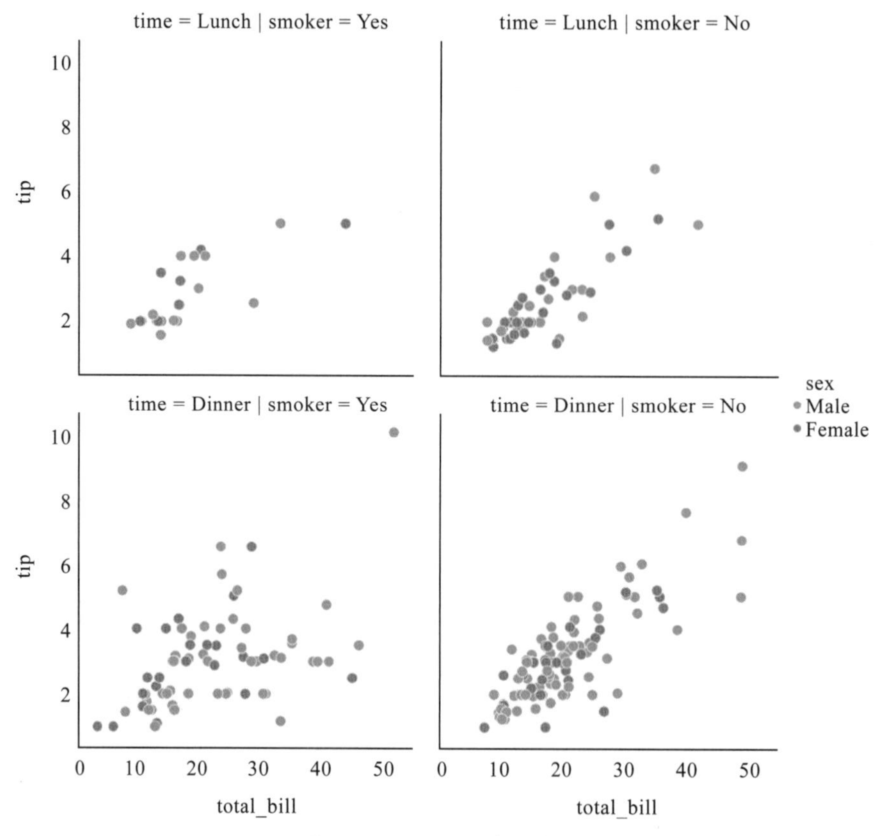

图 4-27 relplot() 自动分区

通过 height 和 aspect 修改图像的高和宽，如代码 4-26 所示。

代码 4-26

```
import matplotlib.pyplot as plt
import numpy as np
import seaborn as sns
%matplotlib inline

plt.rcParams['axes.unicode_minus']=False
sns.set(style='white',font='SimHei')
fmri = sns.load_dataset('fmri')

sns.relplot(x='timepoint',y='signal',data=fmri,\
              col='event', color='r', kind='line',\
              height=3, aspect=1)
plt.show()
```

运行结果如图 4-28 所示。

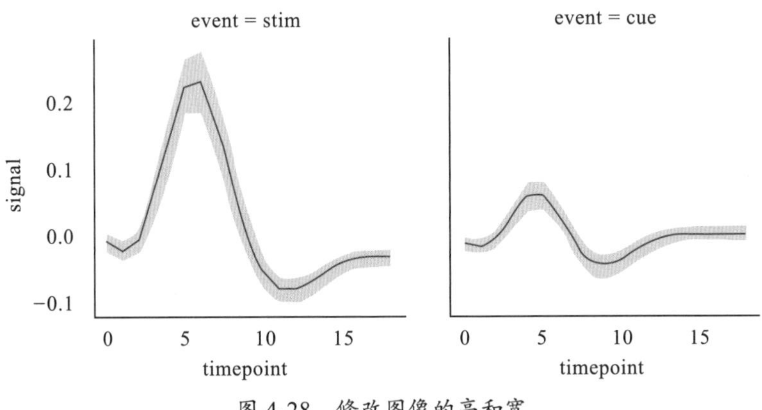

图 4-28　修改图像的高和宽

4.4　分类图

当变量中存在分类变量的时候，通常会选用分类图形展示数据。在 Seaborn 中，分类图主要分为三类：分类散点图、分类分布图和分类估计图。

4.4.1　分类散点图

分类散点图，也就是将分类变量的每个观测结果都展示出来，可以通过 stripplot() 和 swarmplot() 函数绘制。

1. stripplot()

stripplot() 函数语法如下（代码 4-27）：

代码 4-27

```
stripplot(x=None, y=None, hue=None, data=None, order=None,hue_order=None,
    jitter=True, dodge=False, orient=None,color=None, palette=None, size=5,
    edgecolor='gray',\
        linewidth=0, ax=None, **kwargs)
```

常用参数和 4.3 节的函数类似，如代码 4-28 所示，其他参数含义如下。

- jitter：float, True 或 1。要应用的抖动量（仅沿分类轴）。当有许多点并且它们重叠时，可以指定抖动量（均匀随机变量支持的宽度的一半）使得更容易看到分布，或者仅使用 True 作为良好的默认值。
- dodge：bool。使用 hue 嵌套时，将其设置为 True 则沿着分类轴分离不同色调级别的条带。否则，每个级别的点将相互叠加。
- orient：可选参数有 [v，h]。图的方向（垂直或水平）。

代码 4-28

```
import matplotlib.pyplot as plt
import numpy as np
import seaborn as sns
%matplotlib inline

plt.rcParams['axes.unicode_minus']=False
sns.set(style='ticks',font='SimHei')
tips = sns.load_dataset("tips")

sns.stripplot(x='day', y='total_bill', hue='sex', data=tips)
plt.title('stripplot')
plt.show()
```

运行结果如图 4-29 所示。

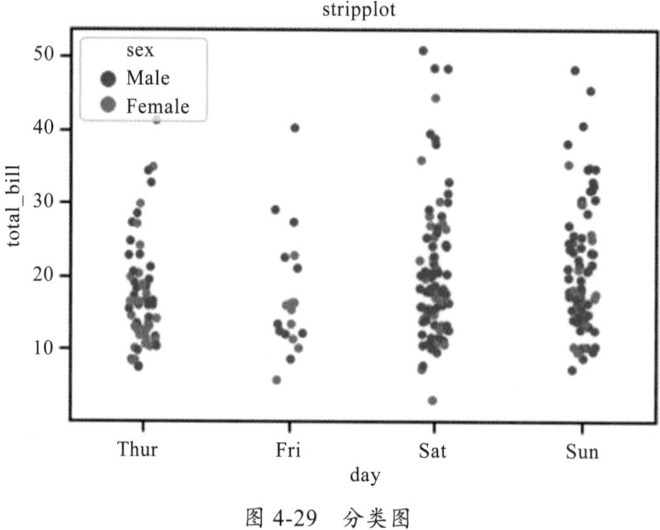

图 4-29 分类图

通过 dodge 可以将两个变量分离开，并改为横向的（需要先将 x 和 y 的值对换），如代码 4-29 所示。

代码 4-29

```
import matplotlib.pyplot as plt
import numpy as np
import seaborn as sns
%matplotlib inline

plt.rcParams['axes.unicode_minus']=False
sns.set(style='ticks',font='SimHei')
tips = sns.load_dataset("tips")

sns.stripplot(x='total_bill', y='day',hue='sex', data=tips,dodge=True,
```

```
    palette='tab20b_r',orient='h')
plt.title('stripplot')
sns.despine(trim=True)
plt.show()
```

运行结果如图 4-30 所示。

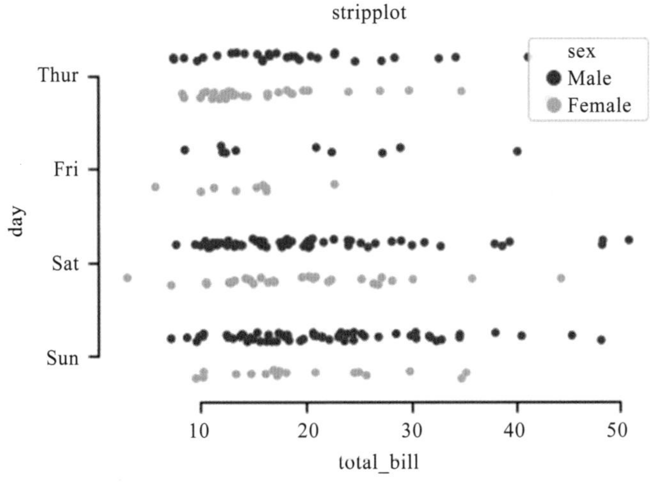

图 4-30　分类图：变量分开

2. swarmplot()

swarmplot() 函数与 stripplot() 函数的参数和功能基本一致，唯一不同的是，swarmplot() 函数是沿着分类轴调整点，进而使点不重叠，但是不能应用于大量数据，如代码 4-30 所示。

代码 4-30

```
import matplotlib.pyplot as plt
import numpy as np
import seaborn as sns
%matplotlib inline

plt.rcParams['axes.unicode_minus']=False
sns.set(style='ticks',font='SimHei')

tips = sns.load_dataset("tips")
# 修改 x 轴顺序
order=[6,5,4,3,2,1]

sns.swarmplot(x='size', y='total_bill',hue='day',data=tips,order=order,pal
    ette='plasma')
plt.title('swarmplot')
plt.show()
```

运行结果如图 4-31 所示。

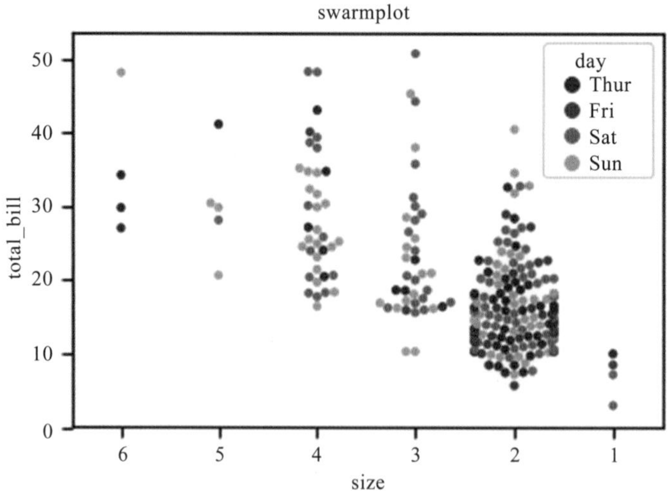

图 4-31 swarmplot() 绘制分类图

4.4.2 分类分布图

分类分布图可以通过 boxplot()/boxenplot() 和 violinplot() 函数绘制。

1. 箱线图：boxplot()/boxenplot()

箱线图的统计学含义见第 2 章的内容，这里主要讲 Seaborn 中的绘制方法。

boxplot() 函数语法如下（代码 4-31）：

代码 4-31

```
boxplot(x=None, y=None, hue=None, data=None, order=None,\
         hue_order=None, orient=None, color=None, palette=None,\
         saturation=0.75, width=0.8, dodge=True, fliersize=5,\
         linewidth=None, whis=1.5, notch=False, ax=None, **kwargs)
```

常用参数和 4.3 节的函数类似，如代码 4-32 所示，其他参数含义如下。

- saturation：float。控制用于绘制颜色的原始饱和度的比例。
- width：float。不使用色调嵌套时完整元素的宽度，或主要分组变量一个级别的所有元素的宽度。
- fliersize：float。用于表示异常值观察的标记的大小。
- whis：float。控制在超过高低四分位数时 IQR 的比例。
- notch：boolean。是否使矩形框“凹陷”以指示中位数的置信区间。
- linewidth：float。构图元素的灰线宽度。

代码 4-32

```
import matplotlib.pyplot as plt
import numpy as np
```

```
import seaborn as sns
%matplotlib inline
plt.rcParams['axes.unicode_minus']=False
sns.set(style='ticks',font='SimHei')

tips = sns.load_dataset("tips")
order=['Sun', 'Sat', 'Fri', 'Thur']
sns.boxplot(x='day', y='total_bill', data=tips,linewidth=3,\
             order=order, palette='Set2_r', notch=True)
plt.title('Boxplot')
plt.show()
```

运行结果如图 4-32 所示。

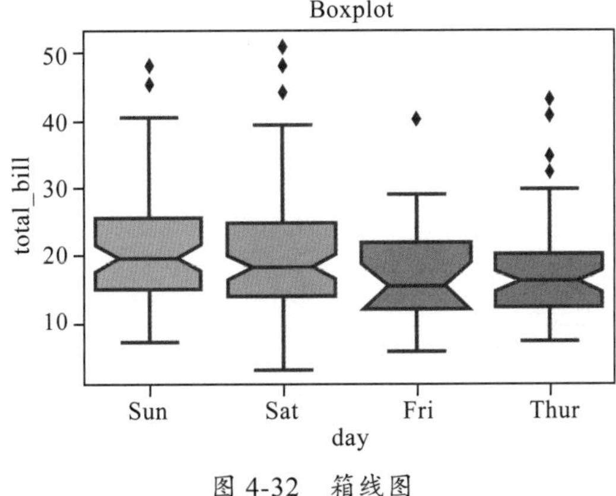

图 4-32　箱线图

通过设置参数 orient='h'，可以绘制横向的箱线图，如代码 4-33 所示。

代码 4-33

```
import matplotlib.pyplot as plt
import numpy as np
import seaborn as sns
%matplotlib inline

plt.rcParams['axes.unicode_minus']=False
sns.set(style='ticks',font='SimHei')

tips = sns.load_dataset("tips")
sns.boxplot(y='day', x='total_bill', data=tips,linewidth=3,\
             hue='sex', orient='h', saturation=1,fliersize=10)
plt.title('Boxplot')
plt.show()
```

运行结果如图 4-33 所示。

boxenplot() 用于为更大的数据集绘制增强的箱线图。这种风格的绘图最初被命名为“信值图”，因为它显示了大量被定义为“置信区间”的分位数。它类似于绘制分布的非参数表示的箱线图，其中所有特征对应于实际观察的数值点。通过绘制更多分位数，它提供了有关分布形状的更多信息，特别是尾部数据的分布。

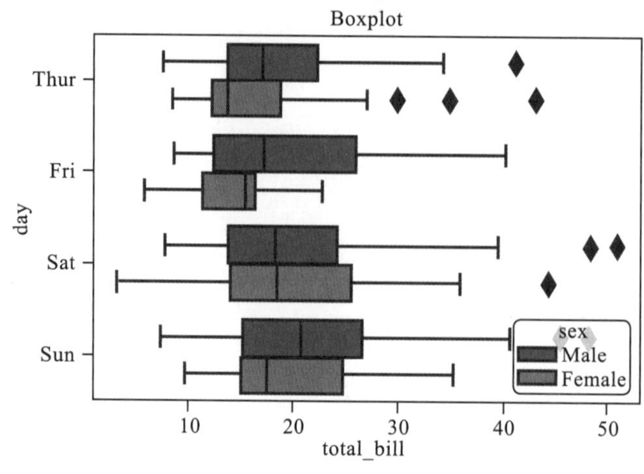

图 4-33 横向箱线图

boxenplot() 函数语法如下（代码 4-34）：

代码 4-34

```
boxenplot(x=None, y=None, hue=None, data=None, order=None,hue_order=None,
    orient=None, color=None, palette=None,saturation=0.75, width=0.8,
    dodge=True, k_depth='proportion', linewidth=None, scale='exponential',
    outlier_prop=None,ax=None, **kwargs)
```

常用参数和 4.3 节的函数类似，如代码 4-35 所示，其他参数含义如下。

- k_depth：可选参数 [proportion, tukey, trustworthy]。表示不同的箱盒数量被扩展的比例。
- scale：可选参数 [linear, exponential, area]。表示显示箱盒宽度的方法。linear 是通过恒定的线性因子减小宽度，exponential 是使用未覆盖的数据的比例调整宽度，area 与所覆盖的数据的百分比成比例。

代码 4-35

```
import matplotlib.pyplot as plt
import numpy as np
import seaborn as sns
%matplotlib inline

plt.figure(figsize=(8,6))
plt.rcParams['axes.unicode_minus']=False
sns.set(style='ticks',font='SimHei')
tips = sns.load_dataset("tips")

k_depth = ['proportion', 'tukey', 'trustworthy']
```

```
scale = ['linear', 'exponential', 'area']
i = 1
for j in range(3):
    for k in range(3):
        ax = plt.subplot(3,3,i)
        i += 1
        sns.boxenplot(x='day', y='total_bill',data=tips,k_depth=k_depth[j],
            scale=scale[k])
        plt.title('{}|{}'.format(k_depth[j],scale[k]),fontsize=10,pad=-10)
plt.show()
```

运行结果如图 4-34 所示。

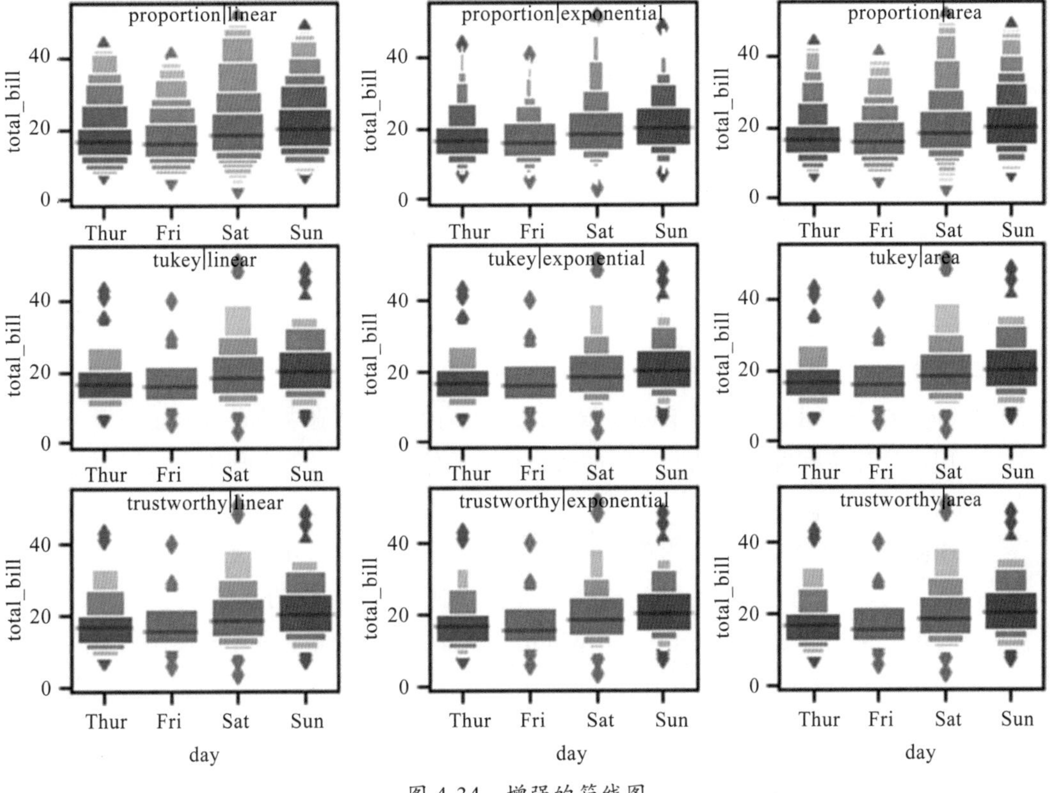

图 4-34　增强的箱线图

2. 小提琴图：violinplot()

小提琴图是箱线图与核密度图的结合，箱线图展示了分位数的位置，核密度图则展示了任意位置的密度，通过小提琴图可以知道哪些位置的数据点聚集的较多，因其形似小提琴而得名。小提琴图中间的黑色粗条表示四分位数范围，从其延伸的细黑线代表 95% 置信区间，而白点则为中位数（见图 4-35）。小提琴图受样本量影响较大，对于较小样本量，展现效果不是很好。

在 Seaborn 中通过 violinplot() 绘制小提琴图。

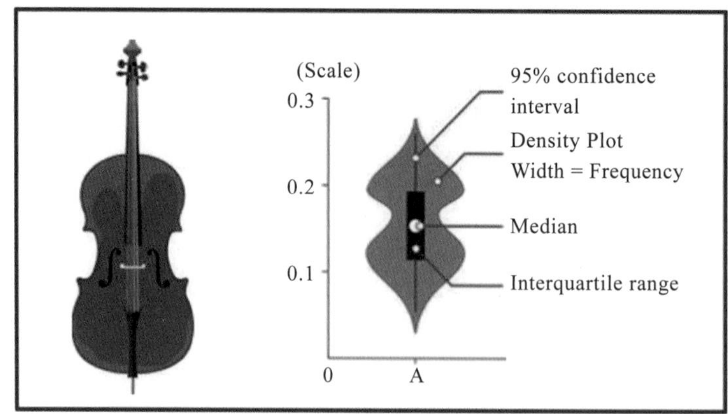

图 4-35　小提琴图示意图

violinplot() 函数语法如下（代码 4-36）：

代码 4-36

```
violinplot(x=None, y=None, hue=None, data=None, order=None,\
           hue_order=None, bw='scott', cut=2, scale='area',\
           scale_hue=True, gridsize=100, width=0.8, inner='box',\
           split=False, dodge=True, orient=None, linewidth=None,\
           color=None, palette=None, saturation=0.75, ax=None, **kwargs)
```

常用参数和 4-3 节的函数类似，如代码 4-37 所示，其他参数含义如下。

- bw：float。可选参数有 [scott，silverman]。内置变量值或浮点数的比例因子，都用来计算核密度的带宽。实际的核大小由比例因子乘以每个分箱内数据的标准差确定。
- cut：float。以带宽大小为单位的距离，以控制小提琴图外壳延伸超过内部极端数据点的密度。设置为 0 以将小提琴图范围限制在观察数据的范围内。
- scale：可选参数有 [area, count, width]。该方法用于缩放每张小提琴图的宽度。若为 area，每张小提琴图具有相同的面积。若为 count，小提琴图的宽度会根据分箱中观察点的数量进行缩放。若为 width，每张小提琴图具有相同的宽度。
- gridsize：int。用于计算核密度估计的离散网格中的数据点数目。
- width：float。表示不使用色调嵌套时的完整元素的宽度，或主要分组变量的一个级别的所有元素的宽度。
- inner：可选参数有 [box, quartile, point, stick, None]。控制小提琴图内部数据点的表示。若为 box，则绘制一个微型箱线图。若为 quartiles，则显示四分位数线。若为 point 或 stick，则显示具体数据点或数据线。使用 None 则绘制不加修饰的小提琴图。
- split：bool。当使用带有两种颜色的变量时，将 split 设置为 True 会为每种颜色绘制对应半边小提琴，从而可以更直接地比较不同的分布。

代码 4-37

```
import matplotlib.pyplot as plt
import numpy as np
import seaborn as sns
%matplotlib inline
plt.rcParams['axes.unicode_minus']=False
sns.set(style='ticks',font='SimHei')
plt.figure(figsize=(8,3))
tips = sns.load_dataset("tips")

scale = ['area','count','width']
for i in range(1,4):
    plt.subplot(1,3,i)
    sns.violinplot(x="day", y="total_bill", data=tips,\
                   palette='Set2_r',scale=scale[i-1])
    plt.title('{}'.format(scale[i-1]))

plt.show()
```

运行结果如图 4-36 所示。

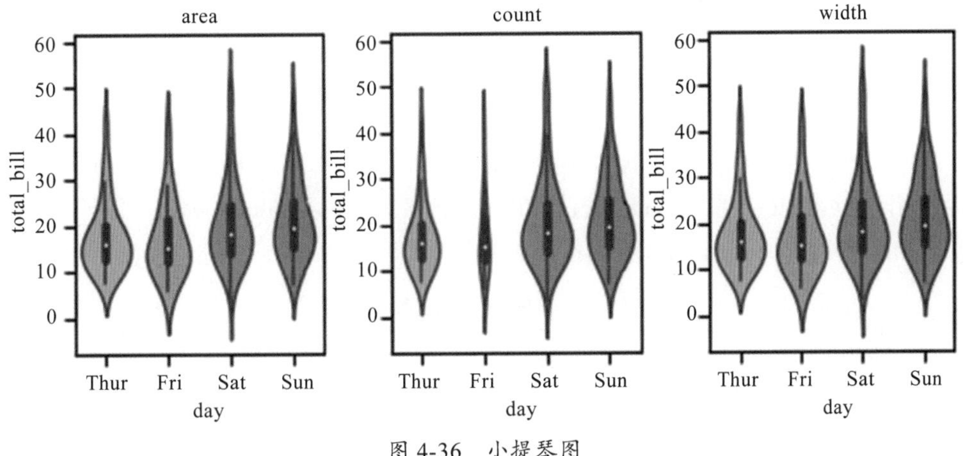

图 4-36　小提琴图

当需要对比某个分类变量的两种取值时，通过 split 参数可以使对比更清晰，如代码 4-38 所示。

代码 4-38

```
import matplotlib.pyplot as plt
import numpy as np
import seaborn as sns
%matplotlib inline
plt.rcParams['axes.unicode_minus']=False
sns.set(style='ticks',font='SimHei')
tips = sns.load_dataset("tips")

sns.violinplot(x="day", y="total_bill", data=tips, hue='sex', split=True)
plt.show()
```

运行结果如图 4-37 所示。

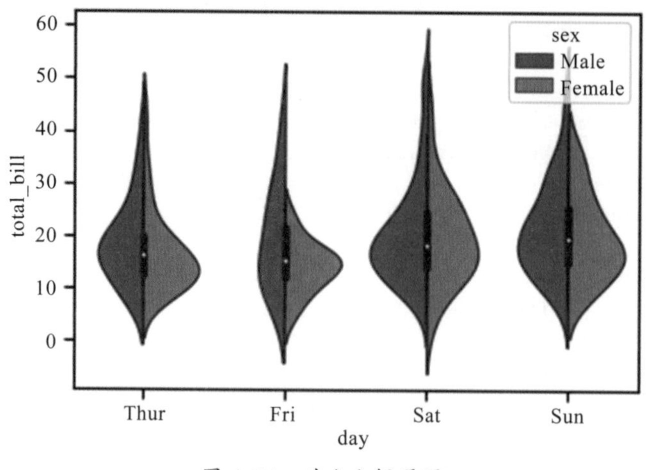

图 4-37　对比小提琴图

4.4.3　分类估计图

分类估计图可以通过 countplot()、barplot() 和 pointplot() 函数绘制。

1. 分类计数图：countplot()

当条形图只需要用来显示每个类别的数量，而不需要计算第 2 个变量的统计量时，可以使用 countplot()。它和 barplot() 存在一定的区别，countplot() 函数不能同时输入 x 与 y，只能分开输入。countplot() 函数语法如下（代码 4-39）：

代码 4-39

```
countplot(x=None, y=None, hue=None, data=None, order=None,\
            hue_order=None, orient=None, color=None, palette=None,\
            saturation=0.75, dodge=True, ax=None, **kwargs)
```

具体的参数含义和前述几个函数的基本一致，此处不再赘述，直接举例说明，如代码 4-40 所示。

代码 4-40

```
import matplotlib.pyplot as plt
import numpy as np
import seaborn as sns
%matplotlib inline
plt.rcParams['axes.unicode_minus']=False
sns.set(style='ticks',font='SimHei')
tips = sns.load_dataset("tips")

sns.countplot(x='day',hue='sex',data=tips,\
                palette='Spectral',saturation=1)
```

```
sns.despine(offset=5, trim=True)
plt.title('Countplot',pad=20)
plt.legend(shadow=True)
plt.show()
```

运行结果如图 4-38 所示。

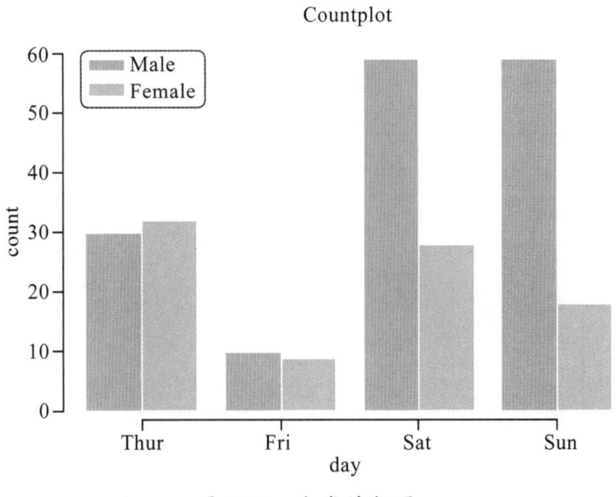

图 4-38　分类计数图

2. 估计置信区间：barplot()

在 Seaborn 中，通过 barplot() 函数绘制柱形图。barplot() 函数语法如下（代码 4-41）：

代码 4-41

```
barplot(x=None, y=None, hue=None, data=None, order=None,\
        hue_order=None, estimator=mean, ci=95, n_boot=1000,\
        units=None, orient=None, color=None, palette=None,\
        saturation=0.75, errcolor='.26', errwidth=None,\
        capsize=None, dodge=True, ax=None, **kwargs)
```

常用参数和 4.3 节的函数类似，如代码 4-42 所示，其他参数含义如下。

- n_boot：int。计算置信区间需要的 Boostrap 迭代次数。
- errcolor：表示置信区间的线的颜色。
- errwidth：误差条的线的宽度。
- capsize：float。误差条两端的宽度。

代码 4-42

```
import matplotlib.pyplot as plt
import numpy as np
import seaborn as sns
%matplotlib inline
plt.rcParams['axes.unicode_minus']=False
```

```
sns.set(style='ticks',font='SimHei')
tips = sns.load_dataset("tips")

sns.barplot(x="day", y="tip", data=tips, palette='Set3',errcolor='gold',er
    rwidth=3,capsize=0.1)
plt.title('Barplot')
plt.show()
```

运行结果如图 4-39 所示。

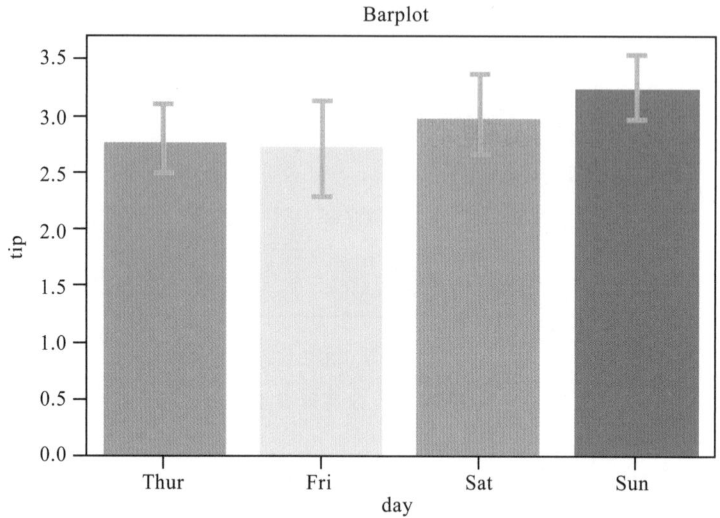

图 4-39 分类估计置信区间（1）

还可以调用 Matplotlib 中 bar() 函数中的参数，进行更多的设置，如代码 4-43 所示。

代码 4-43

```
import matplotlib.pyplot as plt
import numpy as np
import seaborn as sns
%matplotlib inline
plt.rcParams['axes.unicode_minus']=False
sns.set(style='ticks',font='SimHei')
tips = sns.load_dataset("tips")

sns.barplot(x="day", y="tip", data=tips,linewidth=2.5,\
               facecolor=(1,1,1,0), edgecolor="0.2",capsize=0.1,\
              hatch='\\//')
sns.despine()
plt.title('Barplot')
plt.show()
```

运行结果如图 4-40 所示。

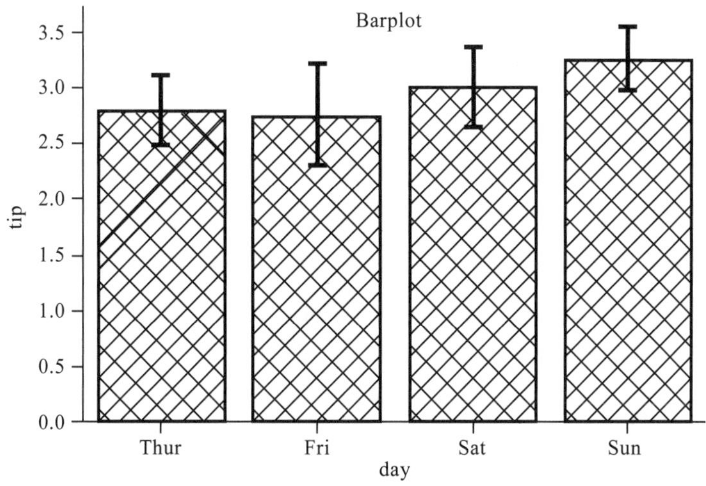

图 4-40　分类估计置信区间（2）

3. 点图：pointplot()

点图用来绘制关于数值变量的中心趋势的估计，此处的中心趋势一般是指平均值，并可以使用误差线提供关于该估计的不确定性的一些指示。点图可能比条形图更有利于聚焦一个或多个分类变量的不同级别之间的比较。

点图仅显示对应统计量，但是有时显示每个级别的值的分布更加有用，在这种情况下，其他绘图方法，例如箱线图或小提琴图可能更合适。

在 Seaborn 中通过 pointplot() 创建点图，参数如下（代码 4-44）：

代码 4-44

```
pointplot(x=None, y=None, hue=None, data=None, order=None,\
            hue_order=None, estimator=mean, ci=95, n_boot=1000,\
            units=None, markers='o', linestyles='-', dodge=False,\
            join=True, scale=1, orient=None, color=None, palette=None,\
            errwidth=None, capsize=None, ax=None, **kwargs)
```

常用参数和 4.3 节的函数类似，如代码 4-45 所示，其他参数含义如下。

➢ scale：float。绘图元素的比例因子。

➢ join：bool 型。如果为 True，则在 hue 级别相同的点估计值之间绘制线条。

代码 4-45

```
import matplotlib.pyplot as plt
import numpy as np
import seaborn as sns
%matplotlib inline
plt.rcParams['axes.unicode_minus']=False
sns.set(style='ticks',font='SimHei')
tips = sns.load_dataset("tips")
```

```
sns.pointplot(x="time", y="total_bill", hue="smoker",data=tips,markers=
    ["*", "s"],palette='Set2',\
                  linestyles=[":", "--"],capsize=0.1)
sns.despine(trim=True)
plt.title('Pointplot')
plt.show()
```

运行结果如图 4-41 所示。

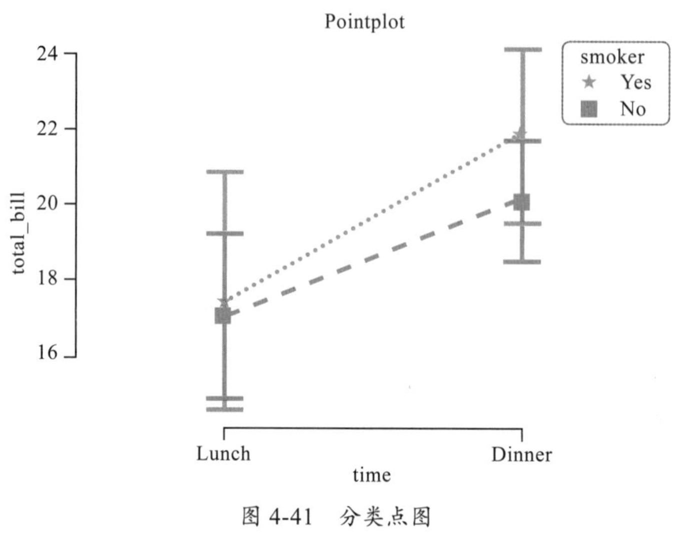

图 4-41　分类点图

4.4.4　分类型数据绘图

类似于之前提到的 relplot() 函数，用分类型数据（Categorical Data）绘图的 catplot() 函数也是基于 FacetGrid 类开发的，可以对所有的分类图函数统一访问。

catplot() 函数语法如下（代码 4-46）：

代码 4-46

```
catplot(x=None, y=None, hue=None, data=None, row=None,\
          col=None, col_wrap=None, estimator=mean, ci=95,\
          n_boot=1000, units=None, order=None, hue_order=None,\
          row_order=None, col_order=None, kind='strip', height=5,\
          aspect=1, orient=None, color=None, palette=None,\
          legend=True, legend_out=True, sharex=True, sharey=True,\
          margin_titles=False, facet_kws=None, **kwargs)
```

常用参数和 4.3 节的函数类似，如代码 4-47 所示，其他参数含义如下。

- legend_out：bool。如果为 True，则图形尺寸将被扩展，图例将绘制在中间右侧的图形之外。
- share{x,y}：bool。可选参数有 [col，row]。如果为 True，则 facet 将跨行跨越列

和 / 或 x 轴共享 y 轴。

➢ margin_titles：bool。如果为 True，则行变量的标题将绘制在最后一列的右侧。

代码 4-47

```
import matplotlib.pyplot as plt
import numpy as np
import seaborn as sns
%matplotlib inline
plt.rcParams['axes.unicode_minus']=False
sns.set(style='ticks',font='SimHei')
tips = sns.load_dataset("tips")

sns.catplot(x='time',y='total_bill',hue='sex',col='sex', kind='boxen',data=
    tips,height=8)
plt.show()
```

运行结果如图 4-42 所示。

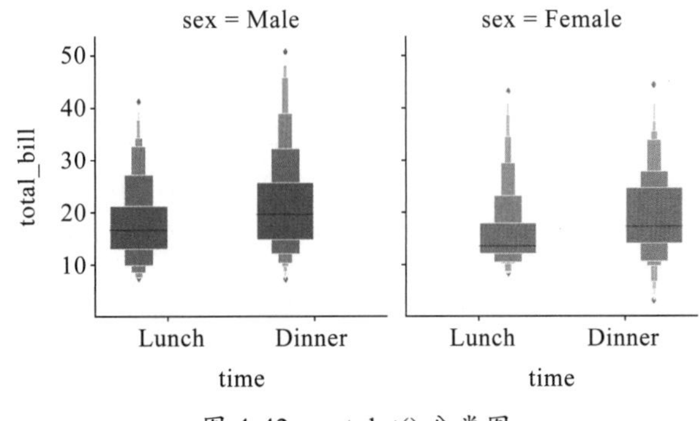

图 4-42　catplot() 分类图

4.5　分布图

在 Seaborn 中，分布图分为两类：单变量分布图和双变量分布图。本文接下来将对这两类分布图进行详细描述。

4.5.1　单变量分布图

单变量分布图可以通过 kdeplot() 和 distplot() 绘制。

1. kdeplot()

核密度估计在概率论中用来估计未知的密度函数，属于非参数检验方法之一。我们通过核密度估计图可以比较直观地看出数据样本本身的分布特征。

kdeplot() 函数语法如下（代码 4-48）：

代码 4-48

```
kdeplot(data, data2=None, shade=False, vertical=False,\
        kernel='gau',bw='scott', gridsize=100, cut=3, clip=None,\
        legend=True, cumulative=False, shade_lowest=True, cbar=False,\
        cbar_ax=None, cbar_kws=None, ax=None, **kwargs)
```

常见参数含义如下。

- data：一维阵列。第一输入数据。
- data2：一维阵列。第二输入数据。如果存在，将估计双变量 kdeplot()。
- shade：布尔值。如果为 True，则在 KDE 曲线下方的区域中增加阴影。
- vertical：布尔值。如果为 True，密度图将显示在 x 轴。
- kernel：可选参数有 [gau, cos, biw, epa, tri, triw]。要拟合的核的形状，双变量只能使用高斯核 gau。
- bw：可选参数有 [scott, silverman, scalar, pair of scalars]。用于确定双变量图的每个维的核大小、标量因子或标量的参考方法的名称。
- gridsize：评估网格中的离散点数。
- cut：标量。绘制估计值以从极端数据点切割 * bw。
- clip：一对标量。用于拟合 kde 图的数据点的上下限值。
- cumulative：布尔值。如果为 True，则绘制 kde 估计图的累积分布。
- shade_lowest：布尔值。如果为 True，则屏蔽双变量 kde 图的最低轮廓。
- cbar：布尔值。如果为 True，则绘制双变量 kde 图，为绘制的图像添加颜色条。

代码 4-49 展示了操作示例。

代码 4-49

```
import matplotlib.pyplot as plt
import numpy as np
import seaborn as sns
%matplotlib inline
plt.rcParams['axes.unicode_minus']=False
sns.set(style='ticks',font='SimHei')
iris = sns.load_dataset("iris")

# 单变量 kde 图
kernel = ['gau','cos','biw','epa','tri','triw']
for i in range(6):
      plt.subplot(2,3,i+1)
      sns.kdeplot(iris['petal_length'], shade=True,color='#3D59AB', alpha=
          0.6, kernel=kernel[i])
      plt.legend(loc='center right')
      plt.title('{}'.format(kernel[i]),pad=-10)
plt.show()
```

运行结果如图 4-43 所示。

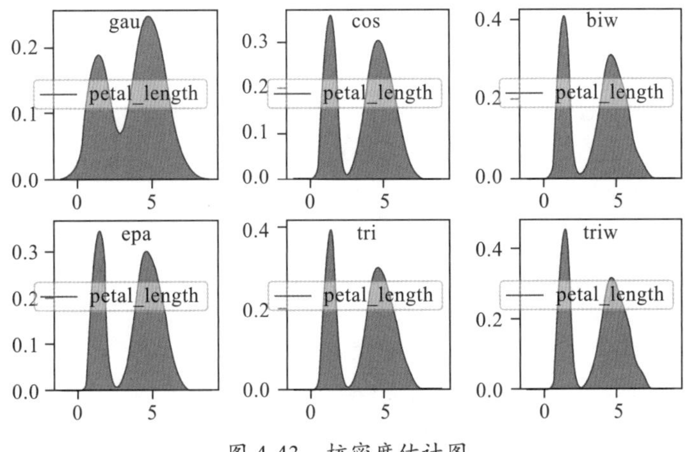

图 4-43　核密度估计图

还可以绘制两个变量的阴影核密度图，并添加颜色渐变条，如代码 4-50 所示。

代码 4-50

```
import matplotlib.pyplot as plt
import numpy as np
import seaborn as sns
%matplotlib inline
plt.rcParams['axes.unicode_minus']=False
sns.set(style='ticks',font='SimHei')
iris = sns.load_dataset("iris")

sns.kdeplot(iris['sepal_length'], iris['sepal_width'], shade=True,cmap='Pu
    rples',cbar=True)
plt.title('双变量 kde 图')
plt.show()
```

运行结果如图 4-44 所示。

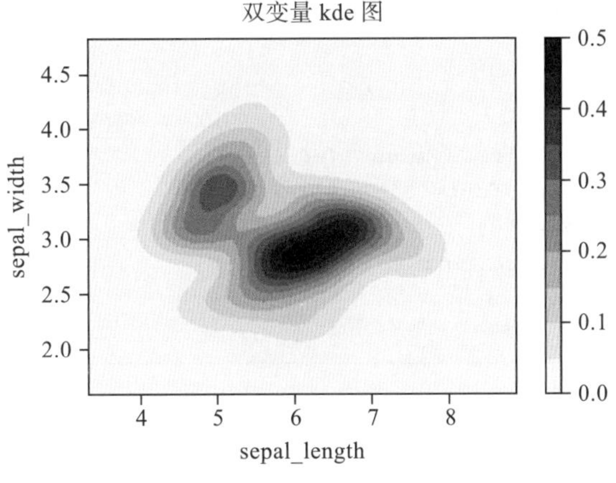

图 4-44　双变量阴影核密度图

2. distplot()

distplot() 用来绘制直方图，又称质量分布图，它是表示连续数据变化情况的一种主要工具。用直方图可以解析出数据的规则性，比较直观地看出产品质量特性的分布状态，对于数据分布状况一目了然，便于判断其总体质量分布情况。displot() 集合了 Matplotlib 的 hist() 与核函数估计 kdeplot 的功能，增加了 rugplot 分布观测条显示与利用 scipy 库 fit 拟合参数分布的新颖用途。

distplot() 函数语法如下（代码 4-51）：

代码 4-51

```
distplot(a, bins=None, hist=True, kde=True, rug=False,\
            fit=None, hist_kws=None, kde_kws=None, rug_kws=None,\
            fit_kws=None, color=None, vertical=False, norm_hist=False,\
            axlabel=None, label=None, ax=None)
```

常见参数含义如下。

- bins：同 Matplotlib 中 hist() 的参数，或 None。直方图 bins（柱）的数目，若填 None，则默认使用 Freedman-Diaconis 规则指定柱的数目。
- hist：布尔值。是否绘制（标准化）直方图。
- kde：布尔值。是否绘制高斯核密度估计图。
- rug：布尔值。是否在横轴上绘制观测值竖线。
- vertical：布尔值。如果为 True，则观测值在 y 轴显示。
- norm_hist：布尔值。如果为 True，则直方图的高度显示密度而不是计数。
- axlabel：横轴的名称。
- {hist, kde, rug, fit}_kws：字典。底层绘图函数的关键字参数。

代码 4-52 展示了操作示例。

代码 4-52

```
import matplotlib.pyplot as plt
import numpy as np
import seaborn as sns
%matplotlib inline
plt.rcParams['axes.unicode_minus']=False
sns.set(style='ticks',font='SimHei')
x = np.random.randn(100)
sns.distplot(x,rug=True,norm_hist=True)
plt.title('Distplot')
plt.show()
```

运行结果如图 4-45 所示。

可以具体分别设置 hist、kde 和 rug 的参数，如代码 4-53 所示。

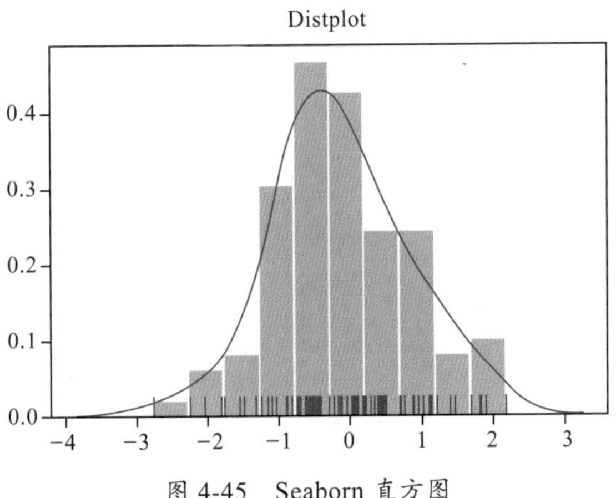

图 4-45 Seaborn 直方图

代码 4-53

```
import matplotlib.pyplot as plt
import numpy as np
import seaborn as sns
%matplotlib inline
plt.rcParams['axes.unicode_minus']=False
sns.set(style='ticks',font='SimHei')

x = np.random.randn(100)
sns.distplot(x,rug=True,rug_kws={'color':'#F0E68C'},\
             kde_kws={'lw':3, 'color':'#3D59AB'},\
             hist_kws={'color':'#A066D3','histtype':'step','lw':2,'alp
                 ha':0.7})
plt.title('Distplot')
plt.show()
```

运行结果如图 4-46 所示。

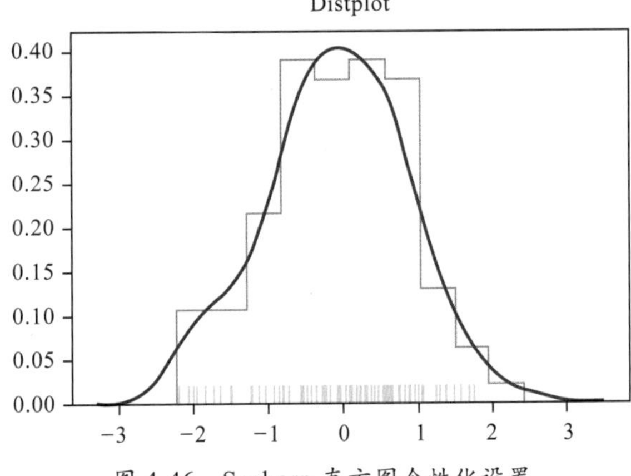

图 4-46 Seaborn 直方图个性化设置

4.5.2 双变量分布图

双变量分布图可以通过 pairplot()、jointplot() 和 rugplot() 绘制。

1. pairplot()

pairplot() 函数会同时绘制数据中所有特征两两之间的关系图。pairplot() 建立在 PairGrid 类（后续会介绍）之上，默认对角线为 histgram，非对角线为 kdeplot。

pairplot() 函数语法如下（代码 4-54）：

代码 4-54

```
pairplot(data, hue=None, hue_order=None, palette=None,vars=None, x_vars=
    None, y_vars=None, kind='scatter',diag_kind='auto', markers=None, height=
    2.5, aspect=1,dropna=True, plot_kws=None, diag_kws=None, grid_kws=
    None,size=None)
```

相关设置参数含义如下。

- kind：可选参数有 [scatter, reg]。除对角线外的图形类型，默认为 scatter。
- diag_kind：可选参数有 [auto, hist, kde]。对角线上的图形类型，默认为 auto。
- dropna：布尔值。在绘图之前删除数据中的缺失值。
- {plot, diag, grid}_kws：字典。关键字参数的字典。

代码 4-55 展示了操作示例。

代码 4-55

```
import matplotlib.pyplot as plt
import numpy as np
import seaborn as sns
%matplotlib inline
plt.rcParams['axes.unicode_minus']=False
sns.set(style='ticks',font='SimHei')

iris = sns.load_dataset("iris")
markers=['s','*','x']
sns.pairplot(iris,kind='scatter',diag_kind='kde',hue='species', palette=
    'Set2',markers=markers)
plt.show()
```

运行结果如图 4-47 所示。

2. jointplot()

jointplot() 是基于 JointGrid 类的绘图函数，本质实际上是散点图和分布图的结合。

jointplot() 函数语法如下（代码 4-56）：

代码 4-56

```
jointplot(x, y, data=None, kind='scatter', stat_func=None,color=None, height=6,
```

```
ratio=5, space=0.2, dropna=True,xlim=None, ylim=None, joint_kws=None,
marginal_kws=None,\annot_kws=None, **kwargs)
```

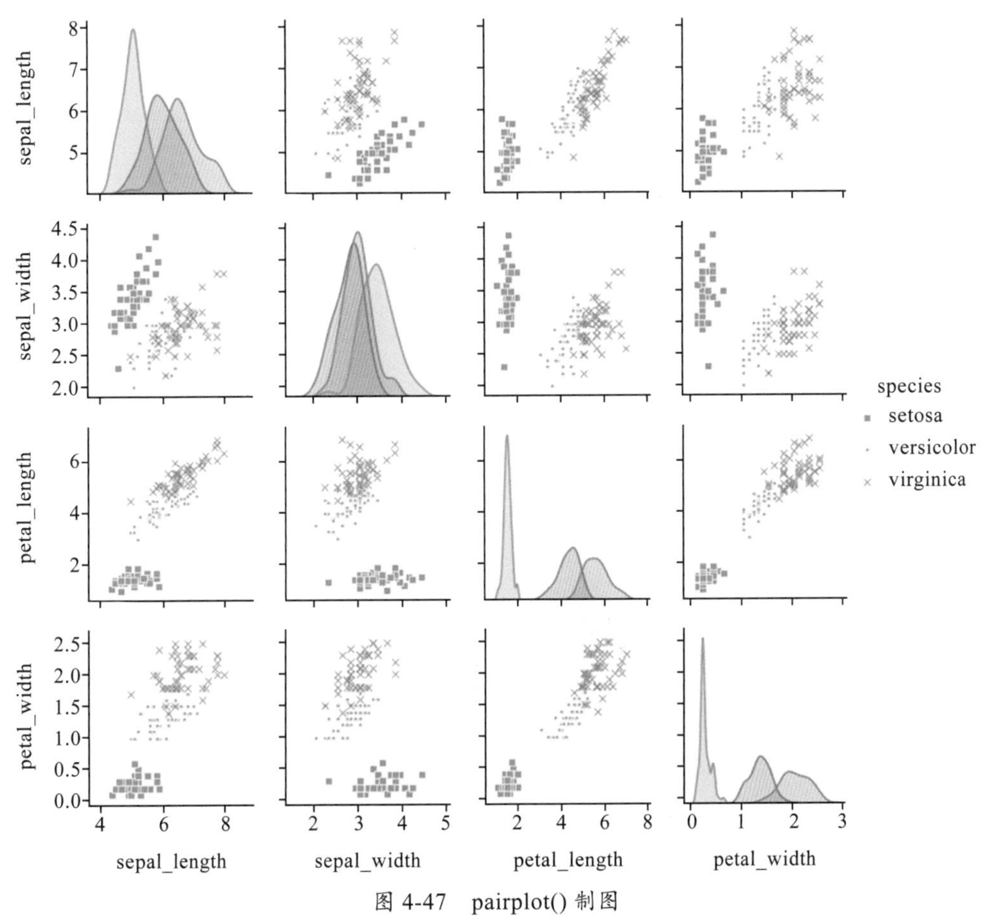

图 4-47　pairplot() 制图

相关设置参数含义如下。

➢ kind：可选参数有 [scatter, reg, resid, kde, hex]。绘制图形的类型。

➢ ratio：数值型。中心轴的高度与侧边轴高度的比例。

➢ space：数值型。中心轴和侧边轴的间隔大小。

➢ {x, y}lim：双元组。绘制前设置轴的范围。

➢ {joint, marginal, annot}_kws：字典。额外的关键字参数。

代码 4-57 展示了操作示例。

代码 4-57

```
import matplotlib.pyplot as plt
import numpy as np
import seaborn as sns
%matplotlib inline
plt.rcParams['axes.unicode_minus']=False
```

```
sns.set(style='ticks',font='SimHei')
tips = sns.load_dataset("tips")

g = sns.jointplot(x="total_bill", y="tip", data=tips, kind='hex', space=0,
    color='#A066D3')
g.set_axis_labels('这是x轴','这是y轴')
plt.show()
```

运行结果如图 4-48 所示。

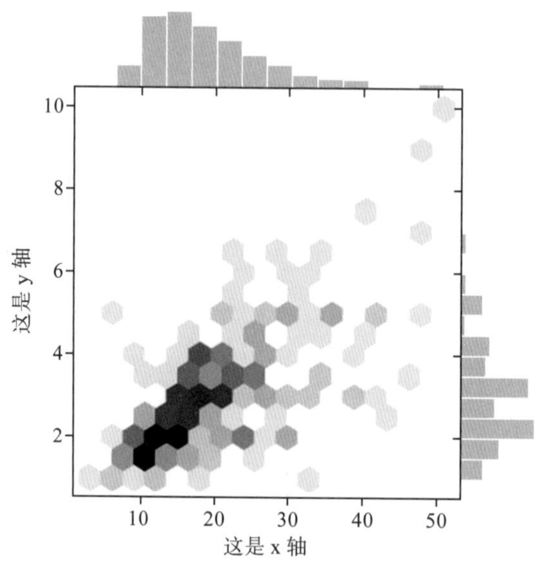

图 4-48 jointplot() 制图

3. rugplot()

rugplot() 的功能非常朴素，用于绘制一维数组中数据点实际的分布位置情况，即不添加任何数学意义上的拟合，单纯地将记录值在坐标轴上表现出来。

rugplot() 函数语法如下（代码 4-58）:

代码 4-58

```
rugplot(a, height=0.05, axis='x', ax=None, **kwargs)
```

代码 4-59 展示了操作示例。

代码 4-59

```
import matplotlib.pyplot as plt
import numpy as np
import seaborn as sns
%matplotlib inline
plt.rcParams['axes.unicode_minus']=False
sns.set(style='ticks',font='SimHei')
iris = sns.load_dataset('iris')

g = sns.rugplot(iris.petal_length,color='#BC8F8F', height=0.2)
```

```
g.set_title('Rugplot')
plt.show()
```

运行结果如图 4-49 所示。

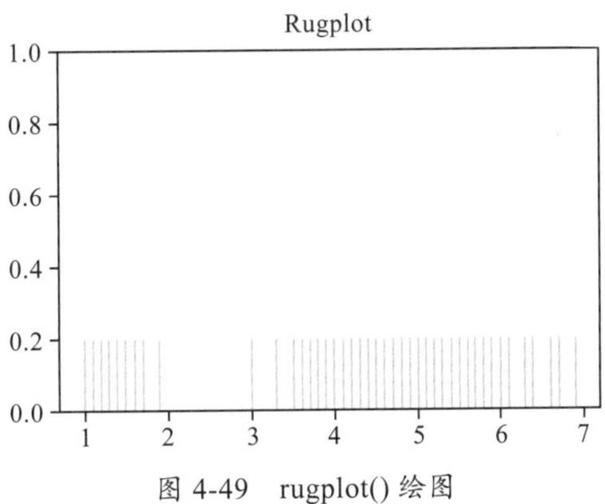

图 4-49 rugplot() 绘图

4.6 回归图

Seaborn 中的回归图可以通过 regplot()、lmplot() 和 residplot() 三种函数绘制。其中 regplot() 和 lmplot() 两个函数共享了大部分核心的功能，只有小部分存在不同。一般情况下，两个函数没有很大的区别。regplot() 和 residplot() 两个函数的区别在于，regplot() 用线性回归模型对数据进行拟合，而 residplot() 展示线性回归模型拟合后各点对应的残值。

4.6.1 regplot()

regplot() 函数可以绘制数据并拟合回归直线，语法如下（代码 4-60）：

代码 4-60

```
regplot(x, y, data=None, x_estimator=None, x_bins=None,x_ci='ci', scatter=
    True, fit_reg=True, ci=95, n_boot=1000, units=None, order=1, logistic=
    False,lowess=False, robust=False, logx=False, x_partial=None,y_partial=
    None, truncate=False, dropna=True, x_jitter=None,y_jitter=None, label=
    None, color=None, marker='o',scatter_kws=None, line_kws=None, ax=None)
```

常用设置参数含义如下。

- scatter：布尔值。如果为True，则绘制带有基础观测值（或x_estimator值）的散点图。
- fit_reg：布尔值。如果为 True，则估计并绘制与 x 和 y 变量相关的回归模型。
- x_estimator：标量。将此函数应用于 x 的每个唯一值，并绘制结果的估计值。当 x 是离散变量时，这是十分有用的。如果后面给出参数 x_ci 的值，则该估计将绘制置信区间。
- x_bins：整数或向量。将 x 变量加入离散区间，然后估计中心趋势和置信区间。
- x_ci：”ci”,’sd’，位于 [0, 100] 的整数或 None。绘制 x 离散值的集中趋势时使用的置信区间的大小。

➢ logistic：布尔值。如果为 True，则假设 y 是二元变量并使用 statsmodels 来估计逻辑回归模型。

➢ lowess：布尔值。如果为 True，则使用 statsmodels 来估计非参数局部加权线性回归模型。

➢ robust：布尔值。如果为 True，则使用 statsmodels 来估计稳健回归。

➢ logx：布尔值。如果为 True，则估计形式 y~log（x）的线性回归，但在输入空间中绘制散点图和回归模型。

➢ {scatter,line}_kws：字典。传递给 plt.scatter 和 plt.plot 的附加关键字参数。

代码 4-61 展示了操作示例。

代码 4-61

```
import matplotlib.pyplot as plt
import numpy as np
import seaborn as sns
%matplotlib inline
plt.rcParams['axes.unicode_minus']=False
sns.set(style='ticks',font='SimHei')

tips = sns.load_dataset('tips')
sns.regplot(x='size', y='total_bill', data=tips,\
              scatter_kws={'s': 40,'color':'#BC8F8F'},\
              line_kws={'lw':3,'color':'#A066D3','ls':'-.'},\
              marker='*')
plt.title('Regplot',pad=20)
sns.despine(trim=True)
plt.show()
```

运行结果如图 4-50 所示。

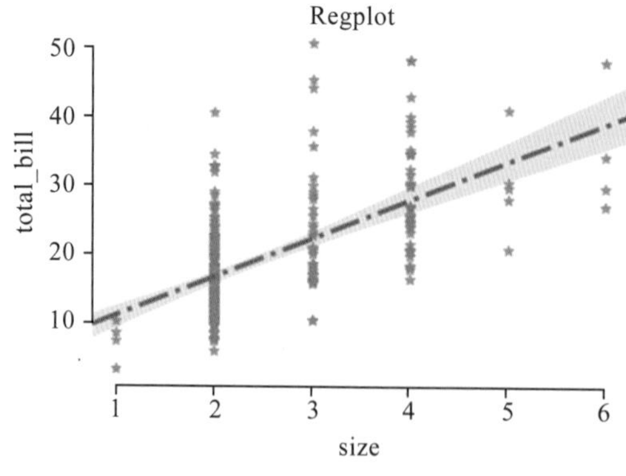

图 4-50　regplot() 回归图

4.6.2　lmport()

lmplot() 同样用于绘制回归图，区别在于 lmplot() 支持引入第三维度进行对比，lmplot()

函数语法如下（代码 4-62）：

代码 4-62

```
lmplot(x, y, data, hue=None, col=None, row=None, palette=None,\
        col_wrap=None, height=5, aspect=1, markers='o', sharex=True,\
        sharey=True, hue_order=None, col_order=None, row_order=None,\
        legend=True, legend_out=True, x_estimator=None, x_bins=None,\
        x_ci='ci', scatter=True, fit_reg=True, ci=95, n_boot=1000,\
        units=None,order=1, logistic=False, lowess=False, robust=False,\
        logx=False,x_partial=None, y_partial=None, truncate=False,\
        x_jitter=None, y_jitter=None, scatter_kws=None, line_kws=None,\
        size=None)
```

对比 regplot()，可以看出，lmplot() 函数很多参数都与 regplot() 一致。但是 lmplot() 输入数据只能是数据的特征名，且 lmplot() 可以和 FacetGrid() 结合使用，如代码 4-63 所示。

代码 4-63

```
import matplotlib.pyplot as plt
import numpy as np
import seaborn as sns
%matplotlib inline
plt.rcParams['axes.unicode_minus']=False
sns.set(style='ticks',font='SimHei')

tips = sns.load_dataset('tips')
sns.lmplot(x="total_bill", y="tip", col="smoker", data=tips,\
            hue='sex',palette='inferno',height=5, aspect=0.6,\
             x_jitter=0.1,markers=['+','s'],scatter_kws={'s':80},\
             line_kws={'ls':'--','lw':4})
plt.show()
```

运行结果如图 4-51 所示。

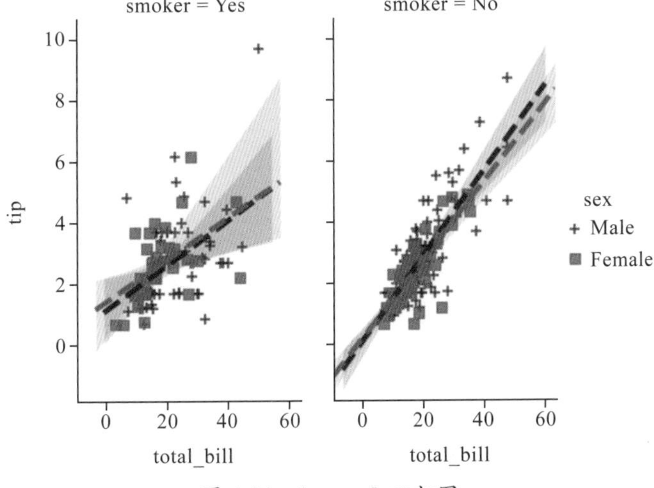

图 4-51　lmport() 回归图

4.6.3 residplot()

residplot() 函数用于绘制回归模型残差的散点图，如代码 4-64 所示。

代码 4-64

```
import matplotlib.pyplot as plt
import numpy as np
import seaborn as sns
%matplotlib inline
plt.rcParams['axes.unicode_minus']=False
sns.set(style='ticks',font='SimHei')

tips = sns.load_dataset('tips')

sns.residplot(x='total_bill', y='tip',data=tips,\
                scatter_kws={'s':80,'marker':'x',\
                                'color':'#00C78C'})
plt.title('Residplot')
sns.despine()
plt.show()
```

运行结果如图 4-52 所示。

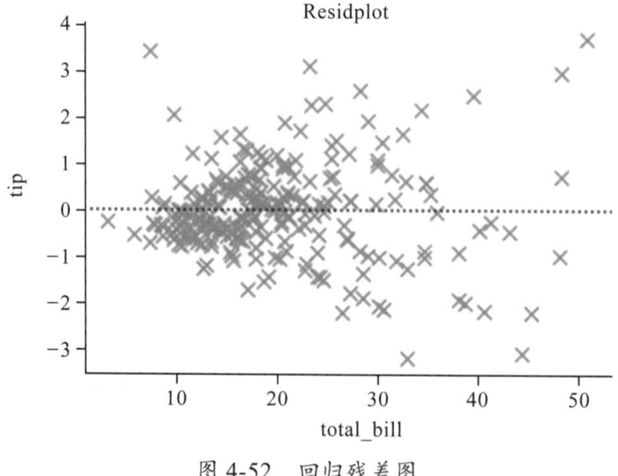

图 4-52　回归残差图

4.7 矩阵图

矩阵图可以通过 heatmap() 和 clustermap() 两种函数绘制。

4.7.1 heatmap()

heatmap() 用于绘制热力图，是用颜色矩阵显示数据在两个维度下的度量值。

heatmap() 函数语法如下（代码 4-65）：

代码 4-65

```
heatmap(data, vmin=None, vmax=None, cmap=None, center=None,\
        robust=False, annot=None, fmt='.2g', annot_kws=None,\
        linewidths=0, linecolor='white', cbar=True, cbar_kws=None,\
        cbar_ax=None, square=False, xticklabels='auto',\
        yticklabels='auto', mask=None, ax=None, **kwargs)
```

常见参数含义如下。

- data：矩形数据集。可以强制转换为二维 ndarray 格式数据集。
- center：浮点型。绘制有色数据时将色彩映射居中的值。
- vmin, vmax：浮点型。用于锚定色彩映射的值。
- robust：布尔值。如果是 True，并且 vmin 或 vmax 为空，则使用稳健分位数而不是极值来计算色彩映射范围。
- annot：布尔值或者矩形数据。如果为 True，则在每个热力图单元格中写入数据值。
- fmt：字符串。添加注释时要使用的字符串格式。
- annot_kws：字典或者键值对。当 annot 为 True 时，ax.text 的关键字参数。
- linewidths：浮点数。划分每个单元格的行的宽度。
- linecolor：颜色。划分每个单元的线条的颜色。
- cbar：布尔值。是否绘制颜色条。
- mask：布尔数组或者 DataFrame 数据。如果为空值，数据将不会显示在 mask 为 True 的单元格中。具有缺失值的单元格将自动被屏蔽。
- square：布尔值。如果为 True，则将坐标轴方向设置为“equal”，以使每个单元格为方形。

代码 4-66 展示了操作示例。

代码 4-66

```
import matplotlib.pyplot as plt
import numpy as np
import seaborn as sns
%matplotlib inline
plt.rcParams['axes.unicode_minus']=False
sns.set(style='ticks',font='SimHei')

flights = sns.load_dataset("flights")
# 使用特定的行和列标签绘制 dataframe
flights = flights.pivot("month", "year", "passengers")

ax = sns.heatmap(flights,vmin=0,vmax=700,linewidth=0.5,\
                 cmap="YlGnBu",square=True,\
                 cbar_kws={"orientation": "horizontal"})
ax.set_title('The Heatmap')
plt.show()
```

运行结果如图 4-53 所示。

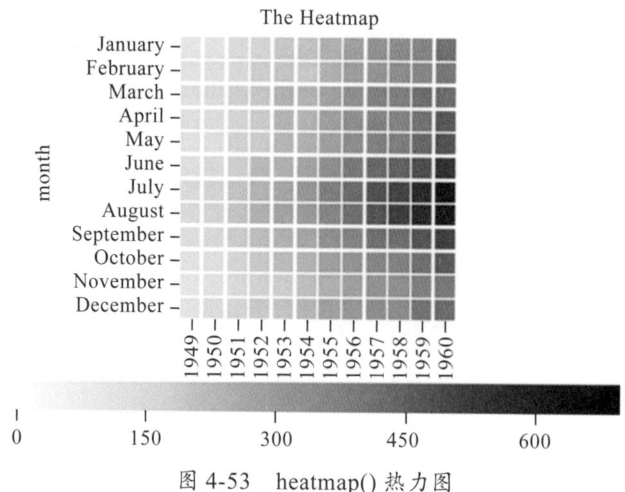

图 4-53 heatmap() 热力图

4.7.2 clustermap()

clustermap() 可以将矩阵数据集绘制为层次聚类热力图。

clustermap() 函数语法如下（代码 4-67）:

代码 4-67

```
clustermap(data, pivot_kws=None, method='average',\
           metric='euclidean', z_score=None, standard_scale=None,\
           figsize=None, cbar_kws=None, row_cluster=True,\
           col_cluster=True, row_linkage=None, col_linkage=None,\
           row_colors=None, col_colors=None, mask=None, **kwargs)
```

常见的配置参数含义如下。

- pivot_kws：字典。如果数据是整齐的数据框架，可以为 pivot 提供关键字参数以创建矩形数据框架。
- method：字符串。用于计算聚类的链接方法。
- metric：字符串。用于数据的距离度量。
- z_score：int 或 None。0（行）或 1（列）。是否计算行或列的 z 分数。
- standard_scale：int 或 None。0（行）或 1（列）。是否标准化该维度。

下面以 iris 数据集为例，先去掉目标列，再进行聚类，如代码 4-68 所示。

代码 4-68

```
import matplotlib.pyplot as plt
import numpy as np
import seaborn as sns
%matplotlib inline
plt.rcParams['axes.unicode_minus']=False
```

```
sns.set(style='ticks',font='SimHei')

iris = sns.load_dataset("iris")
species = iris.pop("species")
# 以单链方式聚类
g = sns.clustermap(iris,method="single",cmap="mako",\standard_scale=1)
plt.title('The Clustermap')
plt.show()
```

运行结果如图 4-54 所示。

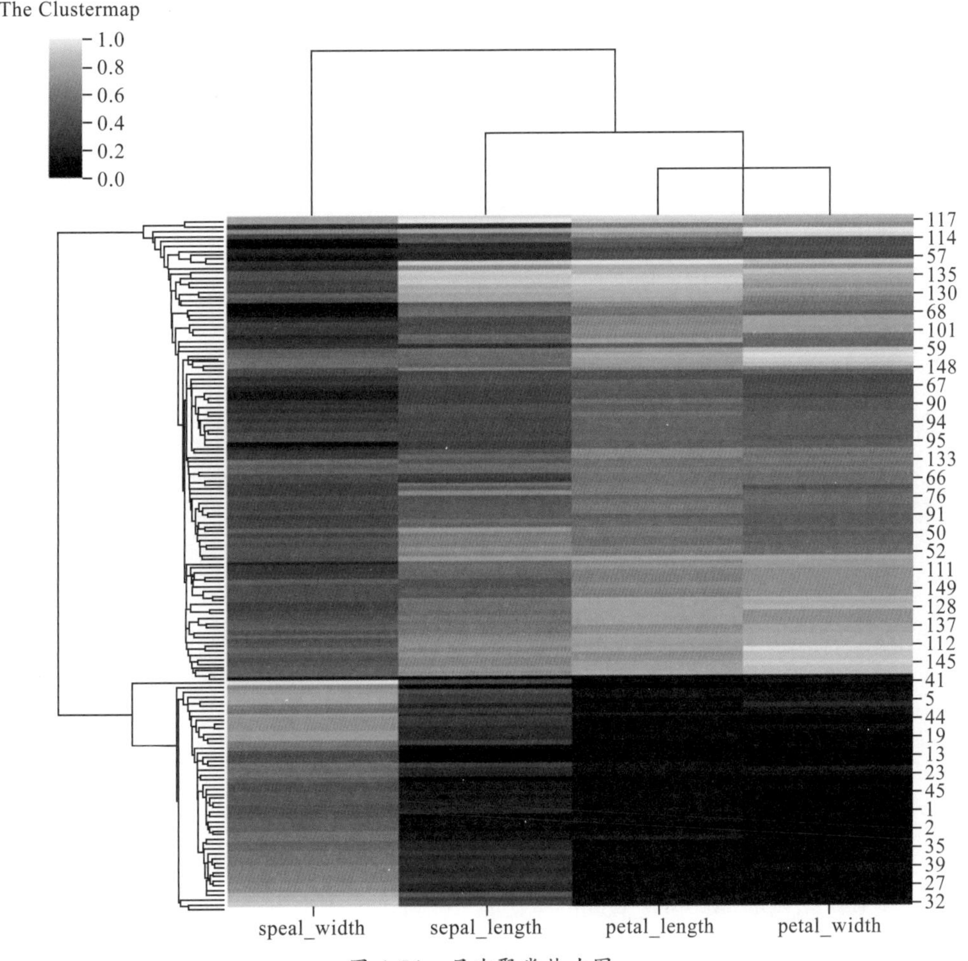

图 4-54　层次聚类热力图

4.8　网格图

之前在分类图、分布图中提到的 FacetGrid、PairGrid 以及 JointGrid，均属于网格图的一种。本文接下来将详细讲述网格图。

4.8.1 FacetGrid

当想要可视化多个变量之间的关系时，FacetGrid 会非常实用。

FacetGrid 类语法如下（代码 4-69）：

代码 4-69

```
FacetGrid(data, row=None, col=None, hue=None, col_wrap=None,\
          sharex=True, sharey=True, height=3, aspect=1,\
          palette=None, row_order=None, col_order=None,\
          hue_order=None, hue_kws=None, dropna=True,\
          legend_out=True, despine=True, margin_titles=False,\
          xlim=None, ylim=None, subplot_kws=None,\
          gridspec_kws=None, size=None)
```

常见的配置参数含义如下。

- row, col, hue：字符串。定义数据子集的变量，这些变量将在网格的不同方面绘制。
- col_wrap：整型。以此参数值来限制网格的列维度，以便列面跨越多行。
- share{x,y}：布尔值，'col' 或 'row'。如果为 True，则跨列共享 y 轴或者跨行共享 x 轴。

FacetGrid 类有以下常见方法。

- add_legend([legend_data, title, label_order])：绘制一个图例，可能将其放在轴外并调整图形大小。
- despine(**kwargs)：从子图中移除轴的边缘框架。
- facet_axis(row_i, col_j)：使这些索引识别的轴处于活动状态并返回。
- facet_data()：用于每个子图的名称索引和数据子集的生成器。
- map(func, args, *kwargs)：将绘图功能应用于每个子图的数据子集。
- map_dataframe(func, args, *kwargs)：像 map 一样，但是将 args 作为字符串传递并在 kwargs 中插入数据。
- savefig(args, *kwargs)：保存图片。
- set(**kwargs)：在每个子图集坐标轴上设置属性。
- set_axis_labels([x_var, y_var])：在网格的左列和底行设置轴标签。
- set_titles([template, row_template, ...])：在每个子图上方或网格边缘绘制标题。
- set_xlabels([label])：在网格的底行标记 x 轴。
- set_xticklabels([labels, step])：在网格的底行设置 x 轴刻度标签。
- set_ylabels([label])：在网格的左列标记 y 轴。
- set_yticklabels([labels])：在网格的左列上设置 y 轴刻度标签。

用 FacetGrid 绘图的基本思路是，先用 FacetGrid 画出轮廓图（即图形的横纵比等），再用 map 填充内容，如代码 4-70 所示。

代码 4-70

```
import matplotlib.pyplot as plt
import numpy as np
import seaborn as sns
%matplotlib inline
plt.rcParams['axes.unicode_minus']=False
sns.set(style='ticks',font='SimHei')

tips = sns.load_dataset('tips')
g = sns.FacetGrid(tips,col='sex',hue="time",\
                       palette='Set2',hue_order=["Dinner", "Lunch"],\
                       hue_kws=dict(marker=["^", "v"]))
g = g.map(plt.scatter, "total_bill", "tip",edgecolor='white',s=100)
g.add_legend()
g.set_titles(' 散点图 ')
plt.show()
```

运行结果如图 4-55 所示。

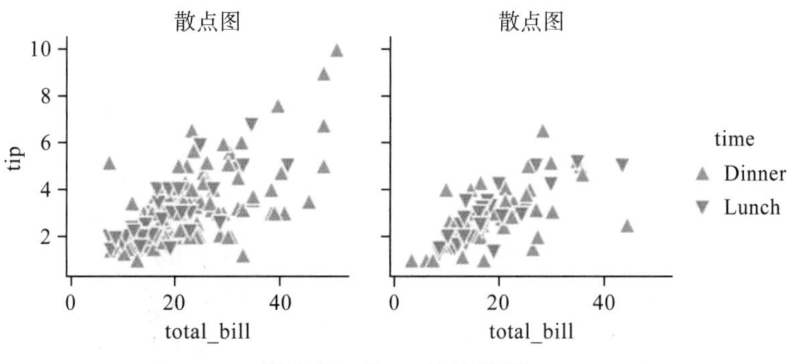

图 4-55　FacetGrid 绘图

4.8.2　PairGrid

PairGrid 用于绘制数据集中成对关系的子图网格。该类将数据集中的每个变量映射到多个轴的网格中的列和行。可以使用不同的轴级绘图函数来绘制上三角区域和下三角区域的双变量图，并且对角线上可以显示每个变量的边际分布。

PairGrid 类语法如下（代码 4-71）：

代码 4-71

```
PairGrid(data, hue=None, hue_order=None, palette=None,hue_kws=None, vars=
    None, x_vars=None, y_vars=None,diag_sharey=True, height=2.5, aspect=1,
    despine=True,dropna=True, size=None)
```

它和 FacetGrid 绘图的思路大体一致：先用 PairGrid 绘制轮廓图；然后用 map_diag 绘制对角线上的图形；最后用 map_offdiag 绘制非对角线上的图形。如代码 4-72 所示。

代码 4-72

```
import matplotlib.pyplot as plt
import numpy as np
import seaborn as sns
%matplotlib inline
plt.rcParams['axes.unicode_minus']=False
sns.set(style='ticks',font='SimHei')
# 去除部分 warning
import warnings
warnings.filterwarnings('ignore')

iris = sns.load_dataset('iris')
g = sns.PairGrid(iris,hue='species',hue_kws={'marker':["+",  "x","*"]},
    palette='coolwarm')
# 上三角
g = g.map_upper(plt.scatter)
g = g.map_diag(plt.hist)
# 下三角
g = g.map_lower(sns.kdeplot, lw=3, legend=False)
g = g.add_legend()
plt.show()
```

运行结果如图 4-56 所示。

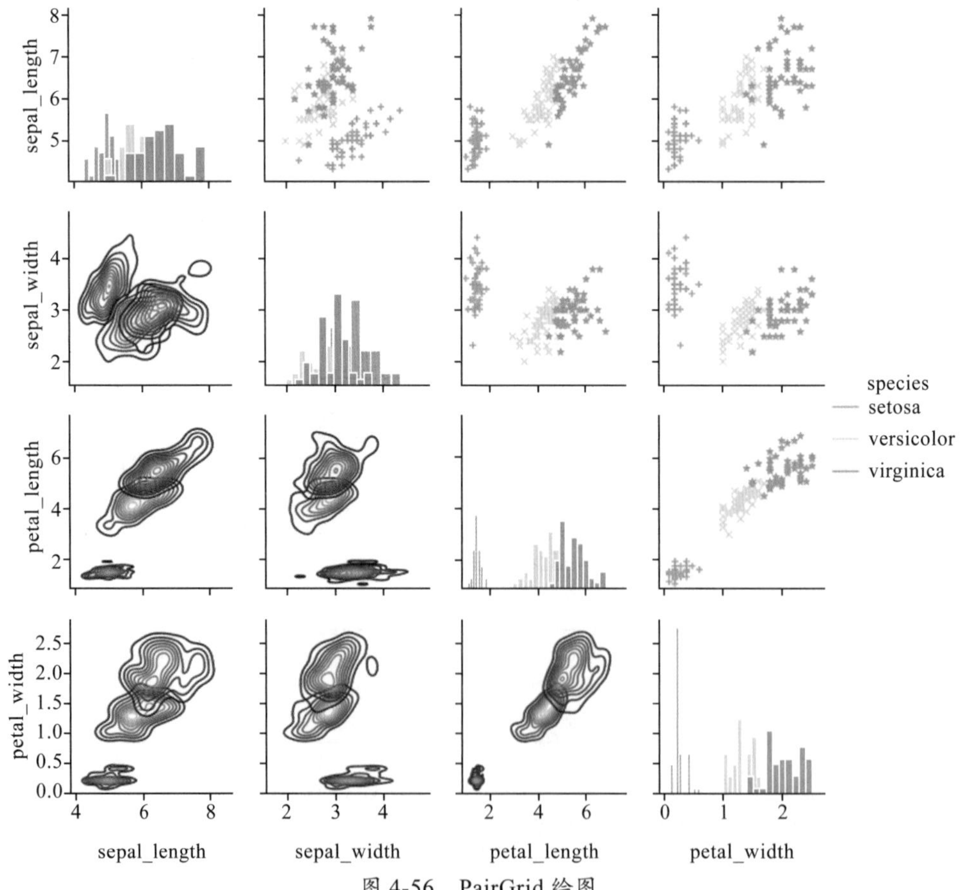

图 4-56　PairGrid 绘图

4.8.3 JointGrid

JointGrid 用于绘制具有边际单变量图的双变量图的网格。

JointGrid 类语法如下（代码 4-73）：

代码 4-73

```
JointGrid(x, y, data=None, height=6, ratio=5,space=0.2, dropna=True, xlim=
    None,ylim=None, size=None)
```

它与前两个类的绘图思路一致：先用 JointGrid 绘制轮廓；再通过 plot_joint 绘制中央的图形；最后通过 plt_marginals 绘制上方和右方图形。如代码 4-74 所示。

代码 4-74

```
import matplotlib.pyplot as plt
import numpy as np
import seaborn as sns
%matplotlib inline

plt.rcParams['axes.unicode_minus']=False
sns.set(style='ticks',font='SimHei')
tips = sns.load_dataset('tips')

g = sns.JointGrid(x="total_bill", y="tip", data=tips)
g = g.plot_joint(plt.scatter, color="#A066D3", edgecolor="white",\
                 s = 200,marker='*')
g = g.plot_marginals(sns.distplot, rug=True,\
                     rug_kws={'height':0.1,'color':'#B03060'},\
                     hist_kws={'color':'#00C78C'},\
                     kde_kws={'lw':2,'ls':'-.'})
plt.show()
```

运行结果如图 4-57 所示。

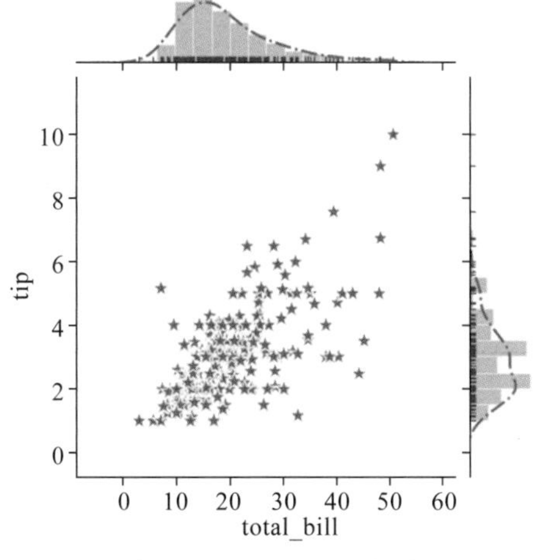

图 4-57　JointGrid 绘图

◎ 本章小结

本章主要介绍了 Seaborn 数据可视化库的基本设置，以及关联图、分类图、分布图、回归图、矩阵图和网格图等多种图形在 Seaborn 中的绘制方法。相比于 Matplotlib，Seaborn 的数据可视化实现方法的逻辑性较强，读者可以仔细体会其中的绘图规律。

◎ 课后习题

试利用 iris 数据集绘制出图 4-58。

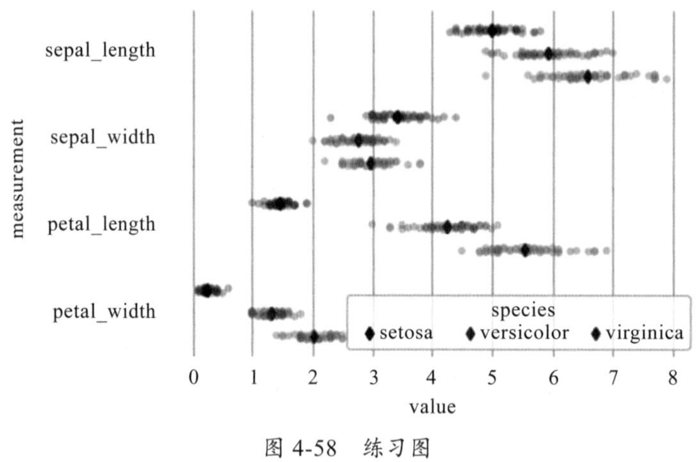

图 4-58 练习图

◎ 思考题

Seaborn 中的哪些图形可以结合起来绘制，并试着解释其含义。

C H A P T E R 5

第 5 章

Plotly 数据可视化入门

5.1 Plotly 简介

Plotly 是一款强大的基于 Python 的绘图工具库，可以快速地制作各种精美的图表，而且生成的图表可以实时与用户产生交互。它可以制作折线图、散点图、面积图、条形图、误差线图、箱线图、直方图、热图、子图、多轴图、极坐标图和气泡图等多种图表。这些图可以嵌入网页以及开发 GUI 等，用途比较广泛。

图 5-1 是本章知识结构的思维导图。

5.1.1 基本介绍

Plotly 最初是一款商业化软件，直至 2015 年 Plotly 开发团队将其核心代码 plotly.js 开源，由此 Plotly 得以快速发展。2016 年，Plotly 开发团队正式发布其 Python-API 的文档。Plotly 开源之后，主要有两种绘图方式。

（1）在线绘图：绘图和数据都保存在自己的云账户，主要通过 Plotly 提供的方法在自己的账户中创建一个网址来存储绘图结果。由于需要经过网络交互，因此在线绘图的速度比较慢。这种方法更利于保存一些比较重要的图表。在线绘图有公有、私有、私密几种存储类型。其中：公有方式向所有人开放图表的相关信息；私有方式不对外开放，只允许自己查看，需要登录后获得权限；私密存储则指拥有图表链接的用户都可以查看这些图表。

（2）离线绘图：在没有网络的情况下，仍然可以使用 Plotly 进行绘图，此时绘制的图像将保存在本地，这种方式也是 Plotly 最常用的绘图方式，绘图速度比在线绘图快很多。本章大部分绘图采用离线绘图方式实现。

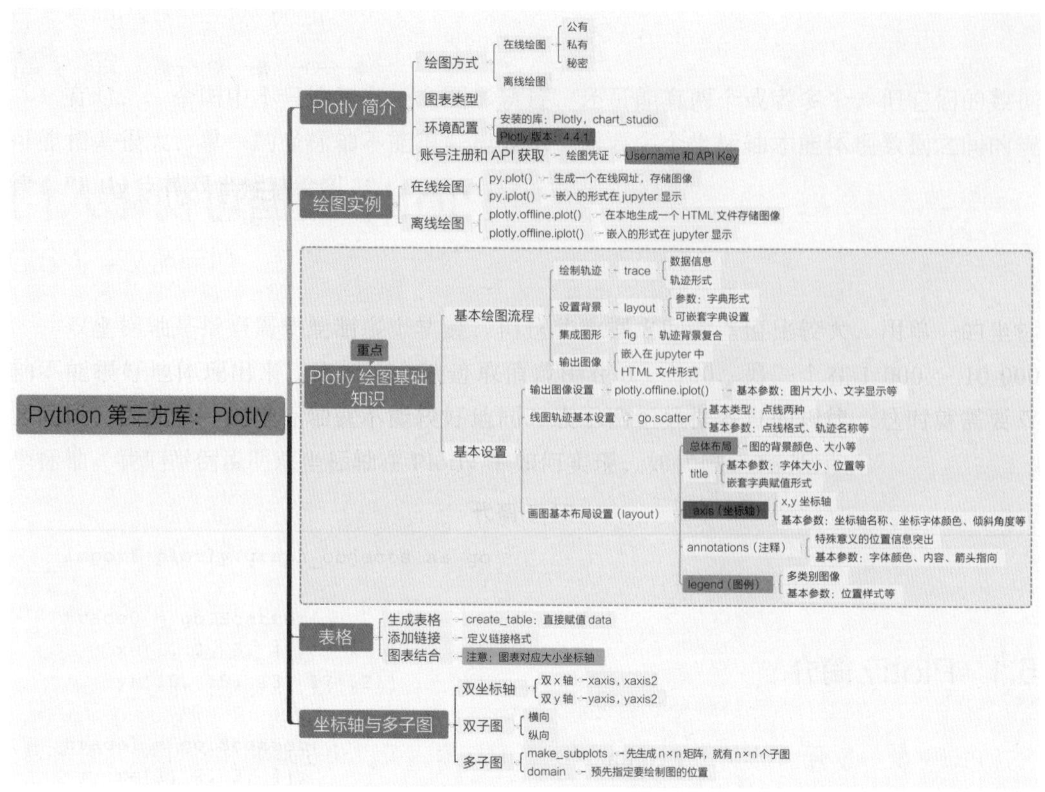

图 5-1　第 5 章知识结构思维导图

5.1.2　图表类型介绍

Plotly 是一个基于 JavaScript 的数据图表分析绘制模板库，其优点是图表的灵活性和丰富性，它还可以和多种软件及 API 对接，功能非常强大，支持多种图表的绘制。目前，它支持的图表格式有：

- 基本图表：20 种；
- 统计和海运方式图：12 种；
- 科学图表：21 种；
- 财务图表：2 种；
- 地图：8 种；
- 3D 图表：19 种；
- 拟合工具：3 种；
- 流动图表：4 种。

值得注意的是，Plotly 第三方库更新较快，相信未来可以绘制更多类型的图表。

5.1.3 安装

安装 Plotly 第三方库和其他第三方库类似，直接用 pip 命令安装[⊖]即可：

```
pip install plotly
```

Plotly 也经常更新，若需要升级到最新版，则需要运行以下代码：

```
pip install plotly --upgrade
```

在安装 Plotly 的同时，本书建议读者也安装 chart_studio 包，该第三方库对于后面的部分绘图是必要的。

```
pip install chart_studio
```

5.1.4 API 信息获取

Plotly 提供了一个在线托管绘图结果的 Web 服务平台。用户在 Plotly 官网注册一个账号，用来托管需要保存的绘图结果；再登录自己的账户，在设置中找到 API Key 选项；最后将自己的 Username 和 API Key 记录下来，作为以后绘图的凭证（见图 5-2）。

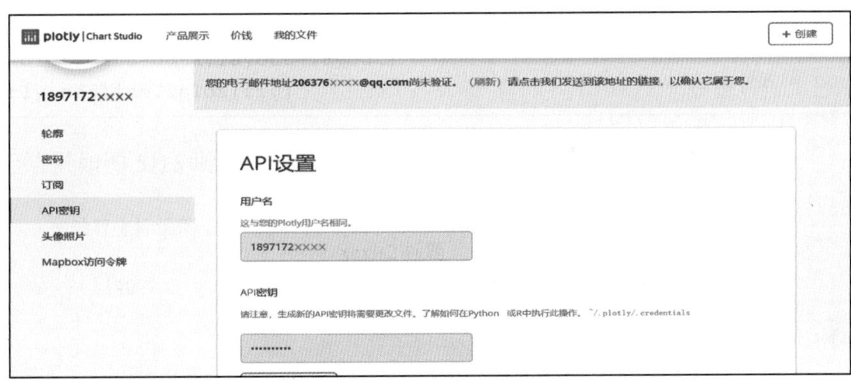

图 5-2　API Key 的获取

5.2 绘图实例

本节主要用在线绘图、离线绘图两种方式来绘制一两个简单的图表，便于读者了解 Plotly 绘图的特点。

5.2.1 在线绘图

在线绘图首先需要配置用户的凭证信息：Username 和 API Key，之后才能实现在线绘图，如代码 5-1 所示。

⊖ 本书 Plotly 的版本是 4.4。

代码 5-1

```
import chart_studio
chart_studio.tools.set_credentials_file(username='******', api_key='M6yMd75ciV
    ********')
# 这里的 username 和 api_key 对应上面的 Username 和 API Key
```

上面这个步骤会在当前的用户目录下创建一个特殊文件 .plotly/.credentials。这个文件的内容是这样的：

```
{ "username": "****",
"stream_ids":["ylosqsyet5", "h2ct8btkls", "oxz4fm883b"], "api_key": "****"
    }
```

完成上述准备工作，我们才能开始使用在线绘图功能。在线绘图有两种方法：py.plot() 和 py.iplot()。这两种方法的作用都是在自己的账户中新建一个网址并存储绘图结果，唯一不同的是，py.plot() 返回一个网址，默认自动打开这个网址，而 py.iplot() 是以嵌入的形式在 jupyter 中显示出来。以下是本章第一个实例[⊖]，如代码 5-2 所示。

代码 5-2

```
import chart_studio.plotly as py
import plotly.graph_objects as go

trace0 = go.Scatter(
    x=[1, 2, 3, 4,5,6],
    y=[10, 15, 13, 17 ,21, 23]
)
trace1 = go.Scatter(
    x=[1, 2, 3, 4, 5, 8 ],
    y=[16, 5, 11, 9,23,13]
)
data = [trace0, trace1]

py.iplot(data)
```

代码 5-2 运行结束会在 jupyter notebook 中显示如图 5-3 所示的图像。

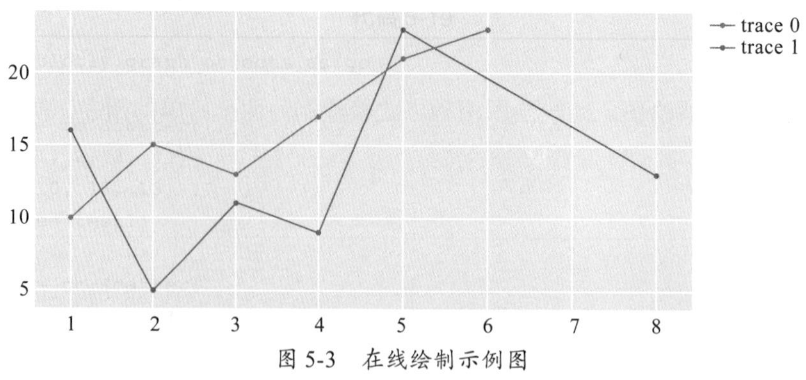

图 5-3 在线绘制示例图

⊖ 其中涉及的绘图函数及相关参数的使用，后文会详细介绍。

在线绘图的唯一特点是可以将绘图结果同步到对应账号上，但由于它需要连接服务器，因此与离线绘图相比绘制时间较长。

5.2.2 离线绘图

离线绘图其实与在线绘图在大体上是相似的，只不过在线绘图多一项配置 Username 和 API Key。相对在线绘图而言，离线绘图的绘图效率得到较大提升。离线绘制图像主要借助两个函数：一个是 plotly.offline.iplot()，它会在 jupyter notebook 中直接绘图，不需要新建一个 HTML 文件；另一个是 plotly.offline.plot()，它会在本地新建一个 HTML 文件。代码 5-3 是 Plotly 离线绘图的一个实例。

代码 5-3

```
import plotly
import plotly.graph_objects as go
trace0 = go.Scatter(
    x=[1, 2, 3, 4,5,6],
    y=[10, 15, 13, 17 ,21, 23]
)
trace1 = go.Scatter(
    x=[1, 2, 3, 4, 5, 6],
    y=[16, 5, 11, 9,23,13]
)
data = [trace0, trace1]

plotly.offline.iplot(data)
```

运行结果如图 5-4 所示。

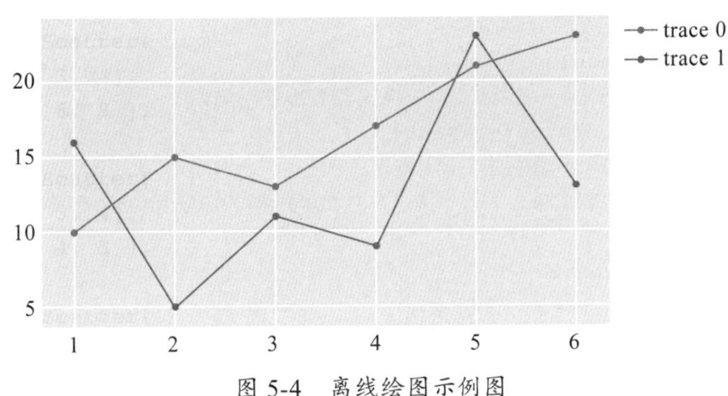

图 5-4　离线绘图示例图

5.3 Plotly 绘图基础知识

5.3.1 基本绘图流程

在 Plotly 中绘制图表，首先需要定义轨迹，即定义存储绘图数据的变量，一般称为

Plotly 中的绘图对象，它也可以是一个画轨或画痕等。在 Plotly 中定义轨迹时，我们常用 plotly.graph_objects 中的 Scatter（数据布局）等对象来定义，这些对象一般接收的是字典等复合类型数据格式。定义轨迹之后需要定义画面布局，一般用 layout 等命令实现。然后需要将前两步进行复合，集成图形布局数据，命令有 Data 和 Figure 等。完成之后将绘制图形输出，一般用 plotly.offline.iplot() 和 plotly.offline.plot()。简单来说就是以下几步：

（1）定义轨迹、画轨或画痕等；

（2）定义画面布局；

（3）复合、集成图形布局数据；

（4）输出绘制图形。

大部分的 Plotly 绘制图形可以参考这个流程，代码 5-4 是一个绘制实例，我们可以借此熟悉 Plotly 的绘图流程。

代码 5-4

```
import plotly
import plotly.graph_objects as go
import numpy as np
# 导入相关的第三方库
x0=np.linspace(0,10,100)# 在 [0,10] 区间内生成间隔相等的 100 个数
y1=np.random.randn(100) # 生成 100 个具有标准正态分布的随机数
y2=np.random.randn(100) # 生成 100 个具有标准正态分布的随机数
trace0 = go.Scatter(
    x=x0,
    y=y1
)# 定义轨迹 1
trace1 = go.Scatter(
    x=x0,
    y=y2
)# 定义轨迹 2
data = [trace0, trace1]
layout =dict(title='第一幅折线图') # 总体画图布局配置
fig=dict(data=data, layout=layout)
# 复合图表，将数据布局在一个画面（整合图和图层）
plotly.offline.iplot(fig) # 将结果显示到 jupyter notebook 里
```

运行结果如图 5-5 所示。

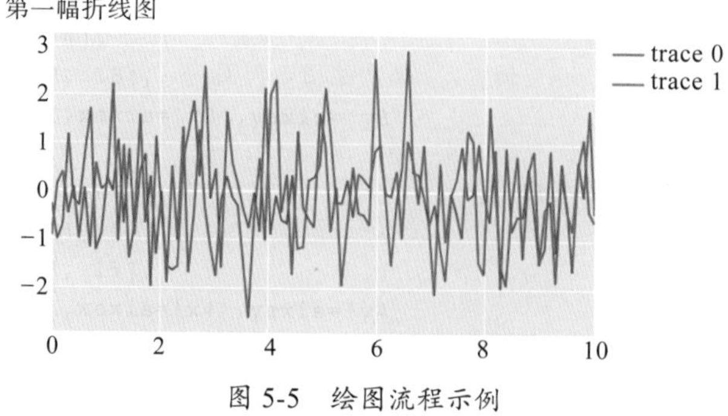

图 5-5　绘图流程示例

5.3.2　基本设置

1. 输出图像设置

对于 Plotly 的大部分基础图形而言，基本设置是大致相同的。以 plotly.offline.iplot() 为例，它们是绘制图形的主函数，其中大部分参数是关于全局的设置，通过 help(plotly.offline.iplot) 查看其包含的参数，结果如下。

```
iplot(figure_or_data, show_link=False, link_text='Export to plot.ly',
    validate=True, image=None, filename='plot_image', image_width=800,
    image_height=600, config=None, auto_play=True, animation_opts=None)
```

其中，较常用的参数解释如下。

- figure_or_data：表示输入数据，可以是字典或复合字典（嵌套式）。
- show_link：默认为 True，显示右下角的链接。
- link_text：右下角显示的文字，默认为 Export to plotly.ly。
- validate：默认为 True，确保所有的关键字都是有限的。
- filename：设置绘图存储文件的路径。
- image：字符串，表示图片的类型，可选 'None'|'png'|'jpeg'|'svg'|'webp' 等。
- image_height：数值，图片的高度，默认值为 600。
- image_width：数值，图片的宽度，默认值为 800。

代码 5-5 是一个具体示例。

代码 5-5

```
# 导入相关的第三方库
import plotly
import plotly.graph_objects as go
import numpy as np

trace0 = go.Scatter(
    x=[1, 2, 3, 4,5,6],
    y=[10, 15, 13, 17 ,21, 23]
)
trace1 = go.Scatter(
    x=[1, 2, 3, 4, 5, 6],
    y=[16, 5, 11, 9,23,13]
)
data = [trace0, trace1]
# 选择 jpeg 格式图片自动下载，图片高为 500px，宽为 700px，文件名为 my_frist_picture1
plotly.offline.iplot(data,image='jpeg',image_height=500,image_width =700,
    filename='my_frist_picture1')
```

运行结果如图 5-6 所示。

2. 线图轨迹基本设置

Plotly 中最基本的图形是线形图，而 Plotly 中的线形图一般是以线图和散点图相结合的方式进行呈现，常用的是 go.Scatter() 函数。它包含以下几个基本参数设置。

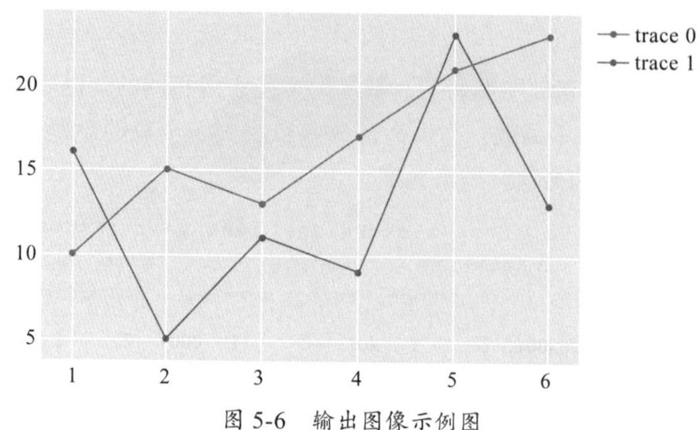

图 5-6　输出图像示例图

- mode：图形格式，这个参数包括 lines、markers、lines+markers 等，但散点图一般指定的是 markers。
- x,y：图像上的点的坐标，设置 x 轴、y 轴的坐标数据。
- opacity：透明度，取值范围为 0 ～ 1。
- marker：指定点的颜色、大小以及样式等相关参数，采用复合字典赋值的方法，包括 size、colors、symbol 等属性。其中，symbol 用于设置点的样式。
- name：指定的这条轨迹的名称。

代码 5-6 是一个具体示例。

代码 5-6

```
import plotly
import plotly.graph_objects as go
import numpy as np
# 导入相关的第三方库
trace0 = go.Scatter(
    x=[1, 2, 3, 4,5,6],
    y=[10, 15, 13, 17 ,21, 23],
    mode='lines+markers', # 曲线图是线点结合的方式
    name='lines+markers', # 轨迹的名称
    line=dict(width=5,color='#FFFF00',dash='dot'), # 控制线的宽度、颜色、样式
    marker=dict(size=5,color='#87CEFA',symbol=[300,200,303,23,12,222]), # 控制点的大小、颜色、点的形式
    opacity=0.9 # 轨迹的透明度
)# 定义轨迹 1
trace1 = go.Scatter(
    x=[1, 2, 3, 4, 5, 6],
    y=[16, 5, 11, 9,23,13],
    mode='lines',
    name='lines',
    line=dict(width=5,color='#00CED1',dash='solid'), # 控制线的宽度、颜色、样式
    opacity=0.5 # 轨迹的透明度
```

```
)# 定义轨迹 2
data = [trace0, trace1]
plotly.offline.iplot(data)
```

运行结果如图 5-7 所示。

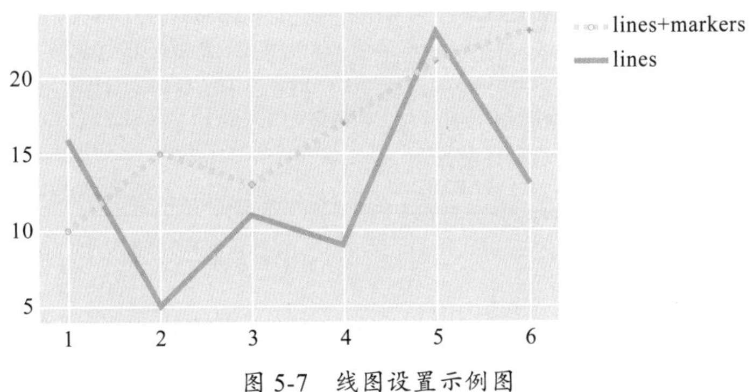

图 5-7　线图设置示例图

代码 5-6 是关于点线的一个简单示例，下一章会专门介绍线形图。

3. 绘图基本布局设置

如果默认的图像布局效果不能满足我们的需要，那么我们可以在复合图表的过程中通过参数 layout 来设置相关的信息。常用的设置如下。

- title：图像的主标题（可单独赋值使用）。title 又有多个参数，用字典形式赋值，常用的一般有 font、pad、text。font 代表字体、大小、颜色等参数，pad 是标题距离上下左右的距离，text 是标题的内容，具体赋值方式也是字典形式。
- plot_bgcolor：图的背景颜色。
- paper_bgcolor：画布的背景颜色。颜色可以用 16 进制表示，也可以用英文名，还可以用 RGB 三元色来表示。
- autosize：是否自动调节图像大小，默认为 True。
- width：设置图像的宽度，默认为 1 450。
- height：设置图像的高度，默认为 800。
- margin：设置图像离画布四周的边距。其中，pad 是刻度与标签的距离。

下面看一个具体的实例，如代码 5-7 所示。

代码 5-7

```
import plotly
import plotly.graph_objects as go
import numpy as np
# 导入相关的第三方库
x0=np.linspace(0,10,100)# 在 [0,10] 区间内生成间隔相等的 100 个数
y1= np.random.randn(100)# 生成 100 个具有标准正态分布的随机数值
y2=np.random.randn(100) # 生成 100 个具有标准正态分布的随机数值
trace0 = go.Scatter(
```

```
    x=x0,
    y=y1)# 定义轨迹 1
trace1 = go.Scatter(
    x=x0,
    y=y2)# 定义轨迹 2
data = [trace0, trace1]
layout =dict(title=dict(text=' 第一幅折线图 ', pad=dict(l=350,r=450,b=3,t=10),
                         #pad 表示主标题距离图像左右上下距离，用 l,r,b,t 四个参数表示
                           font=dict(color='rgb(148, 103, 189)',size=18)),
                         # 标题的字体、大小、颜色
             plot_bgcolor='black',
             paper_bgcolor='#AEEEEE',
             autosize=False,
             width=1000,
             height=500,
             margin=dict(l=60,r=60,b=50,t=50,pad=0)) # 总体画图布局配置
fig=dict(data=data,layout=layout)
# 复合图表，数据布局在一个画面
plotly.offline.iplot(fig) # 将结果显示到 jupyter notebook 上
```

运行结果如图 5-8 所示。

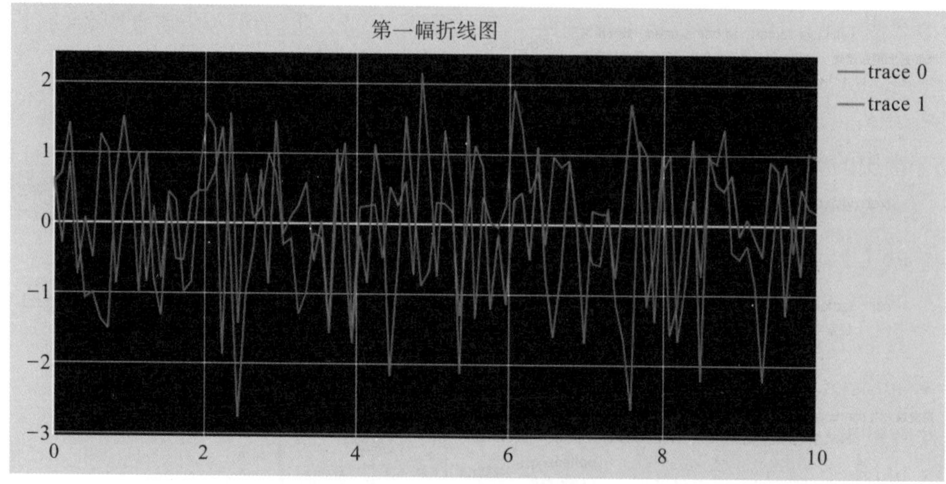

图 5-8　基本图像设置实例 1

除了主标题、图像背景颜色等设置外，坐标轴设置也有很多参数。此处以 x 轴的设置为例，y 轴设置与之类似。x 轴用 layout 中的 xaxis 字典来设置，常用的参数一般有以下几个。

- title：x 轴的标签名。
- titlefont：x 轴标签的字体大小、颜色等。
- tickfont：x 轴刻度标签的字体大小、颜色等。
- tickangle：设置刻度标签旋转的角度。
- showticklabels：设置是否显示坐标轴。

➢ zeroline：是否显示 x 轴的零刻度线。
➢ autorange：True 或者 False，是否自动调节刻度，默认为 True。
➢ range：x 轴的刻度标签范围。

下面看一个实例，如代码 5-8 所示。

代码 5-8

```
layout =dict(title=dict(text=' 第一幅折线图 ', pad=dict(l=350,r=450,b=3,t=10),
                     font=dict(color='rgb(148, 103, 189)',size=18)),
          plot_bgcolor='black',paper_bgcolor='#AEEEEE',autosize=False,wi
             dth=1000,height=500,
          margin=dict(l=60,r=60,b=50,t=50,pad=0),
          xaxis=dict(title='x 轴测试 1',tickangle=45, # 刻度值偏移 45 度角
                    titlefont=dict(color='rgb(148, 103, 189)',size=15),
                       # 设置 x 轴标题和标题颜色、大小等
                    tickfont=dict(color='rgb(148, 103, 189)',size = 12),
                       # 设置刻度值的颜色、大小等
                    autorange=False,
                    range=[0,8]
                            )
          )# 总体画图布局配置
fig=dict(data=data,layout=layout)# 复合图表，数据布局在一个画面
plotly.offline.iplot(fig)          # 将结果显示到 jupyter notebook 上
```

运行结果如图 5-9 所示。

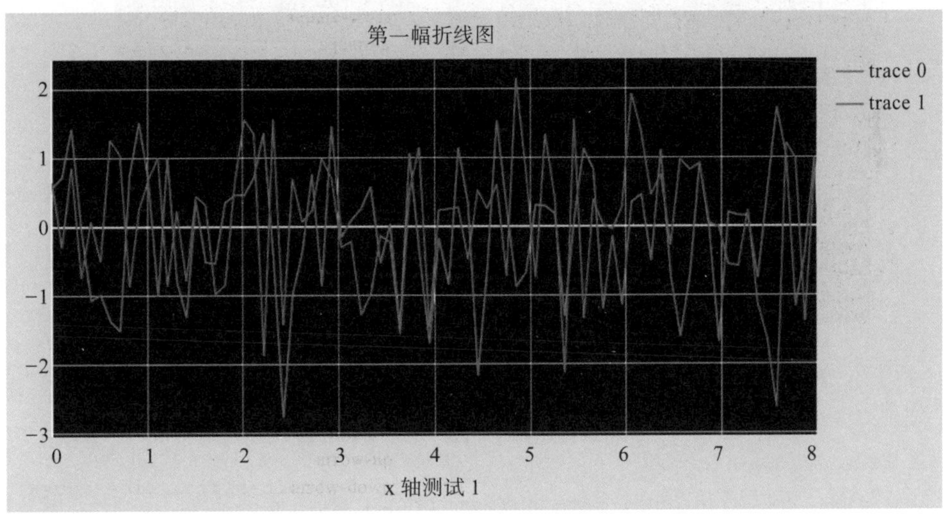

图 5-9　基本图像设置示例 2

y 轴的参数设置与 x 轴的类似，代码 5-9 是一个具体示例。

代码 5-9

```
layout =dict(title=dict(text=' 第一幅折线图 ', pad=dict(l=350,r=450,b=3,t=10),
                     font=dict(color='rgb(148, 103, 189)',size=18)),
```

```
            plot_bgcolor='black',paper_bgcolor='#AEEEEE',autosize=False,w
                idth=1000,height=500,
            margin=dict(l=60,r=60,b=50,t=50,pad=0),
            xaxis=dict(title='x 轴测试 1',tickangle=45, # 刻度值偏移 45 度角
                       titlefont=dict(color='rgb(148, 103, 189)',size=15),
                           # 设置 x 轴标题和标题颜色、大小等
                       tickfont=dict(color='rgb(148, 103, 189)',size =
                           12), # 设置刻度值的颜色、大小等
                       autorange=False,
                       range=[0,8] ),
            yaxis=dict(title='y 轴测试 1',tickangle=30, # 刻度值偏移 30 度角
                       titlefont=dict(color='rgb(148, 103, 189)',size=15),
                           # 设置 y 轴标题和标题颜色、大小等
                       tickfont=dict(color='rgb(148, 103, 189)',size =
                           12), # 设置刻度值的颜色、大小等
                       autorange=False,
                       range=[-2,2])
            )# 总体画图布局配置
fig=dict(data=data,layout=layout) # 复合图表，数据布局在一个画面
plotly.offline.iplot(fig)          # 将结果显示到 jupyter notebook 上
```

运行结果如图 5-10 所示。

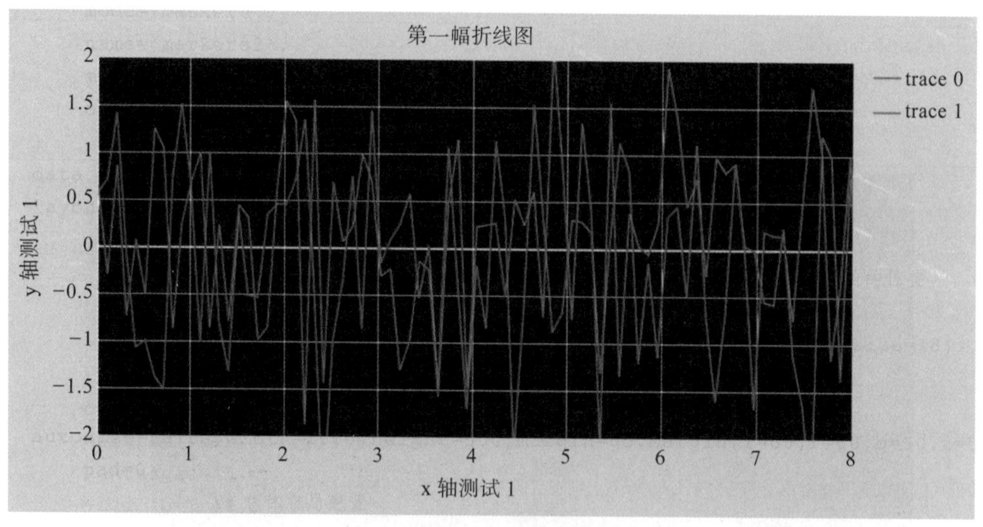

图 5-10　基本图像设置示例 3

关于图例，可以用 layout 中的 legend() 进行设置，其主要参数如下。对这些参数进行赋值还是通过复合字典的方式。

➢ x,y：用坐标的形式来确定图例的位置，一般在 [0,1] 取值。
➢ font：设置图例的字体大小和颜色等。
➢ bgcolor：设置图例背景颜色。
➢ bordercolor：设置图例边框颜色。

➢ orientation：设置图例摆放方式，默认垂直摆放用 'v'，平行摆放用 'h'。

➢ borderwidth：设置图例边框的宽度。

➢ showlegend：设置是否显示图例，默认为 True。

代码 5-10 是一个应用示例。

代码 5-10

```
layout =dict(title=dict(
                        text='第一幅折线图',
                        pad=dict(l=350,r=450,b=3,t=10),
                        font=dict(color='rgb(148, 103, 189)',size=18)),
            plot_bgcolor='black',paper_bgcolor='#AEEEEE',autosize=False,wi
                dth=1000,height=500,
            margin=dict(l=60,r=60,b=50,t=50,pad=0),
            xaxis=dict(title='x 轴测试 1',tickangle=45, # 刻度值偏移 45 度角
                       titlefont=dict(color='rgb(148, 103, 189)',size=15),
                           # 设置 x 轴标题和标题颜色、大小等
                       tickfont=dict(color='rgb(148, 103, 189)',size = 12),
                           # 设置刻度值的颜色、大小等
                       autorange=False,
                       range=[0,8]
                                   ),
            yaxis=dict(title='y 轴测试 1',tickangle=30,# 刻度值偏移 30 度角
                       titlefont=dict(color='rgb(205, 38, 38)',size=15),# 设
                           置 y 轴标题和标题颜色、大小等
                       tickfont=dict(color='rgb(205, 38, 38)',size = 12),
                           # 设置刻度值的颜色、大小等
                       autorange=False,
                       range=[-2,2]),
            legend=dict(
                  x=1,y=1,# 设置图例的位置，取值范围为 [0,1]
                  font=dict(family='sans-serif',size=15,color='blue'), # 设置
                      图例的字体及颜色
                  bgcolor='#E2E2E2',bordercolor='#FFFFFF',
                  orientation='v',borderwidth=6) # 设置图例的背景及边框的颜色
              )# 总体画图布局配置
fig=dict(data=data,layout=layout) # 复合图表，数据布局在一个画布
plotly.offline.iplot(fig)         # 将结果显示到 jupyter notebook 上
```

运行的结果如图 5-11 所示。

如需要对图像中的某些点或区域进行标注，可以在 layout 中对 annotations 进行设置。主要参数如下。

➢ x,y：代表注释点的坐标。

➢ text：注释的内容。

➢ font：注释文本的字体、颜色、大小等。

➢ showarrow：是否显示指向的箭头。

在 annotations 可以对多个点进行注释，每个注释点选择字典的形式进行复合，最后

将所有的点都用列表形式嵌套。

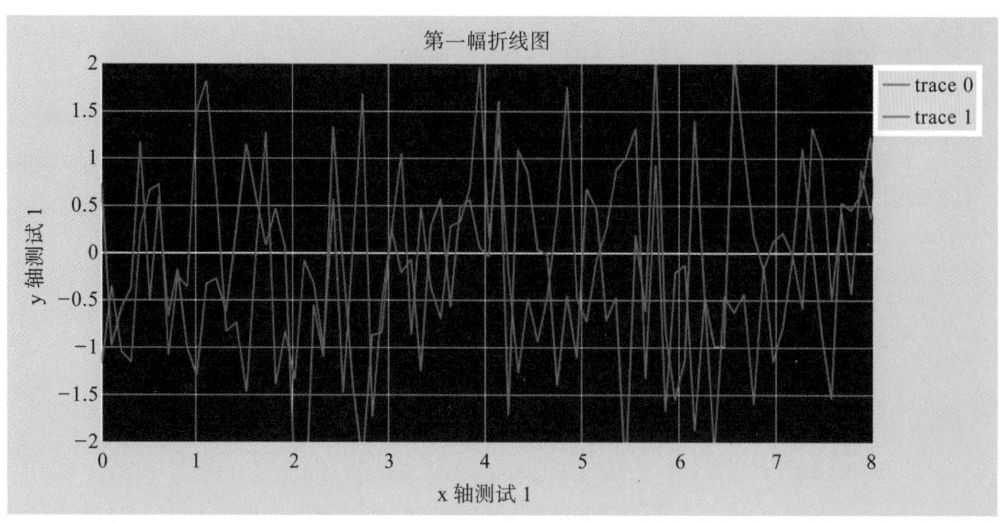

图 5-11　基本图像设置示例 4

以代码 5-11 举例说明。

代码 5-11

```
layout =dict(title=dict(
                    text='第一幅折线图',
                    pad=dict(l=350,r=450,b=3,t=10),
                    font=dict(color='rgb(148, 103, 189)',size=18)),
          plot_bgcolor='black',paper_bgcolor='#AEEEEE',autosize=False,wi
              dth=1000,height=500,
          margin=dict(l=60,r=60,b=50,t=50,pad=0),
          xaxis=dict(title='x 轴测试 1',tickangle=45,# 刻度值偏移 45 度角
                    titlefont=dict(color='rgb(148, 103, 189)',size=15),
                        # 设置 x 轴标题和标题颜色、大小等
                    tickfont=dict(color='rgb(148, 103, 189)',size = 12),
                        # 设置刻度值的颜色、大小等
                    autorange=False,
                    range=[0,8]
                         ),
          yaxis=dict(title='y 轴测试 1',tickangle=30,# 刻度值偏移 30 度角
                    titlefont=dict(color='rgb(205, 38, 38)',size=15),# 设
                        置 y 轴标题和标题颜色、大小等
                    tickfont=dict(color='rgb(205, 38, 38)',size = 12),#
                        设置刻度值的颜色、大小等
                    autorange=False,
                    range=[-2,2]),
          legend=dict(
                x=1,y=1, # 设置图例的位置，取值范围为 [0,1]
                font=dict(family='sans-serif',size=15,color='blue'), # 设
                    置图例的字体及颜色
```

```
                bgcolor='#E2E2E2',bordercolor='#FFFFFF',
                orientation='v',borderwidth=6), # 设置图例的背景及边框的颜色
        annotations = [dict(x = 3,              # 数值，注释位置 x 值
                    y = 1,                      # 数值，注释位置 y 值
                    text = '第一个注释测试点',  #str, 注释的文本
                    font=dict(family='sans-serif',size=18,color='#2F4F
                        4F'),
                    showarrow = True #bool, 注释的箭头是否显示
                    )]
            )# 总体画图布局配置
fig=dict(data=data,layout=layout) # 复合图表，数据布局在一个画布
plotly.offline.iplot(fig)         # 将结果显示到 jupyter notebook 上
```

运行结果如图 5-12 所示。

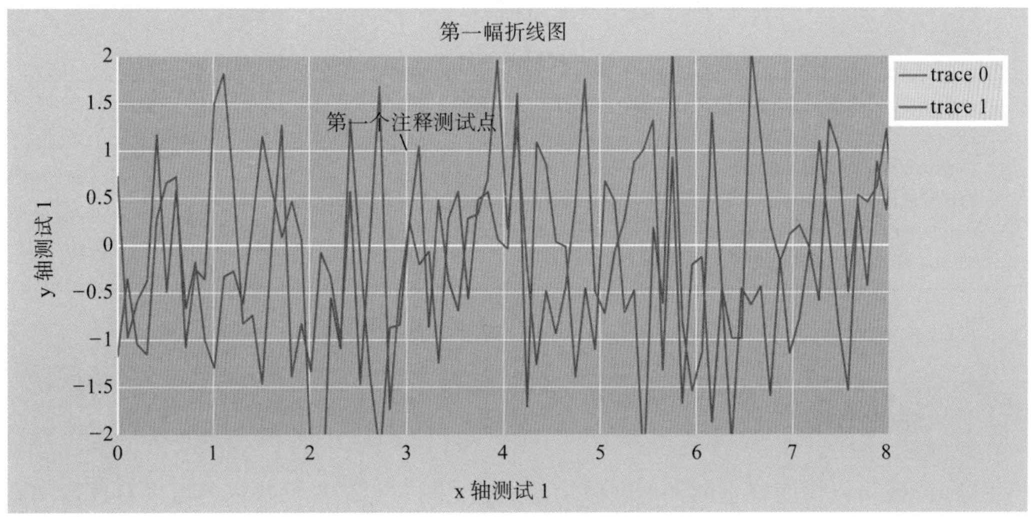

图 5-12　基本图像设置示例 5

5.4 表格

5.4.1 生成表格

Plotly 支持以表格的方式显示数据，展示效果较为优美，如代码 5-12 是五位学生的基本信息表。

代码 5-12

```
import plotly.figure_factory as ff
data=[['姓名','年龄','籍贯','专业'],
      ['张三','19','湖北','大数据'],
      ['李四','20','广东','大数据'],
      ['王五','18','湖南','人工智能'],
      ['赵六','19','重庆','统计学'],
```

```
    ['刘七','19','湖北','电子商务']]
table=ff.create_table(data)
plotly.offline.iplot(table)
```

运行结果如表 5-1 所示。

表 5-1　学生基本信息表

姓名	年龄	籍贯	专业
张三	19	湖北	大数据
李四	20	广东	大数据
王五	18	湖南	人工智能
赵六	19	重庆	统计学
刘七	19	湖北	电子商务

Plotly 也可以将 Pandas 的 DataFrame 数据进行美化显示，以代码 5-13 为例。

代码 5-13

```
import plotly.figure_factory as ff
import numpy as np
import pandas as pd
df1=pd.read_csv(r'学生基本信息表.csv',encoding='ansi')
table=ff.create_table(df1)
plotly.offline.iplot(table)
```

代码 5-13 的运行结果与表 5-1 所示一致。

5.4.2　添加链接

Plotly 还可以为表格中的某些项添加超链接，用户点击单元格内容可以直接追溯到该数据的来源网站。此处以 HelloGitHub 网站上的二月编程排行榜排名前五的数据为例，如代码 5-14 所示。

代码 5-14

```
import plotly.figure_factory as ff
data_1=[['编程语言','流行度','对比上月'],
        ['<a href="https://www.java.com/" >java</a>','17.358%','+0.462%'],
        ['<a href="https://www.runoob.com/cprogramming/c-tutorial.html"
           >C</a>','16.766%','+0.993%'],
        ['<a href="https://www.python.org/" >python</a>','9.345%','- 0.359%'],
        ['<a href="https://www.runoob.com/cplusplus/cpp-tutorial.html" >C++
           </a>','6.164%','+0.59%'],
        ['<a href="https://www.runoob.com/csharp/csharp-tutorial.html" >C
           #</a>','5.927%','+0.578%'] ]
table=ff.create_table(data_1)
plotly.offline.iplot(table)
```

运行结果如表 5-2 所示。

表 5-2　二月编程排行榜 TOP5

编程语言	流行度	对比上月
java	17.358%	+0.462%
C	16.766%	+0.993%
python	9.345%	−0.359%
C++	6.164%	+0.59%
C#	5.927%	+0.578%

5.4.3　图表结合

Plotly 还支持数据表格与图像同时显示。这里还是以上面的二月编程排行榜的数据为例，如代码 5-15 所示。

代码 5-15

```
import plotly.graph_objects as go

fig=ff.create_table(data_1,height_constant=60)
data_x=["java",'C','python','C++','C#']
data_y=['17.358%','16.766%','9.345%','6.164%','5.927%']
trace1 = go.Scatter(x=data_x, y=data_y, xaxis='x2', yaxis='y2')

fig.add_traces([trace1])
fig['layout']['xaxis2'] = {}
fig['layout']['yaxis2'] = {}
# 设置 figure 的 layout
fig.layout.xaxis.update({'domain': [0, .5]})
fig.layout.xaxis2.update({'domain': [0.6, 1.]})
# 图的 yaxis 要与图的 xaxis 对应
fig.layout.yaxis2.update({'anchor': 'x2'})
fig.layout.yaxis2.update({'title': '使用百分比'})
# 设置 figure 的边界
fig.layout.margin.update({'t':50, 'b':100})
fig.layout.update({'title': '2020 年 02 月编程语言排行榜'})
fig.show()
```

运行结果如图 5-13 所示。

2020 年 02 月编程语言排行榜

编程语言	流行度	对比上月
java	17.358%	+0.462%
C	16.766%	+0.993%
python	9.345%	−0.359%
C++	6.164%	+0.59%
C#	5.927%	+0.578%

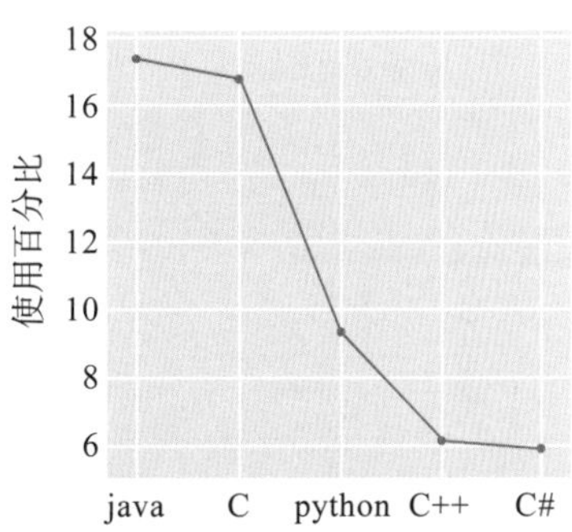

图 5-13　图表结合图

5.5 坐标轴与多子图

有时，一个图中不只绘制有一个图形轨迹，还可能有两个或者多个，但它们的数据可能相差很大，单一的坐标轴不能很好地表示，需要多个坐标轴才能体现数据之间的规律，Plotly 支持双坐标轴绘图。

5.5.1 双坐标轴

双坐标轴是指当需要绘制多个轨迹，但这些数据之间的差值比较大，用单一的坐标轴不能很好地体现出来，比如一个轨迹取值范围在 0 ～ 100，另一个在 1 000 ～ 10 000 区间段，因此单一的坐标轴就不能较好地同时表示两组数据各自的规律，这时就需要双坐标轴。我们举例说明双坐标轴在 Plotly 中如何实现，如代码 5-16 所示。

代码 5-16

```
import plotly.graph_objects as go

trace0 = go.Scatter(
    x=[1, 2, 3, 4],
    y=[10, 15, 13, 17 ,21]
)
trace1 = go.Scatter(
    x=[1, 2, 3, 4],
    y=[160, 230, 140, 150,290,330],
    yaxis='y2'
)
data = [trace0, trace1]
layout =dict(title='y 轴双坐标示例 ',
                  yaxis=dict(title='yaxis 标题 '),
                  yaxis2=dict(title='yaxis2 标题 ',
                              titlefont=dict(color='blue'),
                              tickfont=dict(color='#2F4F4F'),
                  overlaying='y',anchor='x',
                  side='right'))
fig=dict(data=data,layout=layout)
plotly.offline.iplot(fig)
```

运行结果如图 5-14 所示。

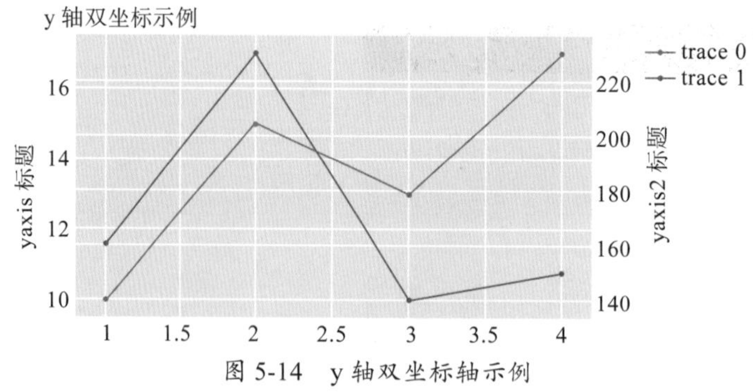

图 5-14 y 轴双坐标轴示例

x 轴的双坐标轴也是类似的，下面还是举例说明，如代码 5-17 所示。

代码 5-17

```
import plotly.graph_objects as go

trace0 = go.Scatter(
    x=[10, 15, 13, 17],
    y=[1, 2, 3, 4]
)
trace1 = go.Scatter(
    x=[160, 230, 140, 150],
    y=[1, 2, 3, 4],
    xaxis='x2'
)
data = [trace0, trace1]
layout =dict(title='x 轴双坐标示例 ',
                  xaxis=dict(title='xaxis 标题 '),
                  xaxis2=dict(title='xaxis2 标题 ',
                              titlefont=dict(color='blue'),
                              tickfont=dict(color='#2F4F4F'),
                  overlaying='x',anchor='y',
                  side='top'))
fig=dict(data=data,layout=layout)
plotly.offline.iplot(fig)
```

运行结果如图 5-15 所示。

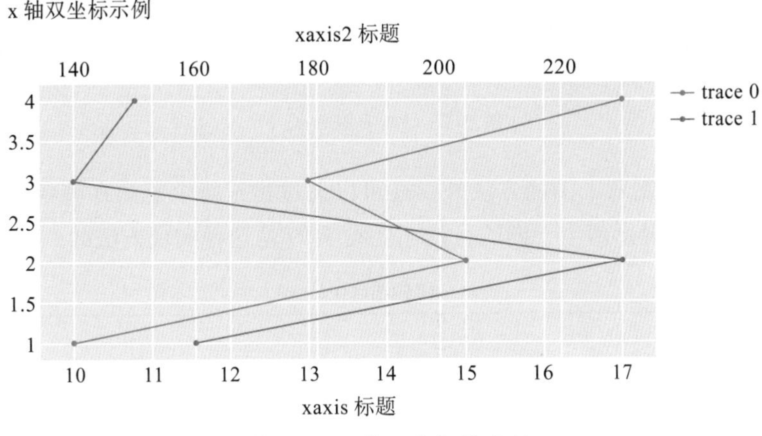

图 5-15　x 轴双坐标轴示例

5.5.2　双子图

顾名思义，双子图就是两个图的整合，在一幅图中呈现两个子图，在 Plotly 中通过 make_subplots 方法实现。下面还是举例说明，如代码 5-18 所示。

代码 5-18

```
import plotly.graph_objects as go

trace0 = go.Scatter(
    x=[1, 2, 3, 4],
    y=[10, 15, 13, 17 ,21],
    name='test1'
)
trace1 = go.Scatter(
    x=[1, 2, 3, 4],
    y=[14, 23, 7, 15,29,33],
    name='test2'
)
fig=plotly.tools.make_subplots(rows=2,cols=1) # 绘制 2 行 1 列的子图
fig.append_trace(trace0,1,1) # 定义位于第 1 行第 1 列的子图
fig.append_trace(trace1,2,1) # 定义位于第 2 行第 1 列的子图
plotly.offline.iplot(fig)    # 在 jupyter notebook 中显示图形
```

运行结果如图 5-16 所示。

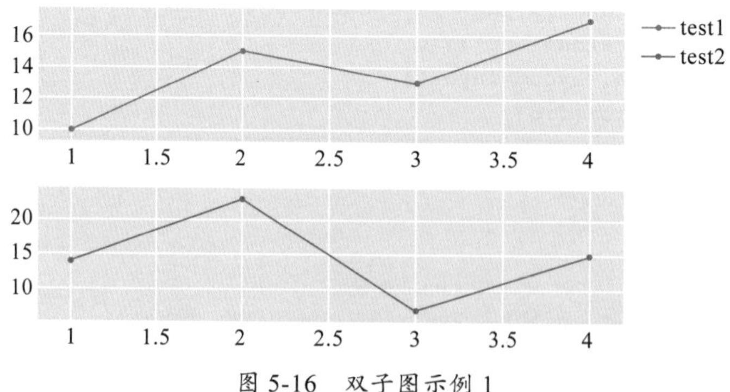

图 5-16　双子图示例 1

除了上面这种绘制双子图的方法外，还可以通过指定每个子图在整幅图中的视图范围，达到在一张图上显示两个子图的目的。代码 5-19 是这种实现方法的一个示例。

代码 5-19

```
import plotly.graph_objects as go

trace0 = go.Scatter(
    x=[1, 2, 3, 4],
    y=[10, 15, 13, 17 ],
    name='test1'
)
trace1 = go.Scatter(
    x=[1, 2, 3, 4],
    y=[14, 23, 7, 15,29],
    name='test2',xaxis='x2',yaxis='y2'
)
```

```
data=[trace0,trace1]
layout=dict(xaxis=dict(domain= [0, .5]),
            xaxis2=dict(domain=[0.6, 1.]),
            yaxis2=dict(anchor='x2'))
fig=dict(data=data,layout=layout)
plotly.offline.iplot(fig)
```

运行结果如图 5-17 所示。

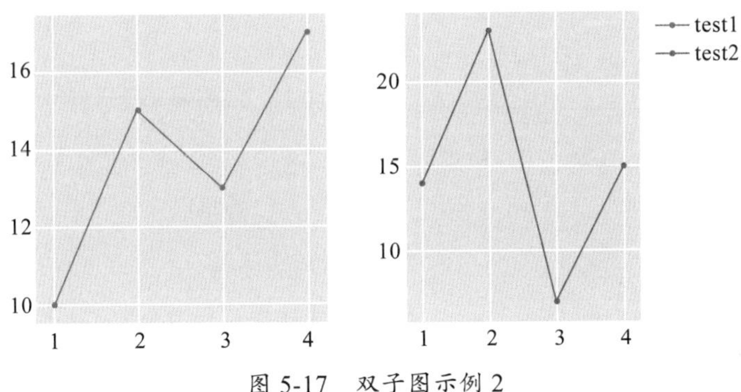

图 5-17　双子图示例 2

5.5.3　多子图

多子图与双子图的绘制方法类似，也有两种实现方式。下面举例说明，如代码 5-20 所示。

代码 5-20

```
import plotly.graph_objects as go

trace1 = go.Scatter(
    x=[1, 2, 3, 4],
    y=[2, 4, 6, 8 ],
)
trace2 = go.Scatter(
    x=[1, 2, 3, 4],
    y=[2, 3, 4, 5 ],
)
trace3 = go.Scatter(
    x=[1, 2, 3, 4],
    y=[15,14, 16, 28 ],
)
trace4 = go.Scatter(
    x=[1, 2, 3, 4],
    y=[23, 43, 26,38 ],
)
data=[trace0,trace1]
fig=plotly.tools.make_subplots(rows=2,cols=2,subplot_titles=('plot1','plot
    2','plot3','plot4'))
```

```
fig.append_trace(trace1,1,1)  # 定义位于第 1 行第 1 列的子图
fig.append_trace(trace2,2,1)  # 定义位于第 2 行第 1 列的子图
fig.append_trace(trace3,1,2)  # 定义位于第 1 行第 2 列的子图
fig.append_trace(trace4,2,2)  # 定义位于第 2 行第 2 列的子图
plotly.offline.iplot(fig)     # 在 jupyter notebook 中显示图形
```

运行结果如图 5-18 所示。

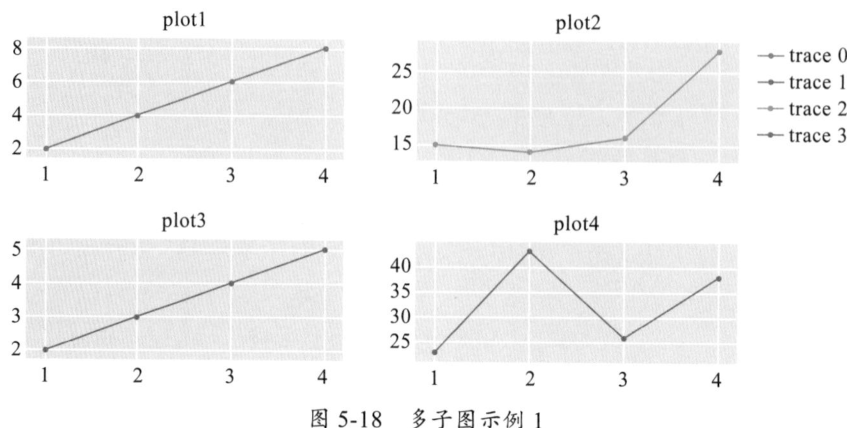

图 5-18　多子图示例 1

我们还可以用 domain 参数定义每个子图的位置范围，通过确定每个图在整个图中的范围，从而实现多子图的绘制。具体操作示例如代码 5-21 所示。

代码 5-21

```
import plotly.graph_objects as go

trace0 = go.Scatter(
    x=[1, 2, 3, 4],
    y=[14, 23, 7, 15],
    name='test1',xaxis='x1',yaxis='y1'
)
trace1 = go.Scatter(
    x=[1, 2, 3, 4],
    y=[14, 23, 7, 15],
    name='test2',xaxis='x2',yaxis='y2'
)
trace3 = go.Scatter(
    x=[1, 2, 3, 4],
    y=[14, 23, 7, 15],
    name='test2',xaxis='x3',yaxis='y3'
)
trace4 = go.Scatter(
    x=[1, 2, 3, 4],
    y=[14, 23, 7, 15],
    name='test2',xaxis='x4',yaxis='y4'
)
```

```
data=[trace0,trace1,trace3,trace4]
layout=dict(xaxis=dict(domain= [0,0.45]),
            yaxis=dict(domain= [0,0.45]),
            xaxis2=dict(domain=[0.55,1.0]),
            xaxis3=dict(anchor='y3',domain=[0,0.45]),
            xaxis4=dict(anchor='y4',domain=[0.55, 1]),
            yaxis2=dict(anchor='x2',domain=[0, 0.45]),
            yaxis3=dict(domain=[0.55, 1]),
            yaxis4=dict(anchor='x4',domain=[0.55, 1]),)
fig=dict(data=data,layout=layout)
plotly.offline.iplot(fig)
```

运行结果如图 5-19 所示。

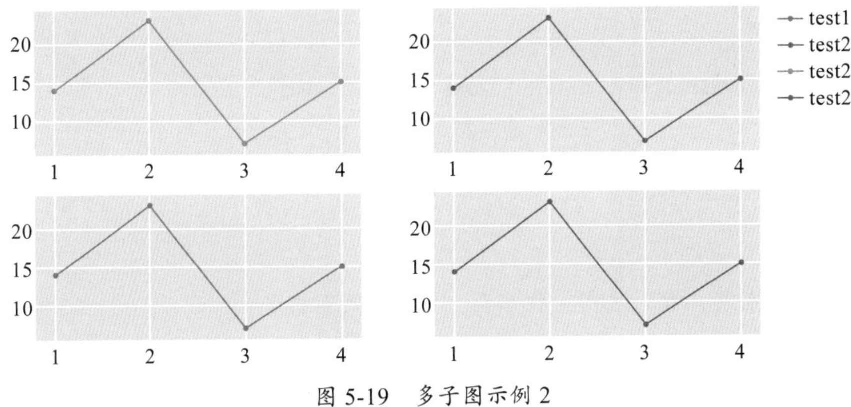

图 5-19 多子图示例 2

◎ 本章小结

本章主要介绍了 Plotly 绘图的特点、绘图方式、绘图基本流程与基本设置，表格数据的展示，以及双坐标轴与双子图、多子图的绘制方法等。

然而，Plotly 最具特色的一点是其交互性，相信已经动手实践过 Plotly 绘图的读者会有体会。当我们在 jupyter notebook 中生成 Plotly 绘制的图片后，该图片并不是静止的，鼠标放在相应的位置，会有相应的交互提示和选项。Plotly 在其图形的交互性界面上有很多小组件，可以通过鼠标点击来改变图片的一些属性。读者可以运行下面这一官网的实例进行体验，如代码 5-22 所示。

代码 5-22

```
import plotly.express as px

df = px.data.gapminder()
px.scatter(df, x="gdpPercap", y="lifeExp", animation_frame="year", animation_
    group="country",
           size="pop", color="continent", hover_name="country",
           log_x=True, size_max=55, range_x=[100,100000], range_y=[25,90])
```

运行结果如图 5-20 所示。

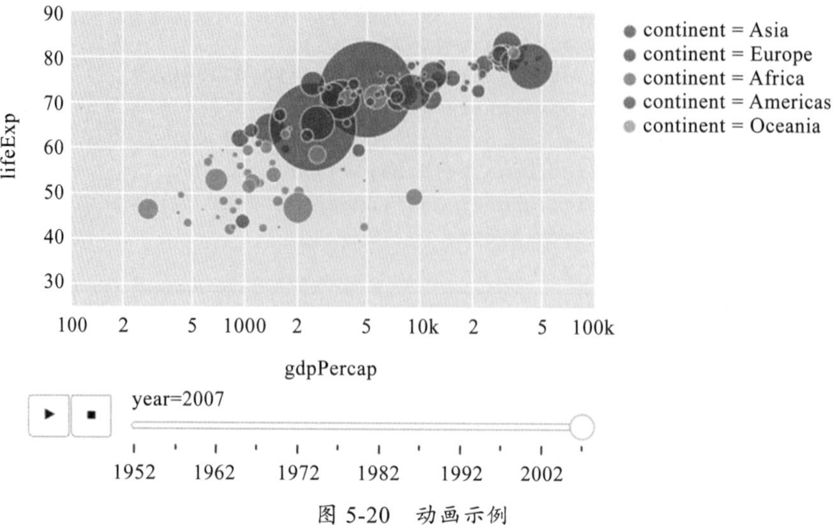

图 5-20 动画示例

◎ 课后习题

查阅 Plotly 教程，预习线图、柱形图、饼图等图形的绘制。

◎ 思考题

利用 Plotly 与 Seaborn 对数据进行可视化的优缺点分别有哪些？

C H A P T E R 6

第 6 章

Plotly 数据可视化进阶

6.1 Plotly 数据可视化进阶简介

Plotly 绘图模块支持很多图形，一般常用的基础图形有线形图、柱形图、条形图、饼图等。本章将一一介绍如何使用 Plotly 绘制这些图形。同时，本章还将介绍甘特图等特殊图形的绘制方法。另外，虽然 Plotly 绘图功能强大，但由于其设置过于烦琐，因此一直没有得到广泛应用。为此，Plotly 推出了其简化接口——Plotly Express，本章也将对 Plotly Express 进行简要介绍。

图 6-1 是本章知识结构的思维导图。

6.2 线形图

在 Plotly 中，线形图不是单一的折线图，还包括散点图以及散点图和折线图相结合的图形，它们在 Plotly 中统称为线形图，一般用 go.Scatter() 命令来绘制，本节将会分别介绍这几种基本图形的绘制。

6.2.1 散点图

顾名思义，散点图就是由一些零散的点组成的图表，这些点的位置是由其 X 值和 Y 值确定的，所以也叫作 XY 散点图。这些散落的点经过散点图描绘之后可以在一定程度上反映变量之间的相互关系。在 Plotly 中用 go.Scatter() 命令来绘制散点图，常用的参数如下。

- mode：图形格式，这个参数可指定为 'lines'、'markers'、'lines+markers' 等值，绘制散点图一般将 mode 指定为 'markers'。
- x,y：散点的 x 轴、y 轴坐标数据。
- opacity：透明度，取值范围为 0 ～ 1。
- marker：指定散点的颜色、大小以及样式等相关参数，采用复合字典赋值的方法，包括 size、colors、symbol 等。其中，symbol 用来设置点的形状，可选的形状有 'circle'、'square'、'diamond'、'cross'、'x'、'pentagon'、'hexagram'、'star'、'hourglass'、'bowtie'、'asterisk'、'hash' 等，同时可以加上 '-open' 或 '-dot' 或 '-open-dot' 选项，分别表示形状为空心的，形状的中心处有一实心点，空心形状的中心有一实心点等，但不是所有的形状都可以加这些选项，具体如图 6-2 所示。
- name：指定该散点系列的图例名称。

下面通过代码 6-1 和代码 6-2 举例说明上面参数的用法。

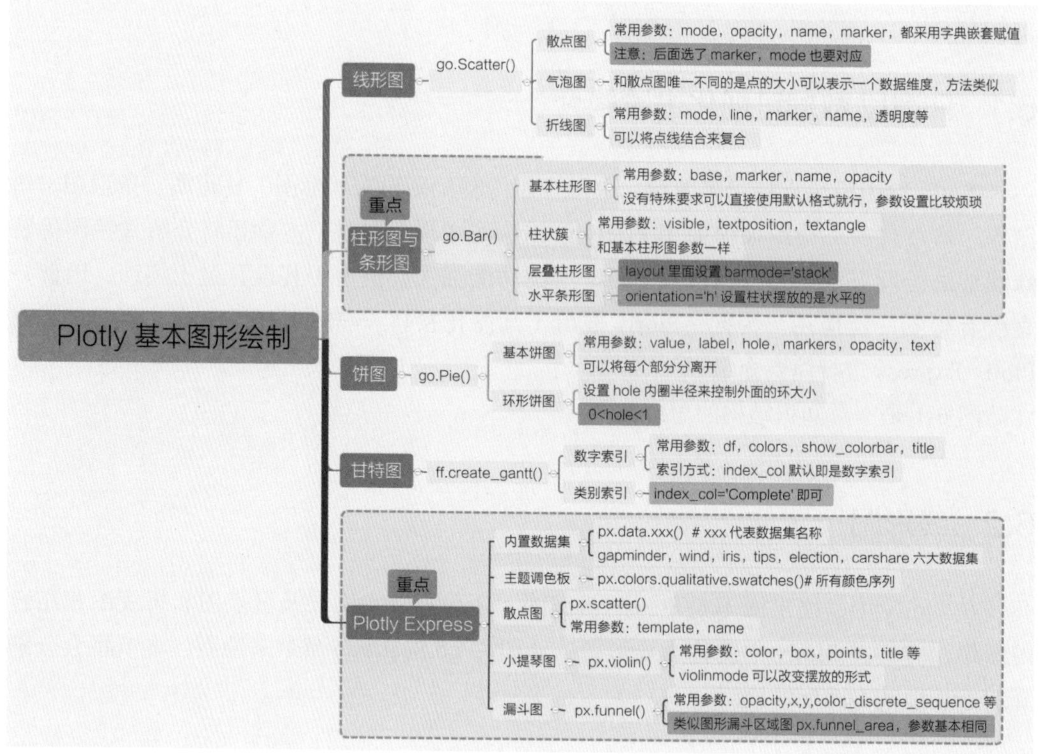

图 6-1　第 6 章知识结构思维导图

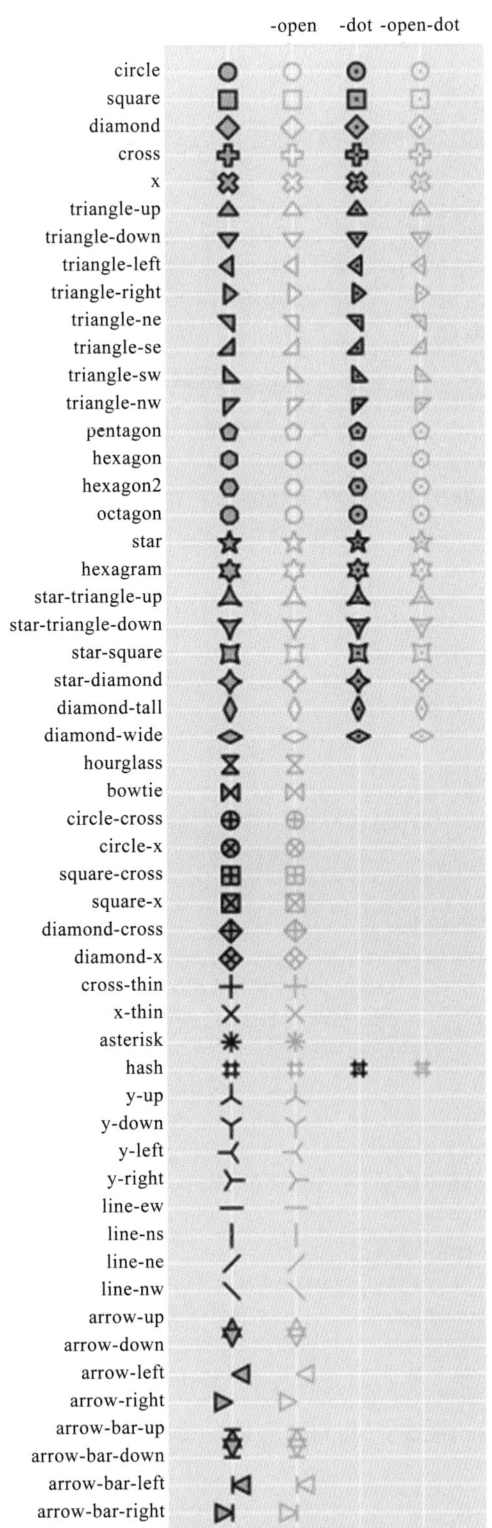

图 6-2　marker 参数中的 symbol 取值效果示意图

代码 6-1

```
import plotly
import numpy as np
import plotly.graph_objects as go

# 定义轨迹 0
x0=np.linspace(0,10,500)  # 在 [0,10] 区间内生成间隔相等的 500 个数
y1= np.random.randn(500)  # 生成 500 个服从标准正态分布的随机数
y2=np.random.randn(500)   # 生成 500 个服从标准正态分布的随机数
trace0 = go.Scatter(
    x=x0,
    y=y1,
    mode='markers',         # 曲线图是散点的方式
    name='markers1',        # 轨迹的名称
    marker=dict(size=10,color='green'), # 控制点的大小和颜色
    opacity=0.9             # 轨迹的透明度
)

# 定义轨迹 1
trace1 = go.Scatter(
    x=x0,
    y=y2,
    mode='markers',
    name='markers2',
    marker=dict(size=10,color='red'),   # 控制线的宽度和颜色
    opacity=0.5             # 轨迹的透明度
)
data = [trace0, trace1]
layout =dict(title=dict(
                        text=' 第一幅散点图 ',
                        pad=dict(l=350,r=450,b=3,t=10), # 图像标题的位置
                        font=dict(
                                    color='rgb(148, 103, 189)',size=18)# 标
                                        题字体的颜色，以及字体大小
                                    ),
autosize=False,width=1000,height=500,margin=go.Margin(l=60,r=60,b=50,t=50,
    pad=0)
            )# 总体布局配置
fig=dict(data=data,layout=layout) # 复合图表，将数据布局在同一个画布
plotly.offline.iplot(fig)         # 将结果显示到 jupyter notebook 中
```

运行结果如图 6-3 所示。

下面通过定义 marker 参数中 symbol 的值，举例说明关于散点形状的设置方式，如代码 6-2 所示。

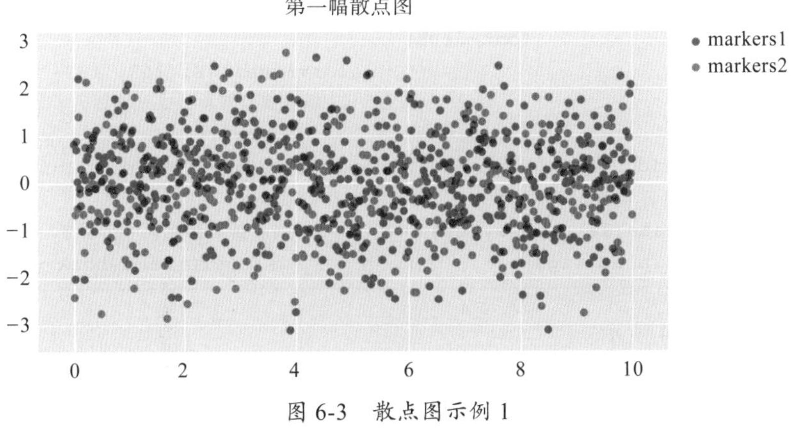

图 6-3　散点图示例 1

代码 6-2

```
import plotly
import numpy as np
import plotly.graph_objects as go

# 定义轨迹 0
x0=np.linspace(0,10,100)   # 在 (0,10) 区间生成 100 个数
y1= np.random.randn(100)   # 生成 100 个服从标准正态分布的随机数
y2=np.random.randn(100)    # 生成 100 个服从标准正态分布的随机数
trace0 = go.Scatter(
    x=x0,
    y=y1,
    mode='markers',             # 曲线图是散点的方式
    name='markers',             # 轨迹的名称
    marker=dict(size=10,color='green', symbol='diamond-open-dot'), # 控制点的
        颜色、大小及点的样式
    opacity=0.9                 # 轨迹的透明度
)

# 定义轨迹 1
trace1 = go.Scatter(
    x=x0,
    y=y2,
    mode='markers',
    name='markers',
    marker=dict(size=10,color='red', symbol='star-diamond-dot'), # 控制点的大
        小、颜色及样式
    opacity=0.9                 # 轨迹的透明度
)

# 复合两个轨迹
data = [trace0, trace1]
layout =dict(title=dict(
                         text='symbol 示例散点图',
```

```
                    pad=dict(l=350,r=450,b=3,t=10), # 图像标题的位置
                    font=dict(
                              color='rgb(148, 103, 189)',size=18)# 标
                                 题字体的颜色，以及字体大小
                             ),
autosize=False,width=1000,height=500,margin=go.Margin(l=60,r=60,b=50,t=50,pad=0)
          )# 总体画图布局配置
fig=dict(data=data,layout=layout) # 复合图表，将数据布局在同一个画布
plotly.offline.iplot(fig)         # 将结果显示到 jupyter notebook 上
```

运行结果如图 6-4 所示。

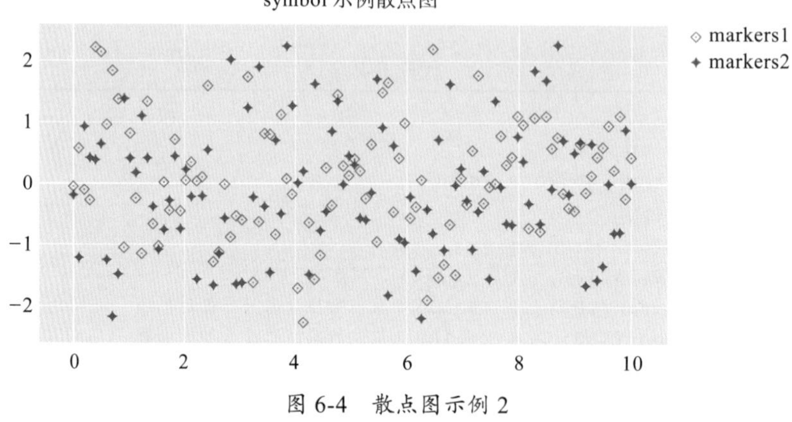

图 6-4　散点图示例 2

Plotly 中的散点图，不仅可以对点的样式、大小、颜色进行整体设置，在点的数量不多的情况下还可以对每个点的样式进行单独设置，下面举例说明，如代码 6-3 所示。

代码 6-3

```
import plotly
import numpy as np
import plotly.graph_objects as go

trace0 = go.Scatter(
    x=[1,2,3,4,5],
    y=[11,32,34,56,65],
    mode='markers',
    name='markers1',
    marker=dict(size=20,color='green',
          symbol=['diamond-open-dot','star-dot','circle-x-open','hourglass',
              'arrow-bar-down-open']),
                     # 为每个点定义不同的样式
    opacity=0.9
)
trace1 = go.Scatter(
    x=[1,2,3,4,5],
    y=[21,38,45,67,78],
```

```
    mode='markers',
    name='markers2',
    marker=dict(size=20,color='red',
          symbol=['diamond-open-dot','star-dot','circle-x-open','hourglass',
              'arrow-bar-down-open']),
                    # 为每个点定义不同的样式
    opacity=0.5
)
data = [trace0, trace1]
fig=dict(data=data,layout=layout)
plotly.offline.iplot(fig)
```

运行结果如图 6-5 所示。

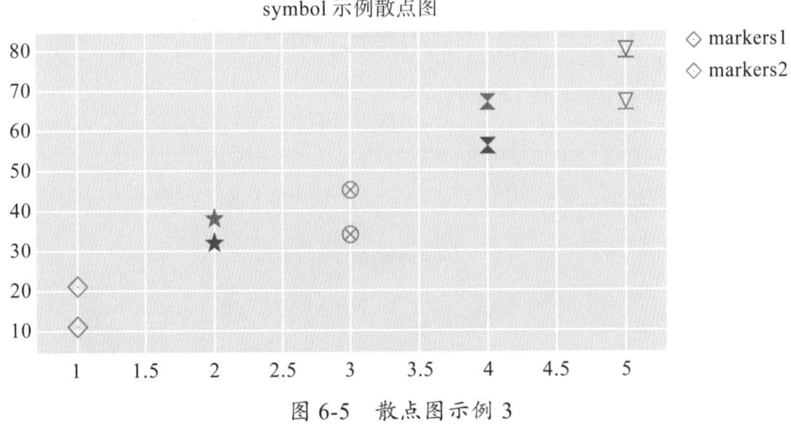

图 6-5 散点图示例 3

需要注意的是，symbol 的赋值可以是单个的值，也可以赋值为一个列表，通过列表方式为每个点选择不同的样式时，列表元素的个数一定要与散点的个数一致。

6.2.2 气泡图

气泡图可用于展示三个变量之间的关系，绘制时一般将第一个变量作为横坐标，第二个变量作为纵坐标，而第三个变量则表示气泡的大小。气泡图一般反映三维数据之间的关系，也可用于四维数据，此时通常用颜色等特征来表征第四维度的数据。

气泡图实质上可以看作一种特殊的散点图，因此，在 Plotly 中依然用 go.Scatter() 来绘制气泡图。与散点图不同的是，气泡图在数据上多一个维度，该维度数据通常放在 marker 参数的 size 值里，用来表示气泡的大小。下面举例说明，如代码 6-4 所示。

代码 6-4

```
import plotly
import numpy as np
import plotly.graph_objects as go

trace0 = go.Scatter(
```

```
    x=[1,2,3,4,5],
    y=[36,56,78,87,98],
    mode='markers',
    name='markers',
    marker=dict(size=[30,40,70,20,60],color='#00FFFF'),  #size 决定气泡的大小
    opacity=0.9
)
data = [trace0]
layout =dict(title=dict(
                         text=' 气泡图 1',
                         pad=dict(l=450,r=450,b=3,t=10), # 图像标题的位置
                         font=dict(
                                   color='rgb(148, 103, 189)',size=18)# 标
                                       题字体的颜色，以及字体大小
                                  ),
autosize=False,width=1000,height=500,margin=go.Margin(l=60,r=60,b=50,t=50,pad=0)
            ) # 总体画图布局配置
fig=dict(data=data,layout=layout)
plotly.offline.iplot(fig)
```

运行结果如图 6-6 所示。

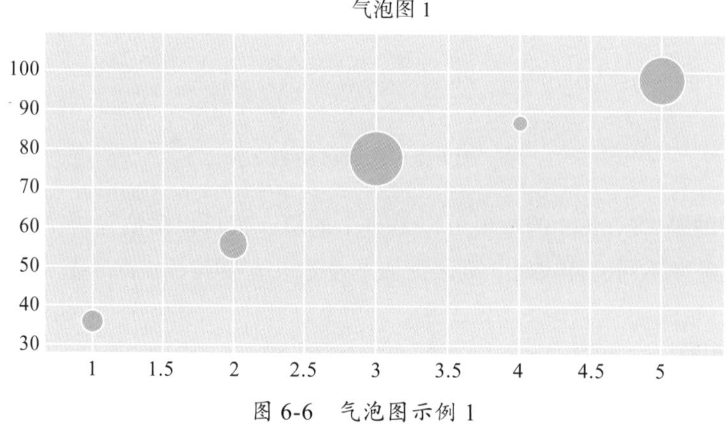

图 6-6　气泡图示例 1

通过气泡的颜色等特征表达第四维度的数据，此时的第四维度数据通常是类别型变量。代码 6-5 展示了如何用不同的颜色标记不同的气泡。代码 6-6 则是通过类别型变量来区分气泡的颜色。

代码 6-5

```
import plotly
import numpy as np
import plotly.graph_objects as go

trace0 = go.Scatter(
    x=[1,2,3,4,5],
    y=[36,56,78,87,98],
```

```
    mode='markers',
    name='markers',
    marker=dict(size=[30,40,70,20,60],color=['#00FFFF','#8B6914','#FFC1C1',
        '#5F9EA0','#FAFAD2']),
                    #size 决定气泡的大小 , color 决定气泡的颜色
    opacity=0.9
)
data = [trace0]
layout =dict(title=dict(
                    text=' 气泡图 2',
                    pad=dict(l=450,r=450,b=3,t=10), # 图像标题的位置
                    font=dict(
                            color='rgb(148, 103, 189)',size=18)# 标题字
                                体的颜色以及字体大小
                            ),
autosize=False,width=1000,height=500,margin=go.Margin(l=60,r=60,b=50,t=50,pad=0)
            ) # 总体画图布局配置

fig=dict(data=data, layout=layout)
plotly.offline.iplot(fig)
```

运行结果如图 6-7 所示。

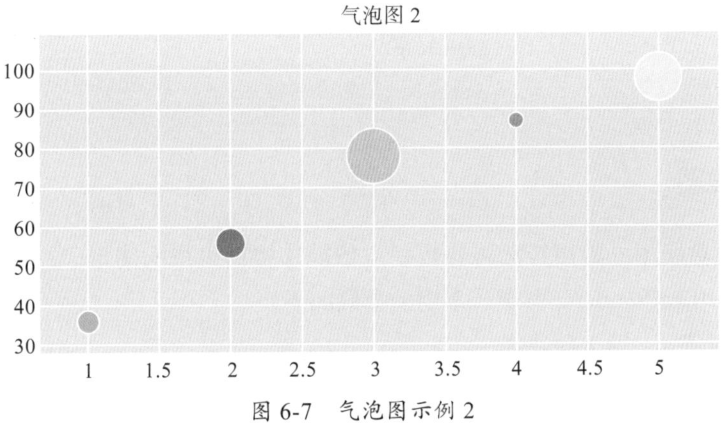

图 6-7　气泡图示例 2

利用类别型变量来区分气泡的颜色可以通过 Plotly 的简化接口——Plotly Express（通常简写为 px）来实现，6.6 节会专门介绍 Plotly Express 的使用。代码 6-6 是 Plotly 官网的一个示例。其中用到了内置数据集 gapminder，数据样例如表 6-1 所示。

表 6-1　数据集 gapminder 样例

	country	continent	year	lifeExp	pop	gdpPercap	iso_alpha	iso_num
0	Afghanistan	Asia	1952	28.801	8 425 333	779.445 314	AFG	4
1	Afghanistan	Asia	1957	30.332	9 240 934	820.853 030	AFG	4
2	Afghanistan	Asia	1962	31.997	10 267 083	853.100 710	AFG	4
3	Afghanistan	Asia	1967	34.020	11 537 966	836.197 138	AFG	4
4	Afghanistan	Asia	1972	36.088	13 079 460	739.981 106	AFG	4

代码 6-6

```
import plotly.express as px

df = px.data.gapminder()# 导入内置数据集
fig = px.scatter(df.query("year==2007"), x="gdpPercap", y="lifeExp",size=
    "pop", color="continent",hover_name="country", log_x=True, size_max=60)
fig.show()
```

运行结果如图 6-8 所示。其中，气泡的颜色通过 color 参数指定。

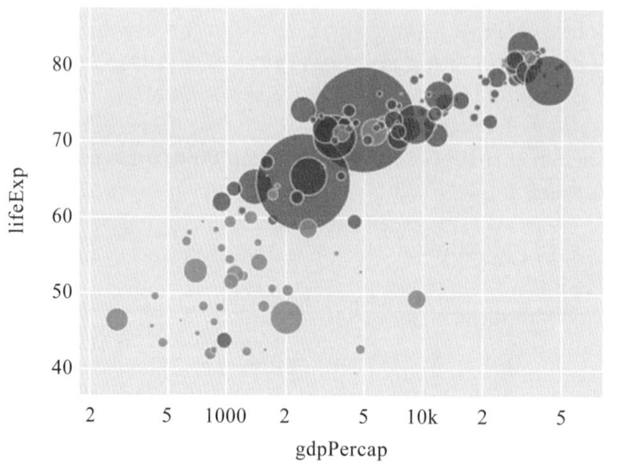

图 6-8 气泡图示例 3

6.2.3 折线图

折线图也称线图，是用线段将各数据点依次连接而组成的图形。在 Plotly 中折线图的绘制也是采用 go.Scatter() 命令，常用的参数如下。

- x,y：设置 x,y 轴坐标数据。
- mode：图形格式，可指定为 'lines'、'markers'、'text' 等值，也可以用类似于 'lines+markers' 的组合方式。
- name：线图名称。
- opacity：透明度参数，取值范围为 0 ～ 1。
- line：线条的设置，包括线条的宽度、颜色、样式等。
- marker：点的格式，设置点的颜色、大小、样式等。

例如，代码 6-7 进行了示例展示。

代码 6-7

```
import plotly
import numpy as np
import plotly.graph_objects as go
```

```
x0=np.linspace(0,10,100) # 在 [0,10] 区间内生成间隔相等的 100 个数
y1= np.random.randn(100) # 生成 100 个服从标准正态分布的随机数值
trace0 = go.Scatter(
    x=x0,
    y=y1,
    mode='lines', # 曲线图是折线的方式
    name='lines', # 轨迹的名称
    line=dict(width=2,color='red',dash='solid'),# 设置线的宽度、颜色与样式
    opacity=0.9   # 轨迹的透明度
)
layout =dict(title=dict(
                        text=' 第一幅折线图 ',
                        pad=dict(l=350,r=450,b=3,t=10), # 图像标题的位置
                        font=dict(
                                  color='rgb(148, 103, 189)',size=18)# 标
                                     题字体的颜色以及字体大小
                                 ),
autosize=False,width=1000,height=500,margin=go.Margin(l=60,r=60,b=50,t=50,pad=0)
            )
data = [trace0]
fig=dict(data=data,layout=layout)
plotly.offline.iplot(fig)
```

运行结果如图 6-9 所示。

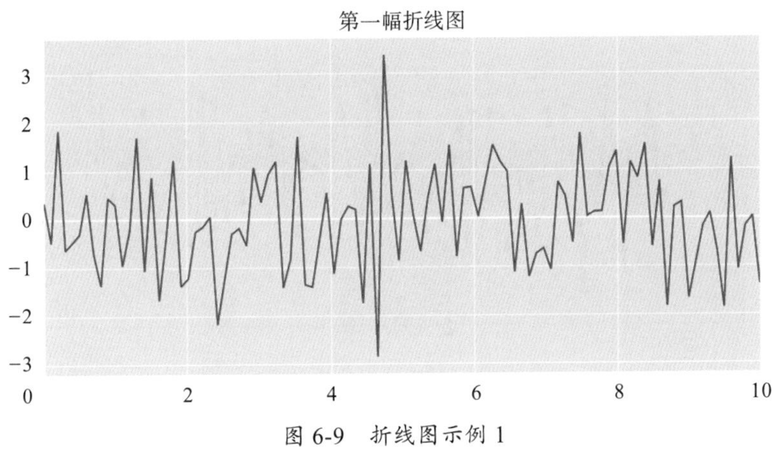

图 6-9　折线图示例 1

从代码 6-7 可以知道，线条的相关参数主要由 line 中的字典决定，其中：width 表示线条的宽度；color 代表颜色；dash 表示线条的样式，线条的样式主要包括 'solid'、'dot'、'dash'、'longdash'、'dashdot'、'longdashdot' 等。图 6-9 只绘制了折线，没有将图上的各个点显式地描绘出来。我们可以将 mode 参数设置为 'lines+markers' 结合的方式，在折线图上将每个散点也显示出来，如代码 6-8 和图 6-10 所示。

代码 6-8

```
import plotly
```

```
import numpy as np
import plotly.graph_objects as go
x0=np.linspace(0,10,100)
y1= np.random.randn(100)
trace0 = go.Scatter(
    x=x0,
    y=y1,
    mode='markers+lines', # 曲线图是散点的方式
    line=dict(width=2,color='red',dash='solid'),
    marker=dict(size=10,color='green'),
    opacity=0.9
)
layout =dict(title=dict(
                         text=' 折线 - 散点图 ',
                         pad=dict(l=350,r=450,b=3,t=10),
                         font=dict(color='rgb(148, 103, 189)',size=18) ),
            autosize=False,width=1000,height=500,margin=go.Margin(l=60,r=60,
                b=50,t=50,pad=0)
              )
data = [trace0]
fig=dict(data=data,layout=layout)
plotly.offline.iplot(fig)
```

运行结果如图 6-10 所示。

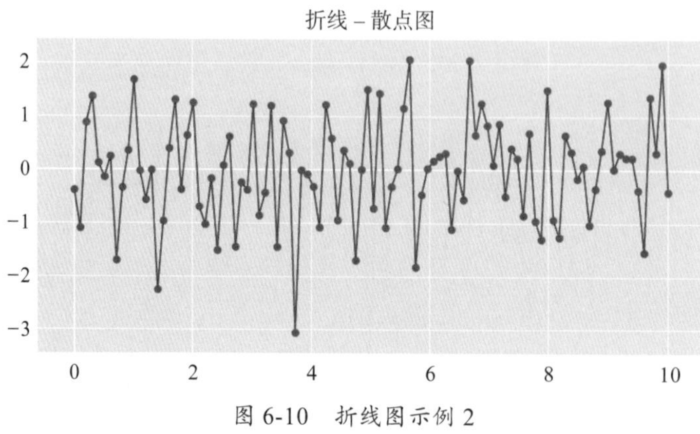

图 6-10 折线图示例 2

Plotly 还可以将多条折线绘制在一张画布上，绘制方式是先定义每条折线的轨迹，然后将多个轨迹整合在一个图上，代码 6-9 是两条折线绘制在同张画布上的实例。

代码 6-9

```
import plotly
import numpy as np
import plotly.graph_objects as go
trace0 = go.Scatter(
    x=[1,2,3,4,5],
    y=[36,56,45,87,54],
```

```
    mode='lines',
    name=' 甲公司 ',
    line=dict(width=2,color='blue',dash='dot'),
    opacity=0.9
)
trace1 = go.Scatter(
    x=[1,2,3,4,5],
    y=[21,42,54,34,78],
    mode='lines',
    name=' 乙公司 ',
    line=dict(width=2,color='red',dash='solid'),
    opacity=0.5
)
layout =dict(title=dict(
                         text=' 多条折线示例图 ',
                         pad=dict(l=350,r=450,b=3,t=10),
                         font=dict(color='rgb(148, 103, 189)',size=18) ),
            autosize=False,width=1000,height=500,margin=go.Margin(l=60,r=60,
                b=50,t=50,pad=0)
              )

data = [trace0, trace1]
fig=dict(data=data,layout=layout)
plotly.offline.iplot(fig)
```

运行结果如图 6-11 所示。

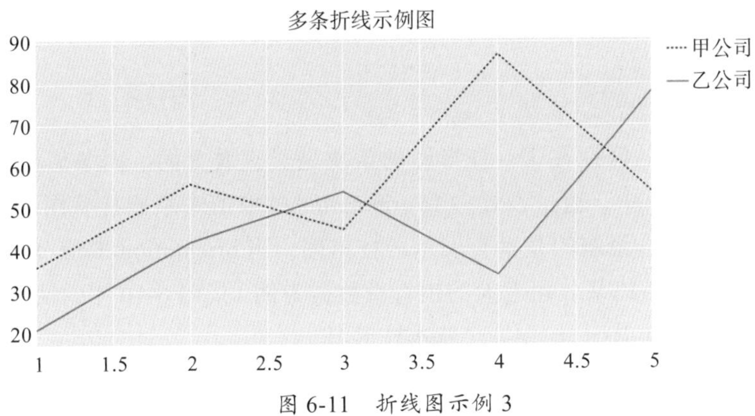

图 6-11　折线图示例 3

6.3　柱形图与条形图

柱形图是用宽度相同的长方形的高度或长短来表示数据多少的图形。柱形图可以横置或纵置，纵置时称为柱形图，横置时一般称为条形图。此外，柱形图或条形图均有简单与复合等多种形式。本节主要介绍基本柱形图、柱状簇、层叠柱形图、水平条形图等在 Plotly 中的绘制方式。基本的命令为 go.Bar()，常用参数如下。

- x,y：柱（条）形两个坐标的数据。
- dx,dy：坐标的步进值。
- marker：设置图形对象的颜色、样式等参数，其中包括柱（条）形外围的边框线设置。
- visible：布尔变量，柱（条）的显示开关。
- name：绘制的轨迹名称参数。
- textfont：文本设置参数，包括文本的字体、颜色、大小等。
- text：柱（条）上显示的文本元素。
- textposition：文本元素的位置参数，包括 "inside"、"outside"、"auto"、"none" 等取值。
- textangle：文本的倾斜角度。
- opacity：柱（条）的透明度，取值范围为 0 ～ 1。

另外还有部分参数在 layout 命令中进行设置，常用的柱（条）形图布局参数，请参阅本书的 5.4.2 小节，在条形图中还有以下几个常用的 layout 设置参数。

- barmode：设置复杂条形图的绘制模式，包括 stack(叠加)、group(并列)、overlay（覆盖)、relative（相对)。
- bargroupgap：设置柱（条）之间的间隙，范围为 0 ～ 1。
- orientation：条形的绘制方向，包括 'v'（垂直模式）和 'h'（水平模式)。

下面通过实例依次讲解基本柱形图、柱状簇、层叠柱形图、水平条形图等图形在 Plotly 中的绘制方式。

6.3.1 基本柱形图

柱形图与条形图的区别在于，柱形图的条块是竖直放置的，而条形图的条块则是水平放置的。在 Plotly 中，通过设置参数 orientation 的取值来绘制柱状图或条形图。当 orientation 取值 'v' 时，绘制的是垂直展示的柱形图，当 orientation 取值 'h' 时，绘制的是水平方向的条形图。以某公司七天的销售额数据为例（代码 6-10 中的变量 x1 与 y1），下面利用 Plotly 中的 go.Bar() 绘制一个基本柱形图。

代码 6-10

```
import plotly
import numpy as np
import plotly.graph_objects as go
x1=['星期一','星期二','星期三','星期四','星期五','星期六','星期天']
y1=[3500,4500,1700,4799,5000,3400,7000]
trace0 = go.Bar(
    x=x1,
    y=y1,
    dx=2,
```

```
    dy=8,
    name=' 柱形图 ',
    text=y1,                    # 柱（条）上显示的内容
    orientation='v',            # 绘制垂直方向的柱形图
    textposition="inside",      # 柱（条）上显示的文本的位置
    textangle=45,               # 设置字体的倾斜角度
    visible=True,               # 设置柱（条）的显示开关，取值 False 时不显示
    marker=dict(line=dict(
            color='black',
            width=2.5,          # 线宽
        ),color='#FF4500'),     # 控制点的颜色、大小、样式
    opacity=0.9,                # 柱（条）的透明度
)

data = [trace0]

layout =dict(title=dict(
                          text=' 柱形图 ',
                          pad=dict(l=350,r=450,b=3,t=10), # 图像标题的位置
                          font=dict(
                                   color='rgb(148, 103, 189)',size=20)# 标
                                      题字体的颜色及大小
                                 ),
                          paper_bgcolor='#AEEEEE', # 设置外围背景颜色
                          plot_bgcolor='#00CED1',  # 设置坐标轴背景颜色
autosize=False,width=1000,height=500,margin=go.Margin(l=60,r=60,b=50,t=50,pad=0),
                          bargroupgap=0.3,          # 设置相同位置的柱子之间的距离
             )# 总体画图布局配置

fig=dict(data=data,layout=layout)
plotly.offline.iplot(fig)
```

运行结果如图 6-12 所示。

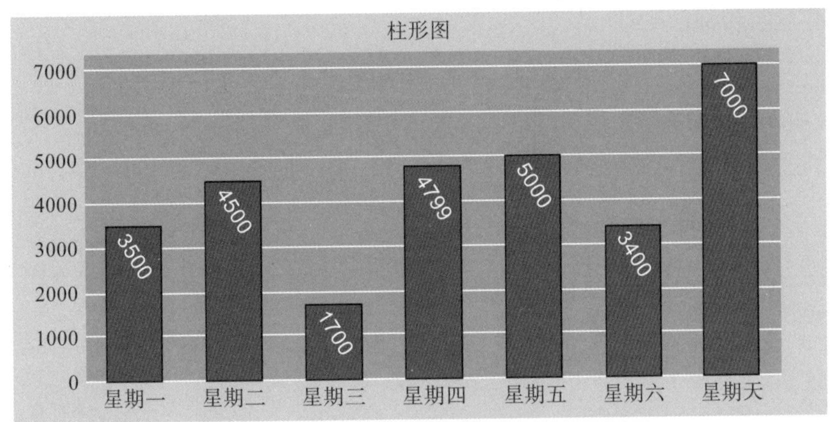

图 6-12　基本柱形图

6.3.2 柱状簇

柱状簇是多个基本柱形图结合而成的图形。在 Plotly 中，绘制柱状簇的方法是，先分别定义基本柱状轨迹，之后将多个柱状轨迹合并而成。下面举例说明，如代码 6-11 所示。

代码 6-11

```
import plotly
import numpy as np
import plotly.graph_objects as go
x1=['星期一','星期二','星期三','星期四','星期五','星期六','星期天']
y1=[3500,4500,1700,4799,5000,3400,7000]
y2=[2900,4500,3600,5400,2300,4500,6500]

#定义第一个基本柱状轨迹
trace0 = go.Bar(
    x=x1,y=y1,name='甲公司',
    text=y1,
    orientation='v',
    textposition="inside",
    textangle=45,
    visible=True,
    marker=dict(line=dict(
            color='black',
            width=2.5,
        ),color='#FF4500'),
    opacity=0.9,
)

#定义第二个基本柱状轨迹
trace1 = go.Bar(
    x=x1,y=y2,name='乙公司',
    text=y2,
    orientation='v',
    textposition="inside",
    textangle=45,
    visible=True,
    marker=dict(line=dict(
            color='black',
            width=2.5,
        ),
    color='#FF1493'),
    opacity=0.9
)

layout =dict(title=dict(
                        text='柱状簇',
                        pad=dict(l=350,r=450,b=3,t=10),
```

```
                    font=dict(
                              color='rgb(148, 103, 189)',size=20)
                             ),
                    paper_bgcolor='#AEEEEE',
                    plot_bgcolor='#00CED1',
autosize=False,width=1000,height=500,margin=go.Margin(l=60,r=60,b=50,t=50,pad=0),
                bargroupgap=0.3,
         )# 总体画图布局配置

data = [trace0,trace1] # 合并两个轨迹
fig=dict(data=data,layout=layout)
plotly.offline.iplot(fig)
```

运行结果如图 6-13 所示。

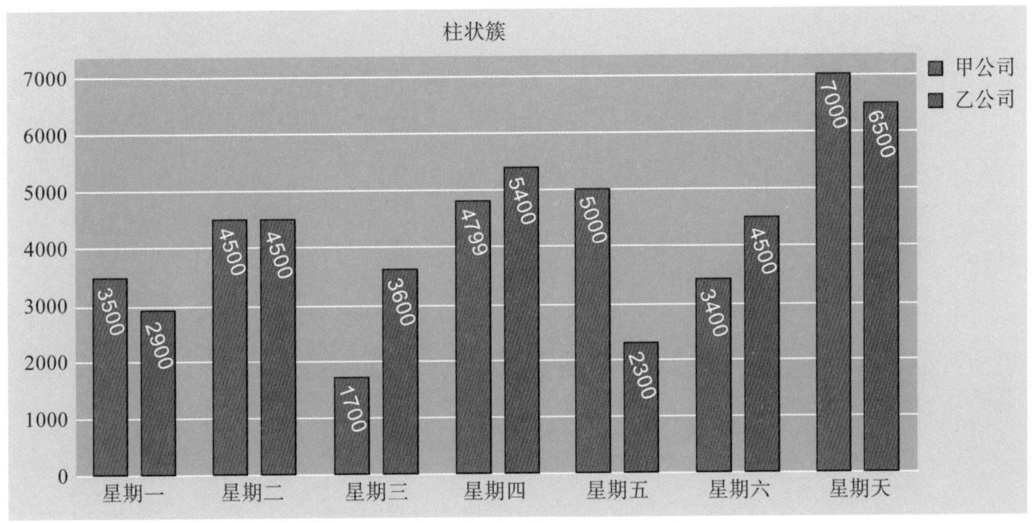

图 6-13　柱状簇

6.3.3　层叠柱形图

层叠柱形图是由多个基本柱形图整合而成的，以累加的方式将各个柱体进行叠加显示。在 Plotly 中绘制层叠柱形图，只需在 layout 中将 barmode 参数的取值设置为 'stack'，如代码 6-12 所示。

代码 6-12

```
import plotly
import numpy as np
import plotly.graph_objects as go
x1=['星期一','星期二','星期三','星期四','星期五','星期六','星期天']
y1=[3500,4500,1700,4799,5000,3400,7000]
y2=[2900,4500,3600,5400,2300,4500,6500]

# 定义第一个基本柱状轨迹
```

```
trace0 = go.Bar(
    x=x1,y=y1,name=' 甲公司 ',
    text=y1,
    orientation='v',
    textposition="inside",
    textangle=45,
    visible=True,
    marker=dict(line=dict(
            color='black',
            width=2.5,
        ),color='#FF4500'),
    opacity=0.9,
)

# 定义第二个基本柱状轨迹
trace1 = go.Bar(
    x=x1,y=y2,name=' 乙公司 ',
    text=y2,
    orientation='v',
    textposition="inside",
    textangle=45,
    visible=True,
    marker=dict(line=dict(
            color='black',
            width=2.5,
        ),
    color='#FF1493'),
    opacity=0.9
)


layout =dict(title=dict(
                         text=' 层叠柱形图 ',
                         pad=dict(l=350,r=450,b=3,t=10),
                         font=dict(
                                    color='rgb(148, 103, 189)',size=18)
                                   ),
                         paper_bgcolor='#AEEEEE',
                         plot_bgcolor='#00CED1',
autosize=False,width=1000,height=500,margin=go.Margin(l=60,r=60,b=50,t=50,
    pad=0),
                       bargap=0.2,
                       barmode='stack', # 以层叠的方式设置相同坐标的柱形图位置
              )
data = [trace0,trace1]
fig=dict(data=data,layout=layout)
plotly.offline.iplot(fig)
```

运行结果如图 6-14 所示。

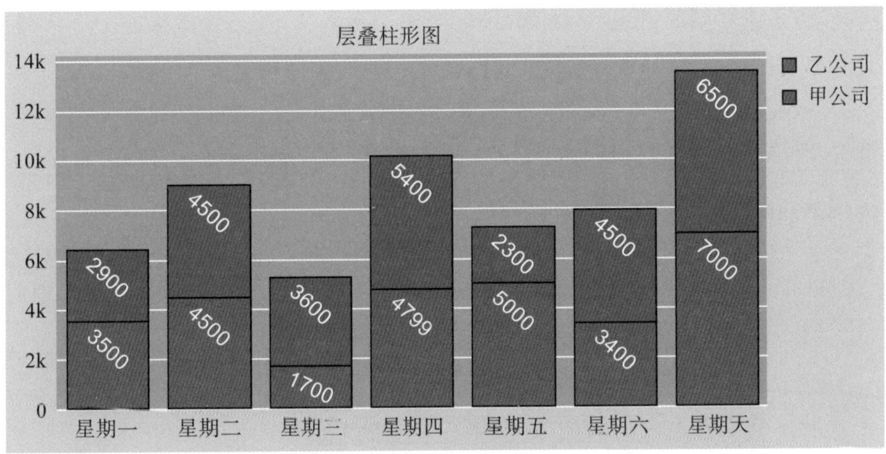

图 6-14　层叠柱形图

6.3.4　水平条形图

如 6.3.1 小节所述，水平条形图是当 go.Bar() 中的参数 orientation 取 ‘h’ 时绘制出的图形。下面通过代码 6-13 举例说明。

代码 6-13

```
y1=['星期一','星期二','星期三','星期四','星期五','星期六','星期天']
x1=[3500,4500,1700,4799,5000,3400,7000]
trace0 = go.Bar(
    x=x1,y=y1,
    text=x1,
    orientation='h', #横向展示数据条，绘制水平条形图
    textposition="inside",
    textangle=45,
    visible=True,
    marker=dict(line=dict(
            color='black',
            width=2.5,
        ),color='#FF4500'),
    opacity=0.9,
)
data = [trace0]

layout =dict(title=dict(
                                text='水平条形图',
                                pad=dict(l=350,r=450,b=3,t=10),
                                font=dict(
                                            color='rgb(148, 103, 189)',size=20)
                                         ),
                                paper_bgcolor='#AEEEEE',
                                plot_bgcolor='#00CED1',
autosize=False,width=1000,height=500,margin=go.Margin(l=60,r=60,b=50,t=50,pad=0),
```

```
                    bargroupgap=0.3,
                )# 总体画图布局配置

fig=dict(data=data,layout=layout)
plotly.offline.iplot(fig)
```

运行结果如图 6-15 所示。

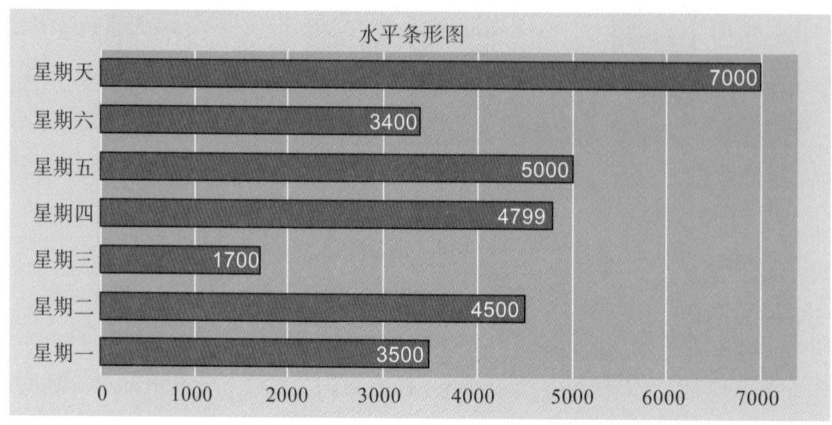

图 6-15　水平条形图

6.3.2 小节的“柱状簇”也可以水平放置，只需将 go.Bar() 中的参数 orientation 取值为 ‘h’，以代码 6-14 为例。

代码 6-14

```
y1=['星期一','星期二','星期三','星期四','星期五','星期六','星期天']
x1=[3500,4500,1700,4799,5000,3400,7000]
x2=[2900,4500,3600,5400,2300,4500,6500]
trace0 = go.Bar(
    x=x1,y=y1,
    name='甲公司',
    text=x1,
    orientation='h',
    textposition="inside",
    textangle=45,
    visible=True,
    marker=dict(line=dict(
            color='black',
            width=2.5,
        ),color='#FF4500'),
    opacity=0.9,
)

trace1 = go.Bar(
    x=x2,y=y1,
    name='乙公司',
    text=x2,
```

```
    orientation='h',
    textposition="inside",
    textangle=45,
    visible=True,
    marker=dict(line=dict(
            color='black',
            width=2.5,
        ),color='#FF1493'),
    opacity=0.9
)
data = [trace0,trace1]

layout =dict(title=dict(
                        text='水平条形簇图',
                        pad=dict(l=350,r=450,b=3,t=10),
                        font=dict(
                                color='rgb(148, 103, 189)',size=20)
                               ),
                        paper_bgcolor='#AEEEEE',
                        plot_bgcolor='#00CED1',
autosize=False,width=1000,height=500,margin=go.Margin(l=60,r=60,b=50,t=50,
    pad=0),
                        bargroupgap=0.3,
                )# 总体画图布局配置

fig=dict(data=data,layout=layout)
plotly.offline.iplot(fig)
```

运行结果如图 6-16 所示。

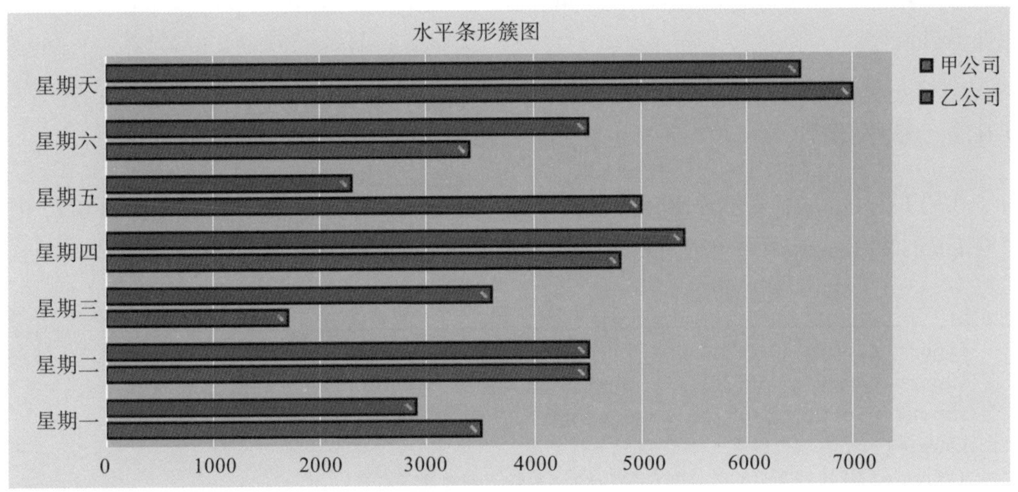

图 6-16　水平条形簇图

同理，只需将 6.3.3 小节中代码 6-13 的 go.Bar() 中的参数 orientation 取值为 'h'，即可完成水平条形层叠图的绘制，请读者自行尝试，此处不再赘述。

6.4 饼图

饼图，或称饼状图，是一个划分为几个扇形的圆形统计图表，用于描述数量、频率或百分比之间的相对关系。在饼图中，每个扇区的弧长（或圆心角大小或面积大小）为其所表示的数量的比例。这些扇区合在一起刚好是一个完整的圆形。在 Plotly 中一般用 go.Pie() 函数来绘制饼图，其中，又包括基本饼图和环形饼图。

下面首先对 go.Pie() 函数中常用的一些参数进行介绍。

- values：每个扇区的数值或占比大小。
- labels：列表，饼图中每一个扇区的文本标签。
- hole：设置环形饼图空白内径的半径，取值范围为 0 ~ 1，默认值为 0，表示内径与外径的比值。
- hoverinfo：当用户与图表交互时，鼠标指针停留处显示的参数，包括如下组合："label"、"text"、"value"、"percent"、"name"、"all"、"none"或"skip"，组合时用"+"拼接，默认为 "all"。若设置为 "none" 或 "skip"，则鼠标悬停时不会显示任何信息。
- pull：列表，元素为 0 ~ 1 之间的数值，默认为 0，用于设置各个扇区突出显示的比例。
- sort：布尔变量，用于决定是否进行扇区排序。
- rotation：扇区旋转角度，范围是 0 ~ 360，默认为 0。
- direction：设置扇形区域展示的方向。clockwise 为顺时针方向，counterclockwise（默认）为逆时针方向。
- opacity：透明度参数，范围是 0 ~ 1。

此外，还有一些通用的参数，如 marker 等，与前文中 marker 的设置方式是类似的，此处不再赘述。

6.4.1 基本饼图

代码 6-15 是关于某公司拥有的各种金融产品所占比例的基本饼图。在代码 6-15 中，仅对 labels 和 values 两个参数进行设置，其他参数都取默认值。

代码 6-15

```
import plotly
import numpy as np
import plotly.graph_objects as go
label=['股票','债券','现金','衍生品','其他'] #定义类别
values=[33.8,19.33,11,8.6,27.27] #输入各类别占比

#图形整体布局设置
layout =dict(title=dict(text='基本饼图 1',
                        pad=dict(l=400,r=450,b=3,t=10),
```

```
                                font=dict(color='rgb(148, 103, 189)',size=
                                    18)),
                paper_bgcolor='#AEEEEE',
                plot_bgcolor='#00CED1',
                autosize=False,
                width=1000,
                height=500,
                margin=go.Margin(l=60,r=60,b=50,t=50,pad=0))
trace0=go.Pie(labels=label,values=values) #labels 为每个扇区的文本标签 ,values 为
    具体取值
data = [trace0]
fig=dict(data=data,layout=layout)
plotly.offline.iplot(fig)
```

运行结果如图 6-17 所示。

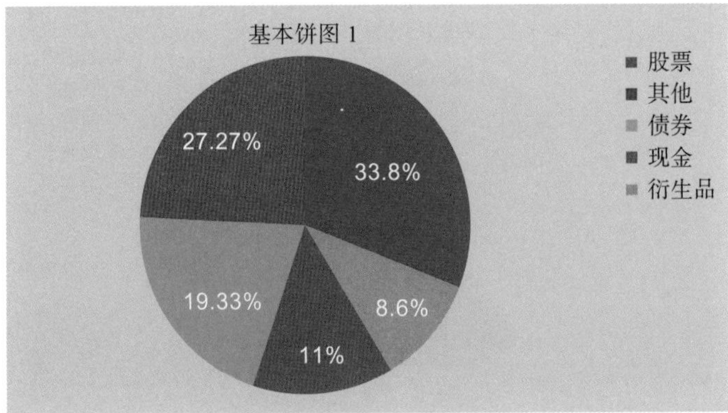

图 6-17　基本饼图示例 1

代码 6-16 除了对 labels 和 values 两个参数进行设置外，还对饼图的透明度、扇区突出显示比例、扇形区域展示方向等参数进行了设置，具体效果如图 6-16 所示。

代码 6-16

```
import plotly
import numpy as np
import plotly.graph_objects as go
label=['股票','债券','现金','衍生品','其他'] #定义类别
values=[33.8,19.33,11,8.6,27.27] #输入各类别占比

#图形整体布局设置
layout =dict(title=dict(text='基本饼图 2',
                                pad=dict(l=400,r=450,b=3,t=10),
                                font=dict(color='rgb(148, 103, 189)',size=
                                    18)),
                paper_bgcolor='#AEEEEE',
                plot_bgcolor='#00CED1',
                autosize=False,
```

```
                width=1000,
                height=500,
                margin=go.Margin(l=60,r=60,b=50,t=50,pad=0))


trace0=go.Pie(labels=label,
                values=values,
                opacity=0.9,
                pull=[0.1,0,0,0,0.2],  # pull 设置突出显示比例
                direction='clockwise') # direction 设置方向
data = [trace0]
fig=dict(data=data,layout=layout)
plotly.offline.iplot(fig)
```

运行结果如图 6-18 所示。

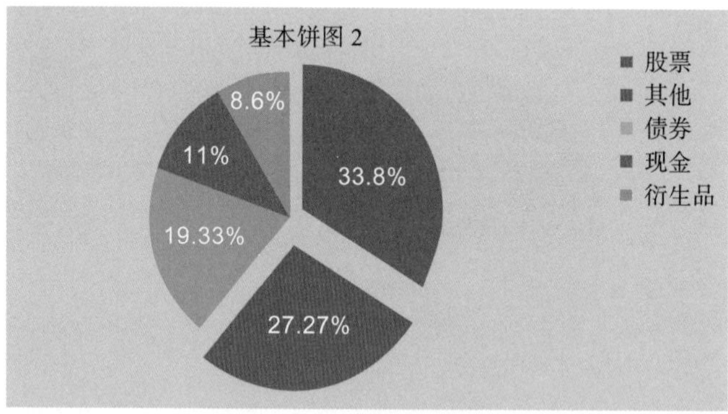

图 6-18 基本饼图示例 2

代码 6-17 通过 marker 复合字典赋值的方法对饼图的颜色进行了设置。

代码 6-17

```
import plotly
import numpy as np
import plotly.graph_objects as go
label=['股票','债券','现金','衍生品','其他']# 定义类别
values=[33.8,19.33,11,8.6,27.27]# 输入各类别占比

# 图形整体布局设置
layout =dict(title=dict(text='基本饼图 3',
                              pad=dict(l=400,r=450,b=3,t=10),
                              font=dict(color='rgb(148, 103, 189)',size=18)),
                paper_bgcolor='#AEEEEE',
                plot_bgcolor='#00CED1',
                autosize=False,
                width=1000,
                height=500,
                margin=go.Margin(l=60,r=60,b=50,t=50,pad=0))
```

```
colors = ['#E9967A', '#FA8072', '#FFA500', '#FF6347','#FF8C00'] # 自定义扇区颜色
trace0=go.Pie(labels=label,
              values=values,
              opacity=0.8,
              marker=dict(colors=colors,line=dict(color='#000000', width=1)))

data = [trace0]
fig=dict(data=data,layout=layout)
plotly.offline.iplot(fig)
```

运行结果如图 6-19 所示。

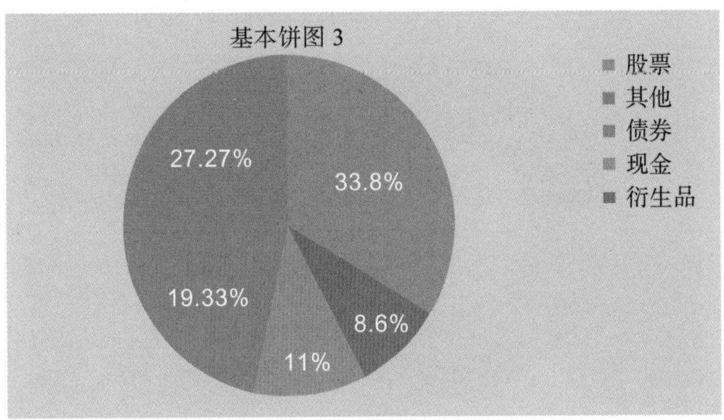

图 6-19　基本饼图示例 3

6.4.2　环形饼图

环形图与饼图类似，只是环形图的中间有一个“空洞”，每个样本用一段环来表示。其绘制方式只需在基本饼图的绘制代码中设置参数 hole。hole 的取值范围为 0 ～ 1，表示环形的内圈半径占外圈半径的比例。下面通过代码 6-18 举例说明。

代码 6-18

```
import plotly
import numpy as np
import plotly.graph_objects as go
label=['股票','债券','现金','衍生品','其他']# 定义类别
values=[33.8,19.33,11,8.6,27.27]# 输入各类别占比

# 图形整体布局设置
layout =dict(title=dict(text='环形饼图',
                        pad=dict(l=400,r=450,b=3,t=10),
                        font=dict(color='rgb(148, 103, 189)',size=
                            18)),
             paper_bgcolor='#AEEEEE',
             plot_bgcolor='#00CED1',
             autosize=False,
```

```
                    width=1000,
                    height=500,
                    margin=go.Margin(l=60,r=60,b=50,t=50,pad=0))
trace0=go.Pie(labels=label,
                    values=values,
                    hole=0.6) # 内圈半径占外圈半径的比例
data = [trace0]
fig=dict(data=data,layout=layout)
plotly.offline.iplot(fig)
```

运行结果如图 6-20 所示。

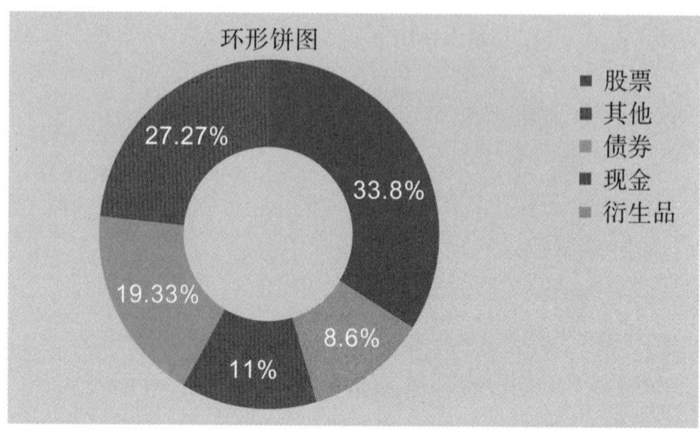

图 6-20　环形饼图

6.5 甘特图

甘特图是基于时间线轴来表示一个项目的进度的图形。甘特图一般通过垂直轴（纵轴）指明需要执行的任务，而在水平轴（横轴）列出每个任务的执行时间段。在甘特图中，每个水平条的宽度表示该任务执行需要的时间。

在 Plotly 中，利用 plotly.figure_factory 库中的 create_gantt 函数来绘制甘特图。该函数常用的参数如下。

- df：甘特图的输入数据，可以是表格型数据或者列表，如果是表格型数据（dataframe），列一定包括 Task、Start、Finish，其他列用于索引。如果是列表（list），它的元素必须是有相同列标题 Task、Start、Finish 等的字典。
- colors：每个类别的颜色，形式包括 rgb、十六进制、颜色元组和颜色列表等。rgb 形式为 rgb(x, y, z)，x,y,z 取值 [0, 255]。颜色元组形式为 (a, b, c)，a,b,c 取值 [0, 1]。如果颜色是一个列表，它必须包含作为其成员的上述有效颜色类型。如果颜色是一个字典，字典里的键就是列索引，即 index_col。
- index_col：当参数 df 为 dataframe 类型时，index_col 作为列索引的列标题，如果 df 为列表，index_col 是列表中其中一个元素的键。

➢ show_colorbar：布尔型，决定颜色条是否可见，只有在列索引为数字时可用。
➢ show_hover_fill：布尔型，启用或禁用图表填充区域的悬停文本。
➢ reverse_colors：布尔型，反转设定颜色顺序。
➢ title：字符串，图标题。
➢ bar_width：数值型，图中项目条的宽度。
➢ showgrid_x：布尔型，显示或隐藏 X 轴网格。
➢ showgrid_y：布尔型，显示或隐藏 Y 轴网格。
➢ height：数值型，图表高度。
➢ width：数值型，图表宽度。

下面举一个甘特图最简单的例子，如代码 6-19 所示。

代码 6-19

```
import plotly
from plotly.figure_factory import create_gantt
df = [dict(Task = " 项目 1", Start = '2022-02-01', Finish = '2022-05-28'),
      dict(Task = " 项目 2", Start = '2022-03-05', Finish = '2022-04-15'),
      dict(Task = " 项目 3", Start = '2022-01-05', Finish = '2022-04-10'),
      dict(Task = " 项目 4", Start = '2022-03-20', Finish = '2022-05-30')]
fig = create_gantt(df,title=" 甘特图 ",show_colorbar=True,bar_width=0.3)
plotly.offline.iplot(fig)
```

运行结果如图 6-21 所示。

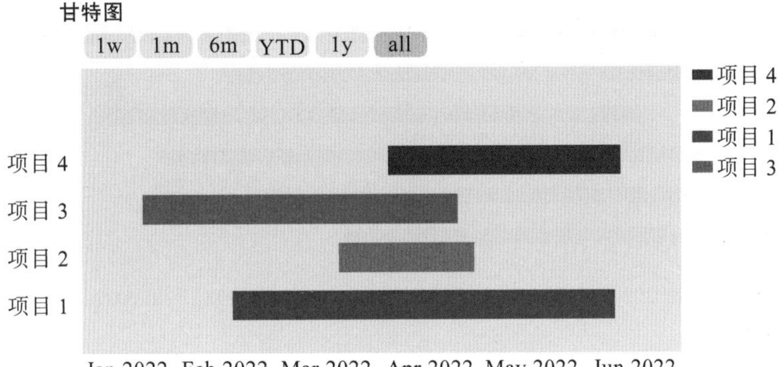

图 6-21　甘特图示例 1

从代码 6-21 可以看出，Plotly 用很简洁的代码就可以绘制出基本的甘特图，直观地将项目进度安排展示出来。此外，Plotly 绘制甘特图还可以根据不同索引方式来绘制。一般情况下，常用索引分为数字索引和类别索引。

6.5.1　数字索引

数字索引简单来说就是将传入的项目进度数据按照数字索引方式对任务进行分类，

这个数字可以用来表示特定的含义，例如表示项目的重要性级别，或者表示项目所属的类别，或者表示项目目前的完成进度等。具有相同索引值的条形将会呈现相同的颜色。在 creat_gantt() 函数中，通过定义 index_col 参数来定义数字索引。Plotly 会默认在甘特图的右侧显示这些数字索引值的热力指示条，如代码 6-20 中 df 的 Complete 列即为数字索引。

代码 6-20

```
import plotly
import plotly.figure_factory as ff
df = [dict(Task="项目 1", Start='2022-01-01', Finish='2022-02-28', Complete=10),
        dict(Task="项目 2", Start='2021-12-05', Finish='2022-04-15', Complete=10),
        dict(Task="项目 3", Start='2022-02-20', Finish='2022-05-30', Complete=50),
        dict(Task="项目 4", Start='2022-03-20', Finish='2022-06-30', Complete=50),
        dict(Task="项目 5", Start='2022-01-12', Finish='2022-04-28', Complete=100),
        dict(Task="项目 6", Start='2022-03-07', Finish='2022-08-21', Complete=100)]
fig = ff.create_gantt(df, index_col='Complete', title="数字索引甘特图", show_
    colorbar=True)
plotly.offline.iplot(fig)
```

运行结果如图 6-22 所示。

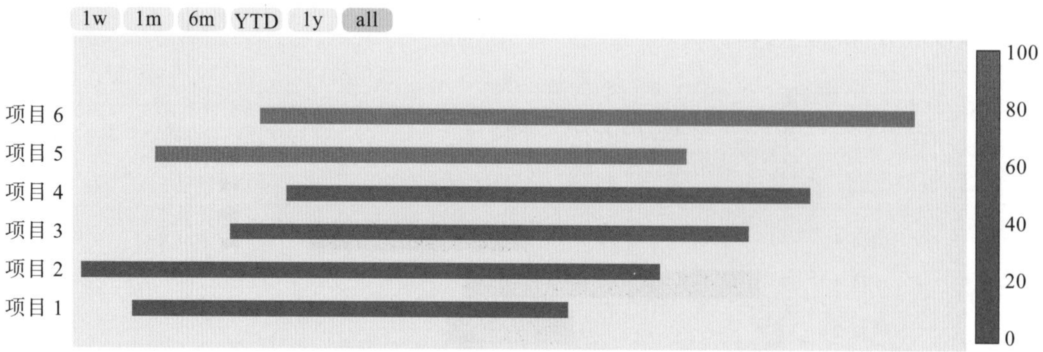

图 6-22　数字索引甘特图

6.5.2　类别索引

除了数字索引这种方式，还有一种比较常用的索引方式是类别索引，用特定的字符串将所有的项目分为若干类别，如“未完成”“进行中”“完成”等，Plotly 会通过不同的颜色对这些类别进行区分，以直观展示项目进展。在 creat_gantt() 函数中，也是通过定义 index_col 参数来定义数字索引。类别索引在 df 中由 Resource 列来定义。代码 6-21 是一个有类别索引的甘特图实例。

代码 6-21

```
import plotly
import plotly.figure_factory as ff
df = [dict(Task="项目1", Start='2022-01-01', Finish='2022-02-02', Resource=
    '已完成'),
        dict(Task="项目2", Start='2022-02-15', Finish='2022-03-15', Resource=
            '进行中'),
        dict(Task="项目3", Start='2022-01-17', Finish='2022-02-17', Resource=
            '未开始'),
        dict(Task="项目4", Start='2022-01-17', Finish='2022-02-17', Resource=
            '已完成'),
        dict(Task="项目5", Start='2022-03-10', Finish='2022-03-20', Resource=
            '进行中'),
        dict(Task="项目6", Start='2022-04-01', Finish='2022-04-20', Resource=
            '进行中'),
        dict(Task="项目7", Start='2022-05-18', Finish='2022-06-18', Resource=
            '未开始'),
        dict(Task="项目8", Start='2022-01-14', Finish='2022-03-14', Resource=
            '已完成')]
colors = {'未开始': 'rgb(220, 0, 0)',
          '进行中': (1, 0.9, 0.16),
          '已完成': 'rgb(0, 255, 100)'}
fig = ff.create_gantt(df,
                      colors=colors,
                      index_col='Resource', #定义索引方式
                      title='类别索引甘特图',
                      showgrid_x=True,
                      showgrid_y=True,
                      show_colorbar=True,
                      bar_width=0.2,
                      group_tasks=True)
plotly.offline.iplot(fig)
```

运行结果如图 6-23 所示。

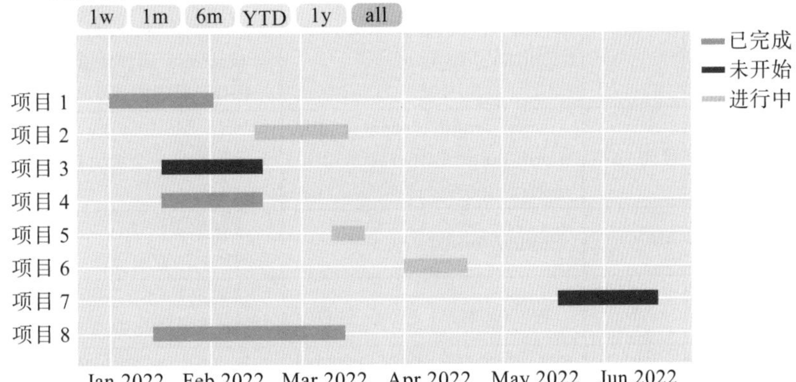

图 6-23　类别索引甘特图

6.6 Plotly Express

虽然 Plotly 绘图功能强大，但由于其设置过于烦琐，因此一直没有得到广泛应用。为此，Plotly 推出了其简化接口——Plotly Express（PX）。Plotly Express 是对 Plotly.py 的高级封装，采用 ROR 等新一代“约定优先”的编程模式，内置了大量实用、现代的绘图模板，用户只需调用简单的 API 函数，即可快速生成漂亮的互动图表。Plotly Express 内置的图表组合，能够满足 90% 常用的绘图需要。

本节首先介绍 Plotly Express 内置的数据集和常用的 API，接下来介绍如何利用 Plotly Express 绘制常见的散点图、小提琴图、漏斗图、平行坐标图和并行类别图等图形，最后介绍 Plotly Express 的主题调色板。

6.6.1 内置数据集

Plotly Express 提供了若干内置的数据集，常用的数据集及其基本介绍如表 6-2 所示。

表 6-2 Plotly Express 内置数据集

序号	数据集名称	数据形状	包含字段名	数据集简介
1	carshare	249×4	'centroid_lat', 'centroid_lon', 'car_hours', 'peak_hour'	代表一个月内蒙特利尔某个区域中心附近的汽车共享服务的可用性
2	election	58×8	'district', 'Coderre', 'Bergeron', 'Joly', 'total', 'winner', 'result', 'district_id'	代表 2013 年蒙特利尔市长选举中一个选区的投票结果
3	election_geojson		该数据集是一个字典，有 58 个面或多面要素的 GeoJSON 格式，其 id 为选区数字 ID，其 district 属性为 ID 和选区名称	代表 2013 年蒙特利尔市长选举中的一个选区
4	experiment	100×5	'experiment_1', 'experiment_2', 'experiment_3', 'gender', 'group'	表示 100 名模拟参与者在三个假设实验中的结果，以及他们的性别和对照组或治疗组
5	gapminder	1 704×8	'country', 'continent', 'year', 'lifeExp', 'pop', 'gdpPercap', iso_alpha', 'iso_num'	每行代表给定年份的一个国家或地区。如果 datetimes 为真，'year' 列将是日期时间列；如果 centroids 为真，则添加两个新列 ['centroid_lat', 'centroid_lon']；如果 year 是整数，将过滤该年的数据集
6	iris	150×6	'sepal_length', 'sepal_width', 'petal_length', 'petal_width', 'species', 'species_id'	每行代表一朵鸢尾花的数据
7	medals_long	9×3	'nation', 'medal', 'count'	该数据集代表了截至 2020 年前三个国家的奥林匹克短道速滑奖牌表（长表数据）
8	medals_wide	3×4	'nation', 'gold', 'silver', 'bronze'	该数据集代表了截至 2020 年前三个国家的奥林匹克短道速滑奖牌表（宽表数据）
9	stocks	100×7	'date', 'GOOG', 'AAPL', 'AMZN', 'FB', 'NFLX', 'MSFT'	每一行代表 2018/2019 年 6 只科技股的收盘价

（续）

序号	数据集名称	数据形状	包含字段名	数据集简介
10	tips	244×7	'total_bill', 'tip', 'sex', 'smoker', 'day', 'time', 'size'	每行代表一个餐馆账单
11	wind	128×3	'direction', 'strength', 'frequency'	每行代表一个主要方向上的风力强度级别及其频率

在 Plotly Express 中只需利用 px.data.data_name()[⊖]的方式，即可导入名称为 data_name 的内置数据集。这里以 tips() 数据为例，导入方式如代码 6-22 所示。除数据集 election_geojson 外，其他数据集导入 Python 后均为 DataFrame 格式。

代码 6-22

```
import plotly.express as px
df = px.data.tips()
df.head(10)
```

运行结果如图 6-24 所示。

Out[1]:

	total_bill	tip	sex	smoker	day	time	size
0	16.99	1.01	Female	No	Sun	Dinner	2
1	10.34	1.66	Male	No	Sun	Dinner	3
2	21.01	3.50	Male	No	Sun	Dinner	3
3	23.68	3.31	Male	No	Sun	Dinner	2
4	24.59	3.61	Female	No	Sun	Dinner	4
5	25.29	4.71	Male	No	Sun	Dinner	4
6	8.77	2.00	Male	No	Sun	Dinner	2
7	26.88	3.12	Male	No	Sun	Dinner	4
8	15.04	1.96	Male	No	Sun	Dinner	2
9	14.78	3.23	Male	No	Sun	Dinner	2

图 6-24　内置数据集 tips 展示

6.6.2　常用 API

Plotly Express 可以绘制的图形包括散点图、密度图、线图、条形图、极坐标图、箱线图、小提琴图、等高线图等，绘制方式非常简单，只需调用相应的 API，并传入对应的绘图参数即可。常用的 API 接口名称如表 6-3 所示。

表 6-3　Plotly Express 绘图常用 API 接口名称

序号	API 接口名称	图形名称	序号	API 接口名称	图形名称
1	scatter	散点图	3	scatter_polar	极坐标散点图
2	scatter_3d	三维散点图	4	scatter_ternary	三元散点图

⊖ px 为 Plotly Express 的缩写；data_name 为将要导入的内置数据集的名称。

（续）

序号	API 接口名称	图形名称	序号	API 接口名称	图形名称
5	scatter_mapbox	地图散点图	15	parallel_coordinates	平行坐标图
6	scatter_geo	地理坐标散点图	16	parallel_categories	并行类别图
7	scatter_matrix	矩阵散点图	17	area	堆积区域图
8	density_contour	密度等值线图（双变量分布）	18	bar	条形图
9	density_heatmap	密度热力图（双变量分布）	19	bar_polar	极坐标条形图
10	line	线条图	20	violin	小提琴图
11	line_polar	极坐标线条图	21	box	箱线图
12	line_ternary	三元线条图	22	strip	长条图
13	line_mapbox	地图线条图	23	histogram	直方图
14	line_geo	地理坐标线条图	24	choropleth	等高（值）区域地图

在后面的小节中，我们将首先详细介绍利用 Plotly Express 绘制散点图的方法，其他图表中的大部分参数与绘制散点图的参数和用法基本相同。

6.6.3 散点图

Plotly Express 绘制散点图的函数为 px.scatter()，该函数包含的参数及其含义如下。

- data_frame：目标数据，类型为 DataFrame。
- x：指定 data_frame 中的列名。列中的值用于笛卡尔坐标中沿 X 轴的定位标记。图表类型为条形图时，这些值用作参数 histfunc 的传入参数。
- y：指定 data_frame 中的列名。列中的值用于笛卡尔坐标中沿 Y 轴的定位标记。图表类型为柱形图时，这些值用作参数 histfunc 的传入参数。
- color：指定 data_frame 中的列名。为列中的不同值（由 px）自动匹配不同的标记颜色；若列为数值数据时，还会自动生成连续色标。
- symbol：指定 data_frame 中的列名。为列中的不同值设置不同的标记形状。
- size：指定 data_frame 中的列名。为列中的不同值设置不同的标记大小。
- hover_name：指定 data_frame 中的列名。将列中的值加粗显示在悬停提示内容的正上方。
- hover_data：指定列名组成的列表。所有列的值显示在悬停提示内容中，位于 x/y 值的下方。指定的列与 x/y 重复时仅显示 1 条数据。
- text：指定 data_frame 中的列名。列中的值在图的标记中显示为文本标签，同时也显示在悬停提示内容中。
- facet_row：指定 data_frame 中的列名。根据列中不同的（N 个）值，在垂直方向上显示 N 个子图，并在子图右侧垂直方向上进行文本标注。
- facet_col：指定 data_frame 中的列名。根据列中不同的（N 个）值，在水平方向上显示 N 个子图，并在子图上方水平方向上进行文本标注。
- error_x：指定 data_frame 中的列名。显示误差线，列中的值用于调整 X 轴误差线的大小。如果参数 error_x_minus == None，则悬停提示内容中显示对称的误差值，否则显示正向的误差值。该列通常是基于元数据加工的结果，目的是统计元数据指标的误差值，一般会用元数据除以 100 的整数倍。

- error_x_minus：指定 data_frame 中的列名。列中的值用于在负方向调整 X 轴误差线的大小，如果参数 error_x==None，则直接忽略该参数。
- error_y：指定 data_frame 中的列名。显示误差线，列中的值用于调整 Y 轴误差线的大小。如果参数 error_y_minus == None，则悬停提示内容中显示对称的误差值，否则显示正向的误差值。该列通常是基于元数据加工的结果，目的是统计元数据指标的误差值，一般会用元数据除以 100 的整数倍。
- error_y_minus：指定 data_frame 中的列名。列中的值用于在负方向调整 Y 轴误差线的大小，如果参数 error_y==None，则直接忽略该参数。
- animation_frame：指定 data_frame 中的列名。列中的值用于为动画帧指定标记，即设置滑动条。
- animation_group：指定 data_frame 中的列名。列中的值用于提供跨动画帧的联动匹配。
- category_orders：带有字符串键和字符串列表值的字典，默认为 {}，此参数用于强制每列的特定值排序，dict 键是列名，dict 值是指定的排列顺序的字符串列表。在默认情况下，在 Python 3.6+ 版本中，轴、图例和构面中的分类值的顺序取决于在data_frame中首次出现的顺序，而在3.6以下版本的Python中，默认不保证顺序，该参数即为解决此类问题而设计。
- labels：带字符串键和字符串值的 dict，默认为 {}。此参数用于修改图表中显示的列名称。在默认情况下，图表中使用列名称作为轴标题、图例条目、悬停提示等，此参数可以进行修改，dict 的键是列名，dict 值是修改的新名称。
- color_discrete_sequence：有效的 CSS 颜色字符串列表，取自 lotly_express 的 color 子模块。当参数 color 指定的列不是数值数据时，该参数为 color 列指定的颜色序列，若 category_orders 参数不为 None，则按 category_orders 中设定的顺序循环执行 color_discrete_sequence，除非 color 列的值在参数 color_discrete_map 入参的 dict 键中。
- color_discrete_map：带字符串键和有效 CSS 颜色字符串值的 dict，默认为 {}。当参数 color 指定的列不是数值数据时，该参数用于将特定颜色分配给与特定值对应的标记，color_discrete_map 中的键为 color 表示的列值。其优先级高，会覆盖 color_discrete_sequence 参数中的设置。
- color_continuous_scale：有效的 CSS 颜色字符串列表，取自 plotly_express 的 color 子模块。当参数 color 指定的列是数值数据时，为连续色标，设置指定的颜色序列。实际上，color 指定列时，px 会自动匹配颜色：①若指定列是数值数据，通过参数 color_continuous_scale 可以设定具体的颜色序列；②若指定列是非数值数据，通过参数 color_discrete_sequence 可以设定具体的颜色序列（循环匹配），通过参数 color_discrete_map 可以为列中不同值指定具体的颜色。

- range_color：2 个数字元素组成的列表，参数用于设定连续色标上的自动缩放，即边界的大小值。
- color_continuous_midpoint：数字，默认为无。如果设置，则计算连续色标的边界以具有所需的中点。若使用 plotly_express.colors.diverging 色标作为 color_continuous_scale 的入参时，建议设置此值。
- symbol_sequence：定义 plotly.js 符号的字符串列表。参数用于为列中的值分配符号，除非 symbol 的值是 symbol_map 中的键。分配符号的顺序为按 category_orders 中设置的顺序循环执行。
- symbol_map：带字符串键和定义 plotly.js 符号的字符串值的 dict，默认值 {}。该参数用于将特定符号分配给与特定值对应的标记，symbol_map 中的键为 symbol 表示的列值。其优先级高，会覆盖 symbol_sequence 参数中的设置。
- opacity：数字，介于 0 和 1 之间，设置标记的不透明度。
- size_max：整数，默认为 20。使用 size 参数时，设置最大标记的大小。
- marginal_x：字符串，取值为 rug（轴须图）、box（箱线图）、violin（小提琴图）、histogram（直方图）。该参数用于在主图上方绘制一个水平子图，以便对 x 分布进行可视化。
- marginal_y：字符串，取值为 rug（轴须图）、box（箱线图）、violin（小提琴图）、histogram（直方图）。该参数用于在主图右侧绘制一个垂直子图，以便对 y 分布进行可视化。
- trendline：字符串，取值为 ols、lowess、None。取值为 ols 时，将为每个离散颜色或符号组绘制一个普通最小二乘回归线；取值为 lowess 时，则将为每个离散颜色或符号组绘制局部加权散点图平滑线。
- trendline_color_override：字符串，有效的 CSS 颜色。如果设置了参数 trendline 趋势线，则将以此颜色绘制所有趋势线。
- log_x：布尔值，默认为False，如果为True，则X轴在笛卡尔坐标系中进行对数缩放。
- log_y：布尔值，默认为 False，如果为 True，则 Y 轴在笛卡尔坐标系中进行对数缩放。
- range_x：2 个数字元素组成的列表，用于设定笛卡尔坐标中 X 轴上的自动缩放，即边界的大小值。
- range_y：2 个数字元素组成的列表，用于设定笛卡尔坐标中 Y 轴上的自动缩放，即边界的大小值。
- render_mode：字符串，取值为 auto（默认）、svg、webgl。用于控制绘制标记的浏览器 API：svg 适用于少于 1 000 的数据，并允许完全矢量化输出；webgl 可以接收 1 000 点以上的数据；auto 使用启发式方法来选择模式。
- title：字符串，设置图表的标题。
- template：字符串或 Plotly.py 模板对象，设置图表的背景颜色。有三个内置的 Plotly

主题：plotly、plotly_white 和 plotly_dark。

- width：整数，默认值为 None，设置图表的宽度（以像素为单位）。
- height：整数，默认值为 600，设置图表的高度（以像素为单位）。

我们还是以 tips 数据为例，绘制几个简单的散点图，举例说明上面部分参数的用法。tips 数据主要包含的字段信息如下。

- total_bill：总费用。
- tip：小费。
- sex：性别。
- smoker：是否吸烟。
- day：就餐时是星期几。
- time：就餐的时间。
- size：就餐的人数。

代码 6-24 已经导入了 tips 数据集。接下来我们绘制 tips 数据中总消费和小费、性别之间的散点关系图，如代码 6-23 所示。

代码 6-23

```
fig = px.scatter(df,                    # 目标数据
                 x="total_bill",        #x 轴数据
                 y="tip",               #y 轴数据
                 color="sex",           # 根据 sex 类别区分点的颜色
                 title=" 总消费与小费、性别之间的关系 ",  # 图标题
                 template='plotly_white',            # 图背景颜色
                 )
fig.show()
```

运行结果如图 6-25 所示。

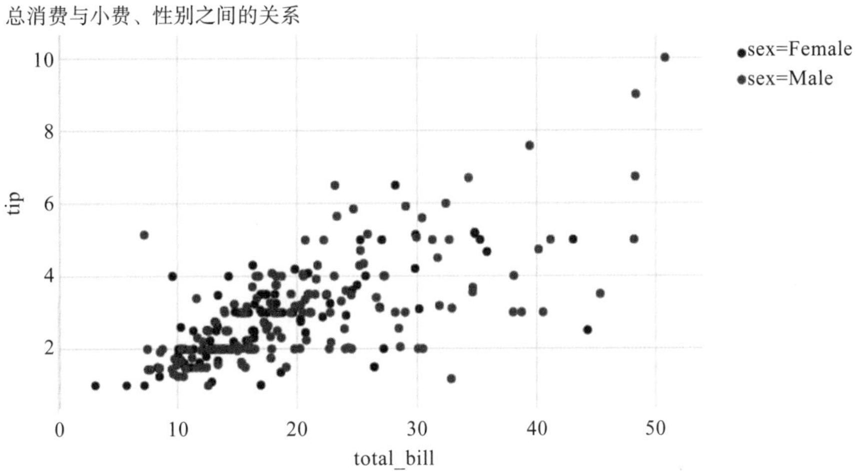

图 6-25　Plotly Express 散点图示例 1

代码 6-24 更换了图 6-26 的背景颜色，并指定了散点的颜色。

代码 6-24

```
fig = px.scatter(df,                              # 目标数据
                 x="total_bill",                  # x 轴数据
                 y="tip",                         # y 轴数据
                 color="sex",                     # 根据 sex 类别区分点的颜色
                 color_discrete_sequence=["green", "orange"], # 散点的颜色列表
                 title=" 总消费与小费、性别之间的关系 ",         # 图标题
                 template='plotly_dark'  # 图背景颜色
                )
fig.show()
```

运行结果如图 6-26 所示。

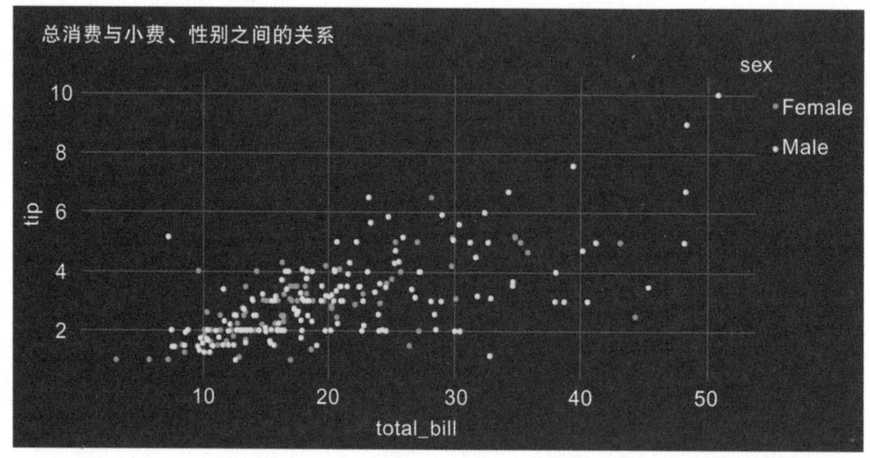

图 6-26 Plotly Express 散点图示例 2

我们还可以在图的上方或右侧增加直方图、轴须图、箱线图、小提琴图等附加图形，并添加点的趋势线，丰富散点图的表达，如代码 6-25 和代码 6-26 所示。

代码 6-25

```
fig = px.scatter(df,                              # 目标数据
                 x="total_bill",                  #x 轴数据
                 y="tip",                         #y 轴数据
                 color="sex",                     # 根据 sex 类别区分点的颜色
                 color_discrete_sequence=["green", "orange"], # 散点的颜色列表
                 title=" 总消费与小费、性别之间的关系 ",         # 图标题
                 template='plotly_dark', # 图背景颜色
                 marginal_x="histogram"  # 在图的上方增加直方图
                 marginal_y="rug",       # 在图的右侧增加轴须图
                )
fig.show()
```

运行结果如图 6-27 所示。

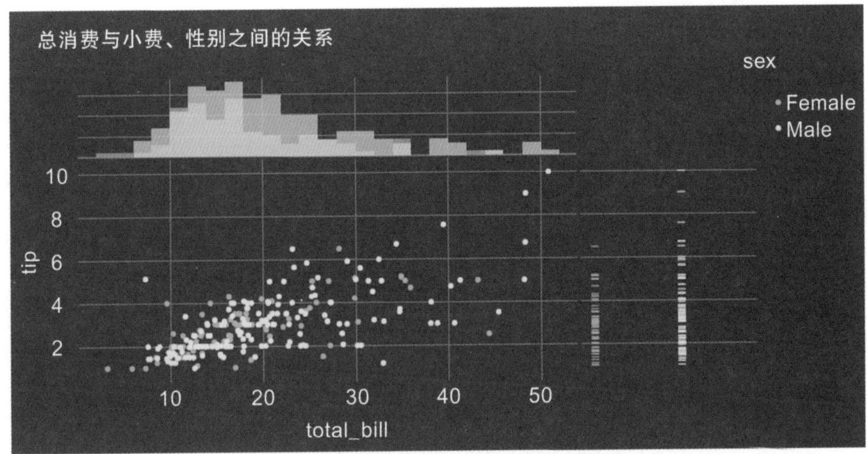

图 6-27　Plotly Express 散点图示例 3

代码 6-26

```
fig = px.scatter(df,                              # 目标数据
                 x="total_bill",                  #x 轴数据
                 y="tip",                         #y 轴数据
                 color="sex",                     # 根据 sex 类别区分点的颜色
                 color_discrete_sequence=["green", "orange"], # 散点的颜色列表
                 title=" 总消费与小费、性别之间的关系 ",          # 图标题
                 template='plotly_dark', # 图背景颜色
                 marginal_x="box" ,               # 在图的上方增加箱线图
                 marginal_y="violin",             # 在图的右侧增加小提琴图
                 trendline="ols"                  # 为散点添加趋势线
                )
fig.show()
```

运行结果如图 6-28 所示。

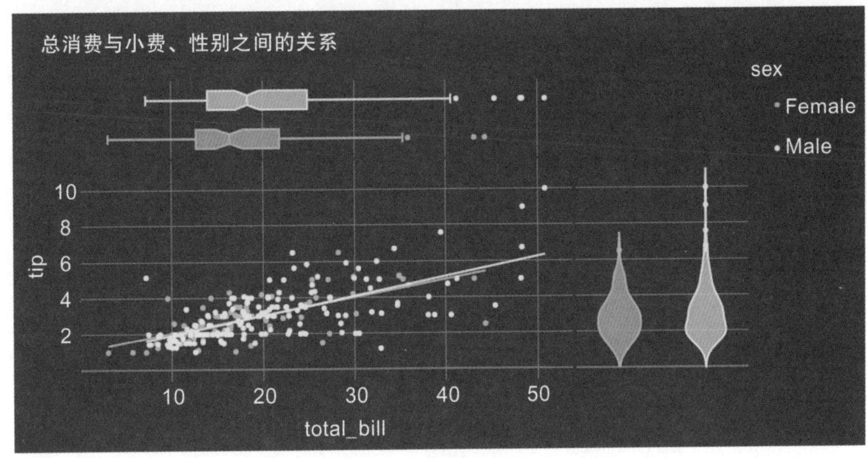

图 6-28　Plotly Express 散点图示例 4

通过 error_x、error_y 参数可以为每个散点添加 x、y 轴方向上的误差线，如代码 6-27 所示。

代码 6-27

```
df["e"] = df["total_bill"]/100     # 设置误差值
fig = px.scatter(df,               # 目标数据
                 x="total_bill",   #x 轴数据
                 y="tip",          #y 轴数据
                 color="sex",      # 根据 sex 类别区分点的颜色
                 color_discrete_sequence=["green", "orange"], # 散点的颜色列表
                 title=" 总消费与小费、性别之间的关系 ",        # 图标题
                 template='plotly_dark',                      # 图背景颜色
                 trendline="ols",  # 为散点添加趋势线
                 error_x="e",      # 添加 x 轴方向误差线
                 error_y="e"       # 添加 y 轴方向误差线
                )
fig.show()
```

运行结果如图 6-29 所示。

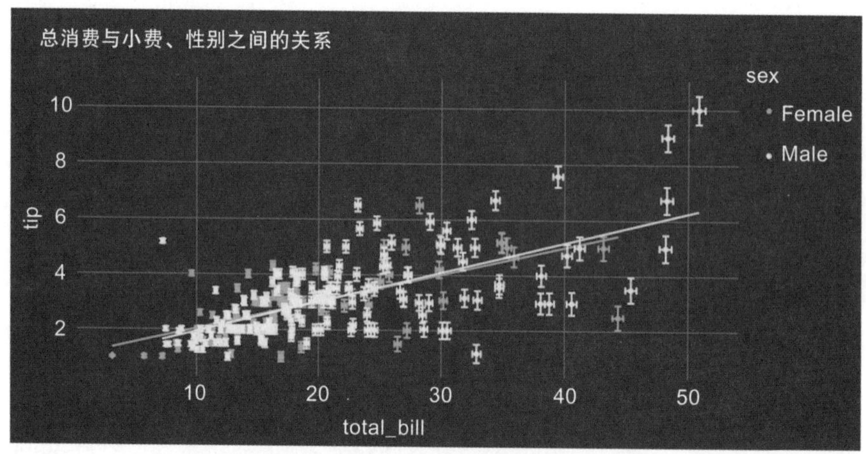

图 6-29　Plotly Express 散点图示例 5

通过 facet_row、facet_col 参数可以在垂直（y）、水平（x）方向上，按指定的列，组合展示散点图子图，并通过 category_orders 参数为列值按指定的顺序进行排序，如代码 6-28 所示。

代码 6-28

```
fig = px.scatter(df,                 # 目标数据
                 x="total_bill",     # x 轴数据
                 y="tip",            # y 轴数据
                 facet_row="time",   # 垂直 y 轴方向以 "time" 列进行分类
                 facet_col="day",    # 垂直 x 轴方向以 "day" 列进行分类
                 color="smoker",     # 根据 smoker 类别区分点的颜色
```

```
            category_orders={"day": ["Thur","Fri", "Sat", "Sun"],
                        "time": ["Lunch", "Dinner"]}), # 分类列的排
                            列顺序
            title="总消费与小费、性别之间的关系",  # 图标题
            template="plotly_dark",            # 图背景颜色
            trendline="ols"                    # 为散点添加趋势线
           )
fig.show()
```

运行结果如图 6-30 所示。

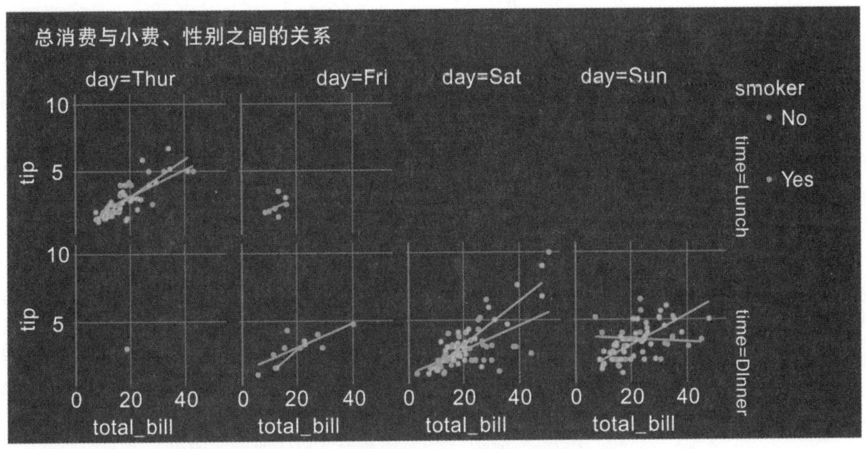

图 6-30　Plotly Express 散点图示例 6

6.6.4　矩阵散点图

我们在 6.6.3 小节体验了如何利用 Plotly Express 绘制散点图及部分参数的设置。从代码 6-30 可知，px.scatter() 函数是可以实现“矩阵散点图”的绘制的。但在 Plotly Express 中，如果想直接查看不同的数值型变量之间的相关性，可以利用 px.scatter_matrix() 函数绘制矩阵散点图。下面我们以鸢尾花 iris 数据集为例，说明如何利用 Plotly Express 绘制矩阵散点图。我们选取该数据集的前 4 列进行绘制，如代码 6-29 所示。

代码 6-29

```
iris = px.data.iris()                   # 导入数据
px.scatter_matrix(iris.iloc[:,0:4])  # 对 iris 的前 4 列数据绘制矩阵散点图
```

运行结果如图 6-31 所示。

当然，我们也可以用 dimensions 参数指定矩阵散点图的列，或者添加其他参数对图形进行美化，如代码 6-30 所示。

运行结果如图 6-32 所示。

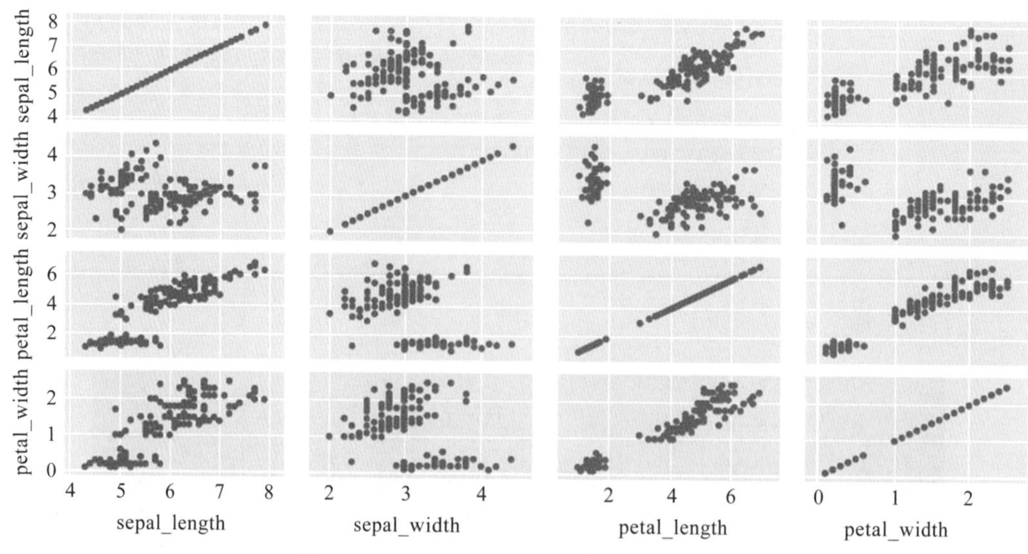

图 6-31 Plotly Express 矩阵散点图示例 1

代码 6-30

```
iris = px.data.iris()    # 导入数据
px.scatter_matrix(iris,  # 目标数据
                  dimensions=["sepal_width", "sepal_length","petal_width",
                     "petal_length"],
                                      # 对 iris 的前 4 列数据绘制矩阵散点图
                  color="species",    # 根据 species 变量区分点的颜色
                  title=" iris 数据集变量相关性示意图 ", # 图标题
                  template='plotly_dark' # 图背景颜色
                  )
```

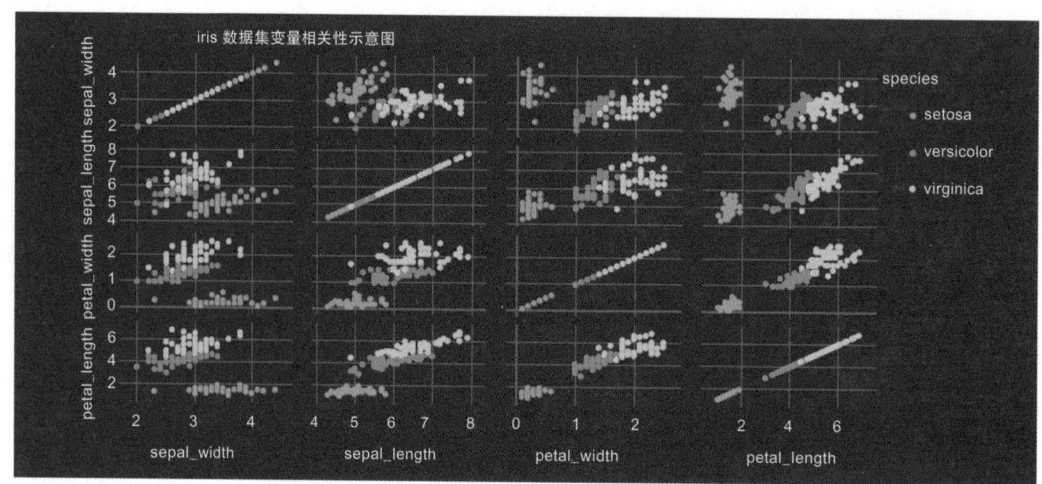

图 6-32 Plotly Express 矩阵散点图示例 2

6.6.5 小提琴图

小提琴图是一种用于显示数据分布及其概率密度的图形。这种图表结合了箱线图和密度图的特征，主要用来显示数据的分布情况。关于箱线图和小提琴图的详细介绍，读者可参阅本书的 4.4.2 小节。在 Plotly Express 中，小提琴图利用函数 violin() 来绘制。

其中常用的参数如下。

- dataframe：需要分析的数据（数据框形式）。
- x：选取某一列，小提琴沿 x 轴显示。
- y：选取某一列，小提琴沿 y 轴显示（默认）。
- color：分配的颜色。
- box：布尔值，如果为 True，则在小提琴内部绘制上下四分位数框。
- orientation：'h'，水平；'v'，垂直。
- points：'outliers'，'suspectedoutliers'，'all'，或 False。如果为 'outliers'，则仅显示外部的采样点；如果设置为 'suspectedoutliers'，则显示所有离群点，并用标记突出显示小于 4×Q1−3×Q3 或大于 4×Q3−3×Q1 的点；如果为 'all'，则显示所有采样点；如果为 False，则不会显示任何采样点，并且晶须会延伸到整个采样范围。
- title：图表的标题。
- violinmode：取值 'group' 或 'overlay'。在 'overlay' 模式下，小提琴彼此覆盖显示；在 'group' 模式下，小提琴彼此并排放置。

代码 6-31 是利用数据集 tips 绘制小提琴图的一个具体实例。

代码 6-31

```
fig = px.violin(df,                  # 目标数据
                y="total_bill", # 为变量 "total_bill" 绘制 y 轴方向的小提琴图
                template="plotly_dark", # 设置背景颜色
                #points="all",        # 在小提琴图的左侧显示所有的数据点
                title=" 小提琴图 ",   # 图标题
                box=True              # 在小提琴内部绘制上下四分位数框
                )
fig.show()
```

运行结果如图 6-33 所示。

若在代码 6-33 中将 points = "all" 前的注释符号去掉，则 Plotly Express 在绘制的小提琴图的左侧显示所有的数据点，如图 6-34 所示。

我们还可以绘制二维变量的小提琴图，不过要求一个变量为分类变量，另一个为数值变量，如代码 6-32 所示。

运行结果如图 6-35 所示。

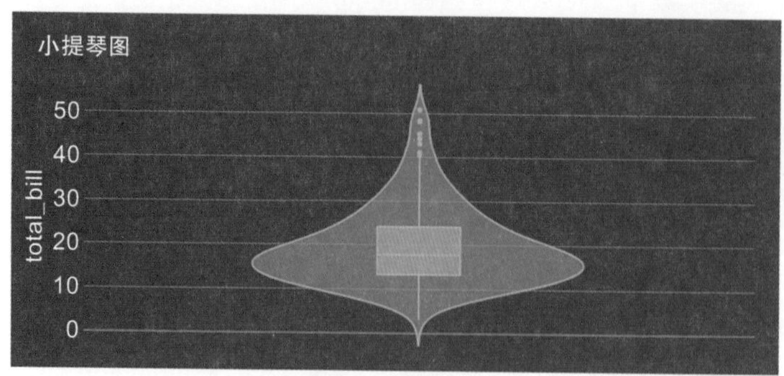

图 6-33　小提琴图示例 1

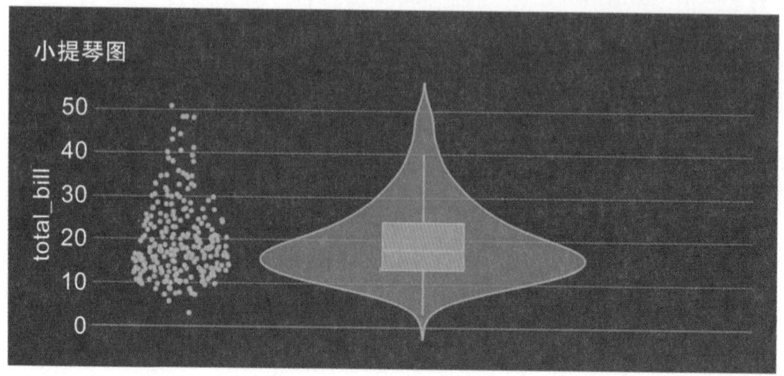

图 6-34　小提琴图示例 2

代码 6-32

```
fig = px.violin(df,
                x='sex',
                y="total_bill",
                template='plotly_dark',
                title='小提琴图',
                box=True)
fig.show()
```

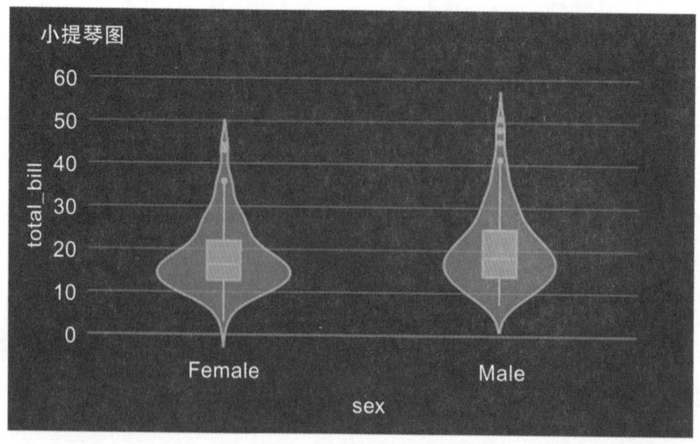

图 6-35　小提琴图示例 3

除了用 x,y 代表二维数据，还可以通过 color 参数来区分分类变量中不同的类别，如代码 6-33 所示。group 代表小提琴摆放的方式为并排摆放。

代码 6-33

```
fig = px.violin(df,
                color='sex',
                y="total_bill",
                template='plotly_dark',
                violinmode='group',
                points=False,
                title=' 小提琴图 ',
                box=True
                )
fig.show()
```

运行结果如图 6-36 所示。

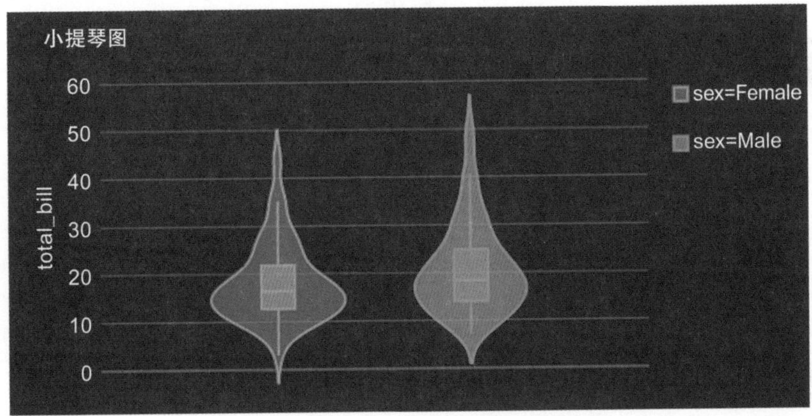

图 6-36　小提琴图示例 4

若将参数 violinmode 设置为 "overlay"，则两个小提琴图会覆盖显示（见代码 6-34）。

代码 6-34

```
fig = px.violin(df,
                color='sex',
                y="total_bill",
                template='plotly_dark',
                violinmode='overlay',
                points=False,
                title=' 小提琴图 ',
                box=True
                )
fig.show()
```

运行结果如图 6-37 所示。

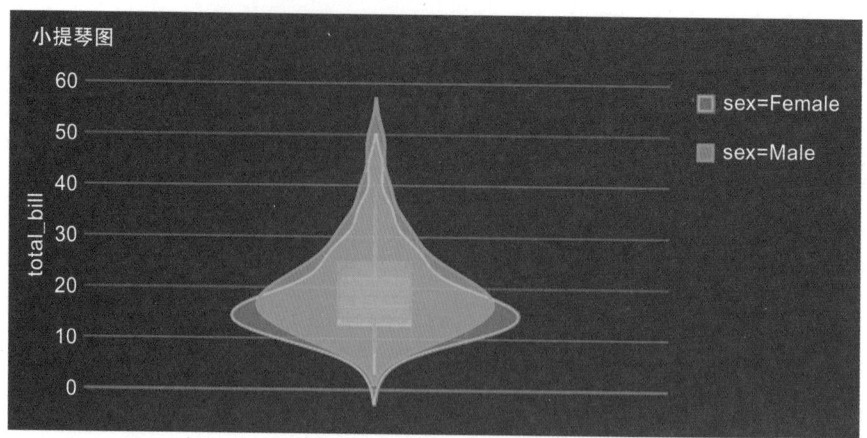

图 6-37 小提琴图示例 5

Plotly Express 还可以绘制分组小提琴图，如代码 6-35 所示。

代码 6-35

```
fig = px.violin(df,
                x='smoker',
                y="total_bill",
                template='plotly_dark',
                points='all',
                color="sex",
                title=' 小提琴图 ',
                box=True
                )
fig.show()
```

运行结果如图 6-38 所示。

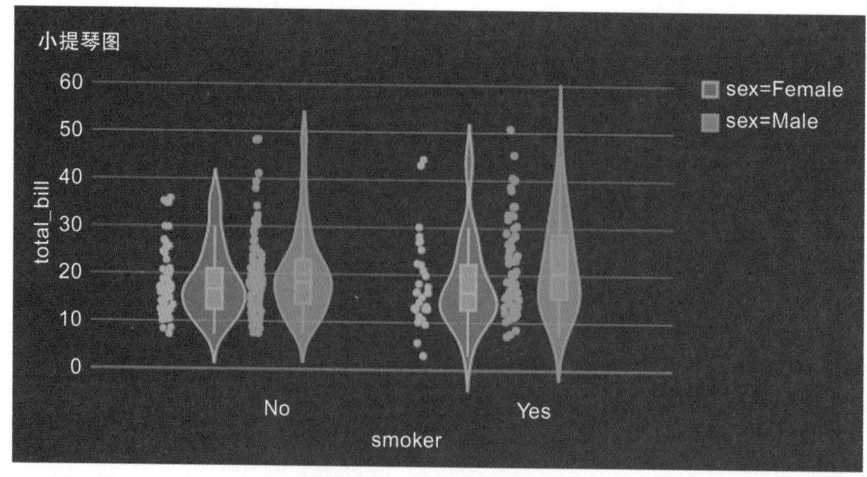

图 6-38 小提琴图示例 6

读者还可以通过设置更多的参数，从而绘制更复杂的小提琴图。

6.6.6 漏斗图

漏斗图类似倒立的金字塔结构，常用来分析很多业务以及相关占比的内容。漏斗图适用于业务流程比较规范、周期长、环节多的流程分析，我们通过漏斗各环节业务数据的比较，能够直观地发现和说明问题所在。在 Plotly Express 中通过 funnel() 函数绘制漏斗图，其常用的参数如下。

- data：绘制漏斗图所需的数据。
- x：漏斗每层的数值。
- y：漏斗每层的名称。
- opacity：透明度。
- color_discrete_sequence：选取的颜色序列。
- title：图标题。

代码 6-36 是利用 Plotly Express 绘制漏斗图的一个简单示例。

代码 6-36

```
data = dict(
            number=[39, 27.4, 20.6, 11, 2],
            stage=["stage 5", "stage 4", "stage 3", "stage 2", "stage1"]
            )
fig = px.funnel(data,
            x='number',
            y='stage',
            template='plotly_dark',
            title=" 漏斗图 "
            )
fig.show()
```

运行结果如图 6-39 所示。

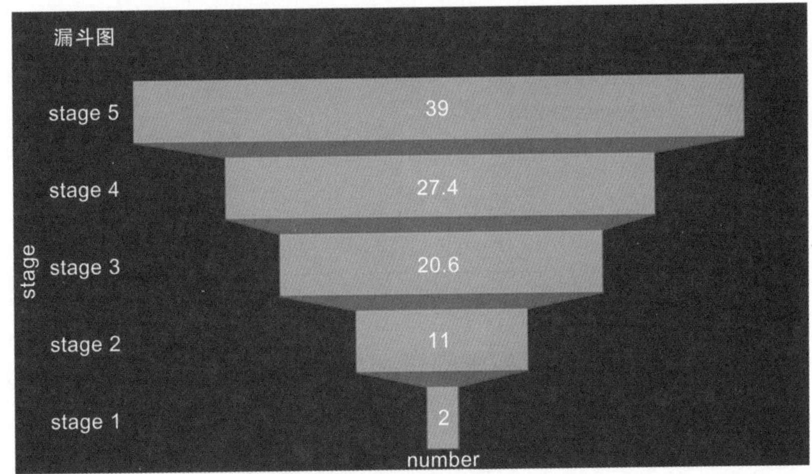

图 6-39 漏斗图示例 1

Plotly Express 还可以绘制对比漏斗图。例如，图 6-40 所示的数据是某单位两个部门五个阶段的业绩数据。我们可以通过代码 6-37 为其绘制对比漏斗图。

	number	stage	office
0	39.0	stage 5	部门 1
1	27.4	stage 4	部门 1
2	20.6	stage 3	部门 1
3	11.0	stage 2	部门 1
4	2.0	stage 1	部门 1
0	52.0	stage 5	部门 2
1	36.0	stage 4	部门 2
2	18.0	stage 3	部门 2
3	14.0	stage 2	部门 2
4	5.0	stage 1	部门 2

图 6-40　漏斗图示例数据

代码 6-37

```
# 生成示例数据
stages = ["stage 5", "stage 4", "stage 3", "stage 2", "stage1"]
df_1 = pd.DataFrame(dict(number=[39, 27.4, 20.6, 11, 2], stage=stages))
df_1['office'] = '部门1'
df_2 = pd.DataFrame(dict(number=[52, 36, 18, 14, 5], stage=stages))
df_2['office'] = '部门2'
df = pd.concat([df_1, df_2], axis=0)

# 绘制对比漏斗图
fig = px.funnel(df,
                x='number',
                y='stage',
                template='plotly_dark',
                opacity=0.8,
                color='office',
                color_discrete_sequence=px.colors.diverging.Tealrose # 颜色说
                    明请参阅 6.6.8 小节
                )
fig.show()
```

运行结果如图 6-41 所示。

在 Plotly 中，除了 Plotly Express 提供漏斗图的绘制方法，plotly.graph_objects 也提供了漏斗图的绘制方法，如代码 6-38 所示。

运行结果如图 6-42 所示。

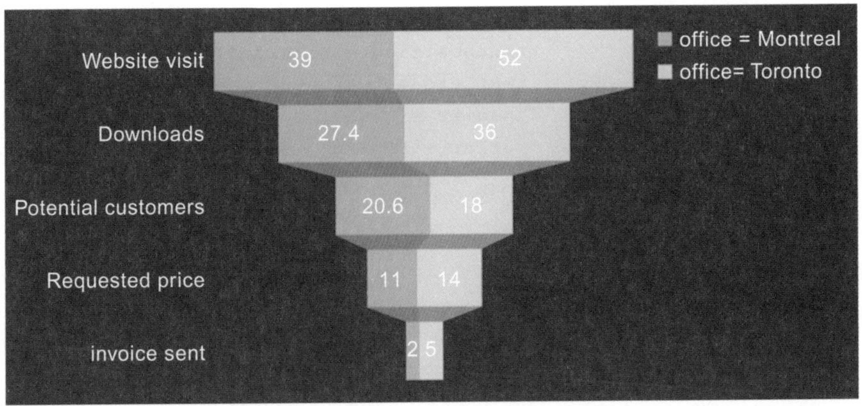

图 6-41 对比漏斗图示例

代码 6-38

```
from plotly import graph_objects as go
fig  go.Figure(go.Funnel(
                    y = ["stage 5", "stage 4", "stage 3", "stage 2",
                        "stage1"],
                    x = [39, 27.4, 20.6, 11, 2]))
fig.show()
```

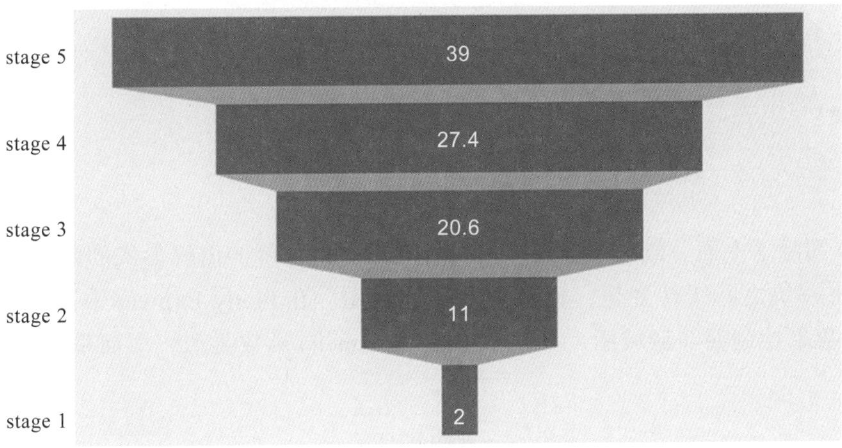

图 6-42 漏斗图示例 2

两种方法的绘制效果基本相同，但后面一种对于一些细节参数的设置更为全面，可以将漏斗图显示得更加美观。例如，代码 6-39 通过设置颜色、线条粗细、透明度等参数，可以更加丰富地将漏斗图呈现出来。

代码 6-39

```
fig = go.Figure(go.Funnel(
                    y = ["stage 5", "stage 4", "stage 3", "stage 2",
                        "stage1"],
```

```
                            x = [39, 27.4, 20.6, 11, 2],
                            textposition = "inside",
                            textinfo = "value+percent initial",
                            opacity = 0.65,
                            marker = {"color": ["deepskyblue", "lightsalmon",
                                "tan", "teal", "silver"],
                                    "line": {"width": [4, 2, 2, 3, 1, 1],
                                        "color": ["wheat", "wheat", "blue",
                                        "wheat", "wheat"]}},
                            connector = {"line": {"color": "royalblue", "dash":
                                "dot", "width": 3}}
                        )
                    )
fig.show()
```

运行结果如图 6-43 所示。

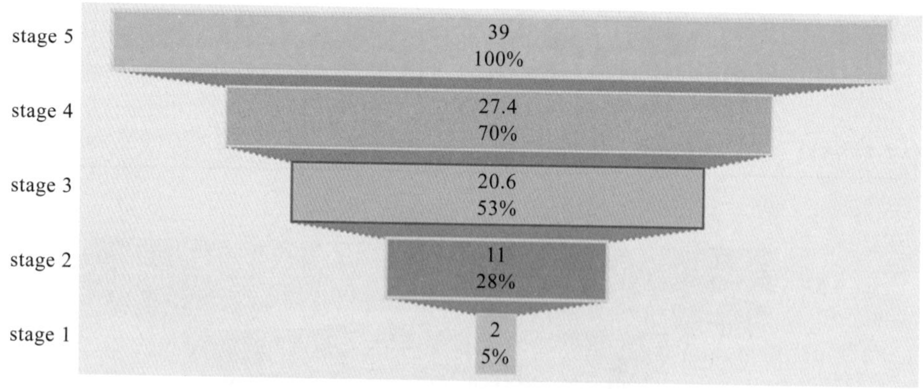

图 6-43　漏斗图示例 3

漏斗图除了上面一般形式，还有一种倒立的去掉顶峰的山峰形式的漏斗图，其中，漏斗的每一块之间线性变化，也称为漏斗区域图。在 Plotly Express 中，利用 funnel_area() 函数来绘制漏斗区域图，其基本参数与 funnel() 函数类似。下面举例说明（见代码 6-40）。

代码 6-40

```
fig = px.funnel_area(names=["The 1st","The 2nd", "The 3rd", "The 4th", "The
    5th"],
                    values=[5, 4, 3, 2, 1],
                    title='漏斗区域图',
                    color_discrete_sequence=px.colors.diverging.Tealrose, # 颜
                        色说明请参阅 6.6.8 小节
                    template='plotly_dark'
                    )
fig.show()
```

运行结果如图 6-44 所示。

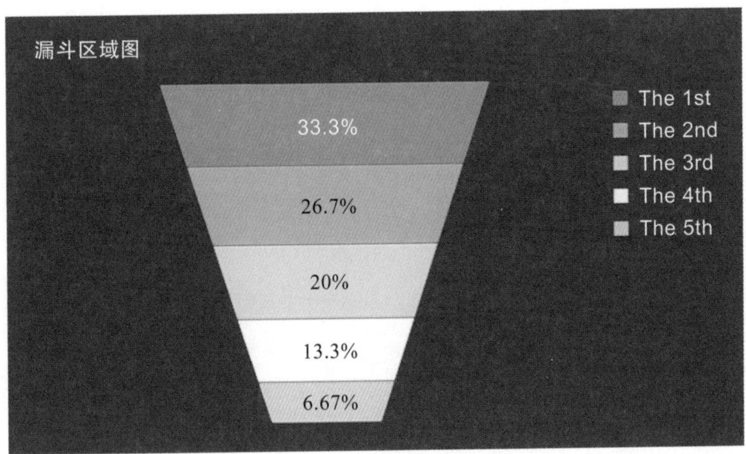

图 6-44　漏斗区域图

6.6.7　平行坐标图与并行类别图

平行坐标图是一种多维数据的连线图，它允许同时显示 3 个以上的连续变量之间的关系。在 Plotly Express 中，平行坐标图利用函数 parallel_coordinates() 来绘制。我们以鸢尾花数据集 iris 为例，说明平行坐标图的绘制（见代码 6-41）。

代码 6-41

```
px.parallel_coordinates(iris,
                        color="species_id",
                        labels={"species_id":"Species", "sepal_width": "Sepal
                            Width", "sepal_length":"Sepal Length", "petal_
                            width":"Petal Width", "petal_length":"Petal
                            Length"},
                        color_continuous_scale=px.colors.diverging.Tealrose,
                            # 颜色说明请参阅 6.6.8 小节
                        color_continuous_midpoint=2)
```

运行结果如图 6-45 所示。

Plotly Express 还可以绘制并行类别图，通过 parallel_categories() 函数实现。下面我们以 tips 数据集为例，说明并行类别图的绘制（见代码 6-42）。

运行结果如图 6-46 所示。

在前面的几个小节我们举例介绍了如何利用 Plotly Express 对数据进行相应的可视化。有了这些做基础，读者可以尝试利用表 6-2 中的其他函数进行绘图，进一步体会 Plotly Express 简洁的代码及绘制图像的美观。

同时，Plotly Express 还提供了丰富的调色面板供用户进一步美化图片，下文将对其进行简要介绍。

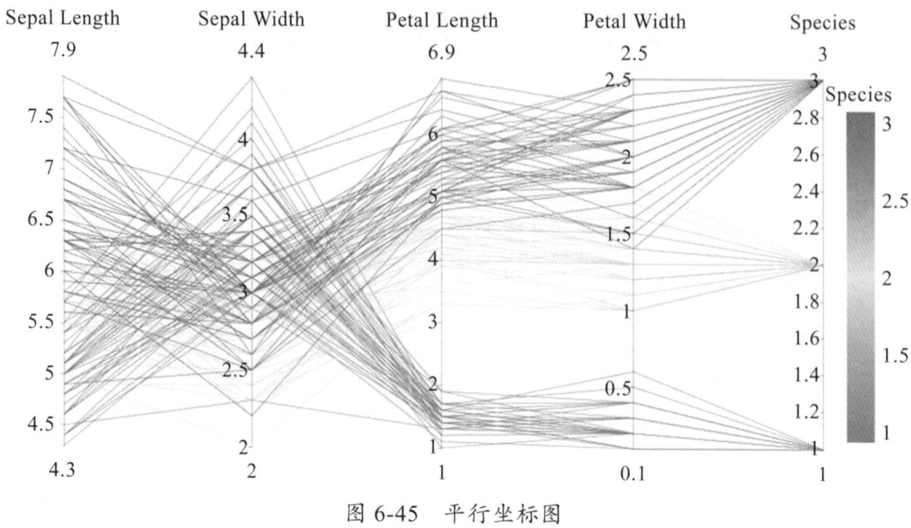

图 6-45　平行坐标图

代码 6-42

```
tips = px.data.tips()
px.parallel_categories(tips,
                       color="size",
                       color_continuous_scale=px.colors.sequential.deep # 颜色说
                           明请参阅 6.6.8 小节
                       )
```

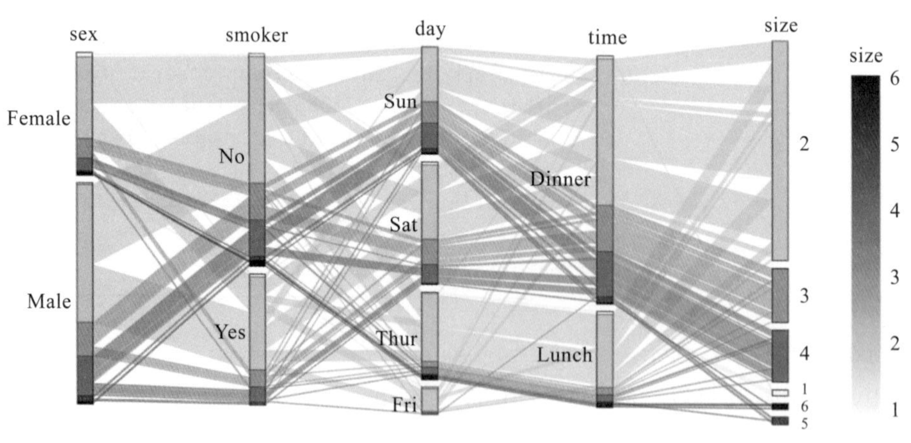

图 6-46　并行类别图

6.6.8　主题调色板

在 Plotly Express 中还内置了很多颜色面板，主要调色板名称及其介绍如表 6-4 所示。

表 6-4　Plotly Express 内置颜色面板

	调色板名称	调色板说明
1	px.colors.carto	卡通片的色彩和序列
2	px.colors.cmocean	CMOcean 项目的色阶
3	px.colors.colorbrewer	来自 ColorBrewer2 项目的色阶和序列
4	px.colors.cyclical	周期性色标，适用于具有自然周期结构的连续数据
5	px.colors.diverging	分散色标，适用于具有自然中点的连续数据
6	px.colors.qualitative	定性色标，适用于没有自然顺序的数据
7	px.colors.sequential	顺序色标，适用于大多数连续数据

通过 swatches()、swatches_continuous()、swatches_cyclical() 等方法，可以查看不同的调色板所包含的颜色情况（有的调色板只能通过三种方法中的一种或者两种来展示）。我们以周期性色标 px.colors.cyclical 为例，代码 6-43 是通过 swatches() 方法对该调色板的展示。

代码 6-43

```
px.colors.cyclical.swatches()
```

运行结果如图 6-47 所示。

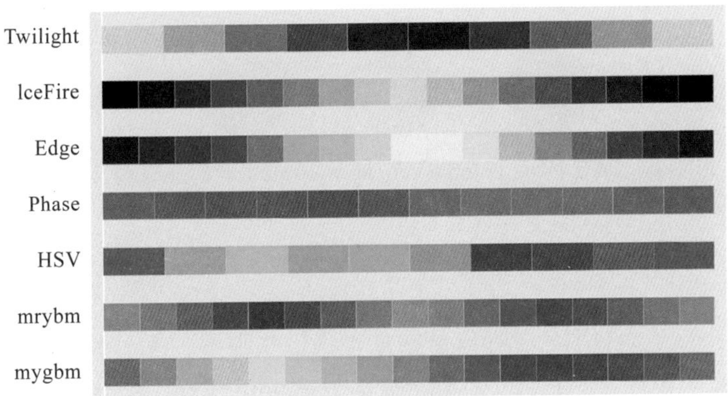

图 6-47　调色板 px.colors.cyclical 的 swatches() 方法展示

代码 6-44 是通过 swatches_continuous() 方法对 px.colors.cyclical 调色板的展示。

代码 6-44

```
px.colors.cyclical.swatches_continuous()
```

运行结果如图 6-48 所示。

代码 6-45 是通过 swatches_cyclical() 方法对 px.colors.cyclical 调色板的展示。

运行结果如图 6-49 所示。

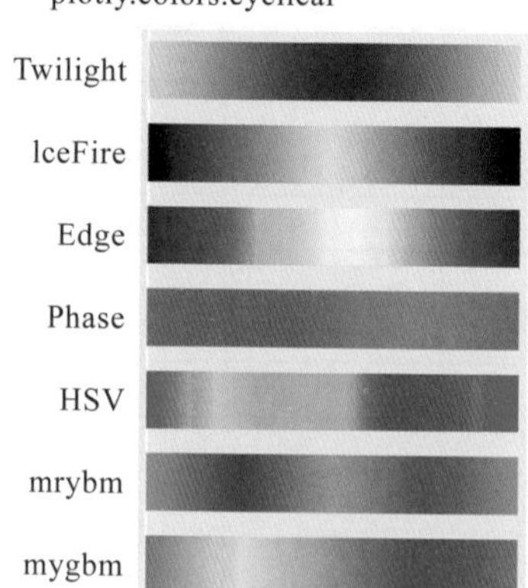

图 6-48　调色板 px.colors.cyclical 的 swatches_continuous() 方法展示

代码 6-45

```
px.colors.cyclical. swatches_cyclical()
```

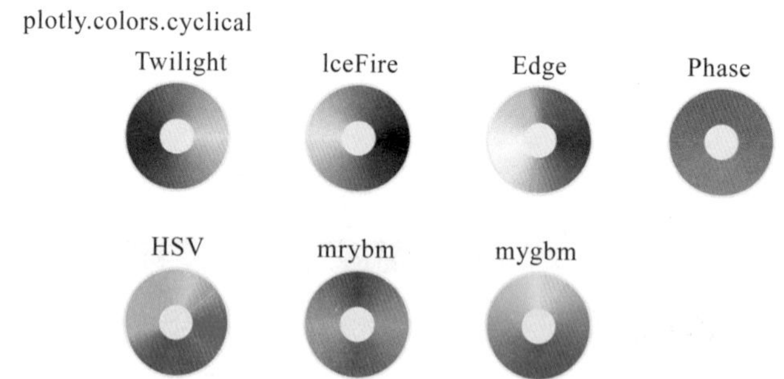

图 6-49　调色板 px.colors.cyclical 的 swatches_cyclical() 方法展示

◎ 本章小结

本章主要介绍了如何利用 Plotly 绘制线形图、柱形图、条形图、饼图、甘特图等图形。同时，介绍了如何利用 Plotly 的简化接口——Plotly Express 绘制图形，包括散点图、矩阵散点图、小提琴图、漏斗图、平行坐标图与并行类别图等，对 Plotly Express 的调色板也进行了简要介绍。

◎ 课后习题

查阅 Plotly Express 教程，练习柱形图、线形图、直方图、区域图等图形的绘制。

◎ 思考题

利用 Plotly 与 Plotly Express 对数据进行可视化的优缺点分别有哪些？

C H A P T E R 7

第 7 章

Pyecharts 入门

7.1 Pyecharts 简介

Echarts（Enterprise Charts）在可视化领域有着举足轻重的地位，它是一个商业级数据图表绘制工具，是由百度开源的纯 JavaScript 图表库，可以流畅地在 PC 和移动设备上运行，兼容绝大部分的浏览器（IE6/7/8/9/10/11、Chrome、Firefox、Safari 等），底层依赖轻量级的 Canvas 库——ZRender。相较于其他的可视化工具来说，它在交互性上占据了绝对的优势。Echarts 的开源、图表类型丰富、高交互性、动态数据等特性大大提升了用户体验。2018 年，全球著名开源社区 Apache 基金会宣布全票通过 Echarts 进入 Apache 孵化器。

Echarts 对使用者十分友好，Python 语言又风靡一时，Echarts 与 Python 相结合诞生了 Pyecharts。Pyecharts 分为 v0.5.X 和 v1 版本，两者不兼容，需要注意的是，v0.5.X 可以在 Python2.7 以及 3.4 以上版本中使用，而 v1 及以上版本的 Pyecharts 仅能在 Python3.6 及以上版本中运行。本书基于 v1.7.1 版本对 Pyecharts 展开介绍。

图 7-1 是本章知识结构的思维导图。

在命令行窗口中输入以下代码或通过 Anaconda 中的 conda 工具可以完成 Pyecharts 库的安装。

```
pip install pyecharts
```

也可以手动下载 Pyecharts 的 .whl 离线文件[⊖]，在 .whl 文件目录下打开 cmd 命令行，输入如下命令即可完成安装：

```
pip install pyecharts-1.7.1-py3-none-any.whl
```

⊖ https://pypi.org/project/pyecharts/#files。

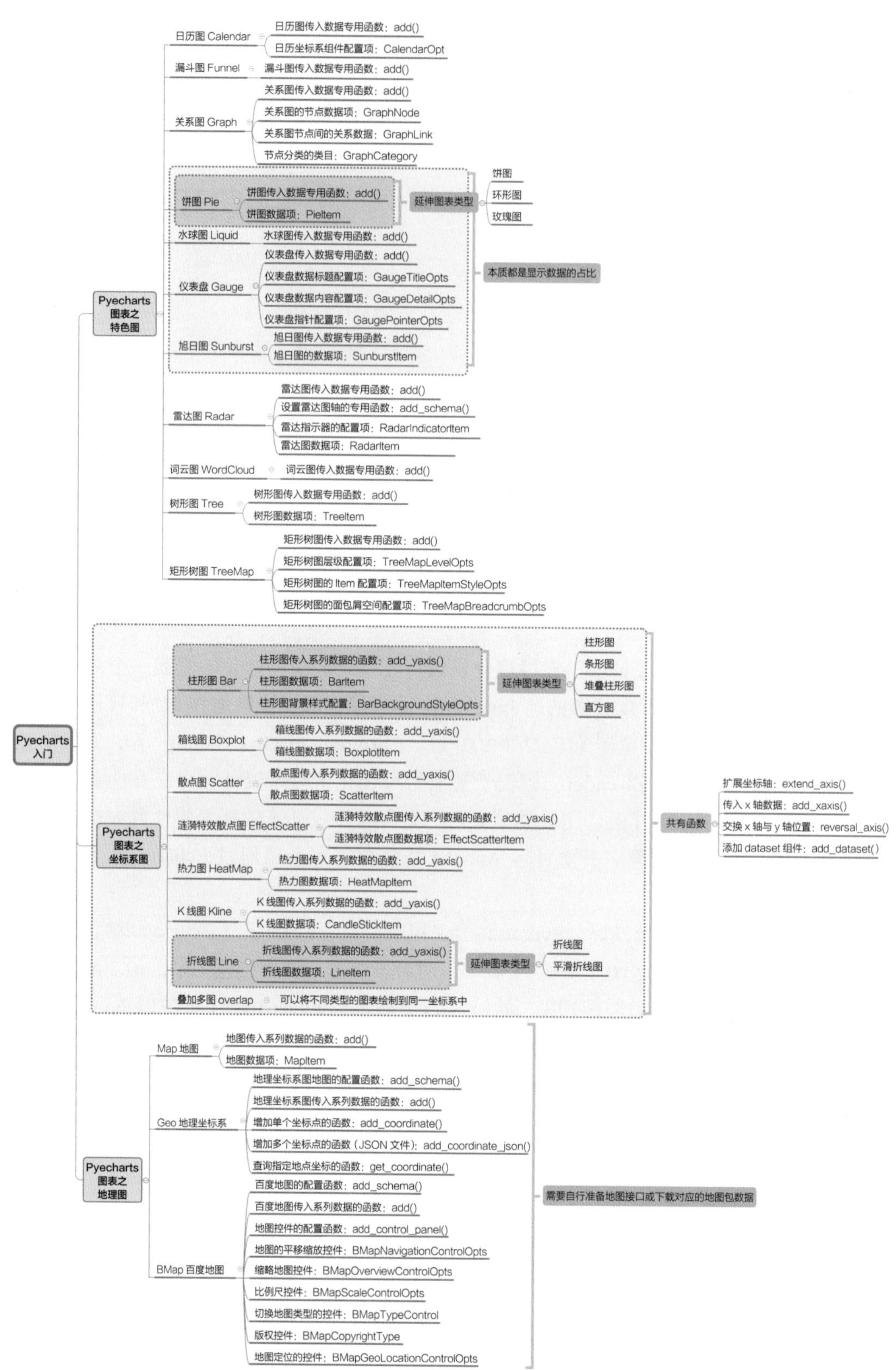

图 7-1 第 7 章知识结构思维导图

7.1.1　绘制 Pyecharts 的第一个图表

在进行系统学习之前，我们先绘制一个最简单的图表来体验一下 Pyecharts 的绘图，这相当于学习编程语言时的 Hello World。在 Python 中输入代码 7-1：

代码 7-1

```
from pyecharts.charts import Bar
from pyecharts.faker import Faker
first = Bar()
first.add_xaxis(Faker.choose())
first.add_yaxis("", Faker.values())
first.render()
```

上述代码将返回一个路径，即生成的图表保存的路径。找到生成的 HTML 文件并用浏览器打开之后，可以看到如图 7-2 所示的柱形图。

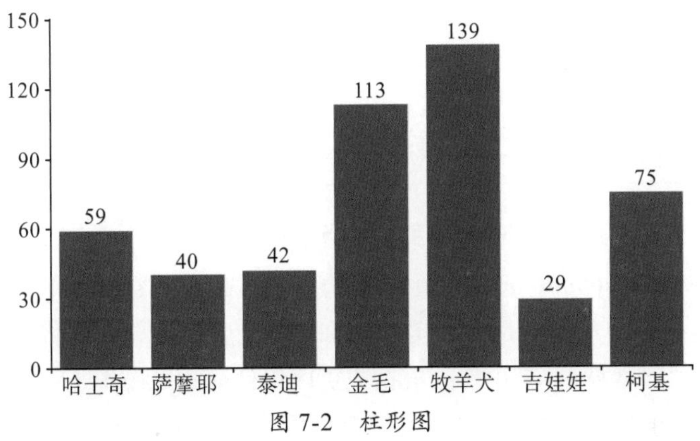

图 7-2　柱形图

图 7-2 即为代码 7-1 绘制好的柱形图，可以在该图上尝试移动鼠标或点击等操作，这时我们会发现移动鼠标时将出现一个提示框，上面标注了有关鼠标所在区域的数据信息，并且图的展示会结合一定的动画，这种互动性正是 Pyecharts 绘图的优点所在。

现在来分析一下代码 7-1：第一行导入的 Bar 是用于绘制柱形图专用的类；第二行导入的是 Pyecharts 库中内置的随机数据集，后续很多示例中所使用的数据都会直接使用 Faker 模块来快速生成；完成模块的导入之后，第三行通过命令 Bar() 实例化这个类；第四行传入 x 轴的数据；第五行传入 y 轴的数据；第六行则是完成柱形图绘制并将其存储在文件中，这样就可以永久保存刚刚绘制好的图。

需要注意的是，读者在运行代码 7-1 后，绘制的图形在数据上可能会与图 7-2 不完全一致，因为代码 7-1 中使用了 Faker 模块生成的数据，这具有一定的随机性。

总结一下我们实现的第一个代码，该代码可以抽象为如图 7-3 所示的流程。

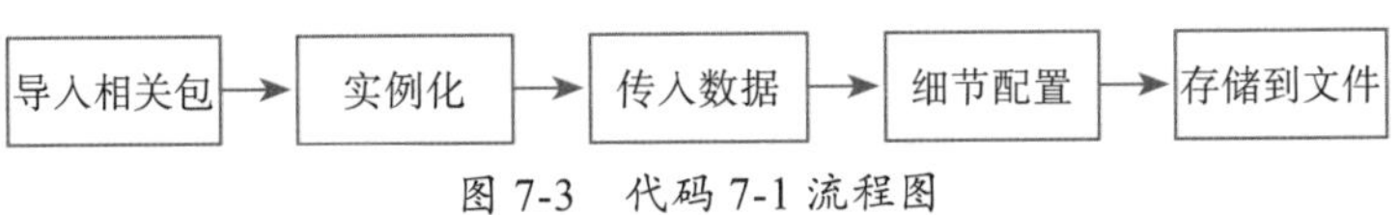

图 7-3　代码 7-1 流程图

后续绘制图表的流程都是参照上述流程，有些图可能会根据复杂程度在某些环节稍微烦琐一些，但是万变不离其宗，记住上述的流程，我们就能快速绘制出大部分的图。

7.1.2 链式调用

上一小节中我们利用 Pyecharts 绘制了一个简单的柱形图，现在我们将在不改变代码 7-1 的实现效果的前提下对其进行改造，如代码 7-2 所示。

代码 7-2

```
from pyecharts.charts import Bar
from pyecharts.faker import Faker

def func_temp1():
    c = (
        Bar()
        .add_xaxis(Faker.choose())
        .add_yaxis("", Faker.values())
    )
    return c
func_temp1().render()
```

对比代码 7-1 和代码 7-2，可以发现代码 7-2 中构造了一个 func_temp1() 函数，该函数的作用是构造一个具体的柱形图，在这里构造函数是为了在视觉上增加可读性以及代码的复用和移植。更为重要的是，在实例化 Bar 类之后并没有立即将其赋值到一个变量中，而是直接用“.”继续往其中传入数据或更改组件样式等操作（称为链式调用），虽然代码中的“c = (...)”共占 5 行，但其实完全可以将其看作一行，这样的写法与代码 7-1 实现的效果完全一样，但是在外观上链式调用更为简洁，增加了代码的可读性。虽然平时使用 Pyecharts 时并不强求使用链式调用，但是我们需要知道的是应该如何阅读这种写法的代码，本书后面都会采用链式调用的写法来进行举例。

7.1.3 使用主题

Pyecharts 中预先搭配了 10 余种绘图主题供用户使用，采用不同主题绘制的图形拥有不同的背景、风格和配色方案，在视觉上给人以不同的感受。以代码 7-3 为例。

代码 7-3

```
from pyecharts.charts import Bar
from pyecharts.faker import Faker
from pyecharts import options as opts
from pyecharts.globals import ThemeType

def func_temp2():
```

```
    c = (
        Bar(
            init_opts=opts.InitOpts(theme=ThemeType.PURPLE_PASSION)
        )
        .add_xaxis(Faker.choose())
        .add_yaxis("", Faker.values())
        .add_yaxis("", Faker.values())
    )
    return c
func_temp2().render()
```

实现效果如图 7-4 所示。

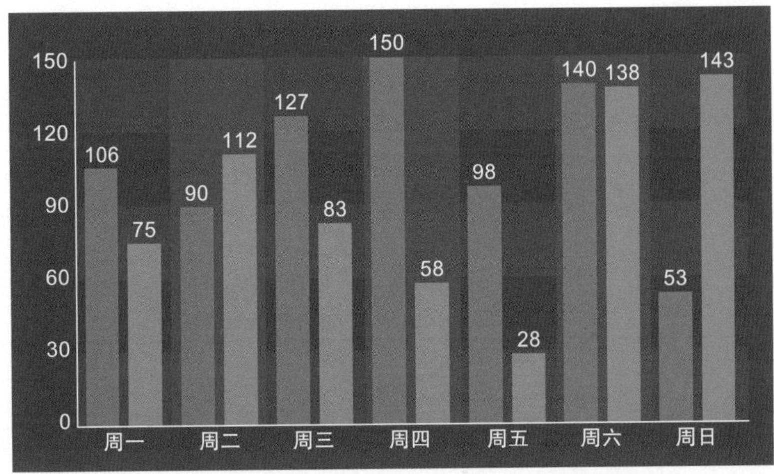

图 7-4　PURPLE_PASSION 主题样式

主题风格是在实例化中的初始化参数中进行设置的，本例中使用的是 PURPLE_PASSION 主题。Pyecharts 支持的主题类型有 WHITE、LIGHT、DARK、CHALK、ESSOS、INFOGRAPHIC、MACARONS、PURPLE_PASSION、ROMA、ROMANTIC、SHINE、VINTAGE、WALDEN、WESTEROS、WONDERLAND 等 15 种，其中 WHITE 主题是默认主题。由于篇幅原因，这里不一一进行展示，读者可以自行更改主题样式来查看效果。

7.1.4　展示图表

Pyecharts 绘制的图像需要用特定的函数才能显示出来，例如代码 7-1 ～代码 7-3 中的函数 render()。除此之外，render_notebook()、make_snapshot() 等函数也可用来显示或保存图片，下文将分别进行介绍。

1. render()

render() 函数的使用方式不再赘述，它所包含的参数解释如下。

➢ path：生成文件的存储路径，默认值为“render.html”。
➢ template_name：使用的模板路径，默认值为“simple_chart.html”。
➢ env：配置各类环境参数。

2. render_notebook()

该函数与 render() 的使用方式相同，但该函数中没有参数，需要注意的是，render_notebook() 函数只能在 jupyter notebook 中使用，作用是将绘制的图渲染到 jupyter notebook 中，同时可以支持实时交互操作，更方便地查看与调试代码。在本书中，后续的代码都在 jupyter notebook 环境中进行操作。若电脑未安装 jupyter notebook，则可以将代码中的 render_notebook() 函数全部换为 render() 函数，生成 HTML 文件并使用浏览器查看，最终实现的效果是一样的。

3. make_snapshot()

make_snapshot() 函数用于生成图片，需要注意的是，这种保存方式将图表渲染成了静态的图片，因此无法进行实时交互操作，但是报告或者论文中的图都是以图片形式进行展示的，学习如何将图表静态渲染到图片是有必要的。首先需要额外安装第三方库（见表 7-1）。

表 7-1　make_snapshot 相关的第三方库

第三方库	前提条件	说明
snapshot_selenium	先配置 browser driver，推荐使用 Chrome 浏览器	pyecharts+selenium 渲染图片
snapshot_phantomjs	先安装 phantomjs	pyecharts+phantomjs 渲染图片
snapshot_pyppeteer	先安装 pyppeteer 和 chromium	pyecharts+pyppeteer 渲染图片。安装完成插件（pyppeteer 和 chromium）后建议执行 chromium 安装命令：pip install snapshot-pyppetr; pyppeteer-install

上述三个库只需安装一个即可，作者使用的电脑中预先有 selenium 环境，因此直接安装了 snapshot-selenium 包（使用 pip 插件进行安装）。

make_snapshot() 函数的参数包括以下几个。

➢ engine：渲染引擎，可选 selenium 或者 phantomjs。
➢ file_name：传入 HTML 文件路径。
➢ output_name：输出图片路径。
➢ delay：设置延迟时间，避免出现未渲染完就生成图片从而造成图片不完整。
➢ pixel_ratio：像素比例，用于调节图片质量。
➢ is_remove_html：渲染完图片是否删除原 HTML 文件，值类型为 bool 类型，默认值为 False。
➢ browser：浏览器类型。

渲染为图片的代码 7-4 如下。

代码 7-4

```
from pyecharts.charts import Bar
from pyecharts.faker import Faker
from pyecharts.render import make_snapshot
from snapshot_selenium import snapshot
def func_temp3():
    c = (
        Bar()
        .add_xaxis(Faker.choose())
        .add_yaxis("", Faker.values())
    )
    return c
make_snapshot(snapshot, func_temp3().render(), "test.png")
```

上述代码从 snapshot-selenium、snapshot-phantomjs、snapshot-pyppeteer 中任意选一个安装成功的包中导入 snapshot，再使用 make_snapshot() 函数进行渲染图片操作。

7.2　统计图（直角坐标系）

7.2.1　共有的函数

经过上一节的介绍，我们知道 Pyecharts 在绘制图形时使用不同功能的函数一层一层往上添加数据或者组件。在 Pyecharts 中，部分图表设置函数是通用的，本小节先统一介绍这些函数。

1. xtend_axis()

xtend_axis() 函数用于扩展 x 轴或者 y 轴，参数说明如下。

➢ xaxis_data：扩展 x 轴的数据项。

➢ xaxis：扩展 x 轴配置，使用 global_options.AxisOpts() 函数进行设置。

➢ yaxis：扩展 y 轴配置，使用 global_options.AxisOpts() 函数进行设置。

2. add_xaxis()

add_xaxis() 函数用于增加 x 轴数据，参数说明如下。

➢ xaxis_data：x 轴数据序列，一般使用列表结构。

3. reversal_axis()

reversal_axis() 函数用于交换 x 轴与 y 轴的数据，该函数没有参数。

4. add_dataset()

add_dataset() 函数用于添加 dataset 组件，参数说明如下。

➢ source：原始数据，一般是二维表。

➢ dimensions：定义 series.data 或 dataset.source 每个维度的信息。

➢ source_header：说明第一行或列是否是列或行名，值类型为 bool 类型。值为 True 时，表示第一行或列是列或行名；值为 False 时，表示第一行为数据。

7.2.2 柱形图

柱形图（Bar Chart）是一种以长方形的长度具象表现变量的大小的图。柱形图常用于分析某一个变量在不同条件或时间下的值的变化。下面先介绍与柱形图 Bar 类相关的函数。

1. add_yaxis()

add_yaxis() 函数的作用是增加柱形图的系列数据，参数说明如下。

➢ series_name：设置系列名称，系列名称会在提示框以及图例中显示。
➢ y_axis：传入系列数据。
➢ is_selected：是否选中图例，值类型为 bool 类型，默认是 True，在图刚完成时不会显示设置为 False 的系列数据，可以手动点击图例来调整数据的显示。
➢ xaxis_index：指定 x 轴的 index，在单个图表实例中存在多个 x 轴的时候有用。
➢ yaxis_index：指定 y 轴的 index，在单个图表实例中存在多个 y 轴的时候有用。
➢ color：设置系列 label 的颜色。
➢ stack：数据堆叠，可以将相同类目轴的不同系列数据进行堆叠显示。
➢ category_gap：设置同一系列的柱间距离，默认值为 20%。
➢ gap：设置不同系列的柱间距离，值为字符串类型，值的大小为柱间空隙占比。
➢ label_opts：设置标签样式，使用 series_options.LabelOpts() 进行设置。
➢ markpoint_opts：设置标记点，使用 series_options.MarkPointOpts() 进行设置。
➢ markline_opts：设置标记线，使用 series_options.MarkLineOpts() 进行设置。
➢ tooltip_opts：设置提示框样式，使用 series_options.TooltipOpts() 进行设置。
➢ itemstyle_opts：设置图元样式，使用 series_options.ItemStyleOpts() 进行设置。
➢ encode：定义 data 的某个维度的编码。

注意：gap 和 category_gap 两个参数一般写在最后一个增加数据的 add_yaxis() 中，若是在不同的 add_yaxis() 中都设置了这两个参数，默认最后一次的设置起作用。

2. BarItem 柱形图数据项

BarItem 柱形图数据项用于设置柱形图的数据，但我们在绘制柱形图时一般会使用列表或数组等序列数据结构，该类中的参数解释如下。

➢ name：设置数据项的名称。
➢ value：设置单个数据项的数值。
➢ label_opts：设置单个柱条文本的样式，使用 series_options.LabelOpts() 进行设置。
➢ itemstyle_opts：设置图元样式，使用 series_options.ItemStyleOpts 进行设置。
➢ tooltip_opts：设置提示框组件样式，使用 series_options.TooltipOpts 进行设置。

可以从一个例子开始（见代码 7-5）。

代码 7-5

```
from pyecharts.charts import Bar
from pyecharts.faker import Faker
import pyecharts.options as opts
def bar1():
    c = (
        Bar()
        .add_xaxis(['a','b','c'])
        .add_yaxis(" 系列 1",Faker.values())
        .add_yaxis(" 系列 2", Faker.values())
        .set_global_opts(title_opts=opts.TitleOpts(title="Bar 示例 ", subtitle=
            " 这里是副标题 "))
    )
    return c
bar1().render_notebook()
```

结果如图 7-5 所示。

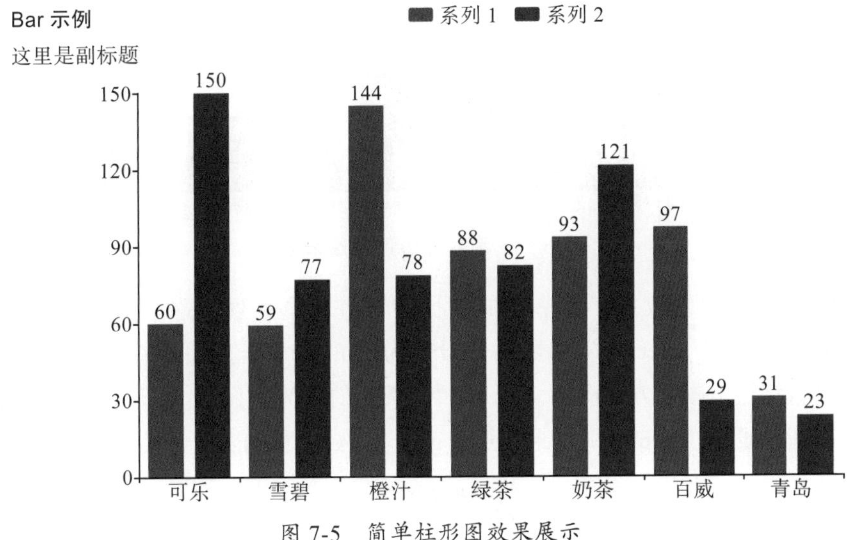

图 7-5　简单柱形图效果展示

代码解释：首先用函数 Bar() 进行实例化；然后对该实例化之后的对象用函数 add_xaxis() 添加 x 轴数据；再利用函数 add_yaxis() 在该对象上添加 y 轴，从上述代码中可以看见连续用了两次 add_yaxis() 函数，则表示增加了两个系列的数据。接着又用 set_global_opts() 函数对图表的细节进行设置，这里在参数 title_opts 处对图表的标题以及副标题进行了设置；再返回整个链式代码，一个画柱形图的函数就完成了。最后调用刚刚写好的 bar1() 函数，并使用 render_notebook() 函数将画好的图表嵌入 jupyter notebook 中进行实时显示，到此大功告成。

也可以通过“is_selected”参数控制是否显示。

代码 7-6[⊖]

```
def bar2():
    c = (
        Bar()
        .add_xaxis(Faker.choose())
        .add_yaxis(" 系列 1", Faker.values())
        .add_yaxis(" 系列 2", Faker.values(), is_selected=False)
        .set_global_opts(title_opts=opts.TitleOpts(title="Bar 的标题 "))
    )
    return c
bar2().render_notebook()
```

结果如图 7-6 所示。

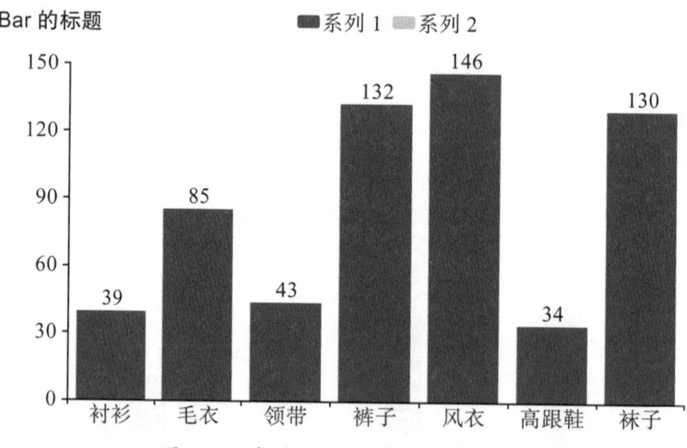

图 7-6　多系列柱形图的结果展示

本例中插入了两组数据，但呈现的数据却只有一个系列，这是因为在第二个 add_yaxis() 函数中将“is_selected”参数的值设置为了 False。若想要查看系列 2 所对应的柱形图，可以直接点击图上方的图例“系列 2”，灰色的即为不显示。

还可以通过设置“gap”和“category_gap”参数调整间隙（见代码 7-7）。

代码 7-7

```
def bar3():
    c = (
        Bar()
        .add_xaxis(Faker.choose())
        .add_yaxis(" 系列 1", Faker.values())
        .add_yaxis(" 系列 2", Faker.values(), gap="10%", category_gap="40%")
        .set_global_opts(title_opts=opts.TitleOpts(title="Bar 的标题 "))
    )
    return c
bar3().render_notebook()
```

⊖ 代码省略了前面工具包的引用（见代码 7-5），下同。

结果如图 7-7 所示。

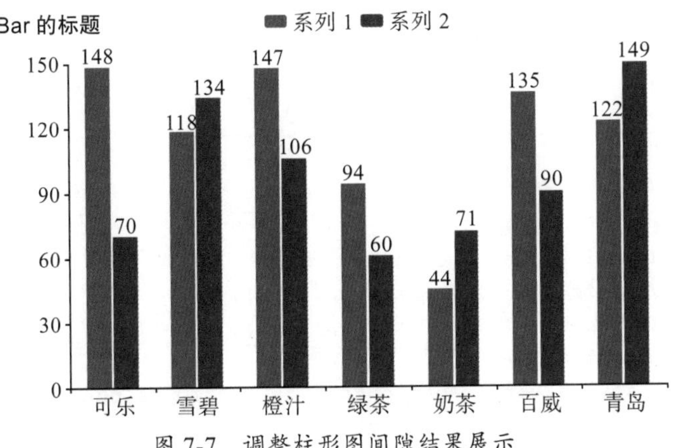

图 7-7　调整柱形图间隙结果展示

轴标签的设置在 set_global_opts() 中，示例见代码 7-8。

代码 7-8

```
def bar4():
    c = (
        Bar()
        .add_xaxis(Faker.choose())
        .add_yaxis(" 系列 1", Faker.values())
        .add_yaxis(" 系列 2", Faker.values())
        .set_global_opts(
            title_opts=opts.TitleOpts(title="Bar 的标题 "),
            yaxis_opts=opts.AxisOpts(name="Y 轴标签 "),
            xaxis_opts=opts.AxisOpts(name="X 轴标签 "),
        )
    )
    return c
bar4().render_notebook()
```

结果如图 7-8 所示。

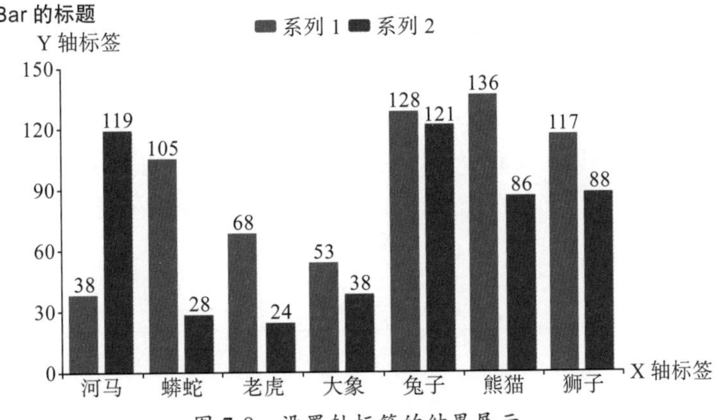

图 7-8　设置轴标签的结果展示

与柱形图十分相似的一个图表类型是条形图，完全可以将其看成 x 轴与 y 轴翻转的柱形图，因此，我们同样可以利用 Bar 类来绘制条形图，调用 reversal_axis() 函数即可（见代码 7-9）。

代码 7-9

```
def bar5():
    c = (
        Bar()
        .add_xaxis(Faker.choose())
        .add_yaxis(" 系列 1", Faker.values())
        .add_yaxis(" 系列 2", Faker.values(), gap="10%", category_gap="40%")
        .reversal_axis()
        .set_series_opts(label_opts=opts.LabelOpts(position="right"))
        .set_global_opts(title_opts=opts.TitleOpts(title="Bar 的标题 "))
    )
    return c
bar5().render_notebook()
```

结果如图 7-9 所示。

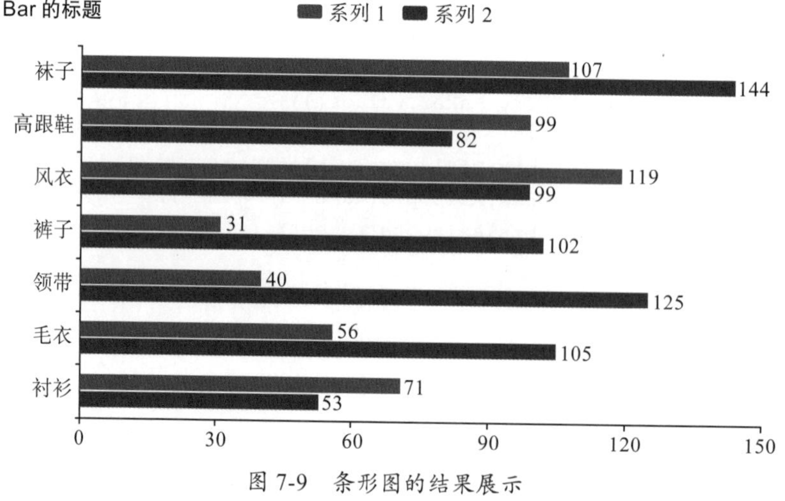

图 7-9 条形图的结果展示

此处除了需要用 reversal_axis() 函数将 x 轴与 y 轴翻转之外，还需要将数字标签的位置改在右边，否则标签仍旧会显示在上侧，标签与图重合将会导致视图不清。

堆叠柱形图可以使用函数 add_yaxis() 中的 stack 参数，每添加一个 y 轴的数据都可以设置一个 stack 参数，该参数的值相当于该系列数据的名称，最终形成的数据会将相同名称的柱子堆叠在一起（见代码 7-10）。

代码 7-10

```
def bar6():
    c = (
        Bar()
```

```
        .add_xaxis(Faker.choose())
        .add_yaxis("系列 1", Faker.values(), stack="stack1")
        .add_yaxis("系列 2", Faker.values(), stack="stack1")
        .add_yaxis("系列 3", Faker.values(), stack="stack2")
        .add_yaxis("系列 4", Faker.values(), stack="stack2",
                   gap="10%", category_gap="40%")
        .set_series_opts(label_opts=opts.LabelOpts(is_show=False))
        .set_global_opts(title_opts=opts.TitleOpts(title="Bar 的标题"))
    )
    return c
bar6().render_notebook()
```

结果如图 7-10 所示。

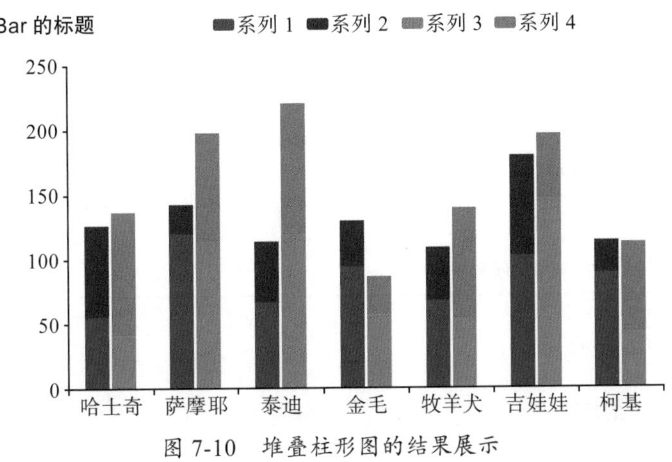

图 7-10　堆叠柱形图的结果展示

7.2.3　箱线图

箱线图（Box Plot）又称为盒须图，适用于显示一组数据分布情况的统计，它能够有效地反映原始数据的分布特征，还能对多组数据的分布特征进行比较。箱线图 Boxplot 类的 add_yaxis() 函数及参数定义与柱形图类似。

接下来对 car_crashes 数据集（car_crashes.csv）[⊖]绘制箱线图，该数据集共有八个特征，首先读取数据并查看数据集（见代码 7-11）。

代码 7-11

```
import pandas as pd
data = pd.read_csv('car_crashes.csv')
data.head()
```

结果如图 7-11 所示。

⊖　可以从网上下载：https://github.com/mwaskom/seaborn-data/blame/master/car_crashes.csv。

	total	speeding	alcohol	not_distracted	no_previous	ins_premium	ins_losses	abbrev
0	18.8	7.332	5.640	18.048	15.040	784.55	145.08	AL
1	18.1	7.421	4.525	16.290	17.014	1 053.48	133.93	AK
2	18.6	6.510	5.208	15.624	17.856	899.47	110.35	AZ
3	22.4	4.032	5.824	21.056	21.280	827.34	142.39	AR
4	12.0	4.200	3.360	10.920	10.680	878.41	165.63	CA

图 7-11 car_crashes 数据集展示

接着对整个数据框的前 5 列数据绘制箱线图，实例如代码 7-12 所示。

代码 7-12

```
from pyecharts.charts import Boxplot
def box1():
    c = Boxplot()
    c.add_xaxis(list(data.columns[:-3]))
    .add_yaxis("系列A", c.prepare_data(list(zip(*data.iloc[:, :-3].values.
        tolist()))))
    ).set_global_opts(title_opts=opts.TitleOpts(title="BoxPlot的标题"))
    return c
box1().render_notebook()
```

结果如图 7-12 所示。

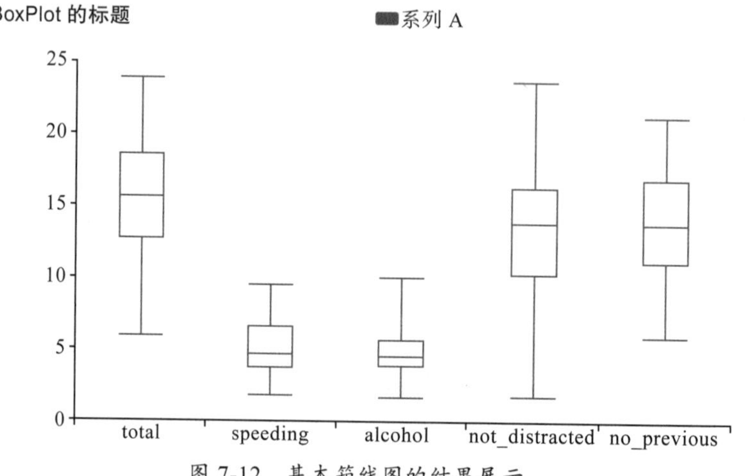

图 7-12 基本箱线图的结果展示

在构造绘制箱线图的函数时，首先利用 Boxplot() 进行实例化；再添加 x 轴的值，即为数据框的列名，取列名的前 5 列（data.columns[:-3]）；增加 y 轴数据时同样利用的是 add_yaxis() 函数，第一个参数是系列名称，即图例处显示的文字，需要注意的是第二个参数传递的并非原始数据，而是需要用 prepare_data() 函数对原始数据进行一次处理，箱线图中一个箱体所展示的数据特征包括上边界、25% 分位数、中位数、75% 分位数、下边界 5 个特征值，可以将一组数据的整体分布情况较好地用一个箱体展示。因此，绘制箱线图所需要的不是一整组数据，而是一组数据的上述 5 个特征值，而 prepare_data() 函数的作用就是将传入的数据列表排序并计算出这 5 个数据统计量。

多系列箱线图是将几个数据集在相同的特征中对比数据的各种数字特征，这里为了方便，用同一个数据集的前半部分与后半部分进行对比（见代码 7-13）。在真实的项目环境中，会将数据集以某个分类特征为标准，对比分析该分类特征的不同水平的数据分布。

代码 7-13

```
def box2():
    c = Boxplot()
    c.add_xaxis(list(data.columns[:-3])).add_yaxis(" 前半部分 ",
                c.prepare_data(list(zip(*data.iloc[:25, :-3].values.tolist())))
    ).add_yaxis(" 后半部分 ", c.prepare_data(list(zip(*data.iloc[25:, :-3].values.
        tolist())))
    ).set_global_opts(title_opts=opts.TitleOpts(title="BoxPlot 的标题 "))
    return c
box2().render_notebook()
```

结果如图 7-13 所示。

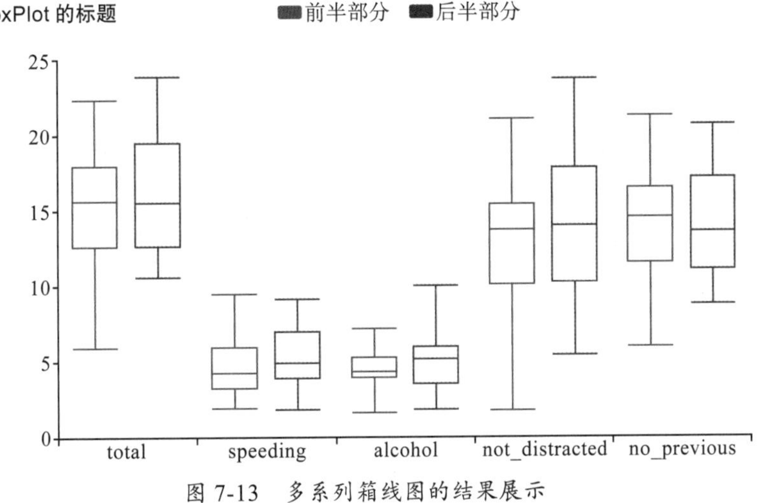

图 7-13　多系列箱线图的结果展示

7.2.4　散点图

散点图（Scatter Plot）在统计中常用于回归分析，可以根据散点图观察数据集的数据分布以及因变量与自变量之间的关系，从而能够选择更为恰当的方式进行进一步分析。散点图 Scatter 类的 add_yaxis() 函数及参数定义和柱形图类似。

本例利用 car_crashes 数据集的 "ins_losses"、"ins_premium" 两列数据分别作为散点图的 x 轴和 y 轴，这样每个样本都可以在一个确定的坐标系中找到确定的位置。描点之后就可以直观地观察样本数据之间潜在的关系（见代码 7-14）。

代码 7-14

```
from pyecharts.charts import Scatter
def scatter1():
    c = (
        Scatter()
        .add_xaxis(data["ins_losses"])
        .add_yaxis("", data["ins_premium"])
        .set_global_opts(title_opts=opts.TitleOpts(title="Scatter 示例 "))
        .set_series_opts(label_opts=opts.LabelOpts(is_show=False))
    )
    return c
scatter1().render_notebook()
```

这里的散点图展示了一组二维数据，x 轴为一维，y 轴为另一维，相当于在一个坐标系中描绘了一组 (x, y) 数据点。依据上述分析，我们很容易想到利用 add_xaixs() 函数添加 x 轴的一组数据，用 add_yaxis() 函数添加 y 轴的一组数据。需要注意的是，Pyecharts 中 y 轴的值默认显示数据标签，需要利用 set_series_opts() 函数将数据标签手动设置为不显示，才能够得到简洁的图表。

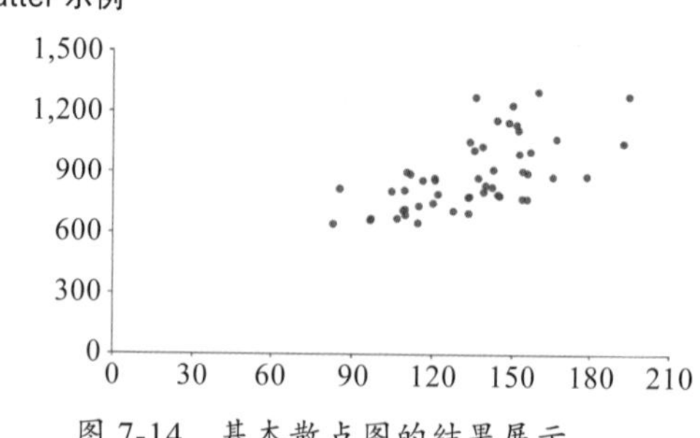

图 7-14　基本散点图的结果展示

结果如图 7-14 所示。

在看到刚刚画好的图后，我们大致能够了解到数据集两个特征的走势以及之间的关系，但是若想要了解某个点的值，这种除了点和坐标轴就空空如也的图未免有些不便观察，因此可以利用代码 7-15 在其上添加一些网格来辅助观察数据水平，结果如图 7-15 所示。

代码 7-15

```
def scatter2():
    c = (
        Scatter()
        .add_xaxis(data["ins_losses"])
        .add_yaxis("", data["ins_premium"])
        .set_global_opts(
            title_opts=opts.TitleOpts(title="Scatter 示例 "),
            xaxis_opts=opts.AxisOpts(splitline_opts=opts.SplitLineOpts(is_
                show=True)),
            yaxis_opts=opts.AxisOpts(splitline_opts=opts.SplitLineOpts(is_
                show=True)))
        .set_series_opts(label_opts=opts.LabelOpts(is_show=False))
    )
    return c
scatter2().render_notebook()
```

相比于图 7-14 来说，图 7-15 多了一些网格，这些网格主要的作用就是辅助观察数据的值。实现这个效果需要用到 set_global_opts 函数中的 xaxis_opts 和 yaxis_opts 参数。我们将这两个参数的值重新设置，将 splitline_opts 的 is_show 参数设置为 True，这样就可以看到网格线了。相应地，我们还可以实现设置网格线的间距、角度、位置、最大值、最小值等属性。

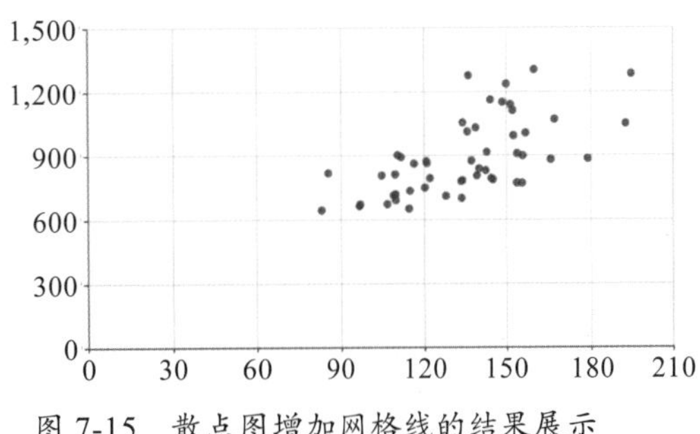

图 7-15 散点图增加网格线的结果展示

图 7-15 虽然增加了网格线辅助观察，但是如何才能让人对图中的数据点对应值的大小有更深的视觉感受？这里我们可以利用代码 7-16 改变点的颜色，颜色能够比数字给人更强烈更明显的视觉冲击。

代码 7-16

```
def scatter3():
    c = (
        Scatter()
        .add_xaxis(data["ins_losses"])
        .add_yaxis("", data["ins_premium"])
        .set_global_opts(
            title_opts=opts.TitleOpts(title="Scatter 示例 "),
            xaxis_opts=opts.AxisOpts(splitline_opts=opts.SplitLineOpts(is_
                show=True)),
            yaxis_opts=opts.AxisOpts(splitline_opts=opts.SplitLineOpts(is_
                show=True)),
            visualmap_opts=opts.VisualMapOpts(min_=600, max_=1400))
        .set_series_opts(label_opts=opts.LabelOpts(is_show=False))
    )
    return c
scatter3().render_notebook()
```

代码 7-16 在 set_global_opts 函数中增加了 visualmap_opts 的参数，该参数中能够设置最大值、最小值。相应地，数据越小，点的颜色越偏向蓝色；数据越大，点的颜色越偏向红色。图形左侧会显示一个颜色条来展示数据与颜色之间的关系。该参数除了能够设置最大值和最小值之外，还能够设置显示的位置、方向、是否分段、背景颜色、长宽等属性。

结果如图 7-16 所示。

除了不同的颜色可以快速地让人感受到数据的大小之外，点的尺寸也可以给人强烈的视觉冲击，下面是通过点的大小来表现数据的大小（见代码 7-17）。

在代码 7-17 中，改变点的尺寸大小需要用的参数是 visualmap_opts，将 type_ 参数的值改成 "size" 即可实现，其他与之前的代码并无区别。

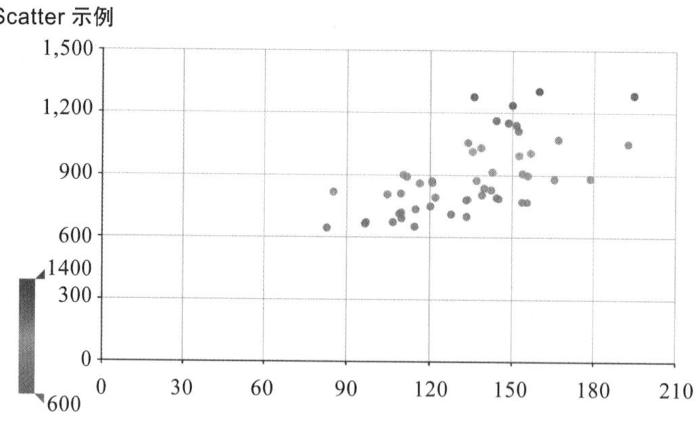

图 7-16　散点图增加颜色的结果展示

代码 7-17

```
def scatter4():
    c = (
        Scatter()
        .add_xaxis(data["ins_losses"])
        .add_yaxis("", data["ins_premium"])
        .set_global_opts(
            title_opts=opts.TitleOpts(title="Scatter 示例 "),
            xaxis_opts=opts.AxisOpts(splitline_opts=opts.SplitLineOpts(is_
                show=True)),
            yaxis_opts=opts.AxisOpts(splitline_opts=opts.SplitLineOpts(is_
                show=True)),
            visualmap_opts=opts.VisualMapOpts( min_=600, max_=1400, type_=
                "size"))
        .set_series_opts(label_opts=opts.LabelOpts(is_show=False))
    )
    return c
scatter4().render_notebook()
```

结果如图 7-17 所示。

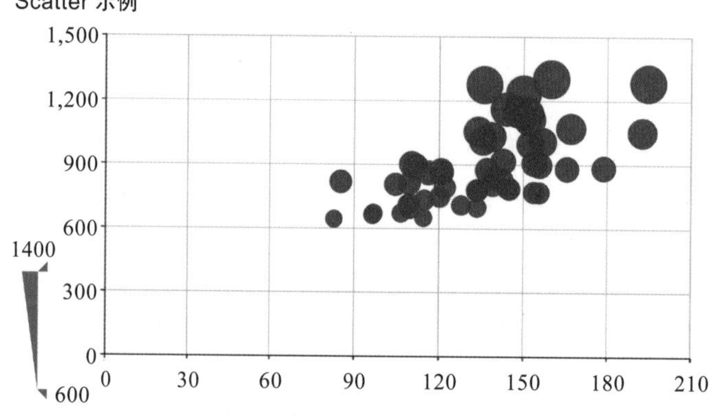

图 7-17　散点图设置不同点尺寸的结果展示

从上面的例子中我们知道，散点图除了一般平面图中有的 x 轴与 y 轴这两个维度之外，点的尺寸与颜色也可以改变，那么点的颜色或者尺寸是否可以展示第三维的数据呢？答案是肯定的，此时，散点图就可以在一个平面图中传递更多信息。

从代码 7-18 中我们可以看到，在 add_yaxis() 函数中传递参数时，传入的数据有两个维度，而 visualmap_opts 参数中在配置组件时设置了另一个参数 dimension，这样就能使颜色展示第三个维度，画出来的图也有三个维度。

代码 7-18

```
def scatter5():
    c = (
        Scatter()
        .add_xaxis(data["ins_losses"])
        .add_yaxis(
            "",
            [list(z) for z in zip(data["ins_premium"], data["no_previous"])])
        .set_global_opts(
            title_opts=opts.TitleOpts(title="Scatter 示例 "),
            xaxis_opts=opts.AxisOpts(splitline_opts=opts.SplitLineOpts(is_
                show=True)),
            yaxis_opts=opts.AxisOpts(splitline_opts=opts.SplitLineOpts(is_
                show=True)),
            visualmap_opts=opts.VisualMapOpts(min_=5, max_=25, type_="color",
                dimension=3))
        .set_series_opts(label_opts=opts.LabelOpts(is_show=False))
    )
    return c
scatter5().render_notebook()
```

结果如图 7-18 所示。

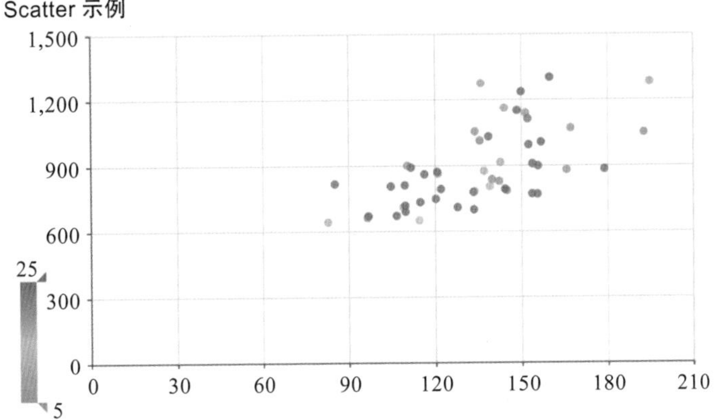

图 7-18　显示三维数据散点图的结果展示

除了上述的配置之外，我们还可以为图片增加一些炫酷的特效，例如每个点都增加涟漪动图效果，这样是不是能够使我们的图更加吸引人？涟漪特效散点图中的 add_yaxis() 函数相较于散点图中的 add_yaxis() 函数多了一个 effect_opts 参数，该参数使用 series_options.EffectOpts() 设置涟漪特效样式，如代码 7-19 所示。

代码 7-19

```
from pyecharts.charts import EffectScatter
def scatter6():
    c = (
        EffectScatter()
        .add_xaxis(Faker.choose())
        .add_yaxis("", Faker.values()),
                    effect_opts = opts.EffectOpts(brush_type = "stroke",
                        scale = 2.5, period = 4)
        .set_global_opts(title_opts=opts.TitleOpts(title=" 涟漪散点图 "))
    )
    return c
scatter6().render_notebook()
```

涟漪散点图所用到的类不再是 Scatter，而是 EffectScatter，同样是先实例化，然后传入数据。

结果如图 7-19 所示。

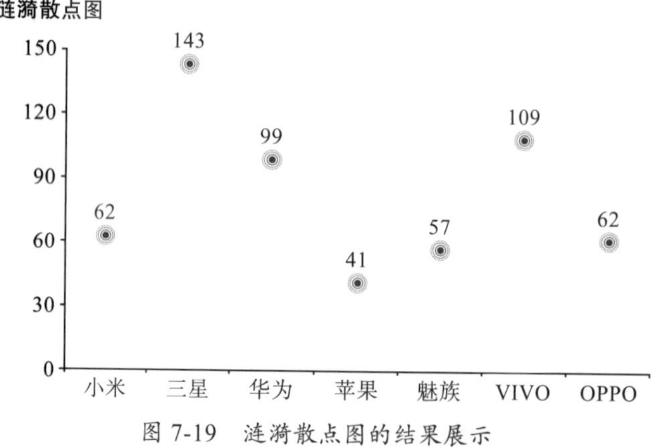

图 7-19　涟漪散点图的结果展示

涟漪散点图的点可以改变形状，这不仅可以使我们的图更加吸引人，更重要的是，不同的点的形状同样可以表示一个维度，例如数据集中的一个分类特征，或者表示不同的数据集（见代码 7-20）。

代码 7-20

```
from pyecharts.globals import SymbolType
def scatter7():
    c = (
        EffectScatter()
        .add_xaxis(Faker.choose())
```

```
        .add_yaxis("", Faker.values(), symbol=SymbolType.DIAMOND)
    ).set_global_opts(title_opts=opts.TitleOpts(title=" 不同形状的点 "))
    return c
scatter7().render_notebook()
```

改变点的形状的参数是在 add_yaxis 函数中的 symbol 参数，除了本例中的 DIAMOND 之外，还有 RECT、ROUND_RECT、TRIANGLE、ARROW 等值可以实现。结果如图 7-20 所示。

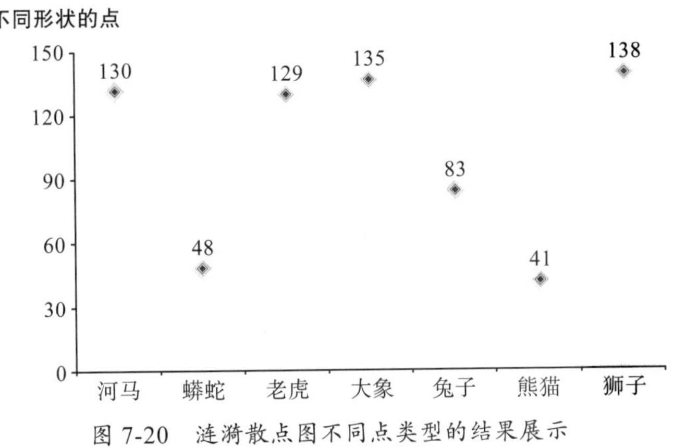

图 7-20　涟漪散点图不同点类型的结果展示

7.2.5　热力图

热力图（Heat Map）在可视化项目中比较常见，主要是利用不同的颜色来体现热点分布。它常见于统计中展示数据集中不同特征之间的相关程度，也常常用于表示地图上不同区域的某个指标的高低或者聚集程度。热力图 HeatMap 类的 add_yaxis() 函数及参数定义和前面介绍的柱形图类似。

代码 7-21 对 car_crashes 数据集中的各个特征进行相关性分析，并将结果以热力图的形式进行展示。

代码 7-21

```
from pyecharts.charts import HeatMap
import pyecharts.options as opts
import numpy as np

value_ = data.corr()
x, y = value.shape
value = []
for i in range(y):
    for f in range(x):
        value.append([f, i, value_.iloc[f, i]])
def heatmap():
    c = (
        HeatMap()
```

```
        .add_xaxis(list(data.columns[:-1]))
        .add_yaxis("", list(data.columns[:-1]), value)
        .set_global_opts(
            title_opts=opts.TitleOpts(title="HeatMap 热力图 "),
            visualmap_opts=opts.VisualMapOpts(min_=-1, max_=1),
            xaxis_opts=opts.AxisOpts(
                    axislabel_opts=opts.LabelOpts(rotate=-15)),
        )
    )
    return c
heatmap().render_notebook()
```

在代码 7-21 中，首先对数据集 data 计算相关系数，corr() 函数返回的数据类型为 DataFrame，这里将其转化为列表；接着实例化 HeatMap()，之后，用 add_yaxis() 函数传入已经计算好的相关系数，注意这里需要手动传入 x 轴与 y 轴的标签。除此之外，还需要将 visualmap_opts 中的最大值与最小值分别设置为 1、−1，这是因为 max_ 默认的值为 100，min_ 默认的值为 0，这个取值范围并不符合相关系数的取值范围，因此绘制的图不会出现我们想要的结果。这里为了标签能够完全显示，对其设置了标签的旋转角度。如果想要显示各个方格中的值，在 add_yaxis() 函数中设置 label_opts 参数的值，写为 label_opts=opts.LabelOpts(is_show=True) 即可，同时还可以利用 position 设置标签所在的位置，这里不一一展示，读者可以自行实验。

结果如图 7-21 所示。

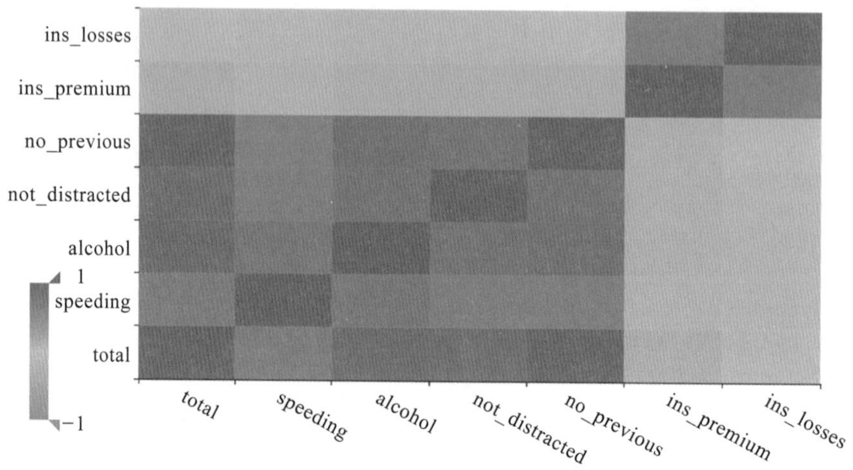

图 7-21　热力图的结果展示

7.2.6　K 线图

K 线图（K Line）又称为蜡烛线图、阴阳线图等，最先是被日本商人用于记录米市行情，后在股市中被广泛应用。K 线图适用于描绘某个商品每天的价格波动。K 线图的优点是能够全面透彻地观察市场行情的波动变化；缺点是绘制繁复，是走势图中较为难画的一种，并且对于不懂 K 线图的人来说，理解起来也会有一定的难度，没有其他图那么直观、简洁、易懂。

在最常用的股票场景中，K 线图的每条线中都包含开盘价、收盘价、最高价和最低价。图中的线分为阴线与阳线。当收盘价高于开盘价时，实体部分会绘制为红色或者白色，也称为“阳线”；反之，当收盘价低于开盘价，则为“阴线”，实体部分是绿色或者黑色（见图 7-22）。

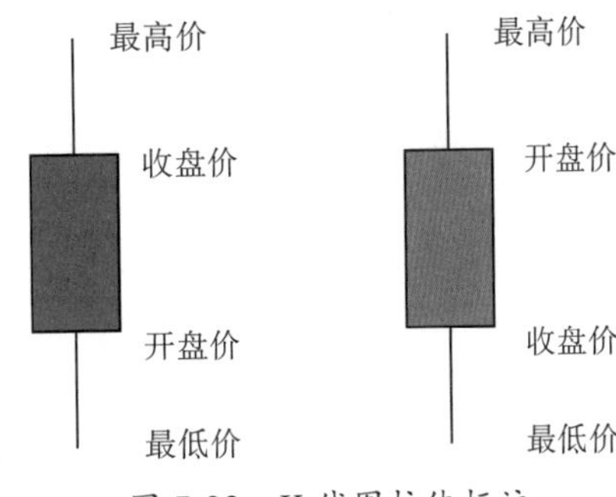

图 7-22　K 线图柱体标注

K 线图 Kline 类相关的函数是 add_yaxis()，该函数的作用是传入数据，参数说明如下。

- series_name：设置系列名称，系列名称会在提示框以及图例中显示。
- y_axis：传入系列数据。
- is_selected：是否选中图例，值类型为 bool 类型，默认是 True，在图刚完成时不会显示设置为 False 的系列数据，可以手动点击图例来调整数据的显示。
- xaxis_index：指定 x 轴的 index，在单个图表实例中存在多个 x 轴的时候有用。
- yaxis_index：指定 y 轴的 index，在单个图表实例中存在多个 y 轴的时候有用。
- markpoint_opts：设置标记点，使用 series_options.MarkPointOpts() 进行设置。
- markline_opts：设置标记线，使用 series_options.MarkLineOpts() 进行设置。
- tooltip_opts：设置提示框样式，使用 series_options.TooltipOpts() 进行设置。
- itemstyle_opts：设置图元样式，使用 series_options.ItemStyleOpts() 进行设置。

在代码 7-22 中所用的数据集是随机生成的，其中包括日期、开盘价、收盘价、最低价、最高价、成交量等特征，只用于示范 K 线图的画法。数据集如图 7-23 所示。

	日期	开盘价	最高价	最低价	收盘价	成交量	成交金额	涨家数	跌家数（成交笔数或持仓量）
0	2016-07-01 00:00:00	15.57	15.96	15.54	15.92	251 065.0	394 802 048.0	0	12077
1	2016-07-04 00:00:00	15.86	16.03	15.80	15.93	214 117.0	341 120 768.0	0	12530
2	2016-07-05 00:00:00	15.94	15.95	15.75	15.79	161 716.0	255 727 216.0	0	11165
3	2016-07-06 00:00:00	15.71	15.76	15.61	15.64	229 765.0	360 070 176.0	0	12729
4	2016-07-07 00:00:00	15.63	15.64	15.45	15.57	244 980.0	380 536 320 0	0	14467

图 7-23　股票数据展示

代码 7-22

```
from pyecharts.charts import Kline
import pyecharts.options as opts
import numpy as np

data2 = pd.read_csv('stock.csv', encoding='gb2312')
def kline():
```

```
    c = (
        Kline()
        .add_xaxis(list(data2.loc[:, '日期'].apply(lambda x: x.split()[0])))
        .add_yaxis("kline",
                   data2.loc[:, ['开盘价', '收盘价', '最低价', '最高价']].
                       values.tolist())
        .set_global_opts(
            yaxis_opts=opts.AxisOpts(is_scale=True),
            xaxis_opts=opts.AxisOpts(is_scale=True),
            title_opts=opts.TitleOpts(title="Kline-基本示例"),
        )
    )
    return c
kline().render_notebook()
```

在代码 7-22 中，横轴传入的数据是日期，由于数据集中的日期除了年月日之外还有时分秒，因此我们构造了一个临时函数，用于获取日期中的年月日；add_yaxis() 中传入的数据则是开盘价、收盘价、最低价、最高价等，这里传入时需注意要将数据转化为列表。结果如图 7-24 所示。

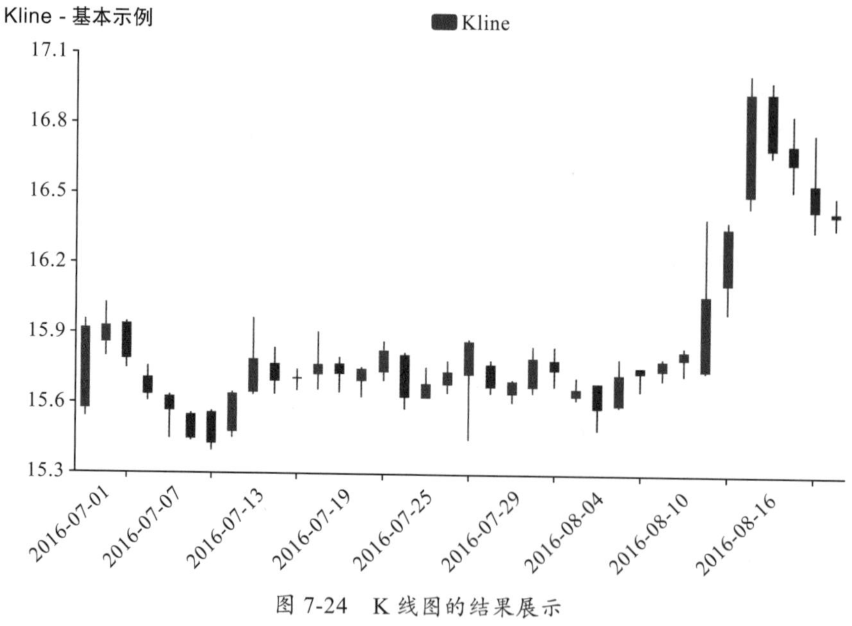

图 7-24　K 线图的结果展示

7.2.7　折线图

折线图（Line Chart）也称为趋势图，常常用于显示某个指标在不同时间点的数值，简而言之，折线图是用于描述某一指标随时间变化的趋势图，反映事物的动态变化过程。折线图不仅可以体现数据的增减关系，图形的斜率也能在一定程度上体现增长速度。折线图 Line 类的 add_yaxis() 函数及参数定义和柱形图类似。

这里我们仍旧使用代码 7-22 的股票数据，实现代码如代码 7-23 所示。

代码 7-23

```
from pyecharts.charts import Line
import pyecharts.options as opts

def line1():
    c = (
        Line()
        .add_xaxis(list(data2.loc[:8, '日期'].apply(lambda x: x.split()[0])))
        .add_yaxis("开盘价", data2.loc[:8, '开盘价'].values.tolist())
        .add_yaxis("收盘价", data2.loc[:8, '收盘价'].values.tolist())
        .add_yaxis("最低价", data2.loc[:8, '最低价'].values.tolist())
        .add_yaxis("最高价", data2.loc[:8, '最高价'].values.tolist())
        .set_global_opts(title_opts=opts.TitleOpts(title="Line折线图示例"),
                         yaxis_opts=opts.AxisOpts(min_=min(data2.iloc[:,
                             1:5].values.flat)),
                         xaxis_opts=opts.AxisOpts(axislabel_opts=opts.
                             LabelOpts(rotate=-15))
                        )
    )
    return c
line1().render_notebook()
```

在代码 7-23 中，在实例化 Line 类之后，通过 add_yaxis() 函数传入数据。在绘制折线图时，经常会出现因为数值过大，而导致数据之间的差异不明显，对于这种情况，我们在 set_global_opts() 函数中设置 yaxis_opts 参数，将 y 轴的最小值 0 改成数据集中的最小值，这样 y 轴的起始点就会改变，就会增大数据之间的差异性。

结果如图 7-25 所示。

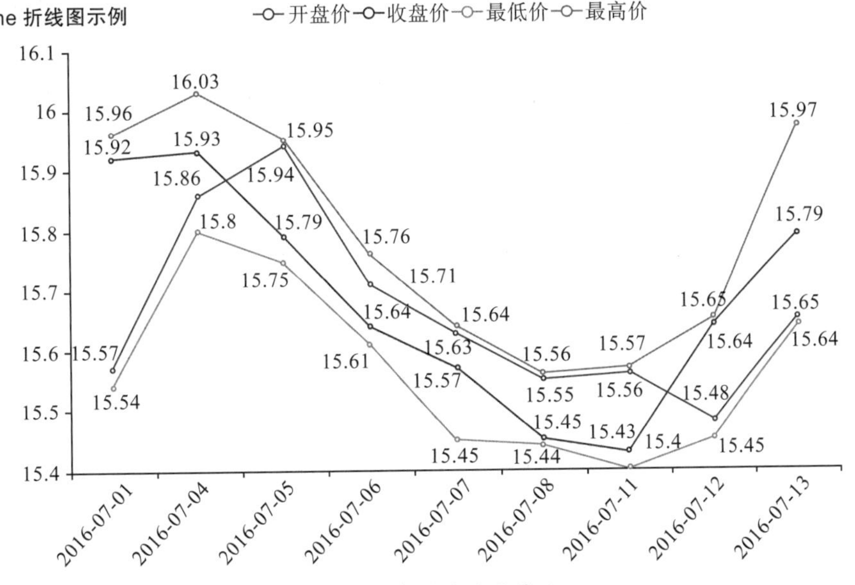

图 7-25 折线图的结果展示

一般来说，数值型数据的变化应该是平滑的，而非直接的转折，为了更好地演示数据的变化，Pyecharts 中提供了平滑的折线图，如代码 7-24 所示。

代码 7-24

```
from pyecharts.charts import Line
import pyecharts.options as opts

def line2():
    c = (
        Line()
        .add_xaxis(list(data2.loc[:8, '日期'].apply(lambda x: x.split()[0])))
        .add_yaxis("开盘价", data2.loc[:8, '开盘价'].values.tolist(), is_smooth=
            True)
        .add_yaxis("收盘价", data2.loc[:8, '收盘价'].values.tolist(), is_smooth=
            True)
        .add_yaxis("最低价", data2.loc[:8, '最低价'].values.tolist(), is_smooth=
            True)
        .add_yaxis("最高价", data2.loc[:8, '最高价'].values.tolist(), is_smooth=
            True)
        .set_global_opts(title_opts=opts.TitleOpts(title="Line 折线图示例"),
                         yaxis_opts=opts.AxisOpts(min_=min(data2.iloc[:, 1:5].
                             values.flat)),
                          xaxis_opts=opts.AxisOpts(axislabel_opts=opts.
                              LabelOpts(rotate=-15)))
    )
    return c
line2().render_notebook()
```

相较于普通的折线图，平滑折线图只需更改 add_yaxis() 函数中的 is_smooth 参数，该参数的值为布尔值，默认为 False，当设置为 True 时，就是平滑折线图。结果如图 7-26 所示。

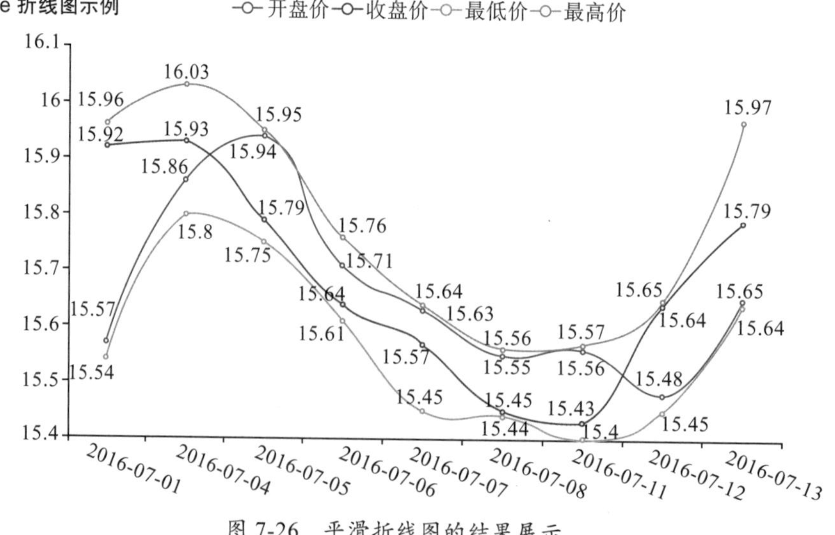

图 7-26 平滑折线图的结果展示

7.2.8　叠加多图

我们知道，不同类型的图的优势不同，有时需要结合多种类型的图表来展示一个数据集，在 Pyecharts 中用 overlap() 函数对多个图表进行叠加，如代码 7-25 所示。

代码 7-25

```
from pyecharts.charts import Line
from pyecharts.charts import Bar
import pyecharts.options as opts

def overlap():
    x = Faker.choose()
    bar = (
        Bar()
        .add_xaxis(x)
        .add_yaxis(" 系列 1", Faker.values())
        .add_yaxis(" 系列 2", Faker.values())
        .set_global_opts(title_opts=opts.TitleOpts(title=" 折线柱形图 "))
    )
    line = (
        Line()
        .add_xaxis(x)
        .add_yaxis(" 系列 1", Faker.values())
        .add_yaxis(" 系列 2", Faker.values())
    )
    bar.overlap(line)
    return bar
overlap().render_notebook()
```

在结合多个不同类型的图表时需要用到 overlap() 函数，首先我们定义了一个柱状图，接着定义了一个折线图，最后利用 overlap() 函数将其结合在一起即可。

结果如图 7-27 所示。

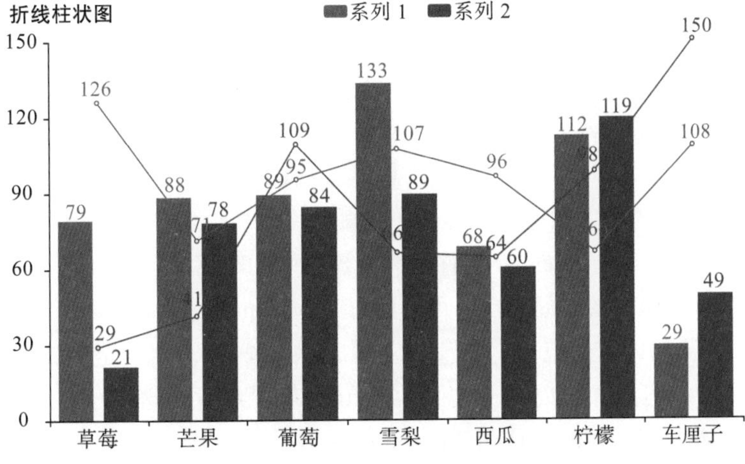

图 7-27　叠加多图的结果展示

7.3 特色图

上一节介绍了多种统计图的绘制方法，但是在做分析、写报告时，我们需要更多具有特色的图，才能最大化展示数据的特点。本节将会介绍更多类型的图。

7.3.1 日历热力图

日历热力图（Calendar Heatmap）是热力图与日历图结合的产物。日历热力图一般用于展示时间变量与另一种变量之间的关系；具体的形式是由 7 × n 个小方框组成的类似于表格的图，每个小方框代表一天，而方框中的颜色则表示另一变量值的大小。使用过 GitHub 的用户应该有所体会，在 GitHub 官网中有一个日历热力图来显示用户对 GitHub 的使用频次，其中绿色越深则表示使用次数越多，Pyecharts 中也能实现这样的功能。下面介绍日历热力图 Calendar 类相关的函数。

1. add()

add() 函数的作用是传入数据，某参数说明如下。

- series_name：设置系列名称，系列名称会在提示框以及图例中显示。
- yaxis_data：传入系列数据，格式为 [(date01, value01), (date02, value02), ...]。
- is_selected：是否选中图例，值类型为 bool 类型，默认是 True，在图刚完成时不会显示设置为 False 的系列数据，可以手动点击图例来调整数据的显示。
- label_opts：设置标签样式，使用 series_options.LabelOpts() 进行设置。
- calendar_opts：设置日历坐标系组件，使用 CalendarOpts() 进行设置。
- tooltip_opts：设置提示框样式，使用 series_options.TooltipOpts() 进行设置。
- itemstyle_opts：设置图元样式，使用 series_options.ItemStyleOpts() 进行设置。

2. CalendarOpts()

CalendarOpts() 类用于设置日历图的各种细节属性，其参数说明如下。

- pos_left：设置 Calendar 组件距离容器左侧的距离，可选值有 "left"、"center"、"right"、具体的像素值以及百分比（百分比用 str 字符串形式表示）等。
- pos_right：设置 Calendar 组件距离容器右侧的距离，可选值同上。
- pos_top：设置 Calendar 组件距离容器顶端的距离，可选值有 "top"、"middle"、"bottom"、具体的像素值以及百分比（百分比用 str 字符串形式表示）。
- pos_bottom：设置 Calendar 组件距离容器底端的距离，可选值同上。
- orient：日历组件的布局朝向，可选值有 "horizontal"、"vertical"。
- range_：设置日历的范围。若值为年份，例如 2022，则指定 2022 年一整年；若值为月份，例如“2022-03”，则指定 2022 年 3 月份；此外还有某个区间，例如 [“2022-01-01”,“2022-03-26”]。

➢ daylabel_opts：设置星期轴的样式，使用 series_options.LabelOpts() 进行设置。

➢ monthlabel_opts：设置月份轴的样式，使用 series_options.LabelOpts() 进行设置。

➢ yearlabel_opts：设置年份的样式，使用 series_options.LabelOpts() 进行设置。

代码 7-26 进行了示例操作。

代码 7-26

```
from pyecharts.charts import Calendar
import pyecharts.options as opts
import datetime
import random

start = datetime.date(2022, 1, 1)
final = datetime.date(2022, 12, 31)
data = [
    [str(start + datetime.timedelta(days=i)), random.randint(100, 10000)]
    for i in range((final - start).days + 1)
]

def calendar1():
    c = (
        Calendar()
        .add("", data, calendar_opts=opts.CalendarOpts(range_="2022"))
        .set_global_opts(
            title_opts=opts.TitleOpts(title="Calendar 基本示例 -2022 日销售金额 "),
            visualmap_opts=opts.VisualMapOpts(
                max_=10000,
                min_=100,
            )
        )
    )
    return c
calendar1().render_notebook()
```

在本例中，首先使用 datetime 库中的 date 函数设定了一个开始日期与一个结束日期，这就形成了一个时间段；接着，对时间段中的每一天都随机生成一个 100 ～ 10 000 中的任意整数；将随机生成的数据通过 add 函数传入，注意这里需要设置日期的年份，使用的参数是 calendar_opts ；另外，日历热力图也属于热力图的一种，因此这里也需要在 set_global_opts 函数中设置 visualmap_opts 参数。结果如图 7-28 所示。

虽然我们能够画好上例中的日历热力图，但是在细节上面还需改进，代码 7-27 主要介绍如何调整日历热力图细节部分的参数。

本例中主要调整了 visualmap 的位置、类型以及轴标签，相比于上例，在代码 add() 函数的 calendar_opts 参数中另外设置了 daylabel_opts、monthlabel_opts 两个参数，将英文标签改为中文标签；在 set_global_opts 函数里对 visualmap_opts 参数设置其他参数，orient 参数的值默认为“ vertical”，即垂直显示，本例中将其值改为“ horizontal”，即水平显示；is_piecewise 参数的值类型为 bool 类型，默认值为 False，效果是颜色与数值相关且连续，本例中设置 is_piecewise 参数的值为 True，这样就将数据划分为等距的五个区间，区间内的颜色相同；还设置了 pos_top 与 pos_left 两个参数，这两个参数的作用是调整 visualmap 显示的位置，值为字符串类型，单位为像素。结果如图 7-29 所示。

Calendar 基本示例 -2022 日销售金额

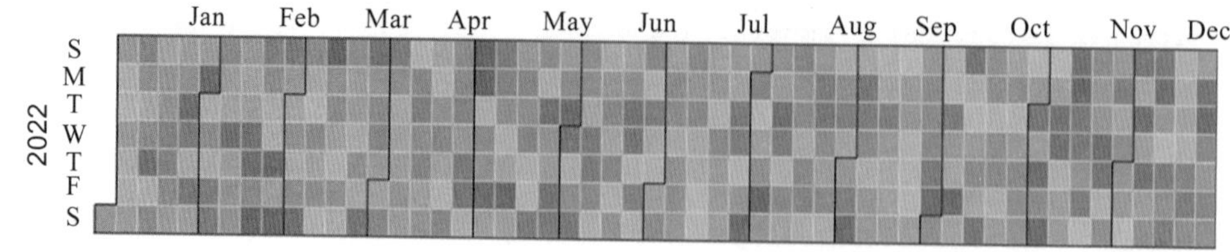

图 7-28　日历热力图的结果展示

代码 7-27

```
from pyecharts.charts import Calendar
import pyecharts.options as opts
import datetime
import random

start = datetime.date(2022, 1, 1)
final = datetime.date(2022, 12, 31)
data = [
    [str(start + datetime.timedelta(days=i)), random.randint(100, 10000)]
    for i in range((final - start).days + 1)
]

def calendar2():
    c = (
        Calendar()
        .add("", data,
            calendar_opts=opts.CalendarOpts(
                range_="2022",
                daylabel_opts=opts.CalendarDayLabelOpts(name_map="cn"),
                monthlabel_opts=opts.CalendarMonthLabelOpts(name_map="cn")
             )
            )
        .set_global_opts(
            title_opts=opts.TitleOpts(title="Calendar 示例 -2022 日销售金额 "),
            visualmap_opts=opts.VisualMapOpts(
```

```
                max_=10000,
                min_=100,
                orient="horizontal",
                is_piecewise=True,
                pos_top="230px",
                pos_left="100px",
            )
        )
    )
    return c
calendar2().render_notebook()
```

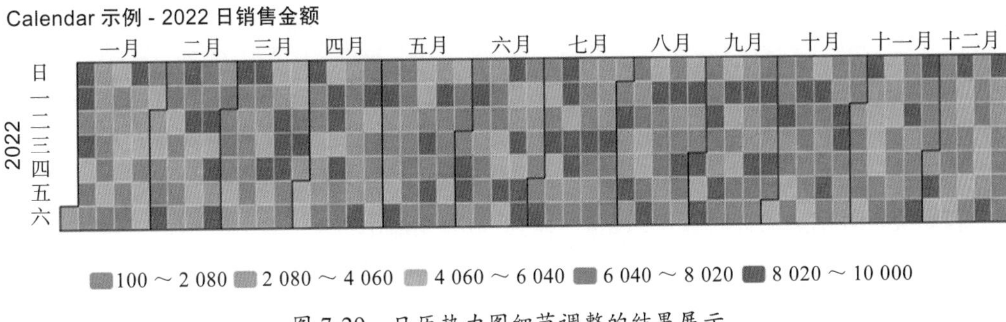

图 7-29 日历热力图细节调整的结果展示

7.3.2 漏斗图

漏斗图（Funnel Plots）适用于业务流程周期长、环节多的流程分析，通过各个环节的业务数据比较来发现或指出问题所在。它常常用于分析商业领域中的转化率，如网站注册转化率、购买转化率、订单转化率等。漏斗图 Funnel 类相关的函数 add() 及其参数和日历热力图类似，代码 7-28 是其使用的例子。

代码 7-28

```
from pyecharts.charts import Funnel
import pyecharts.options as opts
from pyecharts.faker import Faker
label = ['浏览', '点击', '添加购物车', '下单', '付款', '交易成功']
value = [432, 380, 160, 89, 76, 56]

def funnel1():
    c = (
        Funnel()
        .add("", [list(z) for z in zip(label, value)])
        .set_global_opts(title_opts=opts.TitleOpts(title="Funnel 示例"))
    )
    return c
funnel1().render_notebook()
```

结果如图 7-30 所示。

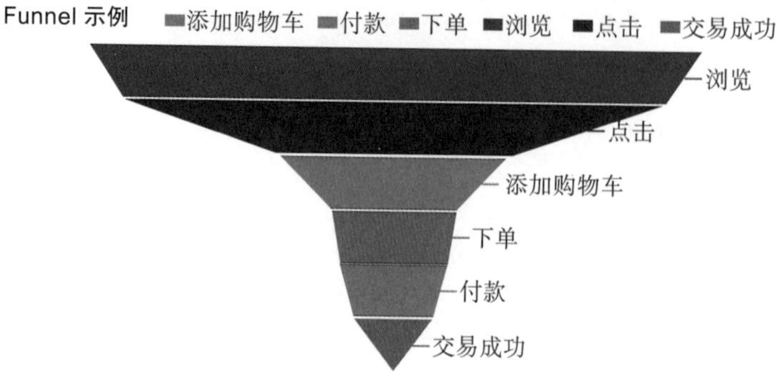

图 7-30 漏斗图的结果展示

从图 7-30 可以看到，图中的数据由大到小降序排列，并且不同层的数据分别对应不同环节，这样就可以对各个环节的转化率一目了然。本例中模拟的是网购流程中的各个环节的数量，可以看出从“点击”到“添加购物车”这一部分的转化率明显低于其他环节，因此决策者就可以针对这一问题有目的性地策划解决方案。

上例中漏斗图的各项参数都是默认的，代码 7-29 则使用了各种细节参数。

代码 7-29

```
from pyecharts.charts import Funnel
import pyecharts.options as opts
from pyecharts.faker import Faker
label = ['浏览', '点击', '添加购物车', '下单', '付款', '交易成功']
value = [432, 380, 160, 89, 76, 56]

def funnel2():
    c = (
        Funnel()
        .add("", [list(z) for z in zip(label, value)],
            sort_="ascending",
            gap=2,
            label_opts=opts.LabelOpts(position="inside"),
            itemstyle_opts=opts.ItemStyleOpts(border_color="#acf", border_
                width=1),
            )
        .set_global_opts(title_opts=opts.TitleOpts(title="Funnel 示例"))
    )
    return c
funnel2().render_notebook()
```

代码 7-29 在代码 7-28 中增加了排列方式、间距、标签位置、边框宽度、边框颜色等参数。sort_ 参数指定了传入数据的排序方式，默认值为“descending”，即降序排列，还可以将值设置为“ascending”，即升序排列；gap 参数设置的是每层之间的距离，默认值为 0；label_opts 参数则可以设置有关标签的各种属性，本例中将标签的位置改到了每层的内部；itemstyle_opts 参数设置的则是有关边框的各种属性，本例中自定义了边框的颜色和线宽。

结果如图 7-31 所示。

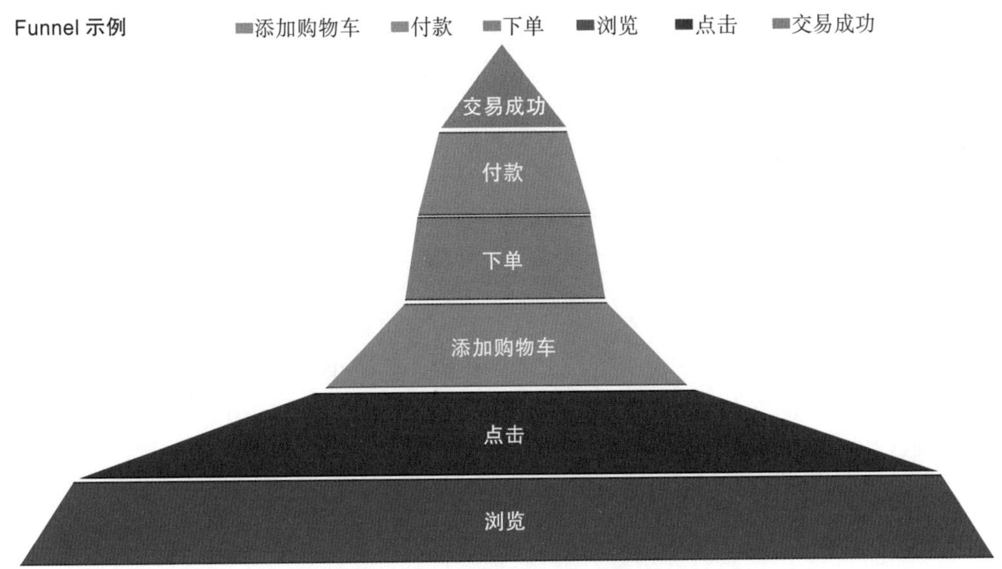

图 7-31　漏斗图细节设置的结果展示

7.3.3　关系图

关系图（Graph）由节点（Vertex）和边（Edge）构成，通常图中的节点表示实体，而边则表示各个实体之间的关系。下面介绍与关系图 Graph 类相关的函数。

1. add()

add() 函数主要用于传入数据，其参数说明如下。

- series_name：设置系列名称，系列名称会在提示框以及图例中显示。
- nodes：设置关系图节点数据项，使用 GraphNode() 进行设置，同时可以支持字典类型的值输入。
- links：设置关系图节点间关系数据项，使用 GraphLink() 进行设置，同时可以支持字典类型的值输入。
- categories：设置关系图节点分类的类目，使用 GraphCategory() 进行设置，同时可以支持字典类型的值输入。
- is_selected：是否选中图例，值类型为 bool 类型，默认值为 True，在图刚完成时不会显示设置为 False 的系列数据，可以手动点击图例来调整数据的显示。
- is_focusnode：设置是否在鼠标移到节点上时突出显示节点以及节点的边和邻接节点，值类型为 bool 类型，默认值为 True。

- is_roam：设置是否开启鼠标缩放和平移漫游，值类型为 bool 类型，默认值为 True。
- is_draggable：设置节点是否可拖拽，值类型为 bool 类型，默认值为 False，当 layout 设置为"force"时有效。
- is_rotate_label：设置是否旋转标签，值类型为 bool 类型，默认值为 False，即不旋转。
- layout：设置图的布局，可选值有"circular""force""none"，分别表示环形布局、力引导布局、不采用布局，默认值为"force"。
- symbol：关系图节点的图形，可选值有"circle""rect""roundRect""triangle""diamond""pin""arrow""none"。
- symbol_size：设置标记的尺寸，值类型支持数字和列表。当值为数字时，直接设置标记的尺寸；若值为列表，则列表中的两个元素分别设置标记的宽和高。
- edge_length：设置边的两个节点之间的距离，值越小则长度越长，默认值为 50。
- gravity：设置节点受到的向中心的引力因子，该值越大则节点越往中心点靠拢，默认值为 0.2。
- repulsion：设置节点之间的斥力因子，值越大则斥力越大，默认值为 50。
- edge_label：设置关系图节点边的 Label 样式。
- edge_symbol：设置边两端的标记图形，默认值为不选是图形，设置样例为 ["circle", "arrow"]。
- edge_symbol_size：设置边两端的标记图形大小，默认值为 10。
- label_opts：设置标签样式，使用 series_options.LabelOpts() 进行设置。
- linestyle_opts：设置边的线条样式，使用 series_options.LineStyleOpts() 进行设置。
- tooltip_opts：设置提示框样式，使用 series_options.TooltipOpts() 进行设置。
- itemstyle_opts：设置图元样式，使用 series_options.ItemStyleOpts() 进行设置。

2. GraphNode()

GraphNode() 类的作用是设置关系图中各个节点的属性数据，其参数说明如下。

- name：设置数据项的名称。
- x：设置节点的 x 坐标，当布局方式为"circle"或"force"时，该参数的值可以缺省。
- y：设置节点的 y 坐标，当布局方式为"circle"或"force"时，该参数的值可以缺省。
- is_fixed：设置节点在力引导布局中是否固定，值类型为 bool 类型，默认值为 False。
- value：设置数据项的值。
- category：设置数据项所在类目的 index。
- symbol：设置该类目节点标记的图形，可选值有"circle""rect""roundRect""triangle""diamond""pin""arrow""none"。

➢ symbol_size：设置标记的尺寸，值类型支持数字和列表。当值为数字时，直接设置标记的尺寸；若值为列表，则列表中的两个元素分别设置标记的宽和高。

➢ label_opts：设置标签样式，使用 series_options.LabelOpts() 进行设置。

3. GraphLine()

GraphLine() 类的作用是设置各个节点之间的关系数据，即边的属性数据，其参数说明如下。

➢ source：设置边的源节点，可支持名称的字符串以及索引数字。

➢ target：设置边的目标节点，可支持名称的字符串以及索引数字。

➢ value：设置边的数值，可以在力引导布局中用于映射到边的长度。

➢ symbol：边两端的标记图形，可以支持数组设定两端，也可以用一个值统一设置。

➢ symbol_size：设置标记的尺寸，值类型支持数字和列表。当值为数字时，直接设置标记的尺寸；若值为列表，则列表中的两个元素分别设置标记的宽和高。

➢ linestyle_opts：设置边的线条样式，使用 series_options.LineStyleOpts() 进行设置。

➢ label_opts：设置标签样式，使用 series_options.LabelOpts() 进行设置。

4. GraphCategory()

GraphCategory() 类的作用是设置节点的类别属性数据，即对本数据集中所有类别的属性进行设置，其参数说明如下。

➢ name：设置类目的名称，将会在提示框以及图例中显示。

➢ symbol：边两端的标记图形，可以支持数组设定两端，也可以用一个值统一设置。

➢ symbol_size：设置标记的尺寸，值类型支持数字和列表。当值为数字时，直接设置标记的尺寸；若值为列表，则列表中的两个元素分别设置标记的宽和高。

➢ label_opts：设置标签样式，使用 series_options.LabelOpts() 进行设置。

在代码 7-30 中，随机生成 15 个节点，每个节点随机连接另五个节点，最终构成一个关系图，实现代码如代码 7-30 所示。

代码 7-30

```
from pyecharts.charts import Graph
import pyecharts.options as opts
from pyecharts.faker import Faker
import random
sizes = [ {"name": "node{}".format(i+1), "symbolSize": random.randint(5,
    20)} for i in range(15)]
links = []
for i in sizes:
    for j in range(5):
        links.append({"source": i.get("name"), "target": sizes[random.
            randint(0, 14)].get("name")})

def graph1():
```

```
    c = (
        Graph()
        .add("", sizes, links, repulsion=4000)
        .set_global_opts(title_opts=opts.TitleOpts(title="Graph 示例 "))
    )
    return c
graph1().render_notebook()
```

在本例中，关系图传入的数据有两类，一类是各个节点的属性，另一类则是节点之间的对应关系。节点属性的数据是一个列表结构，列表中每个元素都以字典的形式存储着一个节点的属性信息，其中包含“name”属性和“symbolSize”属性。“name”属性将会以标签的形式显示在图中，“symbolSize”参数设置各个节点的尺寸。节点关系的数据同样是一个列表结构，列表中的每个元素同样是以字典的形式存储着一个关系，其中包含“source”属性和“target”属性，在图中将会在 source 节点与 target 节点之间连一条线以示节点之间的关系。

结果如图 7-32 所示。

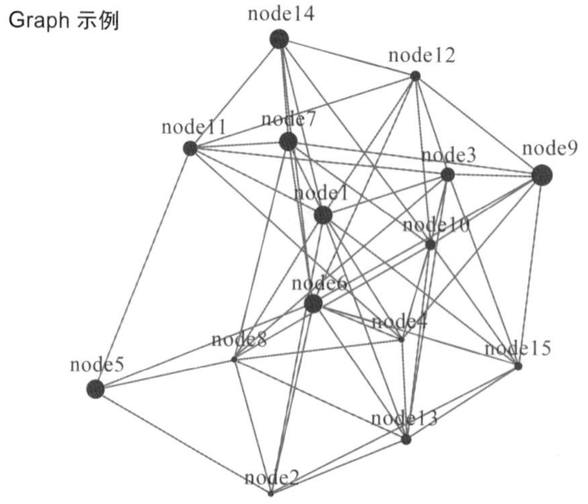

图 7-32 基本关系图的结果展示

我们还可以对节点的不同类别设置不同的形状，并对节点布局进行不同的设置，如代码 7-31 所示。

代码 7-31

```
sizes = [ {"name": "node{}".format(i+1), "symbolSize": random.randint(5,
    20), "category": random.randint(0, 2)}
    for i in range(15)
]
links = []
for i in sizes:
    for j in range(5):
```

```
        links.append({"source": i.get("name"),
                      "target": sizes[random.randint(0, 14)].get("name"),
                     "value": random.randint(2, 10)}
                      )
categories = [{"name": "cate0{}".format(i)} for i in range(3)]

def graph2():
    c = (
        Graph()
        .add("", sizes, links,
            categories=categories,
            repulsion=4000,
            layout="circular",
            is_rotate_label=True,
            linestyle_opts=opts.LineStyleOpts(color="source", curve=0.3),
            label_opts=opts.LabelOpts(position="right")
            )
        .set_global_opts(title_opts=opts.TitleOpts(title="Graph 示例 "),
                        legend_opts=opts.LegendOpts(orient="vertical",
                            pos_left="2%", pos_top="20%")
                        )
    )
    return c
graph2().render_notebook()
```

结果如图 7-33 所示。

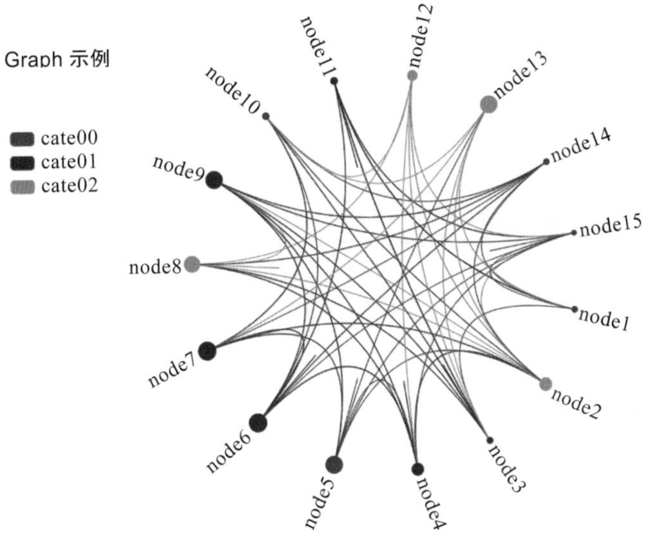

图 7-33　圆形布局关系图的结果展示

本例中的数据除了原来的节点数据集和关系数据集之外，还增加了一个类别数据集，该数据集中列出了类别的名称，在图例中进行显示。在节点数据集中除了“name”和

“symbolSize”两个属性外，还增加了一个“category”属性，该属性记录了节点的所属类别；在关系数据集中则增加了一个“value”属性，当鼠标移动到边上时，“value”属性中的值则会显示。

在刚刚介绍的关系图中，节点可以展示两个属性：大小和类别。在代码 7-32 中会添加设置更多的节点属性。

代码 7-32

```
colors = ['#7B1FA2', '#E1BEE7', '#757575', '#009688', '#212121', '#BDBDBD']
nodes = [
    {"x": random.randint(-1000, 1000),
    "y": random.randint(-1000, 1000),
    "name": "node{}".format(i+1),
    "symbolSize": random.randint(10, 50),
    "itemStyle": {"normal": {"color": colors[random.randint(0, 5)]}}
    }
    for i in range(30)
]

links = []
for i in nodes:
    for j in range(7):
        links.append({"source": i.get("name"),
                         "target": nodes[random.randint(0, 29)].get("name"),
                       "value": random.randint(10, 30)}
                       )

def graph3():
    c = (
        Graph()
        .add("", nodes, links,
            repulsion=4000,
            layout="none",
             is_roam=True,
             is_focusnode=True,
             label_opts=opts.LabelOpts(is_show=False),
             linestyle_opts=opts.LineStyleOpts(width=0.5, curve=0.3,
                 opacity=0.7),
            )
        .set_global_opts(title_opts=opts.TitleOpts(title="Graph 示例"),
                         legend_opts=opts.LegendOpts(orient="vertical",
pos_left="2%", pos_top="20%")
                         )
    )
    return c
graph3().render_notebook()
```

本例中的节点数据集中增加了“x”“y”“itemStyle”等属性，分别设置了节点的位置以及颜色；关系数据集中的三个属性没有变化，同时去掉了类别数据集。总的来说，本例中 itemStyle 相当于上例中的类别属性，并且增加了节点的位置属性，也就是说本例的节点可以展示 5 个属性，即 5 个维度的特征。

结果如图 7-34 所示。

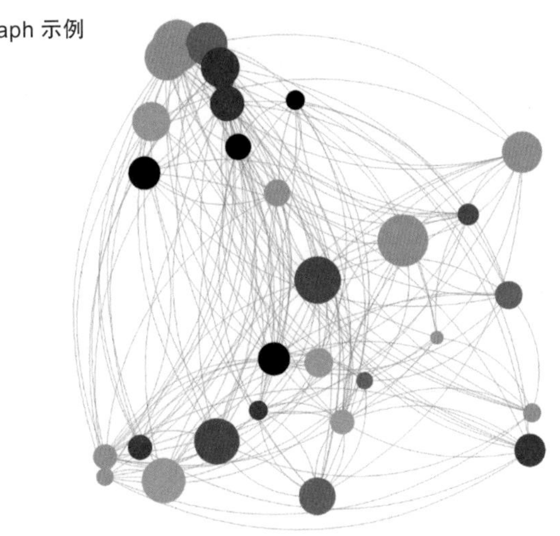

图 7-34 关系图的结果展示

7.3.4 饼图

饼图（Pie Graph）显示一个数据系列中各项的占比，也可称为扇形统计图。它适用于二维数据，一维是分类型数据，另一维为数值型数据。当用户更关注于各项的简单占比时，可以选择使用饼图。饼图的缺点：①不适合大数据集中的分类展示；②数据项中不能有负值；③当占比差异较小时会难以观察。下面介绍饼图 Pie 类相关的函数：add()。

add() 函数的作用是传入数据，其参数设置如下。

- series_name：设置系列名称，系列名称会在提示框以及图例中显示。
- data_pair：传入系列数据，格式为 [(key01, value01), (key02, value02), ...]。
- color：设置系列 label 的颜色。
- radius：设置饼图的半径，值类型为列表，第一个元素设置的是饼图的内半径，第二个元素设置的是饼图的外半径。
- center：设置饼图中心的位置，值类型为列表，第一个元素设置的是相对于容器宽度的百分比，第二个元素设置的是相对于容器高度的百分比。
- rosetype：当设置为南丁格尔玫瑰图时选择的模式，可选值有“radius”“area”。“radius”表示以所占扇区圆心角展示数据百分比，半径展现数据大小；“area”表示所有扇区的圆心角相同，仅通过半径展现数据大小。
- is_clockwise：饼图的扇区是否顺时针排布，值类型为 bool 类型，默认值为 True。

➢ label_opts：设置标签样式，使用 series_options.LabelOpts() 进行设置。
➢ tooltip_opts：设置提示框样式，使用 series_options.TooltipOpts() 进行设置。
➢ itemstyle_opts：设置图元样式，使用 series_options.ItemStyleOpts() 进行设置。
➢ encode：定义 data 的某个维度的编码方式。

示例应用如代码 7-33 所示。

代码 7-33

```
from pyecharts.charts import Pie
import pyecharts.options as opts
from pyecharts.faker import Faker

def pie1():
    c = (
        Pie()
        .add("", [list(z) for z in zip(Faker.choose(), Faker.values())])
        .set_global_opts(title_opts=opts.TitleOpts(title="Pie 示例 "))
        .set_series_opts(label_opts=opts.LabelOpts(formatter="{b}: {c}"))
    )
    return c
pie1().render_notebook()
```

饼图的类实例化之后通过 add() 函数将数据传入，这里传入数据的结构类型为列表结构，其中的元素包含分类变量数值以及对应的连续变量数值。

结果如图 7-35 所示。

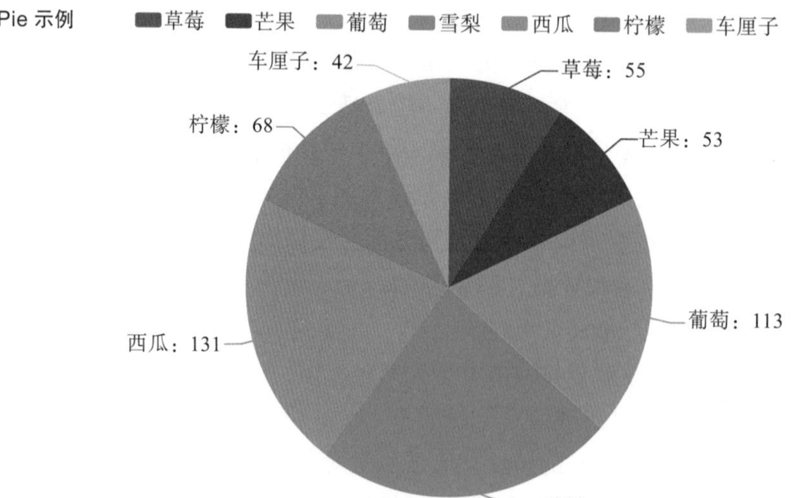

图 7-35　基本饼图的结果展示

玫瑰图、环图都以饼图为基础，因此玫瑰图与环图都可以由 Pie 类来实现。本例展示了两种类型的玫瑰图，如代码 7-34 所示。

代码 7-34

```
from pyecharts.charts import Pie
import pyecharts.options as opts
from pyecharts.faker import Faker

def pie2():
    k = Faker.choose()
    c = (
        Pie()
        .add("", [list(data) for data in zip(k, Faker.values())],
            radius=["25%", "75%"],
            center=["25%", "50%"],
            rosetype="radius",
            )
        .add("", [list(data) for data in zip(k, Faker.values())],
            radius=["40%", "75%"],
            center=["75%", "50%"],
            rosetype="area",
            )
        .set_global_opts(title_opts=opts.TitleOpts(title=" 玫瑰图示例 "))
        .set_series_opts(label_opts=opts.LabelOpts(formatter="{b}: {c}"))
    )
    return c
pie2().render_notebook()
```

结果如图 7-36 所示。

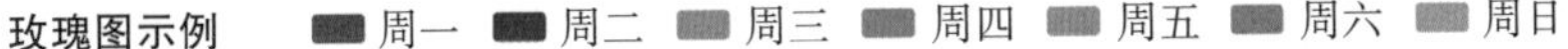

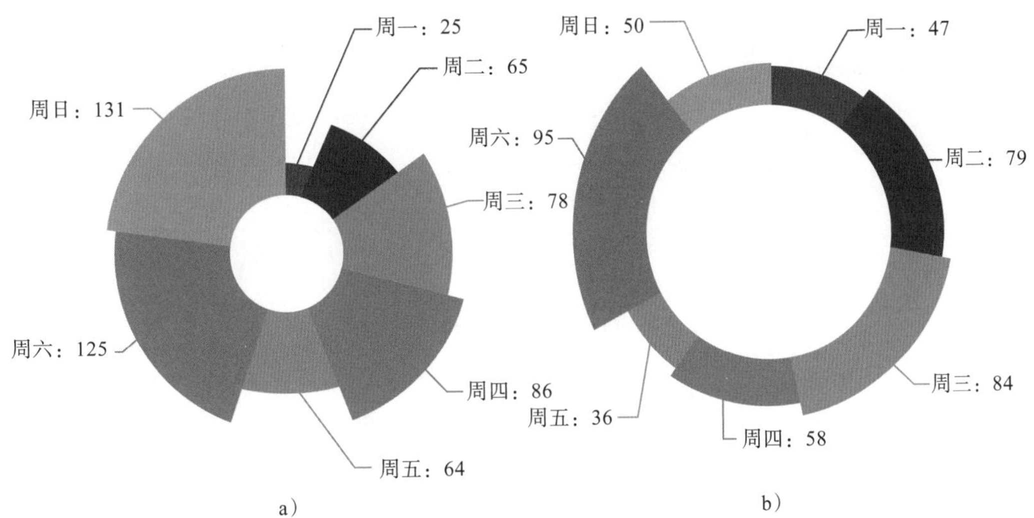

图 7-36　南丁格尔玫瑰图的结果展示

图 7-36a 所对应的代码在传入数据的 add() 函数中设置了参数 rosetype，将其值设

置为“radius”，表示这里的数据大小是由玫瑰图的半径长短来体现的。radius 参数设置的环图的内径与外径长短：列表中的第一个参数就是内径，数值越大，内径长度越长，即中间空白区域越大；第二个参数是外径，同样是数值越大则玫瑰图的半径越大。center 参数设置的则是饼图的位置，在这里由于有两个图同时展示，因此图 7-36a 的中心设置在整个画面中长的 1/4、宽的 1/2 处。图 7-36b 的代码中 rosetype 参数设置的值为“area”，即数据大小由图的面积来展示，面积越大则数值越大，每个部分所占的角度与面积有关。

我们也可以将分类变量拆分为多个饼图，一个饼图只展示分类变量中的一个类别，剩下的类别都视为一类展示。这种类型的饼图的优点在于可以快速地查阅某个分类的占比，且所有分类占比的起始位置都是一样的，使得不同类别之间占比的大小比较更方便，如代码 7-35 所示。

代码 7-35

```
from pyecharts.charts import Pie
import pyecharts.options as opts
from pyecharts.faker import Faker

def pie3():
    c = (
        Pie(init_opts=opts.InitOpts(width="1000px", height="500px", bg_
            color="#CDDBDB"))
        .add(
            "",
            [(" 理学 ", 20), (" 其他 ", 80)],
            center=["20%", "30%"],
            radius=[50, 70],
        )
        .add(
            "",
            [(" 工学 ", 25), (" 其他 ", 75)],
            center=["50%", "30%"],
            radius=[50, 70],
        )
        .add(
            "",
            [(" 教育学 ", 13), (" 其他 ", 87)],
            center=["80%", "30%"],
            radius=[50, 70],
        )
        .add(
            "",
            [(" 经济学 ", 18), (" 其他 ", 82)],
            center=["20%", "70%"],
            radius=[50, 70],
        )
```

```
        .add(
            "",
            [("医学", 11), ("其他", 89)],
            center=["50%", "70%"],
            radius=[50, 70],
        )
        .add(
            "",
            [("法学", 8), ("其他", 92)],
            center=["80%", "70%"],
            radius=[50, 70],
        )
        .set_global_opts(
            title_opts=opts.TitleOpts(title="Pie综合示例"),
            legend_opts=opts.LegendOpts(orient="vertical", pos_top="15%",
                pos_left="2%"),
        )
        .set_series_opts(label_opts=opts.LabelOpts(formatter="{b}: {c}"))

    )
    return c
pie3().render_notebook()
```

每一个饼图都用一个 add() 函数传入相应的分类变量数据与数值变量数据，图中共有 6 个饼图，相应的也有 6 个 add() 函数。需要注意的是，每个饼图中的 center 参数的设置，需要根据数据集中的实际情况来调整各个饼图的位置。

结果如图 7-37 所示。

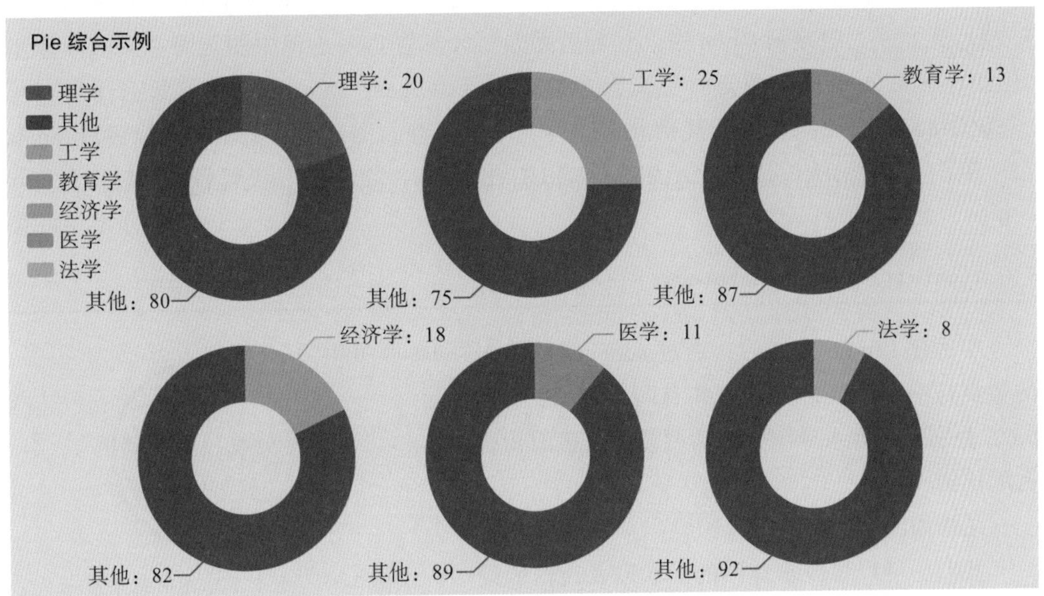

图 7-37　多个环图的结果展示

7.3.5 水球图

水球图（Liquid Fill Chart）是用于展示数据百分比的图表类型。相较于饼图，水球图适合于展示单个百分比数据，并且水球图更适合放在应用中，而非正式的论文或者报告中。例如，我们使用的手机管家以及电脑管家大多数是使用水球图来展示手机的内存使用情况，展示的信息是已使用内存在全部内存中的占比。水球图的特点是更为生动简洁，相应的缺点是所展示的信息较为单一。下面介绍与水球图 Liquid 类相关的函数 add()。

add() 函数的作用是传入数据，其参数设置如下。

- series_name：设置系列名称，系列名称会在提示框以及图例中显示。
- data：设置系列数据，值类型为列表，例如 [0.2, 0.3, 0.4, ...]。
- shape：设置水球的外形，可选值有“circle”“rect”“roundRect”“triangle”“diamond”“pin”“arrow”等，默认值为“circle”。
- color：设置波浪的颜色。
- is_animation：设置是否显示波浪动画，值类型为 bool 类型，默认值为 True。
- is_outline_show：设置是否显示边框，值类型为 bool 类型，默认值为 True。
- label_opts：设置标签样式，使用 series_options.LabelOpts() 进行设置。
- tooltip_opts：设置提示框样式，使用 series_options.TooltipOpts() 进行设置。

示例应用如代码 7-36 所示。

代码 7-36

```
from pyecharts.charts import Liquid
import pyecharts.options as opts
from pyecharts.faker import Faker

def liquid1():
    c = (
        Liquid()
        .add("", [0.3, 0.6])
        .set_global_opts(title_opts=opts.TitleOpts(title="Liquid 示例 "))
    )
    return c
liquid1().render_notebook()
```

实例化 Liquid 类之后，通过 add() 函数传入的数据是一个列表，本例中共有两个数据：0.3、0.6，分别对应着水球图中的两调波所覆盖面积所占的比例。

结果如图 7-38 所示。

图 7-38 基本水球图的结果展示

我们还可以更改水球图的形状以及边框的设置，如代码 7-37 所示。

代码 7-37

```
from pyecharts.charts import Liquid
import pyecharts.options as opts
from pyecharts.globals import SymbolType
def liquid2():
    c = (
        Liquid(init_opts=opts.InitOpts(width="1000px", height="500px"))
        .add("", [0.6, 0.7], center=["25%", "50%"])
        .add("", [0.2, 0.4], center=["70%", "50%"], is_outline_show=False,
            shape=SymbolType.RECT)
        .set_global_opts(title_opts=opts.TitleOpts(title='Liquid 多图展示'))
    )
    return c
liquid2().render_notebook()
```

结果如图 7-39 所示。

图 7-39　不同形状水球图的结果展示

在图 7-39 中，左图中的水球与上例无异，右图中的水球图通过更改参数 shape 以及 is_outline_show 两个参数将水球的外观设置为矩形且不显示外围的边框。

我们还可以设置使占比的百分比精确到小数部分，如代码 7-38 所示。

代码 7-38

```
from pyecharts.charts import Liquid
import pyecharts.options as opts
from pyecharts.globals import SymbolType
from pyecharts.commons.utils import JsCode

def liquid3():
    c = (
        Liquid(init_opts=opts.InitOpts(width="1000px", height="500px"))
        .add("", [0.2, 0.4], center=["25%", "50%"], shape=SymbolType.ARROW)
        .add("", [0.4236], center=["70%", "50%"],
            is_outline_show=False, shape=SymbolType.DIAMOND,
            label_opts=opts.LabelOpts(
            font_size=50,
            formatter=JsCode(
                """function (param) {
                        return (Math.floor(param.value * 10000) / 100) + '%';
```

```
                    }"""
                ),
            position="inside",
            )
        )
        .set_global_opts(title_opts=opts.TitleOpts(title='Liquid 多图展示'))
    )
    return c
liquid3().render_notebook()
```

结果如图 7-40 所示。

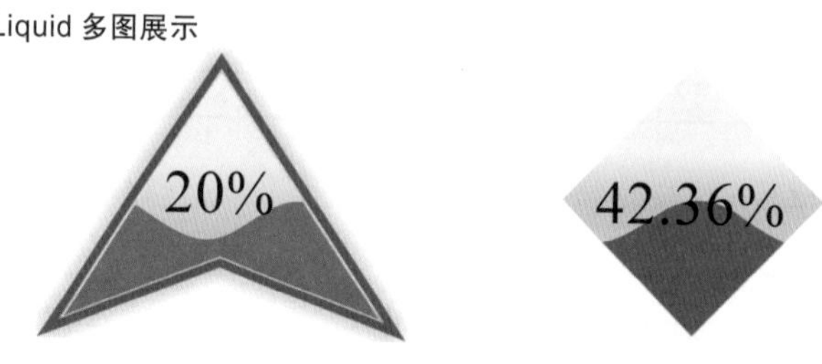

图 7-40　不同类型水球图的结果展示

在图 7-40 中，右图显示的标签百分比精确到了小数点后两位，这是因为 add() 函数中的 label_opts 参数中嵌入了 JsCode 代码，使得标签能够显示两位小数。

7.3.6　仪表盘

仪表盘（Gauge）同样是一个适用于显示单个百分比的图表类型，与水球图有类似之处，但是仪表盘相较于水球图来说除了能够展示简单的单个占比的信息之外，还能够利用区间划分展示该指标的各个水平。生活中最常见的就是汽车上的仪表盘，除此之外，各种仪器上也会出现多个这样的仪表盘，一个仪表盘则代表一个指标，在图上会显示指标的最大值、最小值，并将该指标的取值范围根据指标的特点以及应用场景进行划分，不同区间表示不同的水平。与仪表盘 Gauge 类相关的函数 add() 的作用是传入数据，其参数说明如下。

- series_name：设置系列名称，系列名称会在提示框以及图例中显示。
- data_pair：传入系列数据，格式为 [(key01, value01), (key02, value02), ...]。
- is_selected：设置是否选中图例。
- min_：设置最小的数据值，默认值为 0。
- max_：设置最大的数据值，默认值为 100。
- split_number：设置仪表盘平均分割段数，默认值为 10。
- radius：设置仪表盘的半径，可以是相对于容器高宽中较小的一项的一半的百分比，也可以是绝对的数值。

➢ start_angle：设置仪表盘起始角度，默认值为225。水平右侧为0度，逆时针为正值。
➢ end_angle：设置仪表盘结束角度，默认值为 -45。
➢ title_label_opts：设置轮盘内标题文本项标签配置项，使用 series_options.LabelOpts() 进行设置。
➢ detail_label_opts：设置轮盘内数据项标签配置项，使用 series_options.LabelOpts() 进行设置。
➢ tooltip_opts：设置提示框样式，使用 series_options.TooltipOpts() 进行设置。
➢ itemstyle_opts：设置图元样式，使用 series_options.ItemStyleOpts() 进行设置。

示例应用如代码 7-39 所示。

代码 7-39

```
from pyecharts.charts import Gauge
import pyecharts.options as opts

def gauge1():
    c = (
        Gauge()
        .add("", [(" 完成率 ", 66.6)])
        .set_global_opts(title_opts=opts.TitleOpts(title="Gauge 示例 "))
    )
    return c
gauge1 ().render_notebook()
```

本例中实例化 Gauge 类并传入数据，默认的数据范围是 0~100。结果如图 7-41 所示。

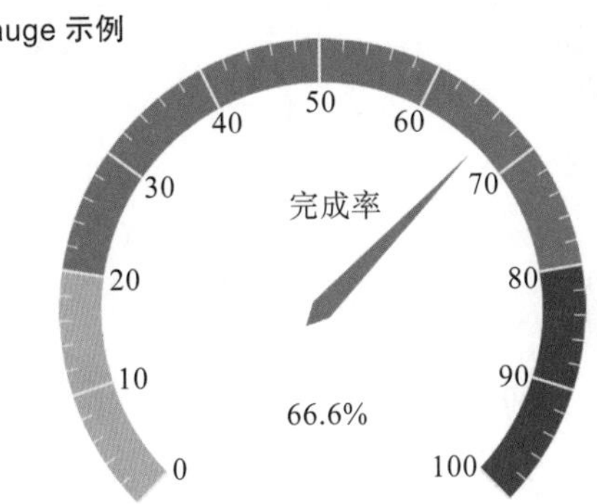

图 7-41　基本仪表盘的结果展示

我们还可以对仪表盘的形状、颜色等进行设置，如代码 7-40 所示。

代码 7-40

```
from pyecharts.charts import Gauge
import pyecharts.options as opts

def gauge2():
    c = (
```

```
        Gauge(init_opts=opts.InitOpts(width="1000px", height="800px"))
        .add(series_name=" 业务指标 ", data_pair=[[" 完成率 ", 55.5]],
            split_number=5,
            axisline_opts=opts.AxisLineOpts(
            linestyle_opts=opts.LineStyleOpts(
                color=[(0.3, "#009688"), (0.7, "#1976D2"), (1, "#F57C00")],
                    width=30,
                )
            ),
        )
        .set_global_opts(
            legend_opts=opts.LegendOpts(is_show=False),
            tooltip_opts=opts.TooltipOpts(is_show=True, formatter="{a} <br/>
                {b} : {c}%"),
        )
    )
    return c
gauge2().render_notebook()
```

首先在实例化 Gauge 类中传入 init_opts 参数，设置图片的长和宽；在 add() 函数中更改 split_number 参数，默认值为 10，该参数用于设置仪表盘中的长刻度，在这里将其更改为 5；在 axisline_opts 参数中，将仪表盘的 0 ～ 0.3、0.3 ～ 0.7、0.7 ～ 1 分别设为不同的颜色以作标识。结果如图 7-42 所示。

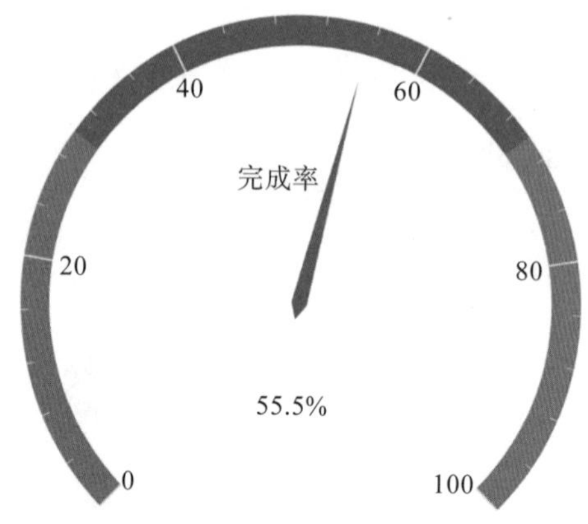

图 7-42　仪表盘细节设置的结果展示

7.3.7　雷达图

雷达图（Radar Chart）也可称为蜘蛛网图。它最早是应用于分析企业经营情况，例如分别从企业经营收益性、安全性、流动性、生产性、成长性五个方面分析企业的经营成果，五个轴分别代表五个方面，在某一方面做得越好，则距离中心点越远，这样就可以明显地看到企业的不足之处。现在雷达图不仅应用于企业的经营分析，还常常用于其他方面，例如游戏中某玩家的综合实力表示、支付宝中芝麻信用五维度数据等。与雷达图 Radar 类相关的函数如下。

1. add_schema()

add_schema() 函数的作用是设置雷达图底层的“背景”，可以理解为雷达图的坐标系，参数解释如下。

- schema：设置雷达指示器，使用 RadarIndicatorItem() 进行设置。
- shape：设置雷达图绘制类型，可选值有“polygon”“circle”两个。
- textstyle_opts：设置文字样式，使用 series_options.TextStyleOpts() 进行设置。
- splitline_opt：设置分割线，使用 series_options.SplitLineOpts() 进行设置。
- splitarea_opt：设置分隔区域，使用 series_options.SplitAreaOpts() 进行设置。
- axisline_opt：设置坐标轴轴线，使用 global_options.AxisLineOpts() 进行设置。
- radiusaxis_opts：设置极坐标系的径向轴，使用 RadiusAxisOpts() 进行设置。
- angleaxis_opts：设置极坐标系的角度轴，使用 AngleAxisOpts() 进行设置。
- polar_opts：设置极坐标系，使用 global_options.PolarOpts() 进行设置。

2. add()

add() 函数的作用是往图中传入数据，其参数说明如下。

- series_name：设置系列名称，系列名称会在提示框以及图例中显示。
- data：传入系列数据项。
- is_selected：是否选中图例，值类型为 bool 类型，默认值为 True，在图刚完成时不会显示设置为 False 的系列数据，可以手动点击图例来调整数据的显示。
- color：设置系列 label 的颜色。
- symbol：设置标记的形状，可选值有“circle”“rect”“roundRect”“triangle”“diamond”“pin”“arrow”“none”等。
- label_opts：设置标签样式，使用 series_options.LabelOpts() 进行设置。
- tooltip_opts：设置提示框样式，使用 series_options.TooltipOpts() 进行设置。
- linestyle_opts：设置线样式，使用 series_options.LineStyleOpts() 进行设置。
- areastyle_opts：设置填充区域样式，使用series_options.AreaStyleOpts()进行设置。

3. RadarIndicatorItem()

RadarIndicatorItem() 函数用于传入雷达指示器的各种属性数据，其参数说明如下。

- name：设置指示器的名称。
- min_：设置指示器的最小值。
- max_：设置指示器的最大值。
- color：设置标签的颜色。

示例应用如代码 7-41 所示。

代码 7-41

```
from pyecharts.charts import Radar
import pyecharts.options as opts

stu01 = [[115, 95, 127,  86, 75, 62]]
stu02 = [[94, 126, 143, 72, 95, 80]]

def radar1():
    c = (
        Radar()
        .add_schema(
            schema=[
                opts.RadarIndicatorItem(name=" 语文 ", max_=150),
                opts.RadarIndicatorItem(name=" 数学 ", max_=150),
                opts.RadarIndicatorItem(name=" 外语 ", max_=150),
                opts.RadarIndicatorItem(name=" 物理 ", max_=110),
                opts.RadarIndicatorItem(name=" 化学 ", max_=100),
                opts.RadarIndicatorItem(name=" 生物 ", max_=90),
            ]
        )
        .add(" 同学 A", stu01)
        .add(" 同学 B", stu02,
            linestyle_opts=opts.LineStyleOpts(color="#536DFE"),)
        .set_series_opts(label_opts=opts.LabelOpts(is_show=False))
        .set_global_opts(
            title_opts=opts.TitleOpts(title="Radar 示例 "),
            legend_opts=opts.LegendOpts(selected_mode="single"),
        )
    )
    return c
radar1().render_notebook()
```

雷达图的特点是能够在二维平面上直观、形象地反映多个指标的变动规律，因此雷达图比其他类型图有更多轴。用于绘制雷达图的代码中多了一个 add_schema() 函数来设置各个轴的属性。add_schema() 函数中的 schema 参数中设置的是一个列表结构，每个元素都用 opts.RadarIndicatorItem 来设置有关轴的属性，例如轴的名称 name 以及取值范围 max_。除此之外，本例在 set_global_opts() 函数中设置 legend_opts 参数，将 selected_mode 参数的值设置为 “single”，这样画出来的图默认只显示一个系列，点击图例中的系列可以选择显示数据或者不显示数据。

结果如图 7-43 所示。

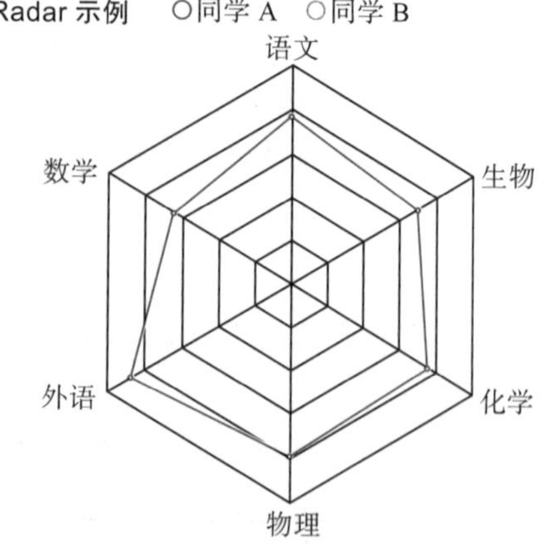

图 7-43 基本雷达图的结果展示

我们还可以将数据线的中间填充颜色，如代码 7-42 所示。

代码 7-42

```
from pyecharts.charts import Radar
import pyecharts.options as opts

stu01 = [[115, 95, 127,  86, 75, 62]]
stu02 = [[94, 126, 143, 72, 95, 80]]

def radar2():
    c = (
        Radar()
        .add_schema(
            schema=[
                opts.RadarIndicatorItem(name=" 语文 ", max_=150),
                opts.RadarIndicatorItem(name=" 数学 ", max_=150),
                opts.RadarIndicatorItem(name=" 外语 ", max_=150),
                opts.RadarIndicatorItem(name=" 物理 ", max_=110),
                opts.RadarIndicatorItem(name=" 化学 ", max_=100),
                opts.RadarIndicatorItem(name=" 生物 ", max_=90),
            ]
        )
        .add(" 同学 A", stu01,
            areastyle_opts=opts.AreaStyleOpts(opacity=0.1),
            linestyle_opts=opts.LineStyleOpts(width=1),)
        .add(" 同学 B", stu02,
            areastyle_opts=opts.AreaStyleOpts(opacity=0.1),
            linestyle_opts=opts.LineStyleOpts(width=1),color="#536DFE")
        .set_series_opts(label_opts=opts.LabelOpts(is_show=False))
        .set_global_opts(
            title_opts=opts.TitleOpts(title="Radar 示例 "),
        )
    )
    return c
radar2().render_notebook()
```

结果如图 7-44 所示。

本例在传入数据的 add() 函数中将 opacity 的参数改为 0.1，opacity 参数表示的是不透明度，默认值为 0，当值为 0 时数据所围成的区域中完全透明，数据越大则中间区域的颜色越深。linestyle_opts 参数中设置的是线的属性，本例中主要是设置了线的宽度，除此之外还可以设置颜色、类型等属性。

雷达图还可以一次性在 add() 函数中传入多组数据，示例如代码 7-43 所示。

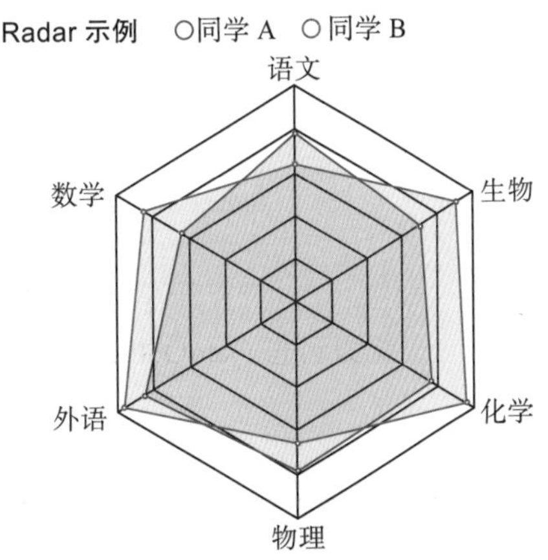

图 7-44 雷达图区域填充的结果展示

代码 7-43

```
from pyecharts.charts import Radar
import pyecharts.options as opts
import numpy as np

data1 = [
    np.random.normal(110, 7, 7).tolist(),
    np.random.normal(105, 15, 7).tolist(),
    np.random.normal(110, 15, 7).tolist(),
    np.random.normal(86, 7, 7).tolist(),
    np.random.normal(84, 7, 7).tolist(),
    np.random.normal(76, 7, 7).tolist(),
]
score_A = [[data1[j][i] for j in range(len(data1))] for i in range(len(data1[0]))]

data2 = [
    np.random.normal(70, 15, 7).tolist(),
    np.random.normal(80, 15, 7).tolist(),
    np.random.normal(75, 15, 7).tolist(),
    np.random.normal(60, 15, 7).tolist(),
    np.random.normal(51, 15, 7).tolist(),
    np.random.normal(56, 15, 7).tolist(),
]
score_B = [[data2[j][i] for j in range(len(data2))] for i in range(len(data2[0]))]

c_schema = [
    {"name": "语文", "max": 150, "min": 0},
    {"name": "数学", "max": 150, "min": 0},
    {"name": "外语", "max": 150, "min": 0},
    {"name": "物理", "max": 110, "min": 0},
    {"name": "化学", "max": 100, "min": 0},
    {"name": "生物", "max": 90, "min": 0},
]

def radar3():
    c = (
        Radar()
        .add_schema(
            schema=c_schema,
            shape="circle",
            center=["50%", "50%"],
            radius="80%",
            angleaxis_opts=opts.AngleAxisOpts(
                min_=0,
                max_=360,
                is_clockwise=False,
                interval=5,
                axistick_opts=opts.AxisTickOpts(is_show=False),
                axislabel_opts=opts.LabelOpts(is_show=False),
```

```
                axisline_opts=opts.AxisLineOpts(is_show=False),
                splitline_opts=opts.SplitLineOpts(is_show=False),
            ),
            radiusaxis_opts=opts.RadiusAxisOpts(
                min_=0,
                max_=1,
                interval=0.25,
                splitarea_opts=opts.SplitAreaOpts(
                    is_show=True, areastyle_opts=opts.AreaStyleOpts(opacity=1)
                ),
            ),
            polar_opts=opts.PolarOpts(),
            splitarea_opt=opts.SplitAreaOpts(is_show=False),
            splitline_opt=opts.SplitLineOpts(is_show=False),
        )
        .add(
            series_name="",
            data=score_A,
            color="#F57C00"
        )
        .add(
            series_name="",
            data=score_B,
            color="#536DFE"
        )
        .set_series_opts(label_opts=opts.LabelOpts(is_show=False))
    )
    return c
radar3().render_notebook()
```

结果如图 7-45 所示。

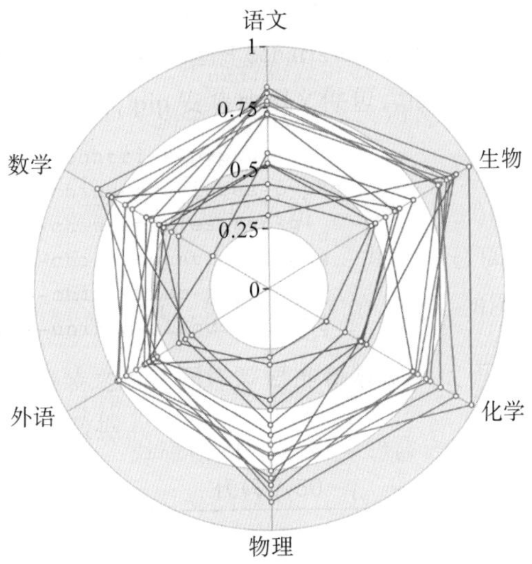

图 7-45　多系列数据雷达图的结果展示

在本例中用的数据仍旧是随机生成的，同样需要将数据转化为列表形式，且列表中的每个元素都代表着一个样本数据。本例将 add_schema() 函数中的 shape 参数的值设置为“circle”，图中的坐标为圆形，而非之前的多边形；center 参数是用于设置位置的；radius 参数设置的是数据的半径，数值越小，画出来的图越小；angleaxis_opts 参数中设置了角度范围，它会将雷达图按角度等分，等分的距离则由 interval 设定；splitline_opts 中可以设定划分线条的属性，本例中设置为不显示，因此我们无法在图中看到效果，读者可以自行改变；is_clockwise 用于设置角度是否顺时针方向，默认值为 False，即逆时针方向；axislabel_opts 则用于设置角度的标签，本例中仍旧设置为不显示，若想查看效果可以将 is_show 参数改为 True；axistick_opts 参数设置的是刻度的属性，本例中设置为不显示；axisline_opts 参数设置的是最外圈的线的类型，本例中设置为不显示；radiusaxis_opts 参数中设置的则是半径的属性；max_ 与 min_ 设置的是轴的取值范围；interval 设置的是刻度的间隔；splitarea_opts 参数设置的是分割线的属性；opacity 代表的是不透明度，本例中设置的数值为 1，即全不透明，效果则是图中的灰色部分；add() 函数中可以设置数据线的颜色、类型、标签等属性，本例中只设置了颜色这个属性。

7.3.8 旭日图

旭日图（Sunburst Chart）是一种特殊的饼图，在原有的饼图表示占比关系的基础上，增加了表达数据的层级与归属关系的功能，其中离原点越近表示级别越高，在相邻两层中是内层包含外层的关系。我们可以将其理解为多个饼图的结合体，层层嵌套，环环相扣，虽然略显复杂，但是旭日图包含更多的信息，更易于对比与分析。下面介绍与旭日图 Sunburst 类相关的函数。

1. add()

add() 函数的作用是传入数据，其参数设置如下。

- series_name：设置系列名称，系列名称会在提示框以及图例中显示。
- data_pair：传入系列数据项。
- center：设置旭日图的中心坐标，值类型为列表，第一个元素为横坐标，第二个元素为纵坐标，支持百分比形式。
- radius：设置旭日图的半径，值类型为列表，其中第一个元素为内半径，第二个元素为外半径。
- highlight_policy：设置当鼠标移动到一个扇形块时的行为，可选值如下。“descendant”，即高亮该扇形块以及后代扇形块，淡化其他元素；“ancestor”，即高亮该扇形块以及父元素；“self”，即只高亮该元素；“none”，即不淡化其他元素。默认值为“descendant”。
- node_click：设置点击节点后的行为。当值为 False 时，点击节点无反应；当值为

"rootToNode"时，点击节点后使得该节点为根节点；当值为"link"时，如果节点数据中有 link 可完成超链接跳转。

➢ sort_：设置 value 的排序方式，可选值有"desc""asc""null"，分别表示降序、升序、不排序。
➢ levels：旭日图多层级配置。
➢ label_opts：设置标签样式，使用 series_options.LabelOpts() 进行设置。
➢ itemstyle_opts：设置图元样式，使用 series_options.ItemStyleOpts() 进行设置。

2. SunburstItem()

➢ SunburstItem() 类的作用是设置绘制旭日图的数据，其参数设置如下。
➢ value：设置该数据项的值，若该数据项中 children 非空，则该项可缺省且会设置为子元素所有 value 之和。
➢ name：设置显示在扇形块中的文字。
➢ link：设置该节点相关联的超链接，在 add() 函数中的 node_click 参数值设置为"link"时，该参数才会生效。
➢ target：设置跳转链接的方式，可选值有"blank""self"，分别表示在新窗口打开、在当前页面打开，默认值为"blank"。
➢ label_opts：设置标签样式，使用 series_options.LabelOpts() 进行设置。
➢ itemstyle_opts：设置图元样式，使用 series_options.ItemStyleOpts() 进行设置。
➢ children：设置 children 节点，该参数的值为列表结构，其中每个元素仍然是 SunburstItem，可以将这个现象当作递归嵌套来理解。

示例应用如代码 7-44 所示。

代码 7-44

```
from pyecharts.charts import Sunburst
import pyecharts.options as opts

data = [
    opts.SunburstItem(
        name=" 食品类 ",
        children=[
            opts.SunburstItem(
                name=" 零食 ",
                value=15,
                children=[
                    opts.SunburstItem(name=" 坚果 ", value=3),
                    opts.SunburstItem(
                        name=" 糕点 ",
                        value=6,
                        children=[
                            opts.SunburstItem(name=" 西式 ", value=4),
                            opts.SunburstItem(name=" 传统 ", value=2),
```

```
                        ],
                ),
                opts.SunburstItem(name="糖果", value=2),
            ],
        ),
        opts.SunburstItem(
            name="速食",
            value=20,
            children=[
                opts.SunburstItem(name="自热", value=3),
                opts.SunburstItem(name="熟食", value=6),
                opts.SunburstItem(name="方便", value=6),
            ],
        ),
        opts.SunburstItem(
            name="饮品",
            value=17,
            children=[
                opts.SunburstItem(name="乳饮", value=2),
                opts.SunburstItem(name="酒水", value=6),
                opts.SunburstItem(
                    name="冲饮",
                    value=9,
                    children=[
                        opts.SunburstItem(name="提神", value=1),
                        opts.SunburstItem(name="代餐", value=3),
                        opts.SunburstItem(name="养生", value=2),
                        ]
                    ),
            ],
        ),
        opts.SunburstItem(
            name="高端",
            value=4,
            children=[
                opts.SunburstItem(name="米其林", value=2),
            ],
        ),
    ],
),
opts.SunburstItem(
    name="服饰类",
    children=[
        opts.SunburstItem(
            name="男装",
            children=[
                opts.SunburstItem(name="轻奢", value=4),
                opts.SunburstItem(name="普通", value=5),
            ],
        ),
```

```
                opts.SunburstItem(
                    name=" 女装 ",
                    children=[
                        opts.SunburstItem(name=" 奢侈 ", value=1),
                        opts.SunburstItem(name=" 轻奢 ", value=2),
                        opts.SunburstItem(name=" 普通 ", value=5),
                        opts.SunburstItem(name=" 便宜 ", value=3),
                    ],
                )
            ],
        ),
    ]

    def sunburst1():
        c = (
            Sunburst(init_opts=opts.InitOpts(width="1000px", height="600px"))
            .add(series_name="", data_pair=data, radius=[0, "70%"])
            .set_global_opts(title_opts=opts.TitleOpts(title="Sunburst 示例 "))
            .set_series_opts(label_opts=opts.LabelOpts(formatter="{b}"))
        )
        return c
    sunburst1().render_notebook()
```

在例子中，数据都是存放在列表中的，设置区域用的是 opts.SunburstItem 函数，其中需要设置“name”“value”“children”等属性，children 属性中则是嵌套的其他区域，其中同样是用 SunburstItem 函数设置区域的各种属性。这样每一个 children 属性设置的列表都可以看作一个饼图。结果如图 7-46 所示。

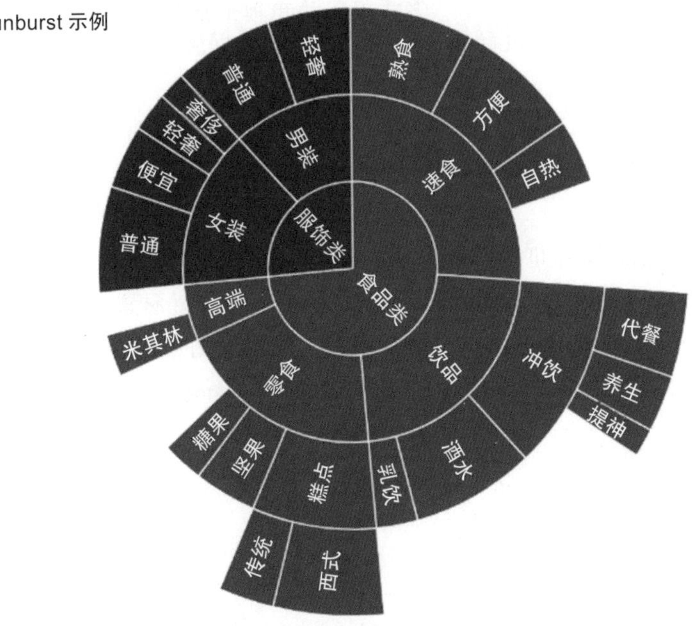

图 7-46　基本旭日图的结果展示

7.3.9 词云图

词云图（Word Cloud）是文本数据的视觉表示，由词汇组成类似云的彩色图形，用于展示大量文本数据，其中词的重要性一般以字体大小或颜色进行显示，适用于做用户画像或实现精细化营销。我们常常在各大网站甚至广告上看到词云图被用于描述关键字（标签），或对比文字的重要程度。下面介绍与词云图 wordcloud 类相关的函数 add()。

add() 函数用于传入数据，其参数设置如下。

- series_name：设置系列名称，系列名称会在提示框以及图例中显示。
- data_pair：传入系列数据，格式为 [(word01, value01), (word 02, key02), ...]。
- shape：设置词云图轮廓，可选参数有 "circle" "cardioid" "diamond" "triangle-forward" "triangle" "pentagon" "star"，默认值为 "circle"。
- mask_image：设置自定义轮廓，值类型为 str 字符串，传入的字符串应为掩膜图片，图片支持 jpg、jpeg、png、ico 等格式。
- word_gap：设置单词间隔，默认值为 20。
- word_size_range：设置单词字体大小范围。
- rotate_step：设置单词旋转角度。
- pos_left：设置距离左侧的距离。
- pos_top：设置距离顶端的距离。
- pos_right：设置距离右侧的距离。
- pos_bottom：设置距离底端的距离。
- width：设置词云图的宽度。
- height：设置词云图的高度。
- is_draw_out_of_bound：设置是否允许词云图的数据展示在画布范围之外，值类型为 bool 类型，默认值为 False。
- tooltip_opts：设置提示框样式，使用 series_options.TooltipOpts() 进行设置。
- textstyle_opts：设置词云图文字样式，使用 series_options.TextStyleOpts() 进行设置。
- emphasis_shadow_blur：设置词云图文字阴影的范围。
- emphasis_shadow_color：设置词云图文字阴影的颜色。

示例应用如代码 7-45 所示。

代码 7-45

```
from pyecharts.charts import WordCloud
import pyecharts.options as opts
from pyecharts.globals import SymbolType
words = [
    ("ANNA SUI", 8795),
    ("Estée Lauder", 5989),
    ("MARY KAY", 4921),
```

```
        ("IPSA IPSA JUVEN", 4655),
        ("BOSS black", 3415),
        ("Nina Ricci", 2033),
        ("Helena Rubinstein", 1766),
        ("ARMANI JEANS", 1649),
        ("Baby phat",1056),
        ("Basic House", 943),
        ("Alexander Wang", 810),
        ("Adidas original", 760),
        ("BCBG MAX AZRIA", 578),
        ("BOSS Orange", 560),
        ("Burberry Prorsum", 444),
        ("Calvin Klein", 349),
        ("Cheap Monday", 315),
        ("Comme Des Garcons", 296),
        ("Derek lam", 279),
        ("Diane von Furstenberg", 264),
    ]
    def wordcloud1():
        c = (
            WordCloud()
            .add("", words, word_size_range=[20, 80], shape=SymbolType.DIAMOND)
            .set_global_opts(title_opts=opts.TitleOpts(title=" 词云图示例 "))
        )
        return c
    wordcloud1().render_notebook()
```

示例中使用的数据是自定义的数据，它有一个列表结构，其中每个元素代表着一个关键词及其出现频次，频次代表了一个词出现的次数，可以看作一个词的热度，词的热度越高，词在词云图中所占的位置越大，或颜色越红。在 add() 函数中，除了传入数据外，我们还设置了 word_size_range 参数，该参数定义了词云图中各个词的大小范围；shape 参数设置的是整个词云图的整体形状，我们在此将其设置为菱形“DIAMOND”，除此之外还可以设置为“RECT”“ROUND_RECT”“TRIANGLE”“ARROW”等值。结果如图 7-47 所示。

词云图示例

ARMANI JEANS
Comme Des Garcons Nina Ricci Diane von Furstenberg
BCBG MAX AZRIA BOSS black Burberry Prorsum
Alexander Wang
Estée Lauder BOSS Orange
Calvin Klein ANNA SUI Derek lam
Baby phat MARY KAY Adidas original
Cheap Monday
IPSA IPSA JUVEN
Helena Rubinstein
Basic House

图 7-47　基本词云图的结果展示

我们还可以使用原始文本数据，利用文本处理工具统计词频。以 gene_data.txt 中的数据为例：首先利用 jieba 第三方库对一段文字进行文本划分；其次去除停用词；最后将各个词汇以空格连接形成中间数据。由于本例主要的目的是学习如何绘制词云图而不是文本处理的知识，因此此处不展示词语切分以及停用词处理的过程。代码 7-46 通过“mask_image”参数自定义了词云的形状。

代码 7-46

```
from pyecharts.charts import WordCloud
import pyecharts.options as opts
from pyecharts.globals import SymbolType
import jieba
text = open("gene_data.txt", encoding='utf8').read()
text_list = text.split()

data0 = {}
for i in text_list:
    data0[i] = data0.get(i, 0) + 1

data1 = [(key, value) for key, value in data0.items()]

def wordcloud2():
    c = (
        WordCloud()
        .add("", data1, word_size_range=[5, 40],
            word_gap=0.1,
            mask_image="mask.png"
            )
        .set_global_opts(title_opts=opts.TitleOpts(title=" 词云图示例 "))
    )
    return c
wordcloud2().render_notebook()
```

首先我们将文件中以空格分隔的文本以空格为标志进行切分，得到一个词云的列表；其次我们对列表进行遍历，并利用字典存储各个词的频数；最后我们将字典结构转化为列表结构传入 WordCloud 类中。word_gap 参数设置了词与词之间的间隔大小，mask_image 参数写的是掩模图的存放路径。

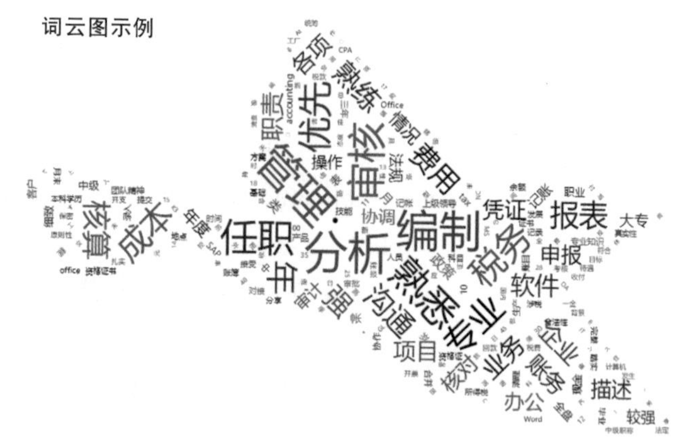

图 7-48　词云图细节设置的结果展示

结果如图 7-48 所示。

7.3.10 树形图

树形图（Treemap）是以类似于树形的结构来展示数据的从属关系，适用于展示具有明确层次关系的数据。树形图可以直观清晰地展示层次关系，但树形图无法展示各部分的占比关系。下面介绍树形图 Tree 类相关的函数。

1. add()

add() 函数用于传入数据，参数设置如下。

- series_name：设置系列名称，系列名称会在提示框以及图例中显示。
- data：设置系列数据项。
- layout：设置图的布局，可选值有“orthogonal”“radial”，分别表示正交布局、径向布局，默认值为“orthogonal”。
- symbol：树形图节点的标记图形，可选值有“emptyCircle”“circle”“rect”“roundRect”“triangle”“diamond”“pin”“arrow”“none”，默认值为“emptyCircle”。
- symbol_size：设置标记的尺寸，值类型支持数字和列表。当值为数字时，直接设置标记的尺寸；若值为列表，则列表中的两个元素分别设置标记的宽和高。
- orient：设置树图中的布局方向，可选值有“LR”“RL”“TB”“BT”，分别表示从左到右、从右到左、从上到下、从下到上，默认值为“LR”，注意该参数在 layout=“orthogonal”时生效。
- pos_left：设置距离左侧的距离。
- pos_top：设置距离顶端的距离。
- pos_right：设置距离右侧的距离。
- pos_bottom：设置距离底端的距离。
- collapse_interval：设置折叠节点间隔，用于解决因节点过多而导致的节点显示过杂的问题，默认值为 0。
- is_roam：设置是否开启鼠标缩放和平移漫游，值类型为 bool 类型，默认值为 False。
- is_expand_and_collapse：子树折叠和展开的交互，默认值为 True，即打开。
- initial_tree_depth：设置树形图初始展开的层级，根节点是第 0 层，接着是第 1 层，以此类推，当该参数设置为 -1、null 或者 undefined，即为所有节点都打开。
- label_opts：设置标签样式，使用 series_options.LabelOpts() 进行设置。
- leaves_label_opts：设置叶子节点标签样式，使用 series_options.LabelOpts() 进行设置。
- tooltip_opts：设置提示框样式，使用 series_options.TooltipOpts() 进行设置。

2. TreeItem()

TreeItem() 类用于设置数据时所使用的 TreeItem 类，其参数解释如下。

- name：设置节点的名称，用于表示节点。

➢ value：设置节点的值，将会在提示框中显示。
➢ label_opts：设置标签样式，使用 series_options.LabelOpts() 进行设置。
➢ children：设置子节点，值类型为列表结构，其中元素仍然是 TreeItem，可以看作递归嵌套。

示例应用如代码 7-47 所示。

代码 7-47

```
from pyecharts.charts import Tree
import pyecharts.options as opts
data = [
    {
        "children": [
            {"name": "B"},
            {
                "children": [{"children": [{"name": "I"}], "name": "E"},
                    {"name": "F"}],
                "name": "C",
            },
            {
                "children": [
                    {"children": [{"name": "J"}, {"name": "K"}], "name":
                        "G"},
                    {"name": "H"},
                ],
                "name": "D",
            },
        ],
        "name": "A",
    }
]

def tree1():
    c = (
        Tree()
        .add("", data)
        .set_global_opts(title_opts=opts.TitleOpts(title="Tree 示例 "))
    )
    return c
tree1().render_notebook()
```

树形图的数据结构是字典 {“name”: value1,“children”: []}，每一个节点都有两个属性值需要设置，其中“name”属性是每个节点都会有的，children 属性是可选的。若有子节点，则在 children 中设置子节点的信息；若没有子节点，则 children 属性可以不设置。

结果如图 7-49 所示。

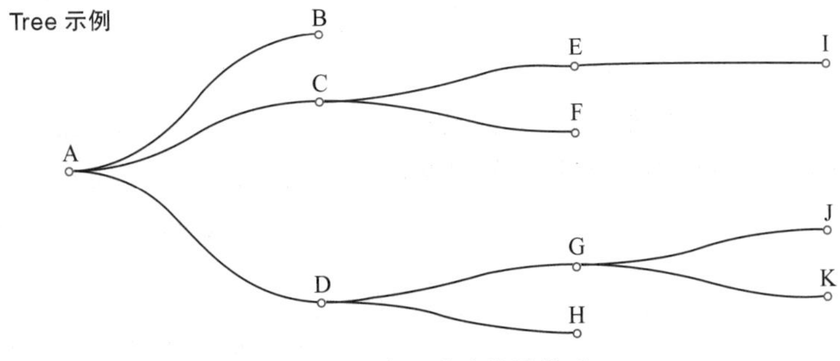

图 7-49 树形图的结果展示

我们还可以展示不同样式的树形图，如代码 7-48 所示。

代码 7-48

```
from pyecharts.charts import Tree
import pyecharts.options as opts
data = [
    {
        "name": "A",
        "children": [
            {"name": "B"},
            {
                "name": "C",
                "children": [
                    {"name": "E"},
                    {"name": "F"},
                    {"name": "L"}
                ],
            },
            {
                "name": "D",
                "children": [
                    {
                        "name": "G",
                        "children": [
                        {"name": "J"},
                        {"name": "K"},
                        {"name": "M"},
                        {"name": "N"}
                        ]
                    },
                    {"name": "H"},
                ],
            },
        ],
    }
 ]

 def tree2():
```

```
c = (
    Tree()
    .add("", data,
        orient="TB",
        pos_top="25%",
        pos_bottom="25%",
        pos_left="5%",
        pos_right="75%",
        symbol_size=7,
        label_opts=opts.LabelOpts(
            position="top",
            horizontal_align="right",
            vertical_align="middle",
            rotate=0,
        )
    )
    .add("", data,
    orient="BT",
    pos_top="25%",
    pos_bottom="25%",
    pos_left="25%",
    pos_right="55%",
    symbol="emptyCircle",
    symbol_size=7,
    label_opts=opts.LabelOpts(
        position="top",
        horizontal_align="right",
        vertical_align="middle",
        rotate=0,
        )
    )
    .add("", data,
    collapse_interval=1,
    orient="RL",
    pos_left="55%",
    pos_right="30%",
    symbol="emptyCircle",
    symbol_size=7,
    label_opts=opts.LabelOpts(
        position="top",
        horizontal_align="right",
        vertical_align="middle",
        rotate=0,
        )
    )
    .add("", data,
    pos_left="75%",
    pos_right="5%",
    layout="radial",
    symbol="emptyCircle",
```

```
            symbol_size=7,
            label_opts=opts.LabelOpts(
                position="top",
                horizontal_align="right",
                vertical_align="middle",
                rotate=0,
                )
            )
            .set_global_opts(title_opts=opts.TitleOpts(title="Tree- 基本示例 "))
        )
        return c
    tree2().render_notebook()
```

在代码 7-48 中，add() 函数中的 orient 参数用于设置树形图的方向，T 表示 top，B 表示 Bottom，R 表示 Right，L 表示 Left。因此：图中四个树形图的 orient 参数分别是“TB”“BT”“LR”“RL”；pos_top、pos_bottom、pos_left、pos_right 四个参数用于设置图形的位置；symbol_size 设置的是节点的大小；label_opts 参数设置的是节点标签的属性，其中 position 表示位置，horizontal_align、vertical_align 两个参数分别是文字水平对齐方式与文字垂直对齐方式；rotate 参数设置的是标签旋转角度，取值范围是 -90~90，当取值为负数时为顺时针，正数则为逆时针。

结果如图 7-50 所示。

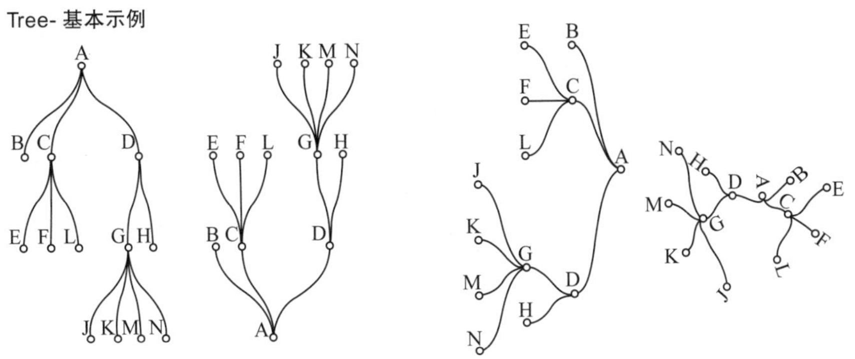

图 7-50　各种类型树形图的结果展示

7.3.11　矩形树图

矩形树图（Rectangular Tree Diagram）是一种展示层次从属关系的图类型，全称为矩形式树状结构图。在矩形树图中，数据大小用矩形的面积来体现，数据越大，面积越大，在父节点中占比也越大，而子节点的面积之和等于父节点对应的值。若不仅想要呈现数据之间的从属关系，还想要在一个图中结合数据的大小、占比等来进行对比分析，这时我们就可以用到矩形树图。很显然，矩形树图的优势在于多层级分析。下文将介绍相关的函数。

1. add()

add() 函数的作用是传入数据，其参数说明如下。

- series_name：设置系列名称，系列名称会在提示框以及图例中显示。
- data：传入系列数据。
- is_selected：是否选中图例，值类型为 bool 类型，默认是 True，在图刚完成时不会显示设置为 False 的系列数据，可以手动点击图例来调整数据的显示。
- leaf_depth：设置展示子层级的层数。
- pos_left：设置组件离容器左侧的距离。
- pos_right：设置组件离容器右侧的距离。
- pos_top：设置组件离容器顶端的距离。
- pos_bottom：设置组件离容器底端的距离。
- width：设置组件的宽度。
- height：设置组件的高度。
- square_ratio：设置矩形长宽比率，布局时会尽量靠近设置的值。
- drilldown_icon：节点下钻时的提示符，值类型为字符。
- roam：是否开启拖拽，可选值如下。False 即关闭该功能，“scale”或“zoom”即只支持缩放，“move”或“pan”即只支持平移，True 即支持缩放以及平移。
- node_click：设置点击节点后的行为。当值为 False 时，点击后无操作；当值为“zoomToNode”时，点击节点后缩放到节点；当值为“link”时，跳转链接。默认值为“zoomToNode”。
- zoom_to_node_ratio：设置点击节点后放大的比率。
- levels：设置层级，使用 TreeMapLevel() 进行配置。
- visual_min：设置当前层级的最小 value 值，缺省则自动计算。
- visual_max：设置当前层级的最大 value 值，缺省则自动计算。
- color_alpha：设置颜色透明度，取值范围为 [0, 1]。
- color_saturation：设置颜色饱和度，取值范围为 [0, 1]。
- color_mapping_by：设置同一层级节点在颜色列表中选择的依据。可选值有“value”“index”“id”，分别表示节点的值、序号或 id 映射到颜色列表中，默认值为“index”。
- visible_min：设置显示节点的阈值，若小于该阈值则不显示。
- children_visible_min：设置隐藏节点的阈值，若小于该阈值则隐藏节点细节，待鼠标缩放节点时重新显示。
- label_opts：设置标签样式，使用 series_options.LabelOpts() 进行设置。
- upper_label_opts：设置父级标签样式，使用 series_options.LabelOpts() 进行设置。
- tooltip_opts：设置提示框样式，使用 series_options.TooltipOpts() 进行设置。
- itemstyle_opts：设置图元样式，使用 series_options.ItemStyleOpts() 进行设置。

- breadcrumb_opts：设置面包屑组件，使用 TreeMapBreadcrumb() 进行设置。

2. TreeMapLevelOpts()

TreeMapLevelOpts() 类的作用是设置层级属性，在 add 函数中 levels 参数会使用到该类，参数说明如下。

- color_alpha：设置矩形颜色的透明度，取值范围为 [0, 1]。
- color_saturation：设置矩形颜色的饱和度，取值范围为 [0, 1]。
- color_mapping_by：设置同一层级节点在颜色列表中选择的依据。可选值有“value”“index”“id”，分别表示节点的值、序号或id映射到颜色列表中，默认值为“index”。
- treemap_itemstyle_opts：设置矩形树图的 Item 样式，使用 TreeMapItemStyleOpts() 进行配置。
- label_opts：设置标签样式，使用 series_options.LabelOpts() 进行设置。
- upper_label_opts：设置父级标签样式，使用 series_options.LabelOpts() 进行设置。

3. TreeMapItemStyleOpts()

- color：设置矩形的颜色。
- color_alpha：设置矩形颜色的透明度，取值范围为 [0, 1]。
- color_saturation：设置矩形颜色的饱和度，取值范围为 [0, 1]。
- border_color：设置矩形边框和矩形间隔的颜色。
- border_width：设置矩形边框线宽，默认值为 0。
- border_color_saturation：设置矩形边框的颜色的饱和度，取值范围为 [0, 1]。
- gap_width：设置矩形内部子矩形（子节点）的间隔距离。
- stroke_color：设置矩形的描边颜色。
- stroke_width：设置矩形的描边宽度。

4. TreeMapBreadcrumbOpts()

- is_show：设置组件是否显示，值类型为 bool 类型。
- pos_left：设置组件离容器左侧的距离。
- pos_right：设置组件离容器右侧的距离。
- pos_top：设置组件离容器顶端的距离。
- pos_bottom：设置组件离容器底端的距离。
- height：设置面包屑的高度。
- empty_item_width：设置面包屑为空时的最小宽度。
- item_opts：设置图元样式，使用 series_options.ItemStyleOpts() 进行设置。

示例应用如代码 7-49 所示。

代码 7-49

```
from pyecharts.charts import TreeMap
import pyecharts.options as opts
```

```
data = [
    {
        "name": "A",
        "value": 94,
        "children": [
            {
                "name": "B",
                "value": 10,
            },
            {
                "name": "C",
                "value": 33,
                "children": [
                    {"name": "E", "value": 8},
                    {"name": "F", "value": 15},
                    {"name": "L", "value": 10}
                ],
            },
            {
                "name": "D",
                "value": 51,
                "children": [
                    {
                        "name": "G",
                        "value": 38,
                        "children": [
                        {"name": "J", "value": 17},
                        {"name": "K", "value": 5},
                        {"name": "M", "value": 7},
                        {"name": "N", "value": 9}
                        ]
                    },
                    {"name": "H", "value": 13},
                ],
            },
        ],
    }
]

def treemap():
    c = (
        TreeMap()
        .add("", data)
        .set_global_opts(
            title_opts=opts.TitleOpts(title="TreeMap 示例 "),
            visualmap_opts=opts.VisualMapOpts(
                max_=20,
                min_=0,
            ),
        )
```

```
    )
    return c
treemap().render_notebook()
```

结果如图 7-51 所示。

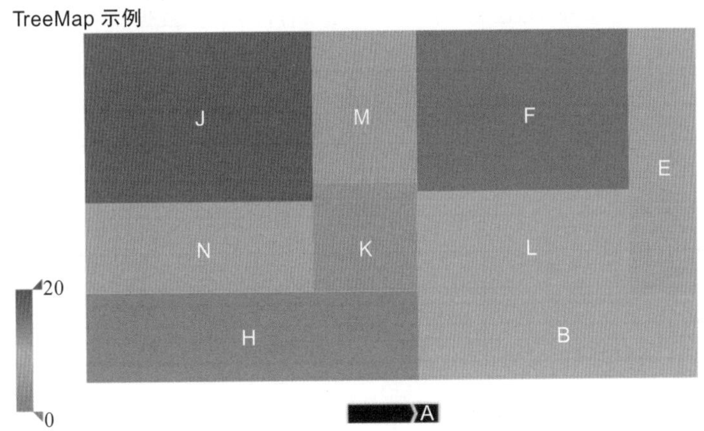

图 7-51　矩形树图的结果展示

7.4　地理图

地理图基于真实的地图，以高亮或不同颜色的形式来显示不同地域的某一指标水平或数值密度。地理图常常会用于不同地域的人口密度、天气、收入等场景的可视化。由此可见，地理热力图是一个显示双变量的图表类型，一个变量是地点，另一个变量是数值型变量。地理热力图的特点是将数据呈现在真实地理坐标上，因此在绘制地图之前需要安装相应的地图数据包，否则画出的地理热力图就不完整。地图文件分为全球国家地图 echarts-countries-pypkg、中国省级地图 echarts-china-provinces-pypkg、中国市级地图 echarts-china-cities-pypkg。首先，pip 安装地图文件包，读者可选自己需要的包进行安装：

```
pip install echarts-countries-pypkg
pip install echarts-china-provinces-pypkg
pip install echarts-china-cities-pypkg
pip install echarts-china-counties-pypkg
pip install echarts-china-misc-pypkg
pip install echarts-united-kingdom-pypkg
```

完成地理数据文件的安装之后，同样需要准备数据，代码 7-50 中使用的数据是随机生成的，使用 pandas 包读入数据。

代码 7-50

```
import pandas

data1 = pd.read_csv("./data/map_data.csv", header=None)
```

```
province = list(data1[0])
values = list(data1[1])
```

具体数据如表 7-2 所示。

表 7-2 绘制地图所用数据展示

省级行政区	数据	省级行政区	数据	省级行政区	数据	省级行政区	数据
安徽	1 980	河北	636	内蒙古	150	天津	272
澳门	20	河南	1 256	宁夏	147	西藏	2
北京	827	黑龙江	960	青海	36	香港	194
福建	592	湖北	2 500	山东	1 516	新疆	152
甘肃	182	湖南	2 036	山西	266	云南	348
广东	2 312	吉林	186	陕西	490	浙江	2 423
广西	504	江苏	1 262	上海	674	重庆	1 152
贵州	292	江西	1 870	四川	1 076		
海南	336	辽宁	244	台湾	80		

在准备的数据中各个省级行政区的写法，默认不加“省”或者“市”等字，若加了这些字（例如将湖北写作湖北省、将上海写作上海市）将无法将数据对应到地图上，绘制出来的图无法显示相应的数据。

在 Pyecharts 中，地理图共有三种，下面依次进行介绍。

7.4.1 Map 地图

add() 函数的作用是传入数据，函数参数说明如下。

- series_name：设置系列名称，系列名称会在提示框以及图例中显示。
- data_pair：设置数据项，格式为 [(name01, value01), (name02, value02), ...]。
- maptype：设置地图类型，默认值为“china”。
- is_selected：是否选中图例，值类型为 bool 类型，默认值为 True，在图刚完成时不会显示设置为 False 的系列数据，可以手动点击图例来调整数据的显示。
- is_roam：设置是否开启鼠标缩放和平移漫游，值类型为 bool 类型，默认值为 True。
- center：设置当前视图的中心点，用经纬度表示。
- zoom：设置当前视角的缩放比例，默认值为 1。
- name_map：设置自定义地区的名称映射，值类型为字典结构。
- symbol：设置标记图形。
- is_map_symbol_show：设置是否显示标记图形，值类型为 bool 类型，默认值为 True，即显示。
- label_opts：设置标签样式，使用 series_options.LabelOpts() 进行设置。
- tooltip_opts：设置提示框样式，使用 series_options.TooltipOpts() 进行设置。
- itemstyle_opts：设置图元样式，使用 series_options.ItemStyleOpts() 进行设置。

➢ emphasis_label_opts：设置高亮标签，使用 series_options.LabelOpts() 进行设置。
➢ emphasis_itemstyle_opts：设置高亮图元样式，使用 series_options.ItemStyleOpts() 进行设置。

示例应用如代码 7-51 所示。

代码 7-51

```
from pyecharts import options as opts
from pyecharts.charts import Map
def map1():
    c = (
        Map()
        .add("", [list(z) for z in zip(province, values)], "china")
        .set_global_opts(title_opts=opts.TitleOpts(title="Map 示例 "))
    )
    return c

map1().render_notebook()
```

首先用 pandas 库中的 read_csv() 函数读取 map_data.csv 中的数据，分别是省级行政区和省级行政区对应的数据，并将数据转成列表结构传入 add() 中，在 add() 中需要修改 maptype 参数的类型，该参数可以指定不同的地图类型，例如中国地图、世界地图、某省级行政区地图、某市级地图，本例中设置其为"china"，即中国地图。

默认的地理图中没有填充颜色，当鼠标移动到各个省级行政区后才能显示该省级行政区对应的数值，这种效果不能直观快速地了解各个省级行政区的情况，需要对其进行进一步的改进。代码 7-52 实现了将数据与颜色相关联。

代码 7-52

```
from pyecharts import options as opts
from pyecharts.charts import Map
def map2():
    c = (
        Map()
        .add("", [list(z) for z in zip(province, values)], "china")
        .set_global_opts(
title_opts=opts.TitleOpts(title="Map 示例 "),
            visualmap_opts=opts.VisualMapOpts(max_=2500, min_=min(values)))
    )
    return c
map2().render_notebook()
```

相比于上例中最基本的代码，本例中在 set_global_opts() 函数中设置了 visualmap_opts 参数，这样就可以将各个地区的数据与颜色关联。

我们还可以去除省级行政区的标签，并更改 visualmap 的类型，使其成为分段的类型，如代码 7-53 所示。

代码 7-53

```
from pyecharts import options as opts
from pyecharts.charts import Map
def map3():
    c = (
        Map()
        .add("", [list(z) for z in zip(province, values)], "china")
        .set_series_opts(label_opts=opts.LabelOpts(is_show=False))
        .set_global_opts(title_opts=opts.TitleOpts(title="Map 示例"),
                         visualmap_opts=opts.VisualMapOpts(
                             max_=max(values),
                             min_=min(values),
                             is_piecewise=True
                         )
                        )
    )
    return c
map3().render_notebook()
```

省级行政区的名称标签需要在 set_series_opts() 函数中进行设置，将 label_opts 参数传入 LabelOpts() 函数，并将其中的 is_show 参数的值设置为 False，就可以不显示地图的省级行政区标签。visualmap_opts 中设置 visualmap 是否分段的参数是 is_piecewise，之前在其他热力图中也介绍过该参数，将 is_piecewise 的值设置为 True 即可实现分段的效果。

7.4.2 Geo 地理坐标系

本小节介绍的仍旧是地图，但使用的类是 Geo 而非 Map，在 Geo 地理坐标系中支持绘制散点图、线集，而 Map 地图主要用于地理区域数据的可视化。在最终的地图中，Geo 默认显示的标签是纬度值，若想要显示数值、类目值等数据则需要使用回调函数。在传入数据方面都支持直接写省级行政区的名字，但需要注意的是，在 Map 中若写了不存在的地名只是不显示，在 Geo 中则会报错。

Geo 类中相比于其他图的类中多了一个参数，以下将列出 Geo() 类中的参数并进行解释说明。

- init_opts：设置初始化参数，使用 global_options.InitOpts() 进行设置。
- is_ignore_nonexistent_coord：是否忽略不存在的坐标，值类型为 bool 类型，默认值为 False，即不忽略。

下面介绍 Geo 相关的函数。

1. add()

add() 函数的作用是传入数据，函数参数说明如下。

- series_name：设置系列名称，系列名称会在提示框以及图例中显示。
- data_pair：传入系列数据，格式为 [(key01, value01), (key02, value02), ...]。

- type_：设置图表类型，可选值有 “scatter” “effectScatter” “heatmap” ” lines” 4 种，使用时需要用 GeoType 进行引入，例如 GeoType.SCATTER。
- is_selected：是否选中图例，值类型为 bool 类型，默认值为 True。
- symbol：设置标记点的形状。
- symbol_size：设置标记点的大小。
- blur_size：设置点的大小，默认值为 20。
- point_size：设置点模糊的大小，默认值为 20。
- color：设置系列 label 颜色。
- is_polyline：设置是否多线段，当 type_ 设置为 lines 时有效。
- is_large：是否启用大规模线图的优化，一般在数据量多的时候开启。
- trail_length：设置特效尾迹的长度，取值范围为 [0, 1]，默认值为 0.2。
- large_threshold：开启绘制优化的阈值，默认值为 2 000。
- progressive：配置该系列每一帧渲染的图形数，默认值为 400。
- progressive_threshold：设置开启渐进式渲染的阈值，默认值为 3 000，大于该阈值则使用渐进式渲染。
- label_opts：设置标签样式，使用 series_options.LabelOpts() 进行设置。
- effect_opts：设置涟漪特效，使用 series_options.EffectOpts() 进行设置。
- linestyle_opts：设置线样式，使用 series_options.LineStyleOpts() 进行设置。
- tooltip_opts：设置提示框样式，使用 series_options.TooltipOpts() 进行设置。
- itemstyle_opts：设置图元样式，使用 series_options.ItemStyleOpts() 进行设置。
- render_item：用于使开发者提供图形渲染的逻辑。
- encode：定义 data 的某个维度的编码方式。

2. add_schema()

- maptype：设置地图类型，默认值为 “china”。
- is_roam：设置是否开启鼠标缩放和平移漫游，默认值为 True。
- zoom：设置当前视角的缩放比例，默认值为 1。
- center：设置当前视角的中心点，值为经纬度，例如 [115.97, 29.71]。
- label_opts：设置标签样式，使用 series_options.LabelOpts() 进行设置。
- itemstyle_opts：设置图元样式，使用 series_options.ItemStyleOpts() 进行设置。
- emphasis_itemstyle_opts：设置高亮状态下的多边形样式，使用 series_options.ItemStyleOpts() 进行设置。
- emphasis_label_opts：设置高亮状态下的标签样式，使用 series_options.LabelOpts() 进行设置。

3. add_coordinate()

add_coordinate() 函数的作用是新增坐标点，函数以及参数说明如下。

➢ name：坐标地名名称。

➢ longitude：经度。

➢ latitude：纬度。

4. add_coordinate_json()

add_coordinate_json() 函数的作用是以 JSON 文件格式新增多个坐标点，函数以及参数说明如下。

➢ json_file：json 文件的地址，值类型为 str 字符串类型。

注：json 文件的格式为 { “name” : [longitude01, latitude01], “name” : [longitude02, latitude01], ...}。

5. get_coordinate()

➢ name：地点名称。

6. 设置匹配阈值

Geo 图的坐标引用自 pyecharts.datasets.COORDINATES，COORDINATES 是一个支持模糊匹配的字典类。可设置匹配的阈值：

```
from pyecharts.datasets import COORDINATES
COORDINATES.cutoff = 0.75
```

注：cutoff 值设置的越大，则相似性越高，最大值为 1，默认值为 0.6。

示例应用如代码 7-54 所示。

代码 7-54

```
from pyecharts import options as opts
from pyecharts.charts import Geo
from pyecharts.globals import GeoType

def geo1():
    c = (
        Geo()
        .add_schema(maptype="china")
        .add(
            "",
            [list(z) for z in zip(province, values)],
            type_=GeoType.EFFECT_SCATTER,
        )
        .set_series_opts(
            label_opts=opts.LabelOpts(is_show=False,)
)
        .set_global_opts(
            title_opts=opts.TitleOpts("Geo 示例 ",),
            visualmap_opts=opts.VisualMapOpts(max_=2500, min_=min(values),
            )
        )
```

```
    )
    return c
geo1().render_notebook()
```

本例中使用的数据是上一小节中的地理数据，本例中默认是以散点来进行标记，但是为散点增加了涟漪特效以及增加了 visualmap 以展示数据的大小。

我们还可以在图上展示地区之间的关系，如代码 7-55 所示。

代码 7-55

```
from pyecharts import options as opts
from pyecharts.charts import Geo
from pyecharts.globals import GeoType, SymbolType, GeoType

def geo2():
    c = (
        Geo()
        .add_schema(maptype="china")
        .add(
            "",
            [list(z) for z in zip(province, values)],
            type_=GeoType.HEATMAP,
        )
        .add("", [("湖北", "广东"), ("湖北", "辽宁"),
                  ("湖北", "西藏"), ("湖北", "内蒙古"),
                  ("湖北", "甘肃"), ("湖北", "天津")],
            type_=ChartType.LINES,
            effect_opts=opts.EffectOpts(
                symbol=SymbolType.ARROW,
                color="#B2DFDB",
                symbol_size=10,
            ),
            linestyle_opts=opts.LineStyleOpts(
                curve=0.2,
                color="#D32F2F",
            ),
        )
        .set_series_opts(
            label_opts=opts.LabelOpts(
                is_show=False,
            )
        )
        .set_global_opts(
            title_opts=opts.TitleOpts(
                "Geo 示例",
            ),
            visualmap_opts=opts.VisualMapOpts(
                max_=2500, min_=min(values),
            )
        )
```

```
    )
    return c
geo2().render_notebook()
```

本例中将散点改为了 heatmap 类型，用有颜色的云雾状图形来展示数据的大小，这样看起来比散点图更加直观，但是数据以及省级行政区等详细信息的表述清晰程度就会相应下降，我们需要在不同的场景使用不同的类型来达到想要的效果。除此之外，还增加了线集来展示不同城市之间的联系数据，本例中还相应利用 linestyle_opts 参数设置线的曲度（curve）、颜色（color）等效果。需要注意的是，线集所使用的数据格式不再是地名 + 数值，而是地名 + 地名，这样才能展示两个地点之间的联系。

7.4.3 BMap 百度地图

之前介绍的两个地图类型 Map、Geo 都是用线条轮廓来展示各个地点，若是想要用百度地图上面那种能看清地形、街道、店面等细节的地图，就可以使用本小节介绍的 BMap 百度地图。需要注意的是，Geo、Map 使用的地图数据用的是下载的地图文件数据包，而百度地图的数据需要直接用到百度地图官方提供的数据。这是因为百度地图的渲染效果是有目共睹的，显然不是数据包就可以解决的。幸运的是，百度地图官方免费提供接口使用百度地图，而我们只需要在网址 https://lbsyun.baidu.com/apiconsole/center 中注册，即可获取 AK 免费使用地图数据。

百度地图 BMap 类和 Geo 一样比其他图表类多了一个参数，说明如下。

- init_opts：设置初始化参数，使用 global_options.InitOpts() 进行设置。
- is_ignore_nonexistent_coord：是否忽略不存在的坐标，值类型为 bool 类型，默认值为 False，即不忽略。

下面介绍与 BMap 有关的函数。

1. add()。

add() 函数的作用是传入数据，函数以及参数说明如下。

- series_name：设置系列名称，系列名称会在提示框以及图例中显示。
- data_pair：传入系列数据，格式为 [(key01, value01), (key02, value02), ...]。
- type_：设置图表类型，可选值有“scatter”“effectScatter”“heatmap”“lines”4 种，使用时需要用 GeoType 进行引入，例如 GeoType.SCATTER。
- is_selected：是否选中图例，值类型为 bool 类型，默认值为 True。
- symbol：设置标记点的形状。
- symbol_size：设置标记点的大小。
- color：设置系列 label 颜色。
- is_polyline：设置是否多线段，当 type_ 设置为 lines 时有效。
- is_large：是否启用大规模线图的优化，一般在数据量多的时候开启。

- large_threshold：开启绘制优化的阈值，默认值为 2 000。
- label_opts：设置标签样式，使用 series_options.LabelOpts() 进行设置。
- effect_opts：设置涟漪特效，使用 series_options.EffectOpts() 进行设置。
- linestyle_opts：设置线样式，使用 series_options.LineStyleOpts() 进行设置。
- tooltip_opts：设置提示框样式，使用 series_options.TooltipOpts() 进行设置。
- itemstyle_opts：设置图元样式，使用 series_options.ItemStyleOpts() 进行设置

2. add_schema()

add_schema() 函数的作用是设置地图的参数，参数说明如下。

- baidu_ak：这里的参数写从百度地图中申请得到的 AK 值。
- is_roam：设置是否开启鼠标缩放和平移漫游，默认值为 True。
- zoom：设置当前视角的缩放比例，默认值为 1。
- center：设置当前视角的中心点，值为经纬度，例如 [115.97, 29.71]。
- map_style：地图样式配置。

3. add_control_panel()

add_control_panel() 函数的作用是设置平移缩放控件，参数如下。

- navigation_control_opts：设置地图的平移缩放控件，使用BMapNavigationControlOpts() 进行设置。
- overview_map_opts：设置缩略地图控件，使用 BMapOverviewMapControlOpts() 进行设置。
- scale_control_opts：设置比例尺控件，使用 BMapScaleControlOpts() 进行设置。
- maptype_control_opts：设置切换地图类型的控件，使用 BMapTypeControlOpts() 进行设置。
- copyright_control_opts：设置版权控件，增加自己的版权信息，使用 BMapCopyright-TypeOpts() 进行设置。
- geo_location_control_opts：设置地图定位的控件，使用 BMapGeoLocationControlOpts() 进行设置。

4. BMapNavigationControlOpts：地图的平移缩放控件

- position：设置控件的停靠位置，需要调用BMapType类中的值，可选值有ANCHOR_TOP_LEFT、ANCHOR_TOP_RIGHT、ANCHOR_BOTTOM_LEFT、ANCHOR_BOTTOM_RIGHT，分别表示地图的左上角、右上角、左下角、右下角。
- offset_width：设置控件的水平偏移量，默认值为 10。
- offset_height：设置控件的竖直偏移量，默认值为 10。
- type_：设置平移缩放控件的类型，需要调用 BMapType 类中的值，可选值有 NAVIGATION_CONTROL_LARGE、NAVIGATION_CONTROL_SMALL、NAVIGATION_CONTROL_PAN、NAVIGATION_CONTROL_ZOOM，分别表示平

移缩放滑块、仅含平移缩放、仅含平移、仅含缩放。

- is_show_zoom_info：设置是否显示级别提示信息，默认值为 False。
- is_enable_geo_location：设置控件是否集成定位功能，默认值为 False。

5. BMapOverviewMapControlOpts：缩略地图控件

- position：设置控件的停靠位置，需要调用BMapType类中的值，可选值有ANCHOR_TOP_LEFT、ANCHOR_TOP_RIGHT、ANCHOR_BOTTOM_LEFT、ANCHOR_BOTTOM_RIGHT，分别表示地图的左上角、右上角、左下角、右下角。
- offset_width：设置控件的水平偏移量，默认值为 10。
- offset_height：设置控件的竖直偏移量，默认值为 50。
- is_open：设置缩略地图添加到地图后的开合状态，默认值为 False。

6. BMapScaleControlOpts：比例尺控件

- position：设置控件的停靠位置，需要调用BMapType类中的值，可选值有ANCHOR_TOP_LEFT、ANCHOR_TOP_RIGHT、ANCHOR_BOTTOM_LEFT、ANCHOR_BOTTOM_RIGHT，分别表示地图的左上角、右上角、左下角、右下角。
- offset_width：设置控件的水平偏移量，默认值为 10。
- offset_height：设置控件的竖直偏移量，默认值为 50。

7. BMapTypeControl：切换地图类型的控件

- position：设置控件的停靠位置，需要调用BMapType类中的值，可选值有ANCHOR_TOP_LEFT、ANCHOR_TOP_RIGHT、ANCHOR_BOTTOM_LEFT、ANCHOR_BOTTOM_RIGHT，分别表示地图的左上角、右上角、左下角、右下角。
- type_：设置地图类型，需要调用 BMapType 类中的值，可选值有 MAPTYPE_CONTROL_HORIZONTAL、MAPTYPE_CONTROL_DROPDOWN、MAPTYPE_CONTROL_MAP。

8. BMapCopyrightType：版权控件

- position：设置控件的停靠位置，需要调用BMapType类中的值，可选值有ANCHOR_TOP_LEFT、ANCHOR_TOP_RIGHT、ANCHOR_BOTTOM_LEFT、ANCHOR_BOTTOM_RIGHT，分别表示地图的左上角、右上角、左下角、右下角。
- offset_width：设置控件的水平偏移量，默认值为 10。
- offset_height：设置控件的竖直偏移量，默认值为 50。
- copyright_：设置 Copyright 的文本内容，可以放入 HTML 标签。

9. BMapGeoLocationControlOpts：地图定位的控件

- position：设置控件的停靠位置，需要调用BMapType类中的值，可选值有ANCHOR_TOP_LEFT、ANCHOR_TOP_RIGHT、ANCHOR_BOTTOM_LEFT、ANCHOR_BOTTOM_RIGHT，分别表示地图的左上角、右上角、左下角、右下角。

➢ offset_width：设置控件的水平偏移量，默认值为 10。
➢ offset_height：设置控件的竖直偏移量，默认值为 50。
➢ is_show_address_bar：是否显示定位信息面板，默认值为 True。
➢ is_enable_auto_location：设置添加控件时是否进行定位，默认值为 False。

示例应用如代码 7-56 所示。

代码 7-56

```
from pyecharts.charts import BMap
import pyecharts.options as opts

def bmap():
    c = (
        BMap()
        .add_schema(
            baidu_ak="BAIDU_AK",
            center=[120.13066322374, 30.240018034923],
        )
        .add(
            "",
            [list(z) for z in zip(province, values)],
        )
        .set_global_opts(
            title_opts=opts.TitleOpts(
                "百度地图示例",
            )
        )
    )
    return c
bmap().render_notebook()
```

◎ 本章小结

本章首先通过一些简单的案例对 Pyecharts 可视化库的功能进行了初步展示，接下来详细介绍了如何利用 Pyecharts 绘制常见的统计图，包含柱形图、箱线图、散点图、热力图、K 线图、折线图等，并介绍了如何使用 overlap() 函数对多个图表进行叠加。同时，本章还介绍了若干特色图表，如日历热力图、漏斗图、关系图、饼图、水球图、仪表盘、雷达图、旭日图、词云图、树形图、矩形树图等的绘制方法。另外，本章也对运用 Pyecharts 绘制地理图表的方法进行了简要介绍。

◎ 课后习题

1. 列举其他几种可视化的工具，并将其与 Pyecharts 进行比较。

2. Pyecharts 的优势在哪里？
3. 回忆用 Pyecharts 绘图的简要流程。
4. Pyecharts 的特点是什么？
5. 几乎大部分图表中都有 add() 函数，它们各有什么不同？

◎ 思考题

1. 思考 Pyecharts 适用的场景。
2. 思考同一类图表中有什么共有的特点。
3. 思考不同类或函数中的参数之间有什么联系。
4. 思考 Pyecharts 中各种函数以及类设置的规律。

C H A P T E R 8

第8章

Pyecharts 进阶

8.1 Pyecharts 进阶简介

上一章介绍了 Pyecharts 绘制各类型图表的相关函数用法以及使用示例。相信细心的读者可以发现，上一章在介绍参数值时常常会提到全局配置项（global_options）和系列配置项（series_options）这两个名词，在设置图表的各种属性时常常会使用到全局配置项和系列配置项中的函数。那么，它们究竟是什么？我们应该怎么去理解呢？本章将会讲解 Pyecharts 的各种配置项。

图 8-1 是本章知识结构的思维导图。

Pyecharts 将各种配置项分为两类：①全局配置项；②系列配置项。全局配置项（Global Options）中类的作用效果往往会体现在图的某一个地方，可以理解为全局配置项的受体是所绘制图的整个容器。系列配置项（Series Options）恰恰与其相反，其中各种类所设置的并不能视为一个独立的部分，而是附加在其他已有的组件上。系列配置项相较于全局配置项来说所设置的属性效果没有那么明显，该部分功能的迁移性也更强，其中的类常常以接口的形式出现在其他函数的参数中。举个通俗的例子：假如我们需要完成一篇论文，论文的核心部分无疑就是文字部分，它相当于图中用于呈现数据说明问题的主体部分，全局配置项相当于在设置论文的封面、页码、目录等辅助呈现主体文字部分的各种组件，而系列配置项相当于设置字体、字号、行距、颜色等附加在其他组件上的各种属性。

全局配置项中常用的类在图中对应区域如图 8-2 所示。

从图 8-2 中我们可以看到，图的标题、图例、工具箱、坐标轴、区域缩放、视觉映射、提示框、指示器等构成图的组件都被划分到全局配置项中。系列配置项所涉及的部分有标签、文字样式、线样式、点样式、区域样式、涟漪效果、图元样式等。

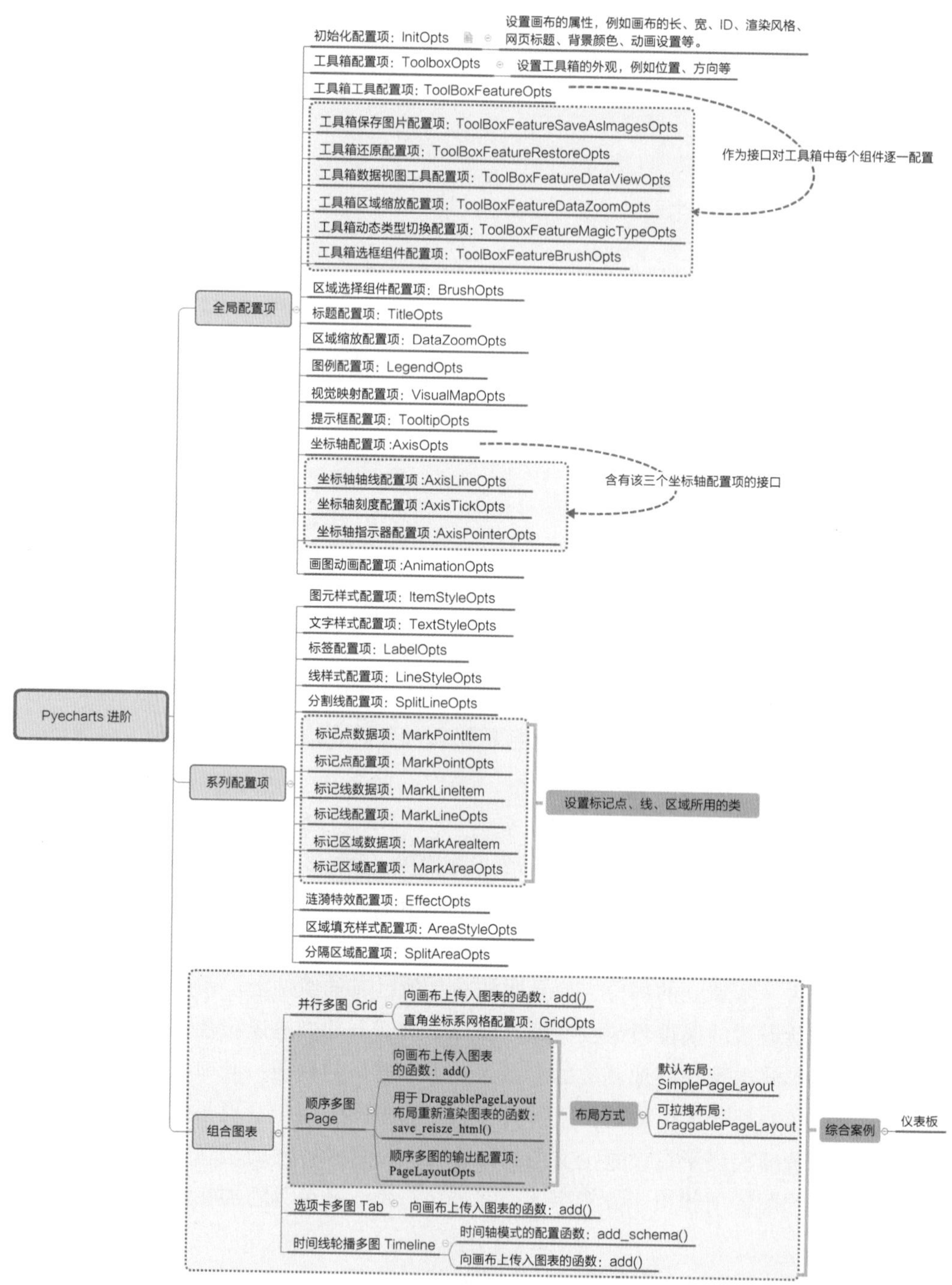

图 8-1　第 8 章知识结构思维导图

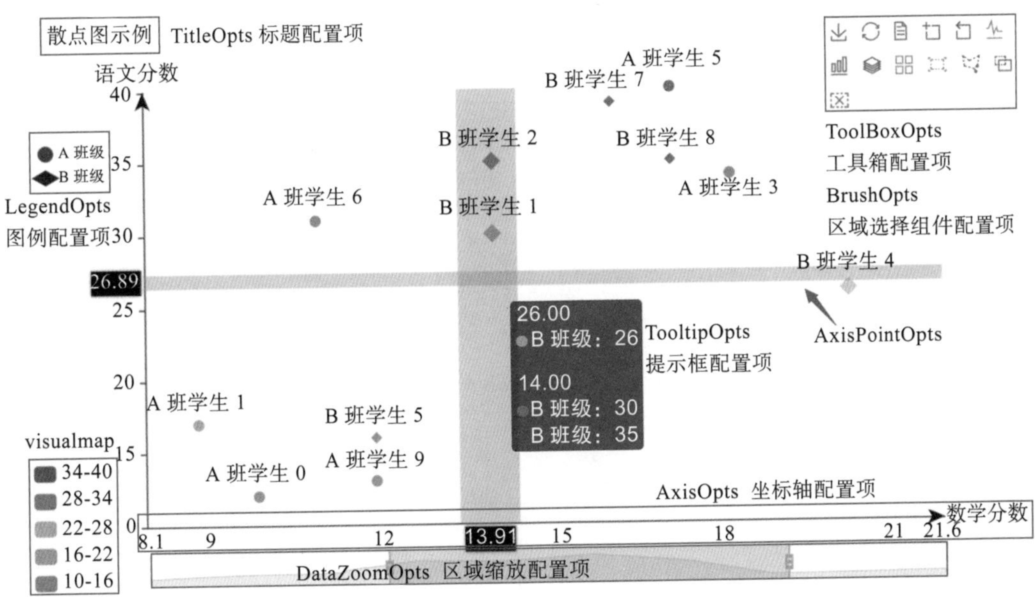

图 8-2　全局配置项

8.2 全局配置项

8.2.1 初始化配置项

在 Pyecharts 包中基本上每一个不同类型图表对应的类都有一个初始化配置项，该配置项主要是对画布的属性进行设置，其中还能对图表的动画进行设置。语法格式为：

```
XXX(
init_opts=opts.InitOpts()
)
```

其中 XXX 表示任意一个图表类，InitOpts() 类的参数解释如下。

- width：图表画布的宽度，单位是像素，值类型为 str 字符串，默认值为“900px”。
- height：图表画布的高度，单位是像素，值类型为 str 字符串，默认值为“500px”。
- chart_id：图表 ID，值类型为 str 字符串，在多图表时用于区分不同图表的唯一标识 ID。
- renderer：渲染风格，值可以是 RenderType.CANVAS 以及 RenderType.SVG。
- page_title：网页标题，值类型为 str 字符串，默认值为“Awesome-pyecharts”。
- theme：图标主题，值类型为 str 字符串，默认值为“white”。
- bg_color：背景颜色，值类型为 str 字符串。
- js_host：远程 js host，默认值为“https://assets.pyecharts.org/assets/”。
- animation_opts：动画初始化配置，这里的参数需要用到 AnimationOpts()。

代码 8-1 展示了示例操作。

代码 8-1

```
from pyecharts.charts import Bar
from pyecharts.faker import Faker
import pyecharts.options as opts

def MyFunc01():
    c = (
        Bar(init_opts=opts.InitOpts(width="1000px", height="600px"))
        .add_xaxis(Faker.choose())
        .add_yaxis("", Faker.values())
    )
    return c
MyFunc01().render_notebook()
```

结果如图 8-3 所示。

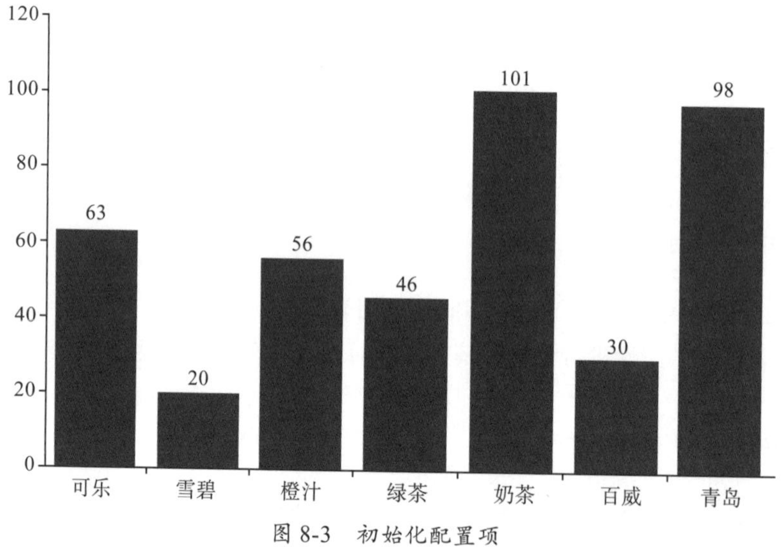

图 8-3 初始化配置项

在本例中，我们可以看到，实现效果与没有设置画布长宽时区别不大，但其实画布的大小发生了改变，当将其转换为图片时能够更加清晰地感觉到图片大小的变化。在使用时，我们常常改变画布的长宽来调整图片的清晰度。

8.2.2 工具箱配置项

工具箱配置项用于设置工具箱的形式、位置等属性，常常在 set_global_opts() 函数中应用，使用时的语法格式：

```
XXX().set_global_opts(
toolbox_opts=opts.ToolboxOpts())
```

其中 XXX 为任意一个图表类，ToolboxOpts() 类中的参数解释如下。

- is_show：是否显示工具栏，值类型为布尔类型。
- orient：工具栏的显示方位，值类型为str字符串，可选值有“horizontal”、”vertical”。
- pos_left：工具栏离图表左侧边界的距离。
- pos_right：工具栏离图表右侧边界的距离。
- pos_top：工具栏离图表上部边界的距离。
- pos_bottom：工具栏离图表底部边界的距离。
- feature：工具箱中的各个工具的配置项，使用到 ToolBoxFeatureOpts() 类对其进行设置。

与位置相关参数（以 pos 为前缀的四个参数）的各种取值对应的效果说明如表 8-1 所示。

表 8-1　ToolboxOpts() 参数表

参数	值	说明
pos_left、pos_right	“left”	左对齐
	“center”	居中
	“right”	右对齐
	“20” 或 20	具体像素值
	“20%”	相对于容器宽的百分比
pos_top、pos_bottom	“top”	顶端对齐
	“middle”	居中
	“bottom”	底端对齐
	“20” 或 20	具体像素值
	“20%”	相对于容器高的百分比

代码 8-2 展示了示例操作。

代码 8-2

```
from pyecharts.charts import Bar
from pyecharts.faker import Faker
import pyecharts.options as opts

def MyFunc02():
    c = (
        Bar()
        .add_xaxis(Faker.choose())
        .add_yaxis("", Faker.values())
        .set_global_opts(
            toolbox_opts=opts.ToolboxOpts(
                is_show=True,
                orient="horizontal",
                pos_top="5%",
                pos_left="center"
            )
        )
    )
```

```
    return c
MyFunc02().render_notebook()
```

结果如图 8-4 所示。

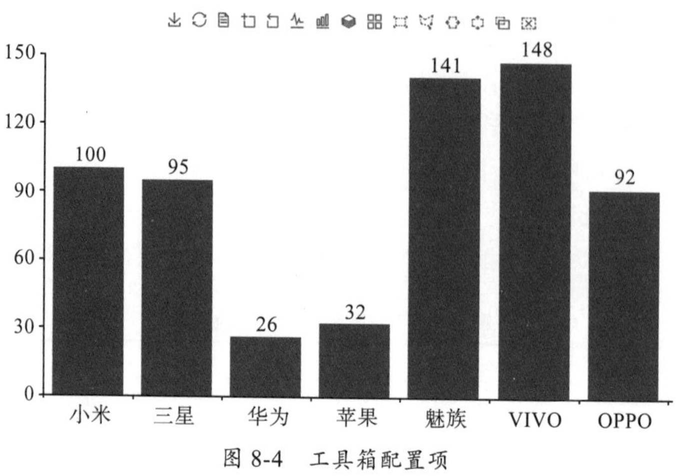

图 8-4 工具箱配置项

8.2.3 工具箱工具配置项

工具箱工具中包含保存图片、还原、数据视图、区域缩放、动态类型切换、选框组件控制等组件，我们可以对此进行设置。工具箱工具配置项是 ToolboxOpts() 类与其他组件配置项的连接。

```
XXX().set_global_opts(
        toolbox_opts=ToolboxOpts(
            feature=opts.ToolBoxFeatureOpts()
        )
    )
```

- save_as_image：保存为图片工具组件的配置，使用ToolBoxFeatureSaveAsImageOpts()类对该组件进行配置。
- restore：还原图形操作组件的配置，使用 ToolBoxFeatureRestoreOpts() 类对该组件进行配置。
- data_view：数据视图工具，用来展示当前图表所使用的数据，可以进行编辑更新以实时调整当前的图表，使用 ToolBoxFeatureDataViewOpts() 类进行配置。
- data_zoom：数据区域缩放项配置，该组件只对直角坐标系的图表缩放有效果，使用 ToolBoxFeatureDataZoomOpts() 类进行配置。
- magic_type：动态类型切换，即实时更改当前数据的图表类型，使用 ToolBoxFeature-MagicTypeOpts() 类进行配置。
- brush：选框组件控制，即实时框选图表的某部分以做标记，使用 ToolBoxFeature-

BrushOpts() 类进行配置。

8.2.4　工具箱选框组件配置项

工具箱选框组件配置项用于设置工具箱中的选框组件，在 ToolBoxFeatureOpts 类的 brush 参数中用该类进行设置，使用语法格式如下：

```
XXX().set_global_opts(
        toolbox_opts=ToolboxOpts(
            feature=ToolBoxFeatureOpts(
                brush=opts.ToolBoxFeatureBrushOpts()
            )
        )
    )
```

- type_：开启不同的区域选择组件类型。
- rect_icon：矩形选框选择功能按钮的图标路径。
- polygon_icon：任意形状选框选择功能按钮的图标路径。
- line_x_icon：横向选择功能按钮的图标路径。
- line_y_icon：纵向选择功能按钮的图标路径。
- keep_icon：切换“单选”和“多选”模式功能按钮的图标路径。
- clear_icon：清空所有选框功能按钮的图标路径。
- rect_title：矩形选框选择功能按钮的提示文本。
- polygon_title：任意形状选框选择功能按钮的提示文本。
- line_x_title：横向选择功能按钮的提示文本。
- line_y_title：纵向选择功能按钮的提示文本。
- keep_title：切换“单选”和“多选”模式功能按钮的提示文本。
- clear_title：清空所有选框功能按钮的提示文本。

type_ 中参数可选值以及对应效果说明如表 8-2 所示。

表 8-2　ToolBoxFeatureBrushOpts() 的 type_ 参数

值	说明
“rect”	开启矩形选框选择按钮
“polygon”	开启任意形状选框选择按钮
“lineX”	开启横向选择按钮
“lineY”	开启纵向选择按钮
“keep”	开启切换“单选”和“多选”模式按钮
“clear”	开启清空所有选框按钮

8.2.5　工具箱动态类型切换配置项

工具箱动态类型切换配置项用于设置工具箱中切换图类型的组件，在 ToolBoxFeature-

Opts() 类的 magic_type 参数中用该类进行设置，使用语法格式如下：

```
XXX().set_global_opts(
        toolbox_opts=ToolboxOpts(
            feature=ToolBoxFeatureOpts(
                magic_type=opts.ToolBoxFeatureMagicTypeOpts()
            )
        )
    )
```

➢ is_show：是否显示该工具，值类型为 bool 类型。

➢ type_：开启的动态切换图表类型。

➢ line_title：切换为折线图类型的提示语。

➢ bar_title：切换为柱形图类型的提示语。

➢ stack_title：切换为堆叠图类型的提示语。

➢ tiled_title：切换为平铺图类型的提示语。

➢ line_icon：切换为折线图类型的图标（icon）的路径。

➢ bar_icon：切换为柱形图类型的图标（icon）的路径。

➢ stack_icon：切换为堆叠图类型的图标（icon）的路径。

➢ tiled_icon：切换为堆叠图类型的图标（icon）的路径。

type_ 参数可选值及对应效果说明如表 8-3 所示。

表 8-3 ToolBoxFeatureMagicTypeOpts() 的 type_ 参数

值	说明
"line"	切换为折线图
"bar"	切换为柱形图
"stack"	切换为堆叠模式
"tiled"	切换为平铺模式

8.2.6 工具箱区域缩放配置项

工具箱区域缩放配置项用于设置工具箱中区域缩放组件，在 ToolBoxFeatureOpts 类的 data_zoom 参数中用该类进行设置，使用的语法格式如下：

```
XXX().set_global_opts(
        toolbox_opts=ToolboxOpts(
            feature=ToolBoxFeatureOpts(
                data_zoom=opts.ToolBoxFeatureDataZoomOpts()
            )
        )
    )
```

➢ is_show：是否显示该工具，值类型为 bool 类型。

➢ zoom_title：选择缩放区域按钮的提示语。

➢ back_title：缩放区域还原按钮的提示语。

- zoom_icon：选择缩放区域按钮的图标（icon）的路径。
- back_icon：缩放区域还原按钮的图标（icon）的路径。
- xaxis_index：指定被控制的 xAxis 轴，默认控制所有的 x 轴；值为 False 时表示不控制任何的 x 轴；若设置为 3，则是控制 axisIndex 为 3 的 x 轴；值为 [0, 3] 时，则是控制 axisIndex 为 0 和 3 的 x 轴。
- yaxis_index：指定被控制的 yAxis 轴，默认控制所有的 y 轴，其他值与效果同上。
- xaxis_index 与 yaxis_index 参数中可选值以及效果说明如表 8-4 所示。

表 8-4 ToolBoxFeatureDataZoomOpts() 的 xaxis_index 与 yaxis_index 参数

值	说明
False	不控制任何的轴
0,1,2,3,...	控制 axisIndex 为某值的 x 或 y 轴
[0, 1, 2, 3, ..., x]	同时控制列表中所有的 axisIndex 的轴

8.2.7 工具箱数据视图工具配置项

工具箱数据视图工具配置项用于设置工具箱中的数据视图组件，在 ToolBoxFeatureOpts 类的 data_view 参数中用该类进行设置，使用语法格式如下：

```
xxx().set_global_opts(
        toolbox_opts=ToolboxOpts(
            feature=ToolBoxFeatureOpts(
                data_view=opts.ToolBoxFeatureDataViewOpts()
            )
        )
    )
```

- is_show：是否显示该工具，值类型为 bool 类型。
- title：该工具的提示语。
- icon：显示该工具图标的路径。
- is_read_only：是否设置为只读模式，值类型为 bool 类型，默认为 False，即可读可写模式。
- option_to_content：自定义 dataView 函数，用于取代默认的 textarea，使用更丰富的数据编辑。可以返回 dom 对象或者 HTML 字符串。
- content_to_option：在使用 optionToContent 的情况下，如果支持数据编辑后的刷新，需要自行通过该函数实现组装 option 的逻辑。
- lang：数据视图中的三个选项 [‘数据视图’, ‘关闭’, ‘刷新’]。
- background_color：数据视图浮层背景色，值类型是 str 字符串。
- text_area_color：数据视图文本输入区背景色，值类型是 str 字符串。
- text_area_border_color：数据视图文本输入区边框色，值类型是 str 字符串。
- text_color：数据视图中数据的文本颜色，值类型是 str 字符串。

- button_color：数据视图中按钮的颜色，值类型是 str 字符串。
- button_text_color：数据视图按钮中的文本颜色，值类型是 str 字符串。

8.2.8 工具箱还原配置项

工具箱还原配置项用于设置工具箱中的还原组件，在 ToolBoxFeatureOpts 类的 restore 参数中用该类进行设置，使用语法格式如下：

```
XXX().set_global_opts(
        toolbox_opts=ToolboxOpts(
            feature=ToolBoxFeatureOpts(
                restore=opts.ToolBoxFeatureRestoreOpts()
            )
        )
    )
```

- is_show：是否显示该工具，值类型为 bool 类型。
- title：该工具的提示语。
- icon：显示该工具图标的路径。

8.2.9 工具箱保存图片配置项

工具箱保存图片配置项用于设置工具箱中的保存为图片的组件，在 ToolBoxFeatureOpts 类的 save_as_image 参数中使用该类进行设置，适用语法格式如下：

```
XXX().set_global_opts(
        toolbox_opts=ToolboxOpts(
            feature=ToolBoxFeatureOpts(
                save_as_image=opts.ToolBoxFeatureSaveAsImageOpts()
            )
        )
    )
```

- is_show：是否显示该工具，值类型为 bool 类型。
- title：该工具的提示语。
- icon：显示该工具图标的路径。
- type_：保存图片的类型，支持“png”、“jpeg”。
- name：保存文件名称。
- background_color：保存图片的背景色，默认值为“auto”。
- connected_background_color：如果对多个图表进行联动，则该参数设置了联动时的背景颜色。
- exclude_components：保存为图片时忽略的组件列表，默认忽略工具栏。
- pixel_ratio：保存图片的分辨率比例，默认值为 1，即和容器大小一样。若想设置更高的分辨率，则将设置比 1 更大的数；若设置比 1 小的数，保存的图片分辨率会更低。

8.2.10　区域选择组件配置项

区域选择组件配置项用于设置区域选择组件，在 set_global_opts 类的 brush_opts 参数中使用该类进行设置，使用语法格式如下：

```
XXX().set_global_opts(
        brush_opts=opts.BrushOpts()
    )
```

- tool_box：设置 brush 相关的 toolbox 按钮，值类型为列表。
- brush_link：该参数指定被联动的 series，值类型为列表或者字符串。当值为“all”时，表示所有的 series 都进行联动；当值为列表时，会联动列表中指定的 series；None 表示不启用 brush_link 功能。
- series_index：指定被刷新的series，值类型为列表、整型、字符串等类型。当值为“all”时，表示所有的 series 可以被刷选；值为某个 int 类型时，表示指定 series index 为该数字所对应的坐标系；值为列表类型时，表示指定列表中所有元素对应的坐标系。
- geo_index：指定哪些 geo 可以被刷选。我们可以指定全局刷选和坐标系刷选（相当于局部刷选），默认情况是全局刷选。若想要坐标系刷选，选框可以跟随坐标系的缩放（roam）和平移（datazoom）而移动，那么可以通过 brush.geoIndex、brush.xAxisIndex 或 brush.yAxisIndex 来指定在哪些坐标系中进行刷选。当值为“all”时，代表指定所有的 series；当值为列表时，表示指定列表中元素所对应的坐标系；当值为某个 int 数值时，则是指定该数值所对应的坐标系。
- x_axis_index：指定哪些 xAxisIndex 可以被刷选，相关的值设定同上。
- y_axis_index：指定哪些 yAxisIndex 可以被刷选，相关的值设定同上。
- brush_type：设置刷子类型，默认值为“rect”。
- brush_mode：设置刷子的式模式，可以取值为“single”、“multiple”，默认值为“single”。
- transformable：设置已经选好的选框是否可以被调整形状或平移，值类型为 bool 类型，默认值为 True。
- brush_style：选框样式，值类型为字典，其中包含“borderWidth”、“color”、“borderColor”三个键，默认的值分别为 1、“rgba(120, 140, 180, 0.3)”、“rgba(120, 140, 180, 0.8)”，我们可以通过该参数重新传入相关的值。
- throttle_type：用于设置触发 brushSelected 事件的条件或频率。值的可选项有“debounce”和“fixRate”。当值为“debounce”时，表示只有停止动作了才会触发事件，时间阈值由 brush.throttleDelay 指定；当值为“fixRate”时，表示按照一定的频率触发事件，时间间隔由 brush.throttleDelay 指定。
- throttle_delay：该参数的值为 int 数值，默认值为 0，即不开启 throttle。该参数以及 throttle_type 参数是为了解决频繁触发 brushSelected 事件而造成的动画效果性能问题。

➢ remove_on_click：当 brush_mode 参数设置为“single”的条件下，表示是否支持清除所有的选框，值类型为 bool 类型。

➢ out_of_brush：定义再选中范围外的视觉元素，以字典的类型进行配置。

tool_box 参数的可选值以及对应效果说明如表 8-5 所示。

表 8-5　BrushOpts() 的 tool_box 参数

值	说明
“rect”	开启矩形选框选择功能
“polygon”	开启任意形状选框选择功能
“lineX”	开启横向选择功能
“lineY”	开启纵向选择功能
“keep”	切换“单选”和“多选”模式。
“clear”	清空所有选框

brush_type 参数的可选值以及对应效果说明如表 8-6 所示。

表 8-6　BrushOpts() 的 brush_type 参数

值	说明
“rect”	矩形选框
“polygon”	任意形状选框
“lineX”	横向选择
“lineY”	纵向选择

out_of_brush 可选值以及对应效果说明如表 8-7 所示。

表 8-7　BrushOpts() 的 out_of_brush 参数

值	说明
“symbol”	图元的图形类别
“symbolSize”	图元的大小
“color”	图元的颜色
“colorAlpha”	图元颜色的透明图
“opacity”	图元以及相关组件的透明度
“colorLightness”	颜色的亮度
“colorSaturation”	颜色的饱和度
“colorHue”	颜色的色调

代码 8-3 展示了示例操作。

代码 8-3

```
from pyecharts.charts import Bar
from pyecharts.faker import Faker
import pyecharts.options as opts

def MyFunc03():
    c = (
```

```
        Bar()
        .add_xaxis(Faker.choose())
        .add_yaxis("", Faker.values())
        .set_global_opts(
            brush_opts=opts.BrushOpts(
                brush_style="color",
            ),
        )
    )
    return c
MyFunc03().render_notebook()
```

结果如图 8-5 所示。

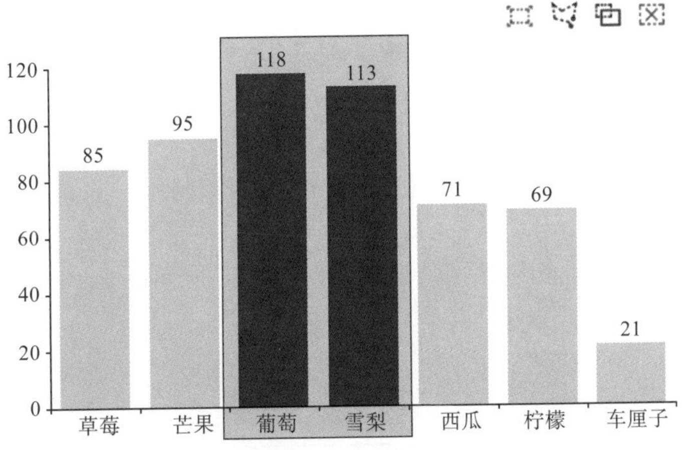

图 8-5　BrushOpts() 区域选择组件配置效果

从结果可以看到，图 8-5 右上角多了几个选项，分别为矩形选择、全选、保持选择以及清除选择，这是用矩形选择之后的情况。

8.2.11　标题配置项

标题配置项用于设置图表的标题，在 set_global_opts 函数的 title_opts 参数用该类进行设置，使用语法格式如下：

```
XXX().set_global_opts(
        title_opts=opts.TitleOpts()
    )
```

- title：主标题文本，支持 \n 换行。
- title_link：主标题跳转链接，值类型为 str 字符串。设置该参数之后点击主标题会跳转到设置的链接。
- title_target：主标题跳转链接的方式。可选参数有“self”和“blank”。当值为“self”时，即会在当前窗口打开链接；当值为“blank”，即在新窗口打开链接。

本参数的默认值为“blank”。

- subtitle：设置副标题文本，同样支持 \n 换行。
- subtitle_link：设置副标题跳转链接。
- subtitle_target：设置副标题跳转链接的方式，可选“self”和“blank”。
- pos_left：设置 title 离容器左侧的距离。
- pos_right：设置 title 离容器右侧的距离。
- pos_top：设置 title 离容器顶端的距离。
- pos_bottom：设置 title 离容器底端的距离。
- padding：标题内边距，单位为像素 px，值类型可以是 int 数值类型或者列表类型。若值为某个数字时，则内边距的上、下、左、右四个方向的内边距都为该值；若值为列表且列表中只有两个元素，则第一个元素设置上下方向的内边距，第二个元素设置左右方向的内边距；若值为列表且有四个元素，四个元素以上、右、下、左的顺序来设置各个方向的内边距。
- item_gap：设置主副标题之间的间距。
- title_textstyle_opts：主标题字体样式配置项，利用 series_options.TextStyleOpts 类行设置。
- subtitle_textstyle_opts：副标题字体样式配置项，利用series_options.TextStyleOpts 类进行设置。

代码 8-4 展示了示例操作。

代码 8-4

```
from pyecharts.charts import Bar
from pyecharts.faker import Faker
import pyecharts.options as opts

def MyFunc04():
    c = (
        Bar()
        .add_xaxis(Faker.choose())
        .add_yaxis("", Faker.values())
        .set_global_opts(
            title_opts=opts.TitleOpts(
                title=" 这里是主标题 ",
                subtitle=" 副标题链接到百度 ",
                subtitle_link="www.baidu.com",
            )
        )
    )
    return c
MyFunc04().render_notebook()
```

结果如图 8-6 所示。

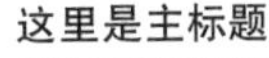

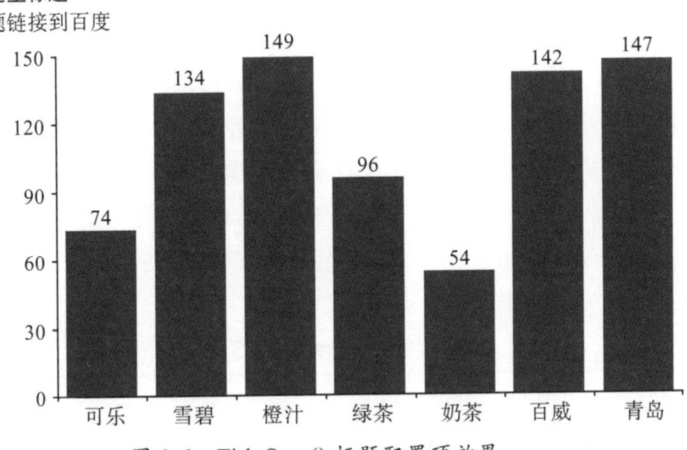

图 8-6　TitleOpts() 标题配置项效果

标题的默认位置都是左上角，在本例中给副标题设置了一个跳转链接，当鼠标移至副标题处，鼠标会变成手的样子，点击之后就能跳转到设置的链接。

8.2.12　区域缩放配置项

区域缩放配置项用于设置工具箱中的区域缩放配置，在 set_global_opts 函数的 datazoom_opts 参数中用该类进行设置，使用语法格式如下：

```
XXX().set_global_opts(
        datazoom_opts=opts.DataZoomOpts()
   )
```

- is_show：是否显示该组件，值类型为 bool 类型。若设置为 False，虽然组件不会显示，但是数据过滤的功能保留。
- type_：组件类型，可选值有“slider”和“inside”。
- is_realtime：设置更新系列的方式，值类型为 bool 值。若值为 True，则会实时更新视图；若值为 False，则只会在拖拽结束的时候更新视图。
- range_start：数据窗口范围的起始百分比，值的范围是 0 ～ 100，即 0% ～ 100%。
- range_end：数据窗口范围的结束百分比，值的范围是 0 ～ 100，即 0% ～ 100%。
- start_value：数据窗口范围的起始数值，值类型可支持 int 数值、str 字符串、None 等类型。若设置了 range_start，则 start_value 失效。
- end_value：数据窗口范围的结束数值，值类型可支持 int 数值、str 字符串、None 等类型。若设置了 range_end，则 end_value 失效。
- orient：设置布局方式，可选值有“horizontal”和“vertical”。
- xaxis_index：设置 dataZoom-inside 组件控制的 x 轴。值类型可支持 int 数值、array 数组等类型，若值为 int 数值，则表示控制该数值所对应的轴，若值为 array 数组，则控制 array 数组中所有元素所对应的轴。

- yaxis_index：设置 dataZoom-inside 组件控制的 y 轴，值设置同上。
- is_zoom_lock：表示是否锁定选择区域即数据框口的大小，若值为 True，数据窗口只能平移，不能缩放；反之，值设置为 False，数据框口可以缩放以及平移。
- pos_left：设置 dataZoom-slider 组件离容器左侧的距离。
- pos_top：设置 dataZoom-slider 组件离容器顶端的距离。
- pos_right：设置 dataZoom-slider 组件离容器右侧的距离。
- pos_bottom：设置 dataZoom-slider 组件离容器底端的距离。

代码 8-5 展示了示例操作。

代码 8-5

```
from pyecharts.charts import Bar
from pyecharts.faker import Faker
import pyecharts.options as opts

def MyFunc05():
    c = (
        Bar()
        .add_xaxis(Faker.choose()+Faker.choose())
        .add_yaxis("", Faker.values()+Faker.values())
        .set_global_opts(
            title_opts=opts.TitleOpts(title=" 区域缩放示例 "),
            datazoom_opts=opts.DataZoomOpts(
                is_show=True,
                range_start=10,
                range_end=50,
            ),
        )
    )
    return c
MyFunc05().render_notebook()
```

结果如图 8-7 所示。

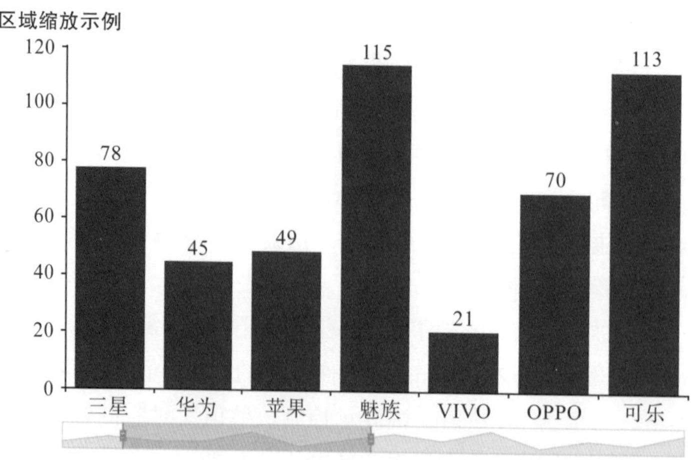

图 8-7　DataZoomOpts() 区域缩放配置效果

从结果可以看到，在图 8-7 的下方多出了一个长条形状，设置了区域缩放组件之后则可以拖拽蓝色阴影部分以选择展示某一部分的数据而非同时显示全部数据，本例中还重新设定了 DataZoomOpts 的 range_start、range_end 两个参数，这两个参数的作用是设定图形初始的展示区域。

8.2.13　图例配置项

图例配置项用于设置图例相关的参数，在 set_glocal_opts 函数的 legend_opts 参数中使用该项进行设置，使用语法格式如下：

```
XXX().set_global_opts(
        legend_opts=opts.LegendOpts()
    )
```

- is_show：是否显示图例，值类型为 bool 类型。
- type_：图例的类型，可选值为“plain”和“scroll”。当值为“plain”时，则为普通图例，该值也为默认值；当值为“scroll”时，则为可滚动翻页的图例，一般在图表中系列数量过多时使用该选项。
- selected_mode：图例选择的模式，控制是否可以通过点击图例改变系列的显示状态，该值类型可以是缺省、str 字符串、bool 布尔等类型。当值为 bool 类型时，True 表示设置为开启图例选择，默认开启，False 则是设置为关闭；当值为 str 类型时，值可以是“single”和“multiple”，即单选或多选模式。
- pos_left：设置图例距离容器左侧的距离。
- pos_right：设置图例距离容器右侧的距离。
- pos_top：设置图例距离容器顶端的距离。
- pos_bottom：设置图例距离容器底端的距离。
- orient：设置图例列表的布局朝向，可选值有“horizontal”和“vertical”。
- align：图例标记和文本的对齐方式，值类型为 str 字符串，默认值为“auto”，即自动调整，可选的值有“auto”“left”“right”。
- padding：图例内边距，单位为像素 px，值类型为 int 整型，默认值为 5。
- item_gap：图例每项之间的间隔，值类型为 int 整型。横向布局时为水平间隔，纵向布局时为纵向间隔，默认值为 10。
- item_width：图例标记的图形宽度，值类型为 int 整型，默认值为 25。
- item_height：图例标记的图形高度，值类型为 int 整型，默认值为 14。
- inactive_color：图例关闭时的颜色，值类型为 str 字符串，默认值为“#ccc”。
- extstyle_opts：设置图例中文字字体样式，使用 series_options.TextStyleOpts() 类对文本样式进行配置。
- legend_icon：图例项的图标icon，值为str字符串，可以为图片链接、本地文件名、库中提供的标记类型。

legend_icon 参数的可选值以及效果说明如表 8-8 所示。

表 8-8 legend_icon 参数的可选值以及效果说明

值	说明
“circle”	圆形
“rect”	矩形
“roundrect”	圆角矩形
“triangle”	三角形
“diamond”	菱形
“pin”	大头针形（类似于水滴倒置的形状）
“arrow”	箭头
“none”	不设置图标

代码 8-6 展示了示例操作。

代码 8-6

```
from pyecharts.charts import Bar
from pyecharts.faker import Faker
import pyecharts.options as opts

def MyFunc06():
    c = (
        Bar()
        .add_xaxis(Faker.choose())
        .add_yaxis("series1", Faker.values())
        .add_yaxis("series2", Faker.values())
        .add_yaxis("series3", Faker.values())
        .add_yaxis("series4", Faker.values())
        .set_global_opts(
            title_opts=opts.TitleOpts(title=" 图例组件示例 "),
            legend_opts=opts.LegendOpts(
                pos_left="0%",
                pos_top="20%",
                orient="vertical",
                legend_icon="triangle",
                inactive_color="#DCEDC8",
                item_width=15,
                padding=0
            ),
        )
    )
    return c
MyFunc06().render_notebook()
```

结果如图 8-8 所示。

本例中向 Bar 类中传入四个系列的数据，还更改了图例的位置、布局方向、图标类型、图标宽度、内边距、关闭后的颜色等属性，图 8-8 中的效果是将 series4 数据关闭之后的效果。

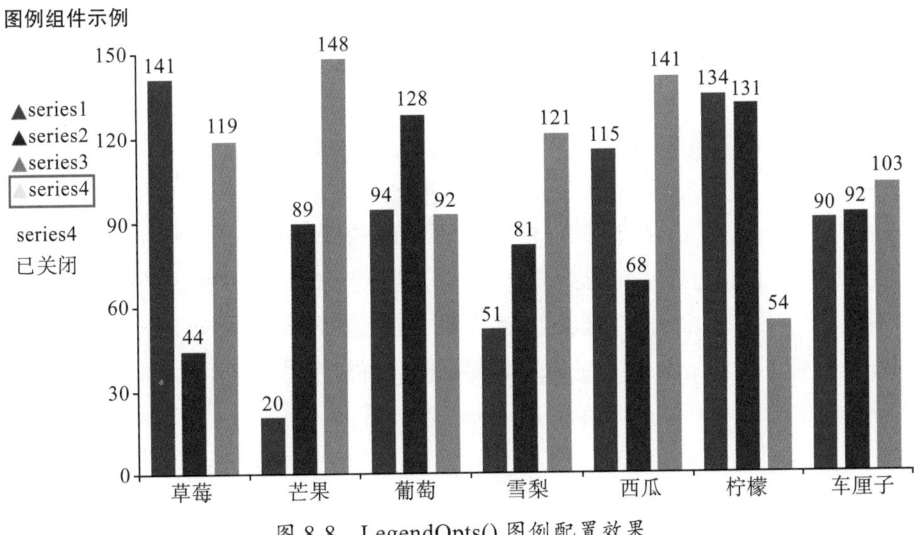

图 8-8　LegendOpts() 图例配置效果

8.2.14　视觉映射配置项

视觉映射配置项用于设置视觉映射条组件，在 set_global_opts 函数的 visualmap_opts 参数中用该类进行设置，使用语法格式如下：

```
XXX().set_global_opts(
        visualmap_opts=opts.VisualMapOpts()
    )
```

- is_show：是否显示 visualmap 视觉映射组件，值类型为 bool 类型。
- type_：映射过渡类型，可选值有“color”和“size”。
- min_：指定 visualMapPiecewise 组件的最小值，默认值为 0。
- max_：指定 visualMapPiecewise 组件的最大值，默认值为 100。
- range_text：两端的文本，例如 [‘High’, Low’]。
- range_color：visualmap 组件过渡颜色，值为以 str 字符串为元素的序列。
- range_size：visualmap 组件过渡 symbol 大小，值为以 int 整型为元素的序列。
- range_opacity：visualmap 图元及其附属物的透明度。
- orient：visualmap 组件的布局方位。
- pos_left：visualmap 组件距离容器左侧的距离。
- pos_right：visualmap 组件距离容器右侧的距离。
- pos_top：visualmap 组件距离容器顶端的距离。
- pos_bottom：visualmap 组件距离容器底端的距离。
- split_number：设置将连续性数据平均切分的段数，值类型为 int 整型，默认值为 5，即自动切分为 5 段。
- series_index：指定取哪些 series 的数据，值类型可支持 int 整型、列表、none 等，默认为全部。

- dimension：visualmap 映射的维度，值类型为 int。
- is_calculable：是否显示拖拽用的手柄，用于调整选中范围，值类型为 bool 类型。
- is_piecewise：是否为分段型，值类型为 bool 类型。
- is_inverse：是否反转 visualmap 组件，值类型为 bool 类型。
- pieces：自定义 visualmap 中每一段的范围、对应文字以及对应的样式，值类型为列表类型，其中每个元素都是一个字典，每个字典所包含的键可以有“min”“max”“label”“value”“color”等。每个字典设置一段的各种属性：当字典中只指定 min 而不指定 max 时，表示 max 为无限大即正无穷；当只指定 max，而不指定 min 时，min 为无限小即负无穷；当指定 min 和 max 时，即为一段的起始值和终止值；当只指定 value 时，表示数据为指定值时的情况，可以理解为标记某个数值的所有点。除此之外，我们对每个字典都可以设置 label 标签以及 color 颜色。
- out_of_range：在选中范围外的视觉元素设置。
- item_width：visualmap 组件的宽度，值类型为 int 整型数值。
- item_height：visualmap 组件的高度，值类型为 int 整型数值。
- background_color：visualmap 组件的背景色，值类型为 str 字符串。
- border_color：设置 visualmap 组件边框颜色，值类型为 int 整型，单位为像素 px。
- border_width：设置 visualmap 边框的线宽，值类型为 int 整型，单位为像素 px。
- textstyle_opts：设置文字字体样式，使用 series_options.TextStyleOpts() 类对文本样式进行配置。

out_of_range 参数的可选值以及效果说明如表 8-9 所示。

表 8-9　out_of_range 参数的可选值以及效果说明

值	说明
“symbol”	图元的图形类型
“symbolSize”	图元的大小
“color”	图元的颜色
“colorAlpha”	图元颜色的透明度
“opacity”	图元以及其他附属物的透明度
“colorLightness”	颜色的明度
“colorSaturation”	颜色的饱和度
“colorHue”	颜色的色调

代码 8-7 展示了示例操作。

代码 8-7

```
from pyecharts.charts import Scatter
from pyecharts.faker import Faker
import pyecharts.options as opts
import random
import numpy as np
```

```
def MyFunc07():
    c = (
        Scatter()
        .add_xaxis(np.array([random.uniform(0, 10) for _ in range(50)]))
        .add_yaxis("", [random.uniform(0, 20) for _ in range(50)])
        .set_global_opts(
            title_opts=opts.TitleOpts(title=" 视觉映射组件示例 "),
            visualmap_opts=opts.VisualMapOpts(
                min_=0,
                max_=21,
                split_number=7,
                is_piecewise=True,
            ),
        )
        .set_series_opts(label_opts=opts.LabelOpts(is_show=False))
    )
    return c
MyFunc07().render_notebook()
```

结果如图 8-9 所示。

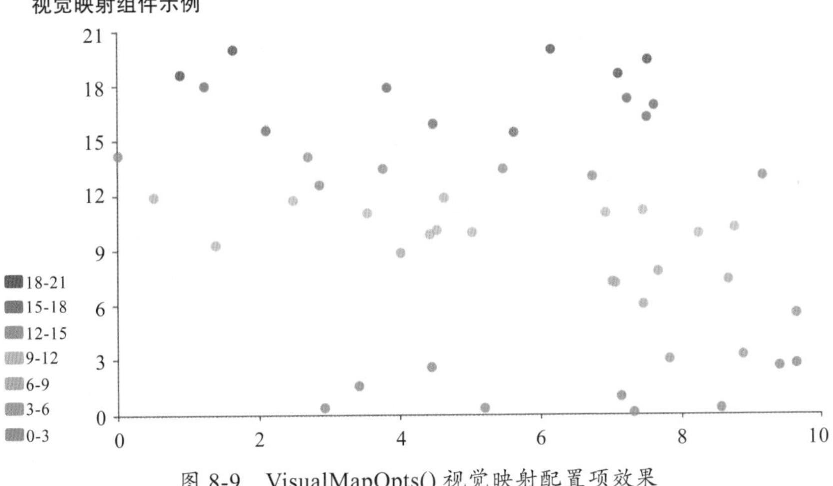

图 8-9　VisualMapOpts() 视觉映射配置项效果

8.2.15　提示框配置项

提示框配置项用于设置提示框组件，当鼠标移动到数据项上会自动弹出一个框，上面标记了有关该数据项的详细信息，提示框组件的作用即是补充图信息，使用的语法格式如下：

```
XXX().set_global_opts(
        tooltip_opts=opts.TooltipOpts()
    )
```

➢ is_show：是否显示提示框，包括提示框浮层和 axisPointer，值类型为 bool 类型。

➢ trigger：设置触发类型，可选参数有 “item”“axis”“none” 等，分别代表数据项图形触发（在散点图、饼图等无类目轴的图表中使用）、坐标轴触发（在柱形图、折线图等有类目轴的图表中使用）、什么都不触发。
➢ trigger_on：设置提示框触发的条件，可选参数有 “mousemove”“click”“mousemove|click” “none” 等，分别代表鼠标移动时触发、鼠标点击时触发、鼠标移动和点击时触发、不在鼠标移动或点击时触发，默认值为 “mousemove”。
➢ axis_pointer_type：设置指示器类型，可选参数有 “line”“shadow”“none”“cross”，分别代表直线指示器、阴影指示器、无指示器、十字准星指示器，默认值为 “line”。
➢ formatter：设置标签内容格式器。
➢ background_color：设置提示框浮层的背景颜色，值类型为 str 字符串。
➢ border_color：设置提示框浮层的边框颜色，值类型为 str 字符串。
➢ border_width：设置提示框浮层的边框宽，默认值为 0。
➢ textstyle_opts：设置提示框中文字字体样式，使用 series_options.TextStyleOpts() 类对文本样式进行配置。

formatter 参数的语法说明如表 8-10 所示。

表 8-10　formatter 参数的语法说明

类型	模板变量	说明
字符串模板 例如 formatter= “{b}: {c}”	{a}	系列名
	{b}	数据名
	{c}	数据值
	{@xxx}	数据中名为 “xxx” 维度的值
	{@[n]}	数据中维度为 n 的值（起始值为 0）
	键	**说明**
回调函数 格式如下： (params: Object|Array) => String	component	“series”
	seriesType	系列类型
	seriesIndex	在传入 option.series 中的 index
	seriesName	系列名称
	name	数据名、类目名
	dataIndex	数据在 data 数组中的 index
	data	传入的原始数据项
	value	传入的数据值
	color	数据图形的颜色，值类型为 str 字符串

代码 8-8 展示了示例操作。

代码 8-8

```
from pyecharts.charts import Bar
from pyecharts.faker import Faker
import pyecharts.options as opts

def MyFunc08():
```

```
    c = (
        Bar()
        .add_xaxis(Faker.choose())
        .add_yaxis("", Faker.values())
        .set_global_opts(
            title_opts=opts.TitleOpts(title="提示框组件示例"),
            tooltip_opts=opts.TooltipOpts(
                formatter="{b}: {c}"
            ),
        )
    )
    return c
MyFunc08().render_notebook()
```

结果如图 8-10 所示。

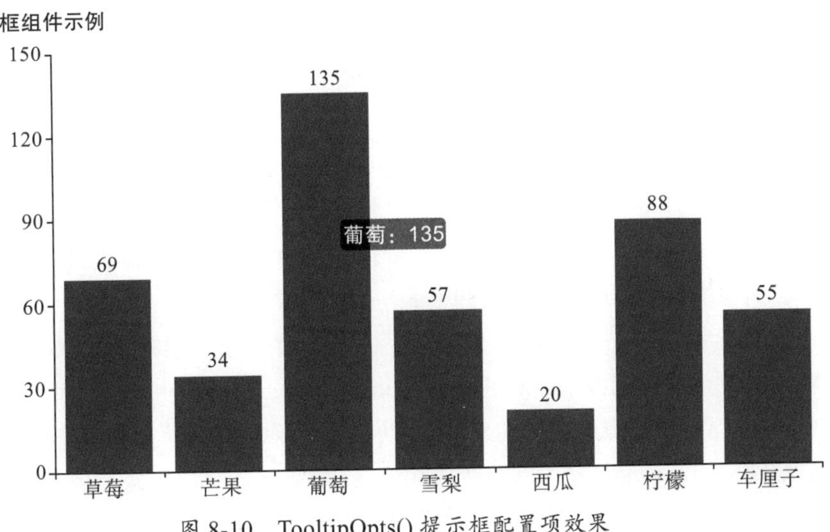

图 8-10　TooltipOpts() 提示框配置项效果

8.2.16　坐标轴配置项

坐标轴配置项用于设置坐标轴的各项参数，在 set_global_opts 函数的 xaxis_opts、yaxis_opts 参数中用该项进行设置，使用语法格式如下：

```
XXX().set_global_opts(
        xaxis_opts=opts.AxisOpts(),
        yaxis_opts=opts.AxisOpts(),
    )
```

➢ is_show：是否显示轴。

➢ type_：坐标轴的类型，可选值有："value"，即数值轴，常用于连续数据；"category"，即类目轴，常用于离散的类目数据，注意该类型的数据轴必须通过 data 设置类目数据；"time"，即时间轴，常用于连续的时序数据，相比于数值轴来说，时间轴带有时间的格式化，在刻度计算上也会有所不同；“log”，即对数轴，常用于对数数据。

- name：坐标轴名称，值类型为 str 字符串类型。
- is_scala：只在类型为“value”的轴中有效，是否去掉 0 值，当值为 True 时，轴的刻度上不会强制包含零刻度，常用于双数值轴的散点图中。注意，若设置了 min 和 max，则该参数失效。
- is_inverse：是否反向坐标轴，值类型为 bool 类型，默认值为 False。
- name_location：坐标轴名称的显示位置，可选值有“start”“middle”“center”“end”，默认值为“end”。
- name_gap：坐标轴名称与轴线之间的距离，默认值为 15。
- name_rotate：坐标轴名字旋转角度。
- interval：强制坐标轴分割间隔，一般配合 min、max 强制刻度划分，无法在类目轴中使用，时间轴中传入时间戳，对数轴中传入指数值即可。
- grid_index：轴所在的 grid 索引，默认为第一个 grid。
- position：轴的位置。若设置 x 轴，可选值有“top”“bottom”；若设置 y 轴，可选值有“left”“right”。
- offset：轴相对默认位置的偏移量，当一个图中有多个 y 轴或 x 轴时可以用于区分多个轴。
- split_number：坐标轴的分隔段数，默认值为 5。注意分隔段数是预估值，显示时会根据易读程度再进行相应的调整。
- boundary_gap：坐标轴两侧留白，注意该参数对于类目轴和非类目轴实现的效果不同，值类型可支持 str 字符串、bool、none 等类型。类目轴中该参数设置为 True 或 False，默认值为 True，效果为刻度只作为分隔线，标签和数据点会在两个刻度之间的位置；若在非类目轴中，值类型为一个包含两个值的数组，分别表示数据最小值和最大值的延伸范围，注意当设置 min 和 max 参数之后会失效，示例为 [‘10%’,‘15%’]。
- min_：坐标轴刻度最小值，值类型包括数字、str 字符串、none 等类型。当值为“dataMin”特殊值时，取该轴上最小值作为最小刻度；缺省时，会自动计算最小值并保证刻度均匀分布；在类目轴中，设置为类目的序数；可以设置为负数。
- max_：坐标轴刻度最大值，值类型包括数字、str 字符串、none 等类型。本参数的特殊值为“dataMax”，其他值的设定同上。
- min_interval：自动计算的坐标轴最小间隔，默认值为 0。
- max_interval：自动计算的坐标轴最大间隔，若在时间轴中，可以设置为 3 600 × 24 × 1 000，从而保证坐标轴分割刻度最大为一天。
- axisline_opts：该参数设置坐标轴刻度线，使用 global_options.AxisLineOpts() 类进行配置。
- axistick_opts：该参数设置坐标轴刻度，使用 global_options.AxisTickOpts() 类进

行配置。

- axislabel_opts：该参数设置坐标轴标签，使用 global_options.AxisPointerOpts() 类进行配置。
- axispointer_opts：该参数设置坐标轴指示器，使用 global_options.AxisLineOpts() 类进行配置。
- name_textstyle_opts：该参数设置坐标轴名称的文字样式，使用 series_options.TextStyleOpts() 类进行配置。
- splitarea_opts：该参数设置分割区域，使用 series_options.SplitAreaOpts() 类进行配置。
- splitline_opts：该参数设置分割线，使用 series_options.SplitLineOpts() 类进行配置。

1. 坐标轴轴线配置项

坐标轴轴线配置项用于设置轴线的属性，在 AxisOpts 类的 axisline_opts 参数中使用该类进行设置，使用语法格式如下：

```
XXX().set_global_opts(
        xaxis_opts=opts.AxisOpts(
            axisline_opts=opts.AxisLineOpts()
        ),
        yaxis_opts=opts.AxisOpts(),
    )
```

- is_show：是否显示坐标轴轴线，值类型为 bool 类型。
- is_on_zero：轴是否在另一个轴的 0 刻度线上，值类型为 bool 类型，默认值为 True，注意该参数只有在另一个轴中有 0 刻度时生效。
- on_zero_axis_index：当另一维度上包含不止一个轴时，该参数用于指定本轴在哪一个轴的 0 刻度线上。
- symbol：设置轴线两端的箭头，当值为" none" 时，表示不显示箭头，该值为默认值；当值为 "arrow" 时，两端都设置为箭头；若设置为 ["none", "arrow"]，则在轴的末端显示箭头，反之则是在轴的起始端显示箭头。
- linestyle_opts：该参数设置坐标轴线样式，使用 series_options.LineStyleOpts() 类进行配置。

2. 坐标轴刻度配置项

坐标轴刻度配置项用于设置坐标轴的刻度，在 AxisOpts 类的 axistick_opts 参数中用该类进行设置，使用语法格式如下：

```
XXX().set_global_opts(
        xaxis_opts=opts.AxisOpts(
            axistick_opts=opts.AxisTickOpts()
        ),
        yaxis_opts=opts.AxisOpts(),
    )
```

- is_show：是否显示坐标轴刻度，值类型为 bool 类型。
- is_align_with_label：boundaryGap 为 True 时该参数有效，用于使刻度线和标签对齐。
- is_inside：坐标轴刻度是否朝内，值类型为 bool 类型，默认值为 False，即朝外。
- length：坐标轴刻度的长度。
- linestyle_opts：坐标轴线样式配置，使用 series_optionsLineStyleOpts() 类进行配置。

3. 坐标轴指示器配置项

坐标轴指示器配置项用于设置坐标轴指示器，坐标轴指示器是随着鼠标的动作随时显示当前位置信息的组件，使用语法格式如下：

```
XXX().set_global_opts(
xaxis_opts=opts.AxisOpts(
    axispointer_opts=opts.AxisPointerOpts()
),
yaxis_opts=opts.AxisOpts(),
)
```

- is_show：是否显示坐标轴指示器，值类型为 bool 类型。
- link：将不同的 axisPointer 进行联动，值类型为一个数组，每一项代表一个 link group，每个 group 中的坐标轴互相联动。
- type_：指示器类型，可选值有 "line""shadow""none" 等，分别表示直线指示器、阴影指示器、无指示器。
- label：该参数设置坐标轴指示器的文本标签，使用 series_options.LabelOpts() 类进行设置。
- linestyle_opts：该参数设置坐标轴线样式，使用 series_options.LineStyleOpts() 类进行设置。

代码 8-9 展示了示例操作。

代码 8-9

```
from pyecharts.charts import Scatter
import pyecharts.options as opts
import random
import numpy as np

def MyFunc07():
    c = (
        Bar()
        .add_xaxis(Faker.choose())
        .add_yaxis("", Faker.values())
        .set_global_opts(
            title_opts=opts.TitleOpts(title=" 坐标轴相关组件示例 "),
            xaxis_opts=opts.AxisOpts(
                name="x 轴 ",
                name_rotate=15,
                axisline_opts=opts.AxisLineOpts(
```

```
                symbol=['none', 'arrow'],
            ),
            axistick_opts=opts.AxisTickOpts(
                is_show=False,
            ),
        ),
        yaxis_opts=opts.AxisOpts(
            name="y 轴 ",
            axisline_opts=opts.AxisLineOpts(
                symbol=['none', 'arrow'],
            ),
            axistick_opts=opts.AxisTickOpts(
                is_inside=True,
                length=5,
            ),
            axispointer_opts=opts.AxisPointerOpts(
                is_show=True,
            ),
        ),
    )
  )
  return c
MyFunc07().render_notebook()
```

结果如图 8-11 所示。

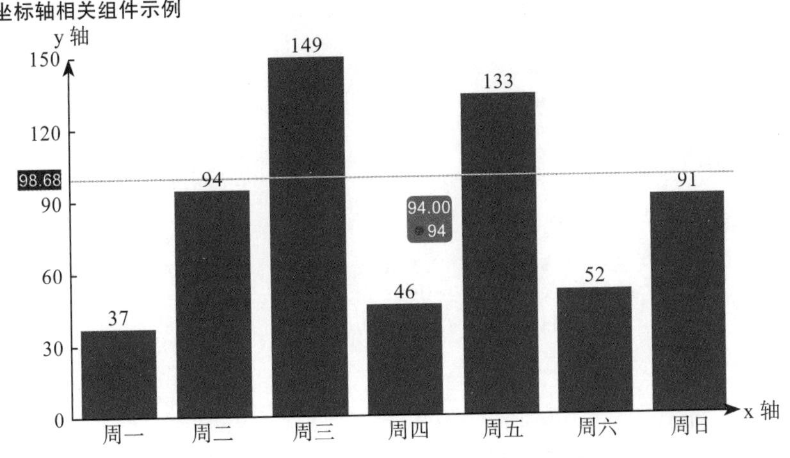

图 8-11 AxisOpts() 坐标轴配置项效果

本例中设置了 x 轴的名称、名称的旋转角度、线两端的标记、轴刻度等属性，同时对 y 轴设置了名称、线两端的标记、轴刻度的朝向、轴刻度长度、指示器等属性。

8.2.17 画图动画配置项

画图动画配置项用于设置图的动画效果，在 InitOpts 类的 animation_opts 中进行设置，使用语法格式如下：

```
XXX(
    init_opts=opts.InitOpts(
        animation_opts=opts.AnimationOpts(),
    )
)
```

- animation：是否开启动画，值类型为 bool 类型。
- animation_threshold：设置开启动画的阈值，某个系列显示的图形数量大于这个阈值则会关闭动画，默认值为 2 000。
- animation_duration：初始动画的时长，默认值为 1 000。
- animation_easing：初始动画的缓动效果，默认值为"cubicOut"。
- animation_delay：初始动画的延迟，默认值为 0。支持回调函数，即可根据不同的数据返回不同的 delay 时间，实现更精细的初始动画效果。
- animation_duration_update：数据更新动画的时长，默认值为 300。支持回调函数，即可根据不同情况设定不同的刷新效果，达到最佳的性能与效果。
- animation_easing_update：数据更新动画的缓动效果，默认值为"cubicOut"。
- animation_delay_update：数据更新动画的延迟，默认值为 0，支持回调函数，可以根据不同数据返回不同的 delay 时间，实现更精细的更新动画效果。

代码 8-10 展示了示例操作。

代码 8-10

```
from pyecharts.charts import Bar
import pyecharts.options as opts
import pyecharts.faker as Faker

def MyFunc10():
    c = (
        Bar(
            init_opts=opts.InitOpts(
                animation_opts=opts.AnimationOpts(
                    animation_delay=2000,
                ),
            ),
        )
        .add_xaxis(Faker.choose())
        .add_yaxis("", Faker.values())
        .set_global_opts(
            title_opts=opts.TitleOpts(title="动画设置示例"),
        )
    )
    return c
MyFunc10().render_notebook()
```

结果如图 8-12 所示。

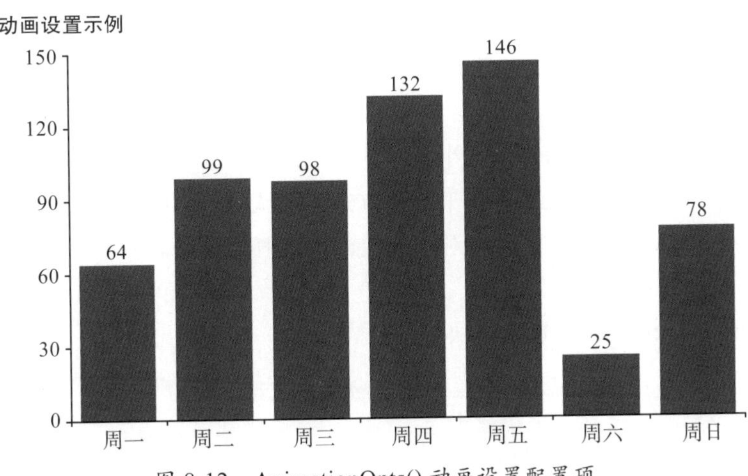

图 8-12 AnimationOpts() 动画设置配置项

本例中设置了动画延迟效果 animation_delay，该参数默认值为 0，现在将其设置为 2 000，当我们运行完成之后将会延迟两秒才显示柱形图的各个柱子。

8.3 系列配置项

8.3.1 图元样式配置项

图元样式配置项用于设置各个图形各种区域的样式，例如柱形图的柱子、散点图的点等，参数说明如下。

```
class ItemStyleOpts()
```

- color：图形的颜色，支持 RGB 或者 RGBA 两种颜色表示方式，例如 rgb(0, 0, 0) 和 rgba(0, 0, 0, 0.5)；除此之外也支持使用十六进制格式，例“#ccc”。
- color0：阴线图形的颜色。
- border_color：图形的描边颜色，不支持回调函数。
- border_color0：图形的描边颜色。
- opacity：图形透明度，取值范围为 [0, 1]，当取 0 时不绘制该图形。

8.3.2 文字样式配置项

文字样式配置项用于设置文字样式，参数说明如下。

```
class TextStyleOpts()
```

- color：设置文字颜色。
- font_style：设置文字字体的样式，可选值有“normal”“italic”“oblique”等。
- font_weight：设置主标题文字字体的粗细，可选值有“normal”“bold”“bolder”

"lighter"。

- font_family：设置文字的字体系列，可选值有"serif""monospace""Arial""Courier New""Microsoft YaHei"等。
- font_size：设置文字的字体大小。
- horizontal_align：设置文字水平对齐方式，默认值为自动。
- vertical_align：设置文字垂直对齐方式，默认值为自动。
- line_height：设置行高。
- background_color：设置文字块背景色。
- border_color：设置文字块边框颜色。
- border_width：设置文字块边框宽度。
- border_radius：设置文字块的圆角。
- padding：文字块的内边距，值类型支持数字、序列、none 等类型。若值为序列且其中有 4 个元素，则分别设置上、右、下、左的边距；若值为序列且其中只有两个元素，则分别设置上下、左右边距；若值为数字，则上下左右四个方向的内边距相同且为该值。
- shadow_color：设置文字块的背景阴影颜色。
- shadow_blur：设置文字块的背景阴影长度。
- width：设置文字块的宽度。
- height：设置文字块的高度。
- rich：自定义富文本样式。

8.3.3 标签配置项

标签配置项用于设置标签的属性，参数说明如下。

```
class LabelOpts()
```

- is_show：是否显示标签，值类型为 bool 类型。
- position：设置标签显示的位置，可选值有"top""left""right""bottom""inside""insideLeft""insideRight""insideTop""insideBottom""indiseTopLeft""insideBottomLeft""insideTopRight""insideBottomRight"，默认值为"top"。
- color：设置文字的颜色，若设置为"auto"，则为视觉映射得到的颜色。
- font_size：设置文字字体的大小，默认值为 12。
- font_style：设置文字字体的样式，可选值有"normal""italic""oblique"等。
- font_weight：设置文字字体的粗细，可选值有"normal""bold""bolder""lighter"等。
- font_family：设置文字的字体系列，可选值有"serif""monospace""Arial""Courier New""Microsoft YaHei"等。
- rotate：标签旋转，值的范围为 [−90, 90]，正值为逆时针，负值为顺时针。

- margin：刻度标签与轴线之间的距离，默认值为 8。
- interval：坐标轴刻度标签的显示间隔，作用于类目轴，设置的数值 n 可以理解为间隔 n 个标签显示一个标签。当值为 0 时，即为显示全部标签；当值为 1 时，即为间隔一个标签显示一个标签；依此类推，默认会采用标签不重叠的间隔显示标签。该参数支持回调函数，格式为 (index:number, value: string) => boolean，第一个参数为类目的 index，第二个值为类目名称，跳过则返回 False。
- horizontal_align：设置文字水平对齐方式，默认值为自动，可选值有“left”“center”“right”等。
- vertical_align：设置文字垂直对齐方式，默认值为自动，可选值有“top”“middle”“bottom”等。
- formatter：标签内容格式器，支持字符串模板和回调函数两种形式，返回的字符串支持 \n 换行。在 trigger 为“axis”时，会有多个系列的数据，可以通过 {a0}、{a1} 等加索引的方式表示不同的轴。
- rich：自定义富文本样式。

formatter 参数的语法说明如表 8-11 所示。

表 8-11　LabelOpts() 的 formatter 参数的语法说明

模板变量	折线（区域）图、柱状（条形）图、k 线图	散点（气泡）图	地图	饼图、仪表盘、漏斗图
{a}	系列名称	系列名称	系列名称	系列名称
{b}	类目值	数据名称	区域名称	数据项名称
{c}	数值	数值数组	合并数值	数值
{d}	—	—	—	百分比

8.3.4　线样式配置项

线样式配置项用于设置线的样式，参数说明如下。

```
class LineStyleOpts()
```

- is_show：是否显示线，值类型为 bool 类型。
- width：设置线宽，默认值为 1。
- opacity：设置图形透明度，数值范围为 [0, 1]，当值设为 0 时，则不绘制该图形。
- curve：设置线的弯曲度，默认值为 0，即不弯曲。
- type_：设置线的类型，可选值有“solid”“dashed”“dotted”等，默认值为“solid”。
- color：设置线的颜色，支持RGB或者RGBA两种颜色表示方式，例如“rgb(0, 0, 0)”“rgba(0, 0, 0, 0.5)”；除此之外也支持使用十六进制格式，例“#ccc”。

8.3.5　分割线配置项

分割线配置项用于设置分割线，参数说明如下。

```
class SplitLineOpts()
```

- is_show：是否显示分割线，值类型为 bool 类型。
- linestyle_opts：设置线样式，使用 series_options.SplitLineOpts() 类进行设置。

8.3.6 标记点数据项

标记点数据项用于设置标记点的数据项，参数说明如下。

```
class MarkPointerItem()
```

- name：设置标注的名称。
- type_：设置特殊的标注类型，可选值有“min”“max”“average”等，分别为最小值、最大值、平均值。
- value_index：用于指定哪个维度上进行特殊标注，注意该参数在使用 type 参数之后才有效。当值为 0 时，即表示 xAxis 或 radiusAxis；当值为 1 时，即表示 yAxis 或 angleAxis。
- value_dim：用于指定哪个维度上进行特殊标注，该参数直接指定轴的名称。
- coord：标注的坐标。
- x：相对容器的 x 坐标，单位为像素。
- y：相对容器的 y 坐标，单位为像素。
- value：标注值，该参数为可选项。
- symbol：标记的样式，可选值有“circle”“rect”“roundRect”“triangle”“diamond”“pin”“arrow”“none”等。
- symbol_size：标记的尺寸，可支持数字和列表，当值为列表时，需要包含两个元素，分别设置宽和高。
- itemstyle_opts：该参数设置标记点的样式，使用 series_options.ItemStyleOpts() 类进行设置。

8.3.7 标记点配置项

标记点配置项用于设置标记点的样式，参数说明如下。

```
class MarkPointerOpts()
```

- data：标记点的数据，使用 series_options.MarkPointItem() 类进行配置。
- symbol：设置标记的样式，可选值有“circle”“rect”“roundRect”“triangle”“diamond”“pin”“arrow”“none”等。
- symbol_size：标记的尺寸，可支持数字和列表，当值为列表时，需要包含两个元素，分别设置宽和高。
- label_opts：设置标签样式，使用 series_options.LabelOpts() 类进行设置。

8.3.8 标记线数据项

标记线数据项用于设置标记线的数据项，参数说明如下。

```
class MarkLineItem()
```

- name：设置标注名称。
- type_：设置标注类型，可选值有 “min”“max”“average” 等。
- x：相对容器的 x 坐标，单位为像素。
- y：相对容器的 y 坐标，单位为像素。
- value_index：用于指定哪个维度上进行特殊标注，注意该参数在使用 type 参数之后才有效。当值为 0 时，即表示 xAxis 或 radiusAxis；当值为 1 时，即表示 yAxis 或 angleAxis。
- value_dim：用于指定哪个维度上进行特殊标注，该参数直接指定轴的名称。
- symbol：设置标记的样式，可选值有 “circle”“rect”“roundRect”“triangle”“diamond”“pin”“arrow”“none” 等。
- symbol_size：标记的尺寸，可支持数字和列表，当值为列表时，需要包含两个元素，分别设置宽和高。

8.3.9 标记线配置项

标记线配置项用于设置标记线的属性，参数说明如下。

```
class MarkLineOpts()
```

- is_silent：图形是否不响应和触发鼠标事件，默认值为 False，即响应和触发鼠标事件。
- data：标记线数据，使用 series_options.MarkLineItem() 类进行设置。
- symbol：设置标记线两端的标记类型。
- symbol_size：设置标记的尺寸。
- precision：设置标记线数值的精度，一般用于显示平均线。
- label_opts：设置标签样式，用 series_options.LabelOpts() 类进行设置。
- linestyle_opts：设置标记线样式，用 series_options.LineStyleOpts() 类进行设置。

8.3.10 标记区域数据项

标记区域数据项用于设置标记区域的数据项，参数说明如下。

```
class MarkAreaItem()
```

- name：设置区域名称。
- type_：设置标注类型，可选值有 “min”“max”“average” 等。
- value_index：用于指定哪个维度上进行特殊标注，注意该参数在使用 type 参数之后才有效。当值为 0 时，即表示 xAxis 或 radiusAxis；当值为 1 时，即表示 yAxis 或 angleAxis。

- value_dim：用于指定哪个维度上进行特殊标注，该参数直接指定轴的名称。
- x：相对容器的 x 坐标，单位为像素，支持百分比形式。
- y：相对容器的 y 坐标，单位为像素，支持百分比形式。
- label_opts：设置标签样式，使用 series_options.LabelOpts() 类进行设置。
- itemstyle_opts：设置数据项区域样式，使用 series_options.ItemStyleOpts() 类进行设置。

8.3.11 标记区域配置项

标记区域配置项用于设置标记区域的属性，参数说明如下。

```
class MarkAreaOpts()
```

- is_silent：图形是否不响应和触发鼠标事件，默认值为 False，即响应和触发鼠标事件。
- label_opts：设置标签样式，使用 series_options.LabelOpts() 类进行设置。
- data：标记区域数据，使用 series_options.MarkAreaItem() 类进行设置。

8.3.12 涟漪特效配置项

涟漪特效配置项用于设置涟漪特效，参数说明如下。

```
class EffectOpts()
```

- is_show：是否显示特效，值类型为 bool 类型。
- brush_type：设置波纹的绘制方式，可选值有"stroke""fill"，默认值为"stroke"，注意该参数在 Scatter 中有效。
- scale：设置动画中波纹的最大缩放比例，在 Scatter 类中有效，默认值为 2.5。
- period：设置动画的周期，单位是秒，在 Scatter 类中有效，默认值为 4。
- color：设置特效标记的颜色。
- symbol：设置特效图形的样式，可选值有"circle""rect""roundRect""triangle""diamond""pin""arrow""none"等。
- symbol_size：特效标记的大小，可以支持数字和列表，当值为列表时需包含两个元素，分别设置标记的宽和高。
- trail_length：设置特效尾迹的长度，取值范围为[0, 1]，在Geo图中设置Lines时有效。

8.3.13 区域填充样式配置项

区域填充样式配置项用于设置区域填充的样式，参数说明如下。

```
class AreaStyleOpts()
```

- opacity：设置图形的透明度，取值范围为 [0, 1]，取值为 0 时不绘制图形。

➢ color：图形的颜色，支持RGB或者RGBA两种颜色表示方式，例如“rgb(0, 0, 0)”“rgba(0, 0, 0, 0.5)”；除此之外也支持使用十六进制格式，例如“#ccc”。

8.3.14　分隔区域配置项

分隔区域配置项用于设置分割区域的样式，参数说明如下。

```
class SplitAreaOpts()
```

➢ is_show：是否显示分隔区域，值类型为 bool 类型。

➢ areastyle_opts：该参数用于设置分割区域的样式，使用 series_options.AreaStyleOpts() 类进行设置。

8.3.15　实例

下例是综合上述所讲的各种全局配置项以及系列配置项绘制出的一幅较为复杂的图，其中着重展示了标签样式、标记点、标记线、标记区域的用法，代码 8-11 中的各种参数以及可选值在前面都讲过，因此本例只做示范不做解释。

代码 8-11

```
from pyecharts.charts import Bar
from pyecharts.charts import Scatter
from pyecharts.charts import EffectScatter
import pyecharts.options as opts
import pyecharts.faker as Faker

def example1():
    c = (
        Bar()
        .add_xaxis(Faker.choose())
        .add_yaxis(" 系列 A", Faker.values())
        .add_yaxis(" 系列 B", Faker.values())
        .add_yaxis(" 系列 C", Faker.values())
        .add_yaxis(" 系列 D", Faker.values())
        .set_global_opts(
            title_opts=opts.TitleOpts(title=" 柱形图示例 "),
        )
        .set_series_opts(
            label_opts=opts.LabelOpts(
                is_show=True,
                position="top",
                font_size=15,
                font_family='serif',
                rotate=15,
                margin=8,
                interval=5,
                horizontal_align='center',
```

```
                    vertical_align='center',
                    formatter="{b}: {c}"),
                markpoint_opts=opts.MarkPointOpts(
                    data=[opts.MarkPointItem(type_="max",
                                             symbol="pin",
                                             symbol_size=[40, 50]),
                          opts.MarkPointItem(type_="min",
                                             symbol='pin',
                                             symbol_size=[40, 50])],
                    ),
                markline_opts=opts.MarkLineOpts(
                    is_silent=True,
                    data=[opts.MarkLineItem(type_="average")],
                    symbol='arrow',
                    symbol_size=10
                ),
                markarea_opts=opts.MarkAreaOpts(
                    is_silent=True,
                    data=[opts.MarkAreaItem(y=[10, 50],
                                          itemstyle_opts=opts.ItemStyleOpts(
                                              color="#FFE0B2",
                                              opacity=0.1
                                          ))
                        ]
                    ),
                )
        )
        return c
example1().render_notebook()
```

结果如图 8-13 所示。

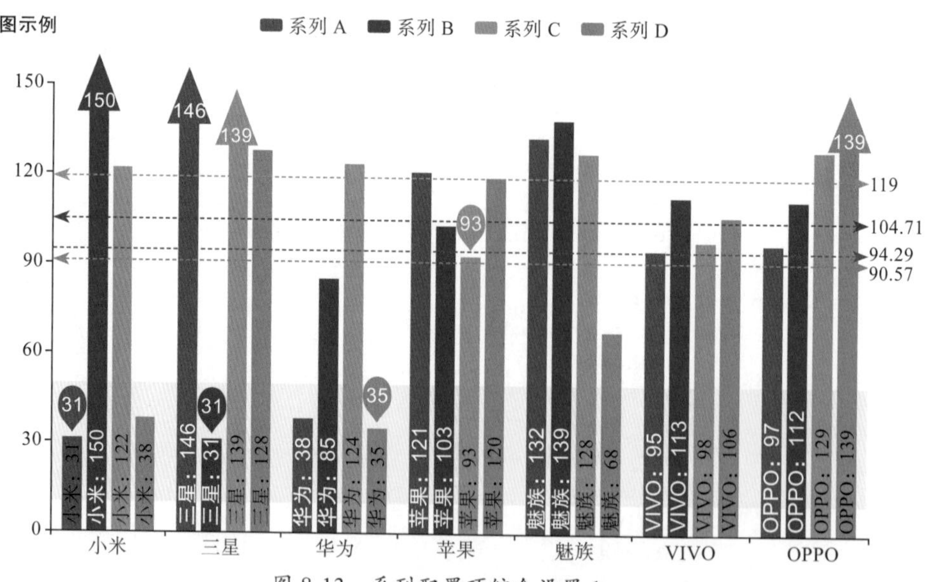

图 8-13 系列配置项综合设置 1

下例展示了帕累托图的画法，同时结合了柱形图和折线图，实现如代码 8-12 所示。

代码 8-12

```
from pyecharts.charts import Bar, Line
from pyecharts.charts import EffectScatter
import pyecharts.options as opts
import pyecharts.faker as Faker
import random
import pandas as pd
from pyecharts.globals import ThemeType
from pyecharts.commons.utils import JsCode

df_origin = pd.DataFrame({'x': Faker.choose(),
                               'y': Faker.values()})

df_sorted = df_origin.sort_values(by='y', ascending=False)
cum_percent = [0] + (df_sorted['y'].cumsum() / df_sorted['y'].sum() * 100).
    values.tolist()

def example2():
    line = (
        Line(init_opts=opts.InitOpts(
                width="1000px",
                height="800px",
                theme=ThemeType.WHITE,
                bg_color="#B3E5FC",
            )
        )
        .add_xaxis([*range(7)])
        .add_yaxis("累计百分比",
                    cum_percent,
                    xaxis_index=1,
                    yaxis_index=1,
                    label_opts=opts.LabelOpts(is_show=False),
                    is_smooth=True,
                )
    )

    bar = (
        Bar()
        .add_xaxis(df_sorted.x.values.tolist())
        .add_yaxis(
            '销售额',
            df_sorted.y.values.tolist(),
            category_gap=0,
            itemstyle_opts=opts.ItemStyleOpts(
                opacity=0.6,
            ),
        )
```

```
.add_yaxis(
    '总额百分比',
    cum_percent,
)
.extend_axis(xaxis=opts.AxisOpts(is_show=False, position='top'))
.extend_axis(
    yaxis=opts.AxisOpts(
        axistick_opts=opts.AxisTickOpts(is_inside=True),
        axislabel_opts=opts.LabelOpts(formatter='{value}%'),
        position='right',
    )
)
.set_series_opts(
    label_opts=opts.LabelOpts(
        is_show=True,
        font_size=14,
        formatter=JsCode(
        """function (param) {
                return (Math.round(param.value * 100) / 100);
            }"""
        )
    )
)
.set_global_opts(
    legend_opts=opts.LegendOWpts(
        legend_icon='circle',
    ),
    title_opts=opts.TitleOpts(
        title='帕累托图示例',
        title_textstyle_opts=opts.TextStyleOpts(
            font_style="oblique",
            font_family="monospace",
            font_weight="bolder",
            font_size=30,
            align="center",
            vertical_align="center",
            shadow_blur=3,
        )
    ),
    xaxis_opts=opts.AxisOpts(name='x轴', type_='category'),
    yaxis_opts=opts.AxisOpts(
        axislabel_opts=opts.LabelOpts(formatter="{value}")
    ),
    toolbox_opts=opts.ToolboxOpts(
        is_show=True,
        orient="horizontal",
        pos_left="70%",
        pos_right="10%",
```

```
                pos_top="5%",
                pos_bottom="90%",
                feature=opts.ToolBoxFeatureOpts(
                    save_as_image=opts.ToolBoxFeatureSaveAsImageOpts(
                        type_="png",
                        name="untitled",
                        background_color="auto",
                        connected_background_color="#fff",
                        title=" 以图片形式保存到本地 ",
                        pixel_ratio=2,
                    ),
                    restore=opts.ToolBoxFeatureRestoreOpts(
                        is_show=True,
                        title=" 刷新 ",
                    ),
                    data_view=opts.ToolBoxFeatureDataViewOpts(
                        title=" 数据视图 ",
                        is_read_only=True,
                        background_color="#fff",
                        text_area_color="#BDBDBD",
                        text_area_border_color="#333",
                        text_color="#000",
                        button_color="#c23531",
                        button_text_color="#fff",
                    ),
                    data_zoom=opts.ToolBoxFeatureDataZoomOpts(
                        is_show=True,
                    ),
                    magic_type=opts.ToolBoxFeatureMagicTypeOpts(
                        is_show=True,
                        type_="tiled",
                    ),
                    brush=opts.ToolBoxFeatureBrushOpts(
                        type_="polygon",
                    ),
                ),
            ),
        )
    )
    bar.overlap(line)
    return bar
example2().render_notebook()
```

结果如图 8-14 所示。

下例中展示了散点图的画法，同时增加了不同类型的散点、指示器、视觉映射条、数据缩放条等组件，实现如代码 8-13 所示。

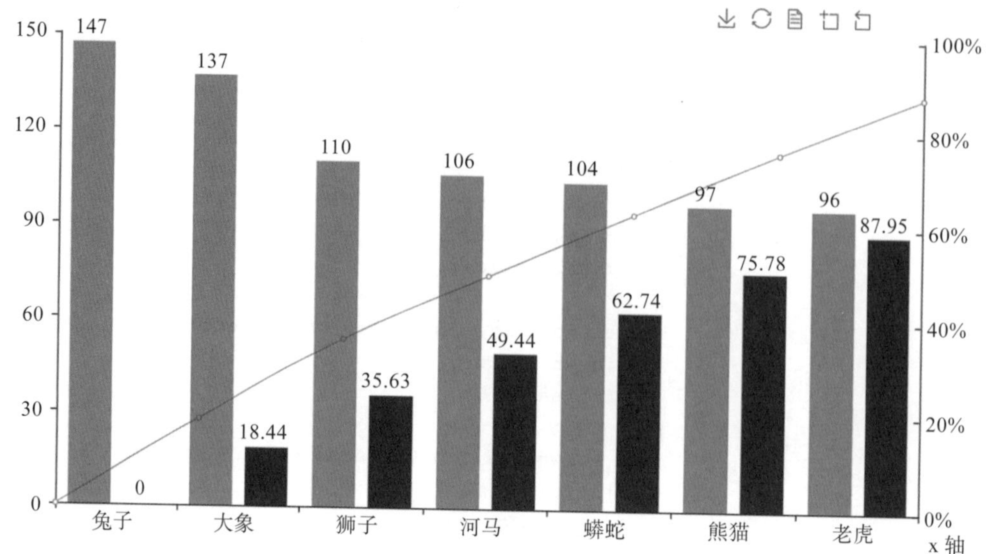

图 8-14 系列配置项综合设置 2

代码 8-13

```
from pyecharts.charts import Scatter
import pyecharts.options as opts
from pyecharts.commons.utils import JsCode
import pandas as pd
from pyecharts.globals import SymbolType

dataA = pd.DataFrame({
    'X': [random.randint(5, 30) for _ in range(10)],
    'Y': [random.randint(10, 40) for _ in range(10)],
    'name': ["A 班学生 {}".format(i) for i in range(10)],
})

dataB = pd.DataFrame({
    'X': [random.randint(5, 30) for _ in range(10)],
    'Y': [random.randint(10, 40) for _ in range(10)],
    'name': ["B 班学生 {}".format(i) for i in range(10)],
})

def example3():
    c = (
        Scatter()
        .add_xaxis(dataA.X.values.tolist())
        .add_yaxis(
            'A 班级 ',
            dataA[['Y','name']].values.tolist(),
            label_opts=opts.LabelOpts(
                formatter=JsCode(
                    'function(params){return params.value[2];}'
                )
```

```
        )
    )
    .add_xaxis(dataB.X.values.tolist())
    .add_yaxis(
        'B 班级 ',
        dataB[['Y','name']].values.tolist(),
        symbol=SymbolType.DIAMOND,
        label_opts=opts.LabelOpts(
            formatter=JsCode(
                'function(params){return params.value[2];}'
            )
        ),

    )
    .set_global_opts(
        title_opts=opts.TitleOpts(title=' 散点图示例 '),
        xaxis_opts=opts.AxisOpts(
            name=' 数学分数 ',
            type_='value',
            min_=5,
            name_location="end",
            name_gap="20",
            axisline_opts=opts.AxisLineOpts(
                is_show=True,
                symbol=['none', 'arrow'],
            ),
            axistick_opts=opts.AxisTickOpts(
                is_show=False,
            ),
            splitline_opts=opts.SplitLineOpts(
                is_show=True,
                linestyle_opts=opts.LineStyleOpts(
                    width=1,
                    opacity=0.4,
                    curve=0,
                    type_="dotted",
                    color="#757575"
                )
            ),
        ),
        yaxis_opts=opts.AxisOpts(
            name=' 语文分数 ',
            min_=10,
            axisline_opts=opts.AxisLineOpts(
                is_show=True,
                symbol=['none', 'arrow'],
            ),
            splitline_opts=opts.SplitLineOpts(
                is_show=True,
                linestyle_opts=opts.LineStyleOpts(
                    width=1,
```

```
                    opacity=0.4,
                    curve=0,
                    type_="dashed",
                    color="#757575"
                )
            ),
            splitarea_opts=opts.SplitAreaOpts(
                is_show=True,
                areastyle_opts=opts.AreaStyleOpts(
                    opacity=1,
                )
            ),
        ),
        legend_opts=opts.LegendOpts(
            is_show=True,
            type_="plain",
            selected_mode="multiple",
            orient='vertical',
            pos_left="0%",
            pos_top="20%",
            item_gap=7,
            inactive_color="#DCEDC8",
        ),
        datazoom_opts=opts.DataZoomOpts(
            is_show=True,
            type_="slider",
            is_realtime=True,
            range_start=30,
            range_end=80,
            orient="horizontal",
            is_zoom_lock=True,
        ),
        visualmap_opts=opts.VisualMapOpts(
            is_show=True,
            type_="color",
            min_=10,
            max_=40,
            orient='vertical',
            dimension=1,
            is_piecewise=True,
        ),
        axispointer_opts=opts.AxisPointerOpts(
            is_show=True,
            type_="shadow",
        ),
        brush_opts=opts.BrushOpts(
            tool_box=['rect', 'polygon', 'keep', 'clear']
        ),
        toolbox_opts=opts.ToolboxOpts(
        is_show=True,
        ),
```

```
            )
        )
        return c
    example3().render_notebook()
```

结果如图 8-15 所示。

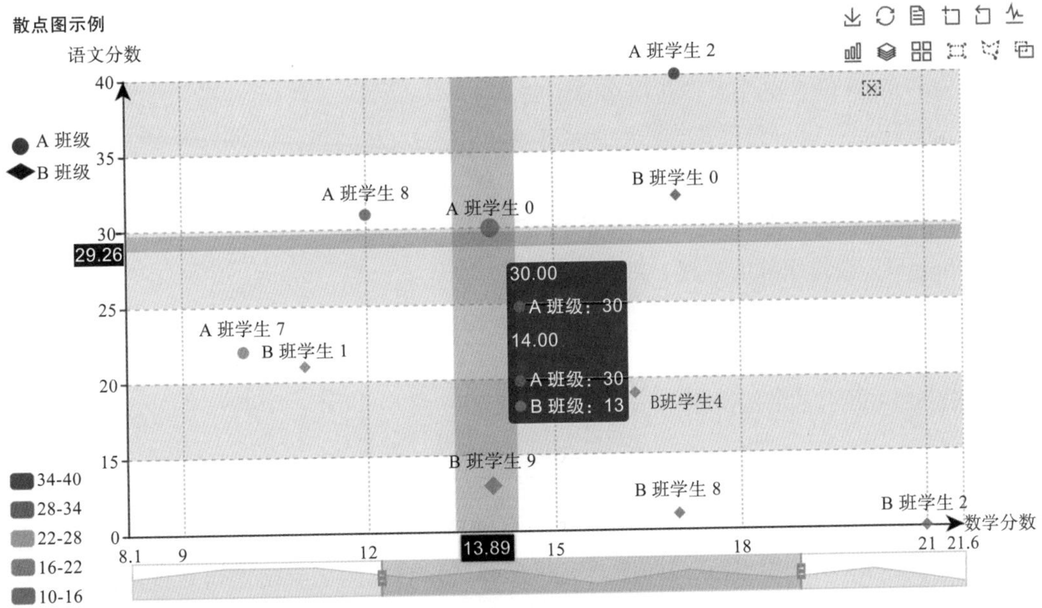

图 8-15 系列配置项综合设置 3

8.4 组合图表

在本节之前介绍过函数 overlap()，该函数是将不同图表进行重合放置，在一个坐标系中展示不同的图表。有时我们会需要将不同的图表放在同一个屏幕中结合分析，但不能进行重合，因此就需要结合本节介绍的函数来进行绘制。

8.4.1 并行多图

并行多图是将多个图表同时放在同一个界面进行展示，需要注意的是，并行多图 Grid 类的容器是固定的，但可以自定义其中图表的位置以及大小。

1. add()

add() 函数用于传入图，参数说明如下。

- chart：图表实例。
- grid_opts：设置直角坐标系网格，使用 GridOpts() 进行设置。
- grid_index：设置直角坐标系网格索引，默认值为 0。
- is_control_axis_index：设置是否由自己控制 Axis 索引，值类型为 bool 类型，默

认值为 False。

2. GridOpts()

GridOpts() 类用于设置图的各种属性，包括位置、大小、刻度标签等属性，类以及参数说明如下。

```
class GridOpts()
```

- pos_left：设置组件离容器左侧的距离。
- pos_top：设置组件离容器顶端的距离。
- pos_right：设置组件离容器右侧的距离。
- pos_bottom：设置组件离容器底端的距离。
- width：设置组件的宽度，默认值为自适应。
- height：设置组件的高度，默认值为自适应。
- is_contain_label：设置 grid 区域是否包含坐标轴的刻度标签，值类型为 bool 类型，默认值为 True。

代码 8-14 展示了示例操作。

代码 8-14

```
from pyecharts.charts import Bar, Line, Grid
from pyecharts.faker import Faker
from pyecharts import options as opts

def grid():
    x = Faker.choose()
    y1 = Faker.values()
    y2 = Faker.values()
    y3 = Faker.values()
    bar = (
        Bar()
        .add_xaxis(x)
        .add_yaxis("系列 1", y1)
        .add_yaxis("系列 2", y2)
        .set_global_opts(
            legend_opts=opts.LegendOpts(
                pos_left="0%",
                pos_top="15%",
                orient="vertical"
            )
        )
    )
    line = (
        Line()
        .add_xaxis(x)
        .add_yaxis("", y1)
        .add_yaxis("", y2)
        .set_series_opts(label_opts=opts.LabelOpts(is_show=False))
        .set_global_opts(
```

```
            visualmap_opts=opts.VisualMapOpts(),
            title_opts=opts.TitleOpts(title=" 并行多图 "),
        )
    )

    grid = (
        Grid()
        .add(bar, grid_opts=opts.GridOpts(pos_right="50%"))
        .add(line, grid_opts=opts.GridOpts(pos_left="55%"))
    )
    return grid
grid().render_notebook()
```

本例首先设定了柱形图以及折线图两个图表，接着重新实例化 Grid 类，然后使用 add() 函数依次将一开始设置的柱形图和折线图传入其中，并在 grid_opts 参数中使用 GridOpts 类设置两个图表的形状和位置。

结果如图 8-16 所示。

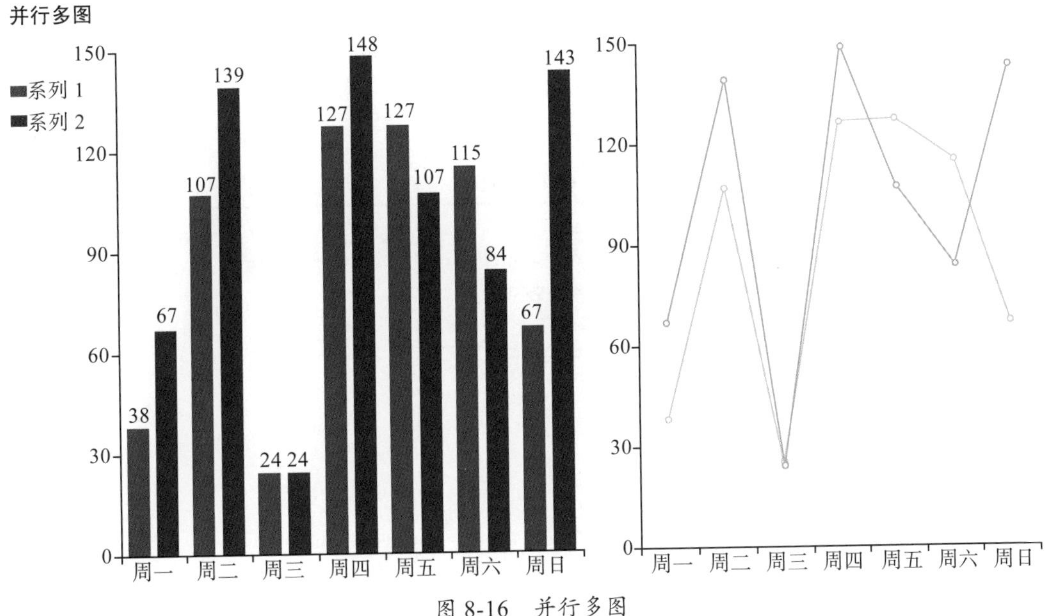

图 8-16　并行多图

8.4.2　顺序多图

顺序多图默认按顺序放置传入的图表，且容器会随图表的多少、大小等属性改变大小以适应不同情况。Page 中内置了 SimplePageLayout 以及 DraggablePageLayout 两种布局，DraggablePageLayout 布局可以手动拖拽各个图表的位置以及大小形状。Page 类中的参数如下。

```
class Page()
```

➢ page_title：设置 HTML 标题。

- js_host：设置远程 HOST，默认为“https://assets.pyecharts.org/assets/”。
- interval：设置图例之间的间隔。
- layout：设置布局，使用 PageLayoutOpts() 进行配置。

1. add()

add() 函数用于传入图表，函数及参数说明如下。

```
def add(*charts)
```

- *charts：任意图表实例。

2. save_resize_html()

save_resize_html() 函数用于 DraggablePageLayout 布局重新渲染图表，函数以及参数说明如下。

```
def save_resize_html()
```

- source：第一次渲染后的 HTML 文件，默认值为“render.html”。
- cfg_file：传入布局配置文件。
- cfg_dict：传入布局配置字典 dict。
- dest：重新生成的 HTML 文件的存放路径。

代码 8-15 展示了示例操作。

代码 8-15

```
from pyecharts.faker import Faker
from pyecharts.charts import Bar, Line, Grid, Liquid, Page, Pie
from pyecharts import options as opts
from pyecharts.commons.utils import JsCode
from pyecharts.components import Table

def line():
    c = (
        Line()
        .add_xaxis(Faker.choose())
        .add_yaxis("", Faker.values(), is_smooth=True)
        .set_global_opts(
            title_opts=opts.TitleOpts(
                title=" 折线图示例 ",
            ),
            datazoom_opts=opts.DataZoomOpts(
                range_start=0,
                range_end=100,
            )
        )
    )
    return c

def rose():
    k = Faker.choose()
```

```
    c = (
        Pie()
        .add("", [list(data) for data in zip(k, Faker.values())],
            radius=["25%", "75%"],
            center=["25%", "50%"],
            rosetype="radius",
            )
        .add("", [list(data) for data in zip(k, Faker.values())],
            radius=["25%", "75%"],
            center=["75%", "50%"],
            rosetype="area",
            )
        .set_global_opts(title_opts=opts.TitleOpts(title=" 玫瑰图示例 "))
        .set_series_opts(label_opts=opts.LabelOpts(formatter="{b}: {c}"))
    )
    return c

def bar():
    c = (
        Bar()
        .add_xaxis(Faker.choose())
        .add_yaxis(" 系列 A", Faker.values())
        .add_yaxis(" 系列 B", Faker.values())
        .add_yaxis(" 系列 C", Faker.values())
        .set_series_opts(
            markpoint_opts=opts.MarkPointOpts(
            data=[opts.MarkPointItem(type_="max",
                                     symbol="pin",
                                     symbol_size=[40, 50]),
                  opts.MarkPointItem(type_="min",
                                     symbol='pin',
                                     symbol_size=[40, 50])],
            )
        )
        .set_global_opts(
            title_opts=opts.TitleOpts(
                title=" 柱形图示例 "
            ),
        )
    )
    return c

def page():
    page = Page(layout=Page.SimplePageLayout)
    page.add(
        line(),
        rose(),
        bar(),
    )
    return page
page().render_notebook()
```

结果如图 8-17 所示。

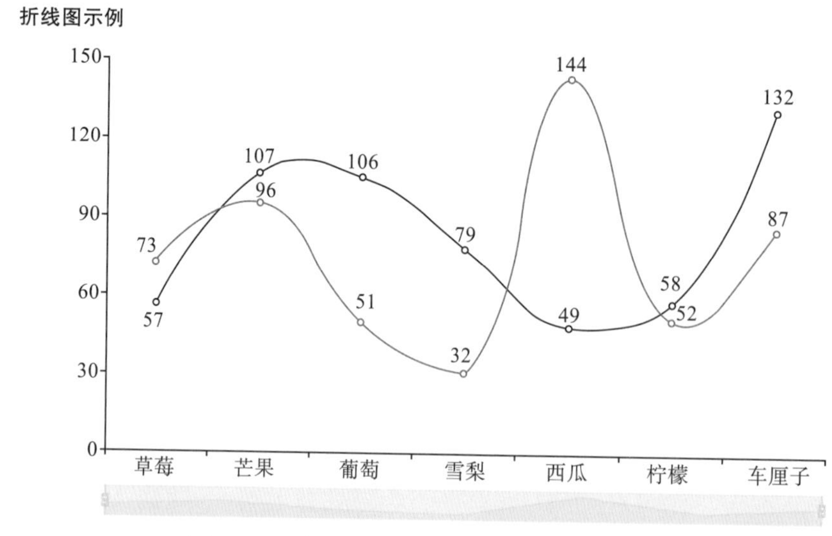

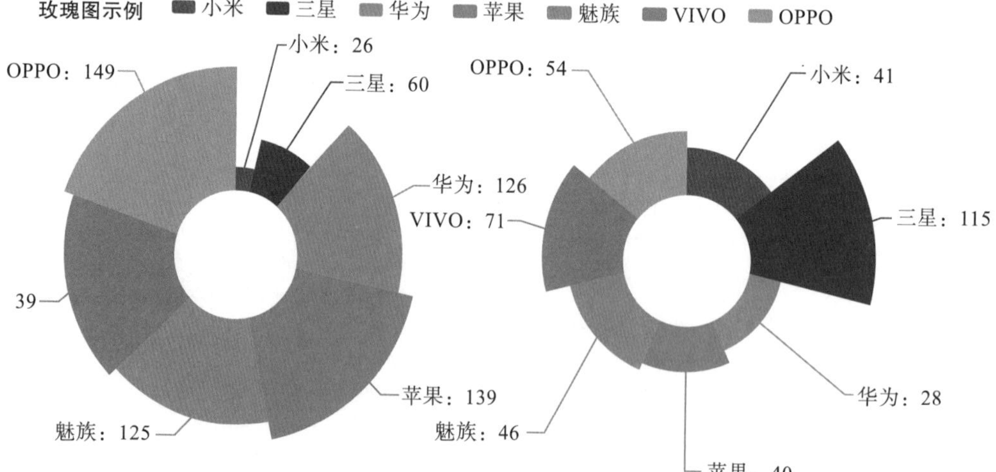

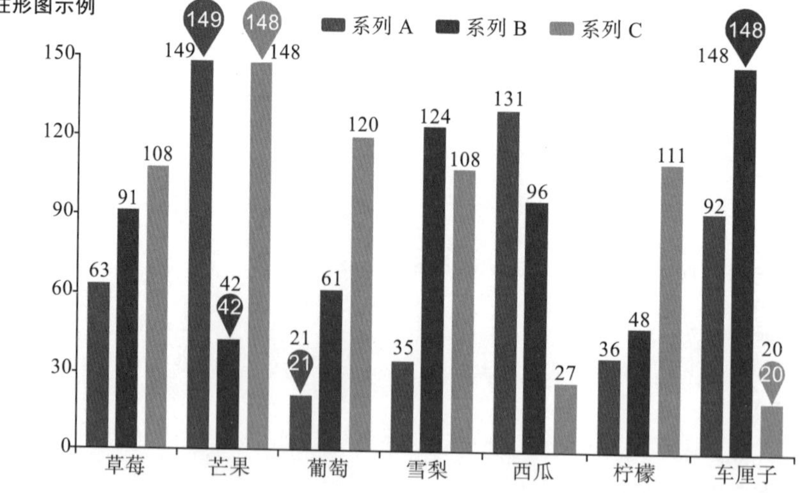

图 8-17　顺序多图

8.4.3 选项卡多图

选项卡多图是将多个图表放在一起，但显示的只有其中一个图表，并且使用选项卡对各种图表切换显示。下面是选项卡多图 Tab 类中的参数介绍。

```
class Tab()
```

- page_title：设置页面标题，默认值为“Awesome-pyecharts”。
- js_host：设置远程 HOST，默认值为“https://assets.pyecharts.org/assets/”。

add()

add() 函数用于传入图表，函数与参数如下。

```
def add()
```

- chart：传入图表类型。
- tab_name：设置标签名称。

代码 8-16 是基于代码 8-14 中设置的三个函数，将三个函数传入 Tab 类中，实现代码如下。

代码 8-16

```
from pyecharts.charts import Tab
def tab():
    tab = (
        Tab()
        .add(line()," 折线图 ")
        .add(rose()," 玫瑰图 ")
        .add(bar()," 柱形图 ")
    )
    return tab
tab().render_notebook()
```

结果如图 8-18 所示。

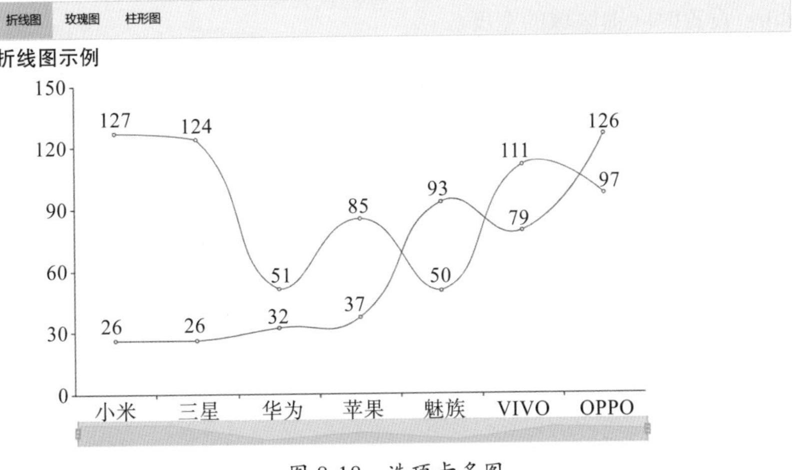

图 8-18　选项卡多图

在得到的结果中，可以点击上方的选项卡，不同的选项卡分别对应着一个类型的图表。

8.4.4 时间线轮播多图

时间线轮播多图是将同一结构、不同时间点的数据进行轮播显示。

1. add_schema()

add_schema() 函数用于设置时间轴的样式，函数以及参数如下。

```
def add_schema()
```

- axis_type：设置坐标轴类型，可选值有“value”“category”“time”“log”，分别表示数值轴、类目轴、时间轴、对数轴，默认值为“category”。
- orient：设置布局方向，可选值有“horizontal”“vertical”，默认值为“horizontal”。
- symbol:timeline 的标记样式，可选值有“circle”“rect”“roundRect”“triangle”“arrow”“none”。
- symbol_size：设置标记的大小。
- play_interval：设置播放的速度，单位毫秒（ms），值越小，速度越快。
- control_position：设置播放按钮的位置，可选值有“left”“right”。
- is_auto_play：是否自动播放，值类型为 bool 类型，默认值为 False。
- is_loop_play：是否循环播放，值类型为 bool 类型，默认值为 True。
- is_rewind_play：是否反向播放，值类型为 bool 类型，默认值为 False。
- is_timeline_show：是否显示 timeline 组件，值类型为 bool 类型，默认值为 True。
- is_inverse：是否反向放置 timeline，值类型为 bool 类型，默认值为 False。
- pos_left：设置组件离容器左侧的距离。
- pos_right：设置组件离容器右侧的距离。
- pos_top：设置组件离容器顶端的距离。
- pos_bottom：设置组件离容器底端的距离。
- width：设置时间轴区域的宽度。
- height：设置时间轴区域的高度。
- linestyle_opts：设置时间轴的坐标轴线，使用 series_options.LineStyleOpts() 进行配置。
- label_opts：设置时间轴的轴标签，使用 series_options.LabelOpts() 进行配置。
- itemstyle_opts：时间轴的图形样式，使用series_options.ItemStyleOpts()进行配置。

2. add()

add() 函数用于传入图，函数与参数如下。

```
def add()
```

- chart：传入图表实例。

➢ time_point：设置时间点。

代码 8-17 展示了示例操作。

代码 8-17

```
from pyecharts.charts import Bar, Timeline
from pyecharts import options as opts
from pyecharts.faker import Faker

def timeline():
    x = Faker.choose()
    tl = Timeline()
    for i in range(2012, 2020):
        bar = (
            Bar()
            .add_xaxis(x)
            .add_yaxis("系列 1", Faker.values())
            .add_yaxis("系列 2", Faker.values())
            .add_yaxis("系列 3", Faker.values())
            .set_global_opts(title_opts=opts.TitleOpts("{} 年销量".format(i)))
        )
        tl.add(bar, "{} 年".format(i))
    tl.add_schema(
        is_auto_play=True,
    )
    return tl
timeline().render_notebook()
```

结果如图 8-19 所示。

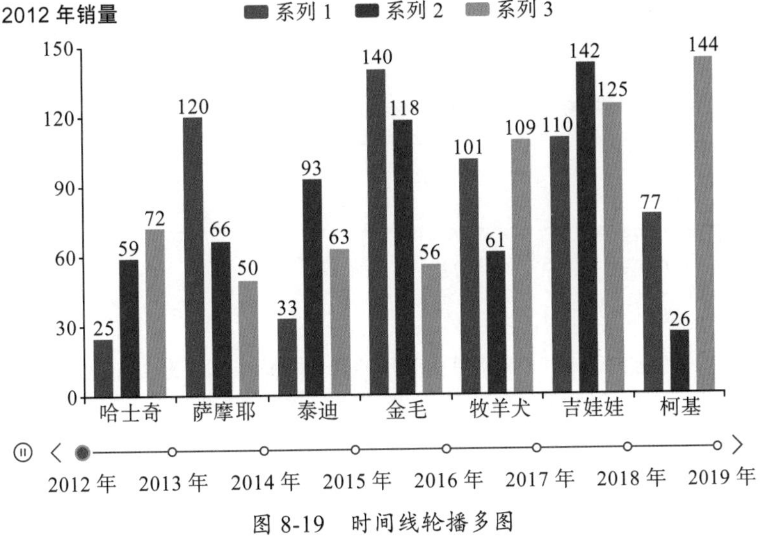

图 8-19　时间线轮播多图

该例得到的结果会随着时间轴进行轮播，在时间轴上可以手动选择观看的年份数据以及是否自动轮播。

8.5 仪表板案例

数据可视化的最终目的是清晰准确地传达想要表达的故事，这将涉及多个单独的图表，而仪表板的用途是将多个图表放在一起，并结合相应的布局、交互模式、样式来进行演示，给观众最好的感受的同时清晰准确地向观众传达数据的故事。现在许多场景都会应用到仪表板，本节将介绍利用 Pyecharts 绘制仪表板的一个案例。

首先导入所需要的包：

```
from pyecharts.charts import Page, Bar, Funnel, Grid, Line
from pyecharts.charts import Timeline, Map, Pie, Tree, Geo
from bs4 import BeautifulSoup
from pyecharts import options as opts
from pyecharts.globals import ThemeType
from pyecharts.faker import Faker
from pyecharts.commons.utils import JsCode
from pyecharts.globals import ChartType, SymbolType
import numpy as np
import json
import os
```

绘制所需要展示的图表，代码 8-18 共绘制了地理热力图、线图 – 柱形图、漏斗图、树形图、饼图五个图表。

代码 8-18

```
keys = ['上海', '北京', '合肥', '哈尔滨', '广州', '成都', '无锡', '杭州',
'武汉', '深圳', '西安', '郑州', '重庆', '长沙', '贵阳', '乌鲁木齐']
values = [4.07, 1.85, 4.38, 2.21, 3.53, 4.37, 1.38, 4.29, 4.1, 1.31, 3.92,
    4.47, 2.40, 3.60, 1.2, 3.7]
value_l = []
value_l.append(values)
for i in range(4):
    tmp = np.random.rand(len(values))
    value_l.append([i * 4 + 1 for i in tmp])

def geo_pic():
    tl = Timeline()
    for i in range(2015, 2020):
        geo1 = (
                Geo(init_opts=opts.InitOpts(
                        theme=ThemeType.DARK,
                        bg_color="#404a59",
                        )
                )
                .add_schema(
                        maptype="china",
                        itemstyle_opts=opts.ItemStyleOpts(
                                color="#323c48",
                                border_color="#010101",
                                ),
```

```
                    is_roam=False,
                )
                .add(
                    "",
                    [list(z) for z in zip(keys, value_l[i-2015])],
                    type_=ChartType.HEATMAP,
                )
                .set_series_opts(label_opts=opts.LabelOpts(is_show=False))
                .set_global_opts(
                visualmap_opts=opts.VisualMapOpts(is_show=False, max_=5),
                title_opts=opts.TitleOpts(title="{} 年主要城市空气质量热力图 ".format
                    (i),
                                                  pos_left='right',
                                                  title_textstyle_opts=opts.
                                                      TextStyleOpts(
                                                          color='#ffffff')),
                )
        )
        tl.add(geo1, "{} 年 ".format(i))
    tl.add_schema(orient='vertical',
                  symbol='arrow',
                  play_interval=2500,
                  is_auto_play=True,
                  is_timeline_show=True,
                  pos_left='80%',
                  pos_right='10%',
                  pos_top='20%',
                  pos_bottom='10%',
                  linestyle_opts=opts.LineStyleOpts(color='#ffffff'),
                  label_opts=opts.LabelOpts(color='#ffffff'),
                  itemstyle_opts=opts.ItemStyleOpts(color='#ffffff',
                                                    border_color=
                                                        '#ffffff',
                                                    )
                  )
    return tl

y1 = [[2.0, 4.9, 7.0, 23.2, 25.6, 76.7, 135.6, 162.2, 32.6, 20.0, 6.4, 3.3],
      [3.0, 4.1, 6.2, 22.0, 28.4, 70.0, 148.2, 155.2, 49.0, 13.0, 4.5, 6.2],
      [2.5, 5.2, 7.2, 25.3, 30.2, 80.5, 144.3, 175.6, 66.2, 18.5, 5.5, 6.1],
      [3.1, 6.3, 5.2, 24.4, 33.2, 84.2, 135.5, 161.1, 44.1, 19.6, 4.4, 3.2],
      [1.9, 3.5, 6.7, 19.5, 34.2, 65.9, 149.2, 177.5, 43.1, 32.5, 10.9, 1.5]]

y2 = [[3.0, 4.1, 6.2, 22.0, 28.4, 70.0, 148.2, 155.2, 49.0, 13.0, 4.5, 6.2],
      [1.9, 3.5, 6.7, 19.5, 34.2, 65.9, 149.2, 177.5, 43.1, 32.5, 10.9, 1.5],
      [2.5, 5.2, 7.2, 25.3, 30.2, 80.5, 144.3, 175.6, 66.2, 18.5, 5.5, 6.1],
      [2.0, 4.9, 7.0, 23.2, 25.6, 76.7, 135.6, 162.2, 32.6, 20.0, 6.4, 3.3],
      [3.1, 6.3, 5.2, 24.4, 33.2, 84.2, 135.5, 161.1, 44.1, 19.6, 4.4, 3.2]]

y3 = [[2.0, 2.2, 3.3, 4.5, 6.3, 10.2, 20.3, 23.4, 23.0, 16.5, 12.0, 6.2],
```

```
        [3.1, 2.0, 3.5, 3.9, 7.5, 12.5, 22.9, 24.5, 24.3, 18.1, 10.3, 4.5],
        [2.3, 2.5, 3.6, 4.5, 8.1, 9.5, 23.1, 22.1, 22.5, 16.9, 14.3, 7.5],
        [2.6, 4.1, 6.2, 5.6, 9.4, 10.2, 23.2, 23.3, 23.4, 19.4, 15.2, 3.4],
        [4.6, 5.2, 6.1, 8.2, 9.3, 15.2, 24.8, 22.5, 23.3, 18.9, 14.6, 2.2]
]

def mix_pic():
    tl2 = Timeline(init_opts=opts.InitOpts(
            theme=ThemeType.DARK,
            )
        )
    for i in range(2015, 2020):
        x_data = ["{}月".format(i) for i in range(1, 13)]
        bar = (
            Bar()
            .add_xaxis(x_data)
            .add_yaxis(
                "蒸发量",
                y1[i-2015],
                yaxis_index=0,
                color="#d14a61",
            )
            .add_yaxis(
                "降水量",
                y2[i-2015],
                yaxis_index=1,
                color="#5793f3",
            )
            .extend_axis(
                yaxis=opts.AxisOpts(
                    name="蒸发量",
                    type_="value",
                    min_=0,
                    max_=250,
                    position="right",
                    axisline_opts=opts.AxisLineOpts(
                        linestyle_opts=opts.LineStyleOpts(color="#d14a61")
                    ),
                    axislabel_opts=opts.LabelOpts(formatter="{value} ml"),
                )
            )
            .extend_axis(
                yaxis=opts.AxisOpts(
                    type_="value",
                    name="温度",
                    min_=0,
                    max_=25,
                    position="left",
                    axisline_opts=opts.AxisLineOpts(
                        linestyle_opts=opts.LineStyleOpts(color="#675bba")
```

```
                ),
                axislabel_opts=opts.LabelOpts(formatter="{value} °C"),
                splitline_opts=opts.SplitLineOpts(
                    is_show=True, linestyle_opts=opts.LineStyleOpts
                        (opacity=1)
                ),
            )
        )
        .set_global_opts(
            yaxis_opts=opts.AxisOpts(
                name=" 降水量 ",
                min_=0,
                max_=250,
                position="right",
                offset=80,
                axisline_opts=opts.AxisLineOpts(
                    linestyle_opts=opts.LineStyleOpts(color="#5793f3")
                ),
                axislabel_opts=opts.LabelOpts(formatter="{value} ml"),
            ),
            title_opts=opts.TitleOpts(title="{} 年天气汇总 ".format(i)),
            tooltip_opts=opts.TooltipOpts(trigger="axis", axis_pointer_
                type="cross"),
        )
    )
    line = (
        Line()
        .add_xaxis(x_data)
        .add_yaxis(
            " 平均温度 ",
            y3[i-2015],
            yaxis_index=2,
            color="#675bba",
            label_opts=opts.LabelOpts(is_show=False),
        )
    )
    bar.overlap(line)
    grid0 = Grid().add(
        bar, opts.GridOpts(pos_left="5%", pos_right="20%"), is_control_
            axis_index=True
    )
    tl2.add(grid0, "{} 年 ".format(i))
tl2.add_schema(symbol='diamond',
        play_interval=3000,
        is_auto_play=True,
        is_timeline_show=False,
        )
return tl2

def funnel_pic():
```

```
    funnel = (
        Funnel(init_opts=opts.InitOpts(
            theme=ThemeType.DARK,
            width='500px',
            )
        )
        .add("Funnel",
            zip(["访问","搜索","点击","加购","订单"],
                [100.00,78.12,35.74,17.17,2.62]),
            label_opts=opts.LabelOpts(position='inside'),
            )
        .set_global_opts(
                title_opts=opts.TitleOpts(
                        title=""),
                        )
    )
    return funnel

def tree_pic():
    with open("data.json", "r", encoding="utf-8") as f:
        j = json.load(f)
    c = (
        Tree(init_opts=opts.InitOpts(
            theme=ThemeType.DARK,
            )
        )
        .add("", [j], collapse_interval=2,
            label_opts=opts.LabelOpts(
                    position='left',
                    color='write',
                    font_size=10,
                    ),)
        .set_global_opts(title_opts=opts.TitleOpts(title=""))
    )
    return c

def pie_multiple_base():
    fn = """
    function(params) {
        if(params.name == '其他')
            return '\\n\\n\\n' + params.name + ' : ' + params.value + '%';
        return params.name + ' : ' + params.value + '%';
    }
    """
    def new_label_opts():
        return opts.LabelOpts(formatter=JsCode(fn), position="center")
    c = (
        Pie(init_opts=opts.InitOpts(
            theme=ThemeType.DARK,
            height='200px'
```

```
            ))
        .add(
            "",
            [list(z) for z in zip(["A", " 其他 "], [25, 75])],
            center=["20%", "50%"],
            radius=[60, 80],
            label_opts=new_label_opts(),
        )
        .add(
            "",
            [list(z) for z in zip(["B", " 其他 "], [24, 76])],
            center=["50%", "50%"],
            radius=[60, 80],
            label_opts=new_label_opts(),
        )
        .add(
            "",
            [list(z) for z in zip(["C", " 其他 "], [14, 86])],
            center=["80%", "50%"],
            radius=[60, 80],
            label_opts=new_label_opts(),
        )
        .set_global_opts(
            title_opts=opts.TitleOpts(title=""),
            legend_opts=opts.LegendOpts(
                is_show=False,
                type_="scroll", pos_top="20%", pos_left="90%", orient="vertical"
            ),
        )
    )
    return c
page = Page(page_title="Nora", layout=Page.DraggablePageLayout)
page.add(funnel_pic(), geo_pic(), mix_pic(), tree_pic(), pie_multiple_base())
page.render("combination.html")
```

在构造好所有想要展示的图表之后，使用 Page 类将它们结合在一起。

这段代码将会生成一个 combination.html 文件，找到文件之后打开，拖拽各个图表，可以调整它们的位置以及大小，调整到自己满意的布局之后，点击左上角的“save config”按钮，将生成一个 chart_config.json 文件，该文件记录了本次拖拽布局的信息，接下来我们将利用该文件直接对图表的布局进行设置。

最后使用 save_resize_html() 函数，传入刚刚生成的 combination.html 文件和 chart_config.json 文件。除此之外，还对 HTML 文件的细节部分进行修饰，例如增加了标题、设置背景颜色等，如代码 8-19 所示。

代码 8-19

```
Page.save_resize_html(
        "combination.html",
```

```
        cfg_file="./chart_config.json",
        dest="my_new_charts.html")

with open(os.path.join(os.path.abspath("."), "my_new_charts.html"), 'r+',
    encoding="utf8") as html:
    html_bf=BeautifulSoup(html,"lxml")
    body=html_bf.find("body")
    body["style"]="background-color:#333333;"
    div_title="<div align=\"center\" style=\"width:1200px;\">\n<span style=
        \"font-size:32px;font face=\'黑体\';color:#FFFFFF\"><b>BI 监控可视化大屏
        </b></div>"
    body.insert(0,BeautifulSoup(div_title,"lxml").div)
    html_new=str(html_bf)
    html.seek(0,0)
    html.truncate()
    html.write(html_new)
    html.close()
```

到此，整个仪表板的案例就完成了。

◎ 本章小结

本章首先对 set_global_opts 全局配置项和 set_series_opts 系列配置项中各种类的作用以及其参数一一进行了说明，并且辅以相应的案例示范其用法。其次展示了一些综合案例，其中融合了多种配置项。最后介绍了四种组合图表的函数，并且利用组合图表函数完成了一个仪表板案例。

◎ 课后习题

1. 请叙述全局配置项与系列配置项的区别与共同点。
2. 请利用本章介绍的配置项自己设计一个图。
3. 请利用本章介绍的组合图表函数，设计一个仪表板。

◎ 思考题

1. 仪表板适合什么样的应用场景？
2. 仪表板的优点与缺点分别是什么？

CHAPTER 9

第9章

Bokeh 数据可视化

9.1 Bokeh 数据可视化简介

Bokeh 是一个交互式可视化库，它的目标是提供优雅、简洁的通用图形构造，在非常大的数据集或流数据集上仍然可以扩展这种高性能的交互能力。Bokeh 可以帮助创建交互式图表、仪表板和数据应用程序。Bokeh 库支持多种语言，包括 Python、R 语言、lua 和 Julia，结合这些语言产生了 JSON 文档。该文档将作为 BokehJS（JavaScript 库）的输入，之后将数据展示到 Web 浏览器上面。

本章主要介绍通过使用 bokeh.plotting 创建图表，基本步骤及本章思维导图如图 9-1 所示。

接下来，让我们开始学习 Bokeh 这个可视化工具吧。

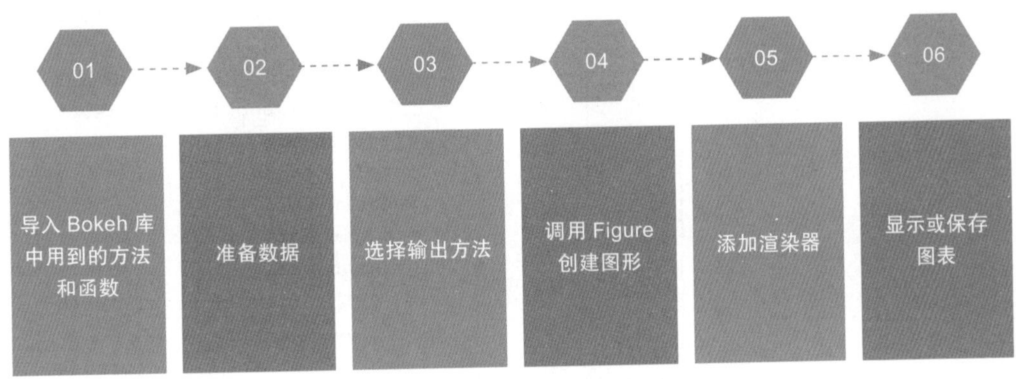

a） bokeh.plotting 绘图基本步骤

图 9-1　bokeh.plotting 绘图基本步骤及本章思维导图

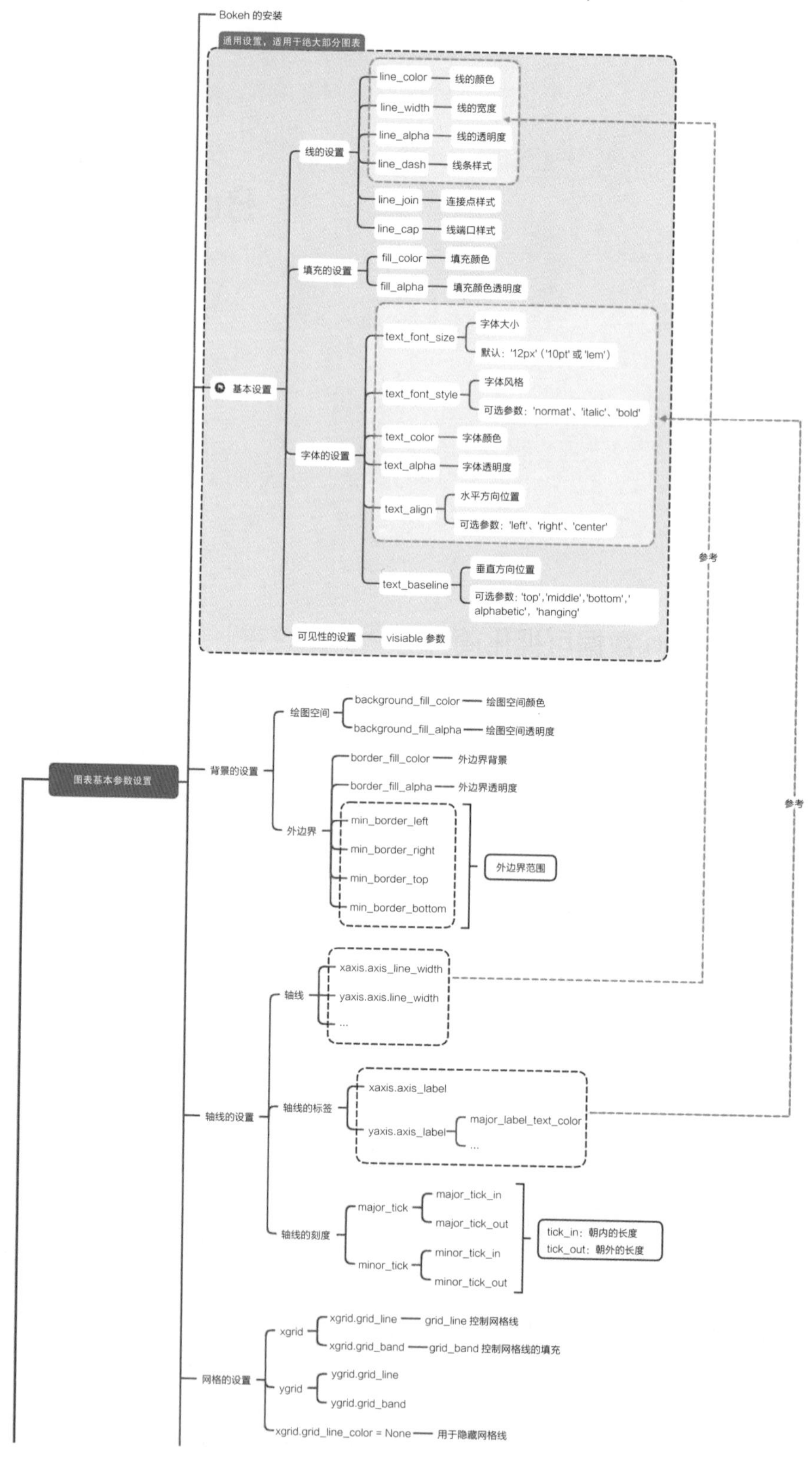

b）本章思维导图

图 9-1　bokeh.plotting 绘图基本步骤及本章思维导图（续）

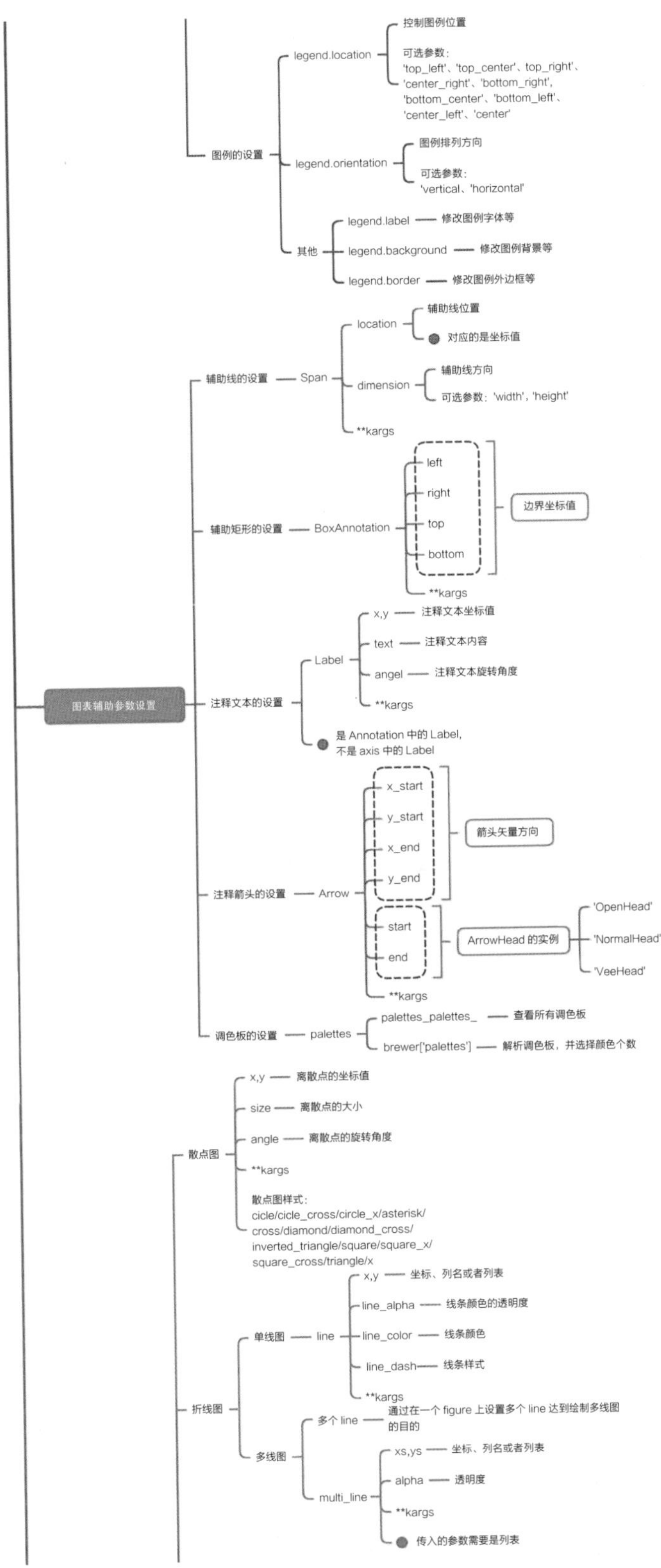

b）本章思维导图（续）

图 9-1　bokeh.plotting 绘图基本步骤及本章思维导图（续）

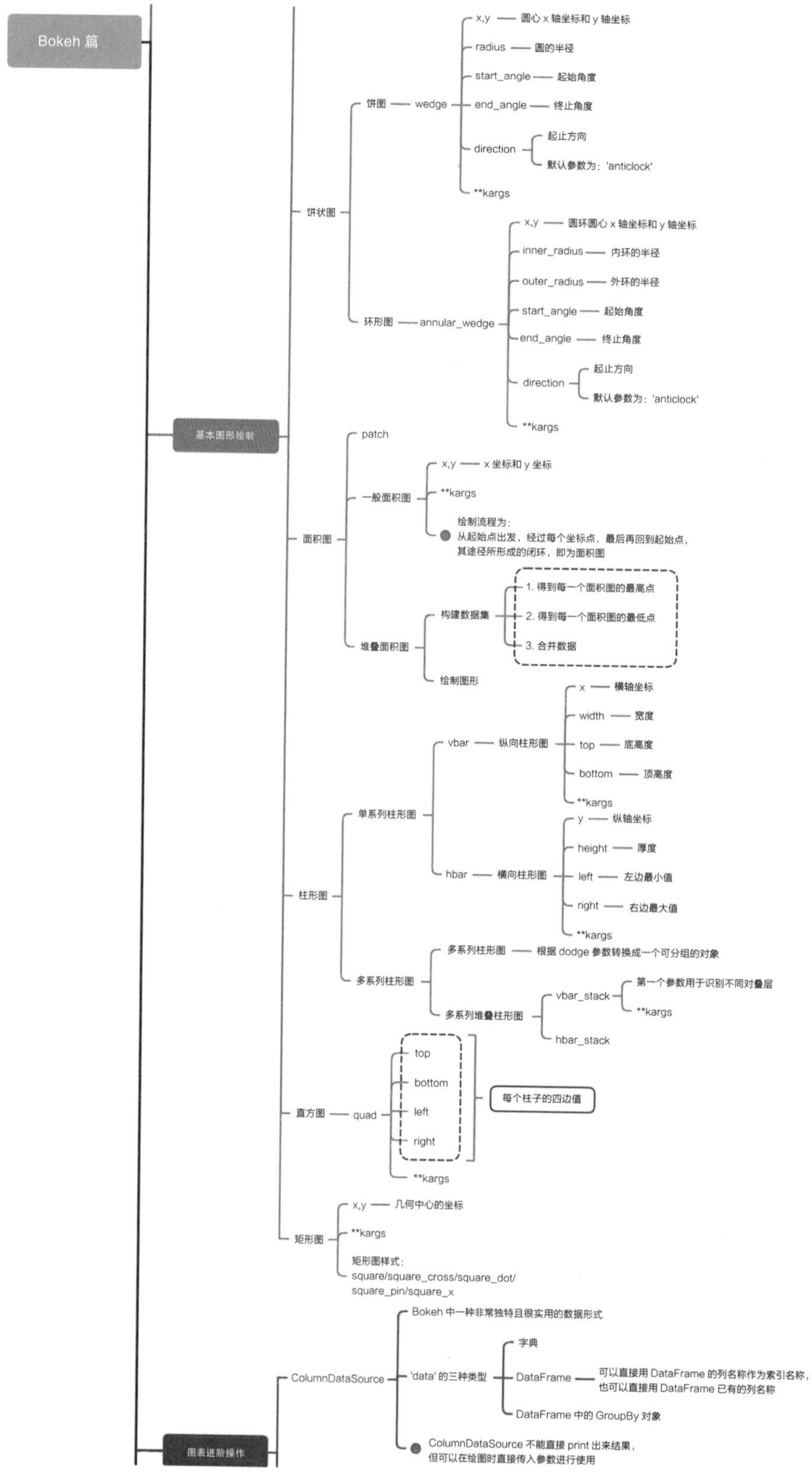

b）本章思维导图（续）

图 9-1　bokeh.plotting 绘图基本步骤及本章思维导图（续）

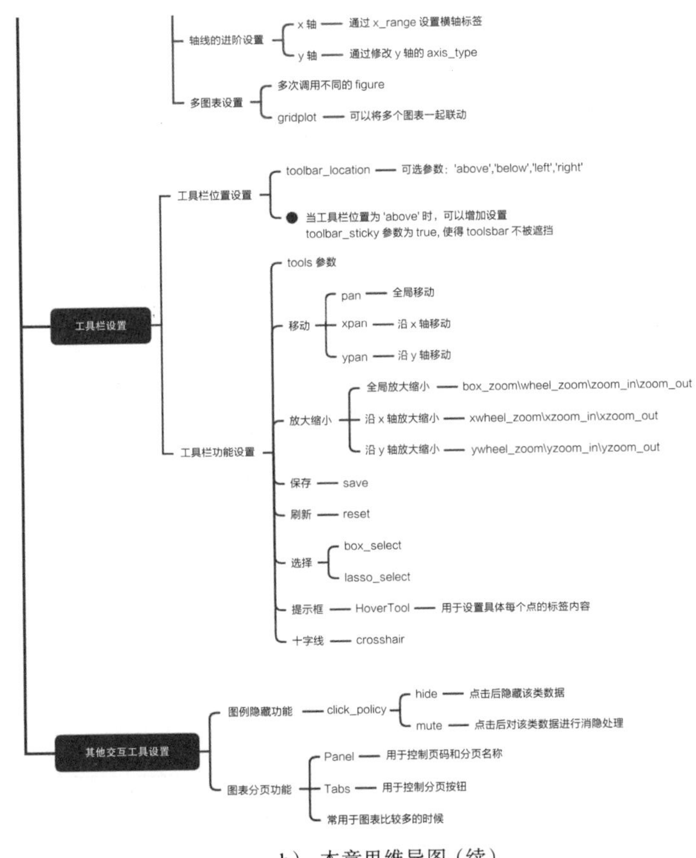

b）本章思维导图（续）

图 9-1　bokeh.plotting 绘图基本步骤及本章思维导图（续）

9.2　图表基本参数设置

9.2.1　Bokeh 的安装

Bokeh 的安装和其他库的安装大同小异。如果你已经是 anaconda 用户，则只需运行以下命令：conda install bokeh。

或者，也可以使用 pip 进行安装：pip install bokeh。

在安装好后，我们就可以通过代码 9-1 简单地绘制一个折线图。

代码 9-1

```
# 导入图表绘制、图标展示模块
from bokeh.plotting import figure,show

# 导入 notebook 绘图模块
from bokeh.io import output_notebook

# notebook 绘图命令
```

```
output_notebook()

p = figure(plot_width=500, plot_height=300)
p.line([1, 2, 3, 4, 5], [6, 7, 2, 4, 5], line_width=2)

show(p)
```

运行结果如图 9-2 所示。

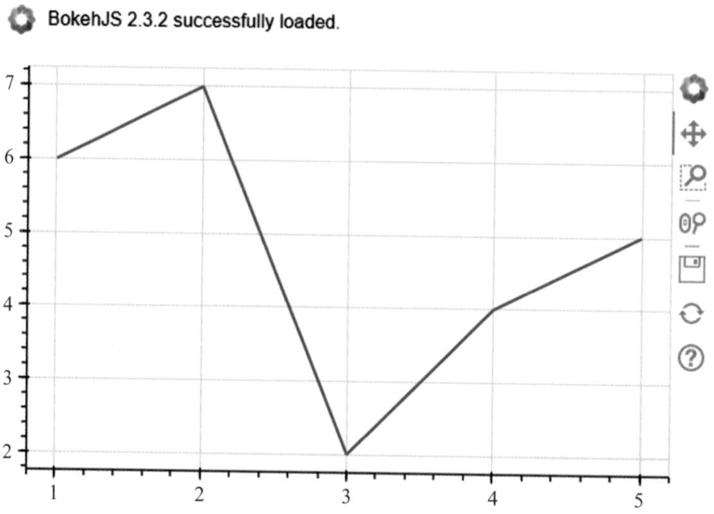
BokehJS 2.3.2 successfully loaded.
7
6
5
4
3
2
1
2
3
4
5

图 9-2 notebook 示例图

如果是在类似 spyder 等非 notebook 中进行绘图，我们就不能使用 output_notebook 而需要使用 output_file 命令。具体如代码 9-2 所示。

代码 9-2

```
from bokeh.plotting import figure,show,output_file
# 导入图表绘制、图标展示模块
# output_file → 非 notebook 中创建绘图空间

import os

# 切换到当前目录下
os.chdir('./')

output_file( "Example_1.html")
p = figure(plot_width=500, plot_height=300)
p.line([1, 2, 3, 4, 5], [6, 7, 2, 4, 5], line_width=2)

show(p)
```

运行后，会弹出一个 HTML 窗口，我们所绘制的图形即展现在弹出的 HTML 中。（见图 9-3）

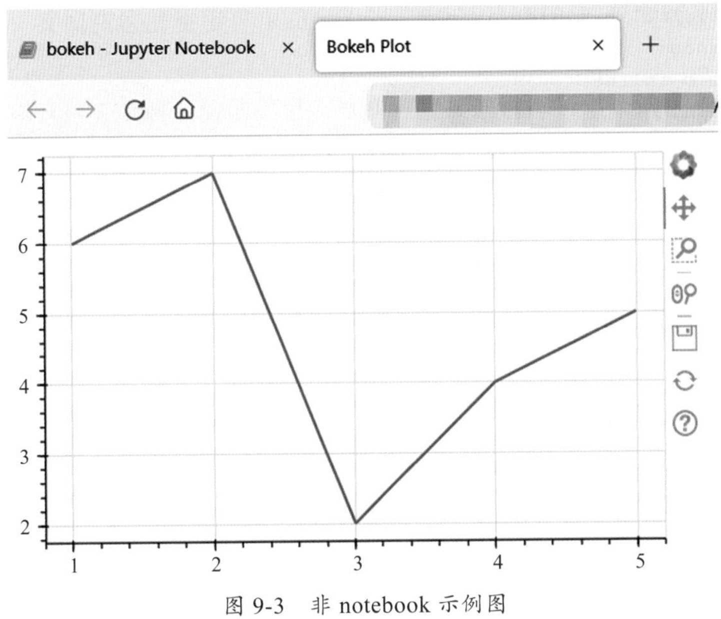

图 9-3　非 notebook 示例图

同时，会产生一个 HTML 文件保存在指定路径下。

9.2.2　基本设置

不同于 Matplotlib 和 Seaborn 绘图，用 Bokeh 进行绘图，有很多线的设置、字体的设置等是通用的。比如说，outline_line_width 用于调整外边框的线宽，xaxis.axis_line_width 用于调整 x 轴的线宽。其本质都是通过 line_width 调整线宽。接下来我们介绍一些类似 line_width 这种通用的基本设置。

1. 线的设置

在 Bokeh 中，常见的线的设置参数如下。

- line_color：设置颜色，默认值为黑色。
- line_width：设置宽度，默认值为 1。
- line_alpha：设置透明度，默认值为 1.0。
- line_join：设置连接点样式，可选值有 'miter'、'round'、'bevel'，默认值为 'bevel'。
- line_cap：设置线端口样式，可选值有 'butt'、'round'、'square'，默认值为 'butt'。
- line_dash：设置线条样式，可选值有 'solid'、'dashed'、'dotted'、'dotdash'、'dashdot'，或者整型数组方式（例如 [6,4]），默认值为 []。

我们选择其中几个参数进行展示，如代码 9-3 所示。

代码 9-3

```
import numpy as np
import pandas as pd
```

```
import matplotlib.pyplot as plt
import random
%matplotlib inline
import warnings
# 不发出警告
warnings.filterwarnings('ignore')

# 导入 notebook 绘图模块
from bokeh.io import output_notebook
output_notebook()

# 导入图表绘制、图标展示模块
from bokeh.plotting import figure,show

# 构造数据
x = np.linspace(0, 10, 100)
y1 = x
y2 = x**2
y3 = x**3

p = figure(plot_width=500, plot_height=300)
# 原图
p.line(x, y1,line_cap = 'square')

# 对比图
p.line(x, y2, line_width = 2,line_color = 'purple',line_alpha = 0.5)

p.line(x, y3, line_color = 'green',line_dash = 'dotdash')

show(p)
```

运行结果如图 9-4 所示。

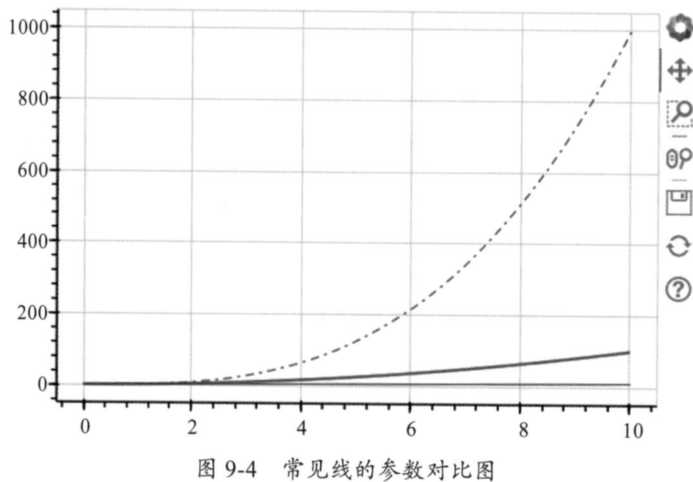

图 9-4　常见线的参数对比图

关于其他一些折线图的参数设置，我们会在后面详细讲解，这里仅简单介绍以下一些常用的线的通用设置。

2. 填充的设置

在 Bokeh 中，常见的填充的设置参数如下（代码 9-4 进行了示例操作）。

- ➢ fill_color：设置填充颜色。
- ➢ fill_alpha：设置填充透明度。

代码 9-4

```
np.random.seed(0)
p = figure(plot_width=500, plot_height=300)

# 设置颜色填充，及透明度
p.circle([1,2,3,4,5], np.random.randint(1,20,5), size=15)
p.ygrid.band_fill_alpha = 0.1
p.ygrid.band_fill_color = "green"

show(p)
```

具体效果如图 9-5 所示。

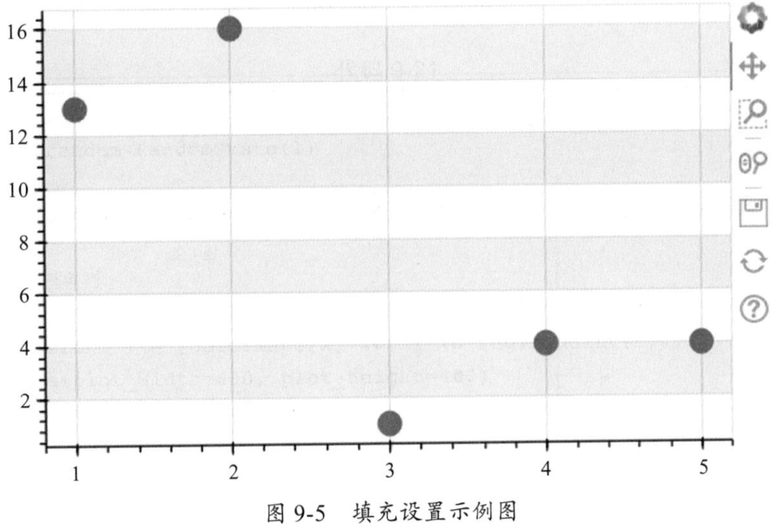

图 9-5　填充设置示例图

在这里我们就通过参数 fill_color 和 fill_alpha 对 y 轴的网格线进行了设置。

3. 字体的设置

在 Bokeh 中，常见的字体的设置参数如下。

- ➢ text_font：字体。
- ➢ text_font_size：字体大小，单位为 pt、px 或者 em，默认值为 '12px'（'10pt' 或 '1em'）。
- ➢ text_font_style：字体风格，可选参数有 'normal'、'italic'、'bold'，默认值为 'normal'。

➢ text_color：字体颜色。
➢ text_alpha：字体透明度，默认值为 1.0。
➢ text_align：字体水平方向位置，可选参数有'left'、'right'、'center'，默认值为'left'。
➢ text_baseline：字体垂直方向位置，可选参数为'top'、'middle'、'bottom'、'alphabetic'、'hanging'，默认值为 'bottom'。

代码 9-5 进行了示例操作。

代码 9-5

```
p = figure(plot_width=400, plot_height=400)
p.circle([1,2,3,4,5], [2,5,8,2,7], size=10)

# 设置 X 轴
p.xaxis.axis_label = "X Axis"
p.xaxis.axis_label_text_font_size = "12px" p.xaxis.axis_label_text_color =
    'brown'

 # 设置 Y 轴
p.yaxis.axis_label = "Y Axis"
p.yaxis.axis_label_text_font_style = "italic" p.yaxis.axis_label_text_color =
    'brown'
p.yaxis.axis_label_text_alpha = 0.5

show(p)
```

具体效果如图 9-6 所示。

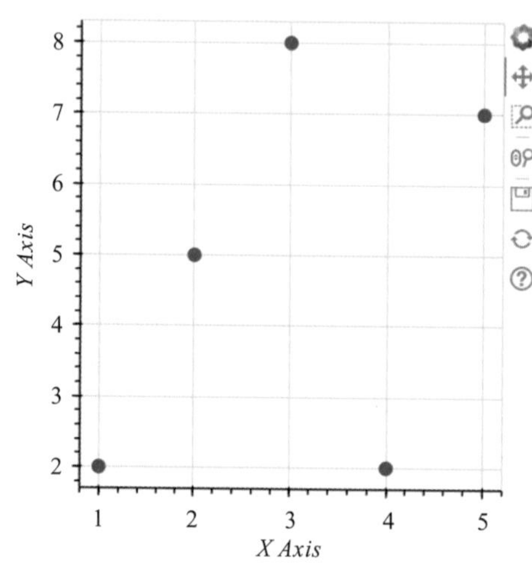

图 9-6　字体设置示例图

4. 可见性的设置

在 Bokeh 中，基本参数中都含有 .visible 参数，用于设置该参数是否可见，如代码 9-6 所示。

代码 9-6

```
p = figure(plot_width=400, plot_height=400)
p.circle([1,2,3,4,5], [2,5,8,2,7], size=10)

# 设置 X 轴
p.xaxis.axis_label = "X Axis"

# 设置 Y 轴
p.yaxis.axis_label = "Y Axis"

# 不显示 Y 轴
p.yaxis.visible = False

show(p)
```

具体效果如图 9-7 所示。

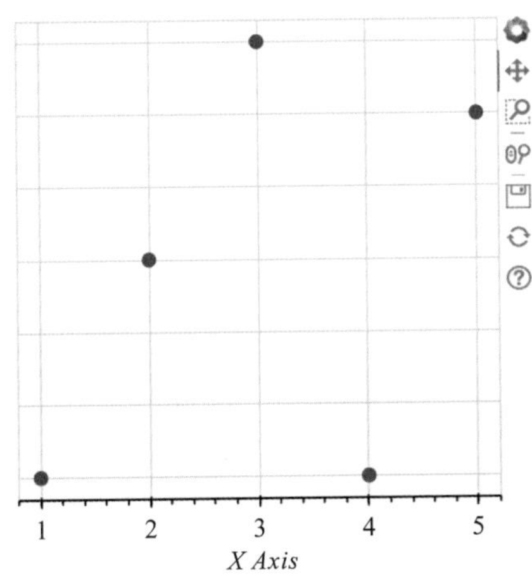

图 9-7　可见性设置示例图

9.2.3　背景的设置

如果我们想修改背景色等，可以通过 backgroud 和 border 分别修改绘图空间背景和外边界背景。而颜色的设置，可以通过之前介绍的 fill_color 和 fill_alpha 参数进行修改，如代码 9-7 所示。

代码 9-7

```
p = figure(plot_width=400, plot_height=400)
p.circle([1,2,3,4,5], [2,5,8,2,7], size=10)
# 设置绘图空间背景颜色
p.background_fill_color = "blue"
p.background_fill_alpha = 0.2

# 设置外边界背景颜色
```

```
p.border_fill_color = 'grey'
p.border_fill_alpha = 0.3
show(p)
```

具体效果如图 9-8 所示。

在这里我们还可以通过 min_border 参数去修改外边界的范围，如代码 9-8 所示。

代码 9-8

```
p = figure(plot_width=400, plot_height=400)
p.circle([1,2,3,4,5], [2,5,8,2,7], size=10)

# 设置外边界背景颜色
p.border_fill_color = 'grey'
p.border_fill_alpha = 0.3

# 修改外边界范围
p.min_border_left = 40    # 修改外边界左边宽度
p.min_border_right = 80   # 修改外边界右边宽度
p.min_border_top = 20     # 修改外边界上方宽度
p.min_border_bottom = 40  # 修改外边界下方宽度

show(p)
```

具体效果如图 9-9 所示。

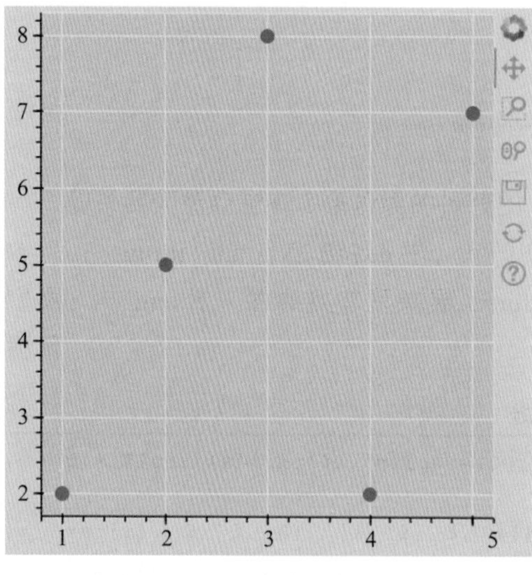

图 9-8　绘图背景颜色的设置

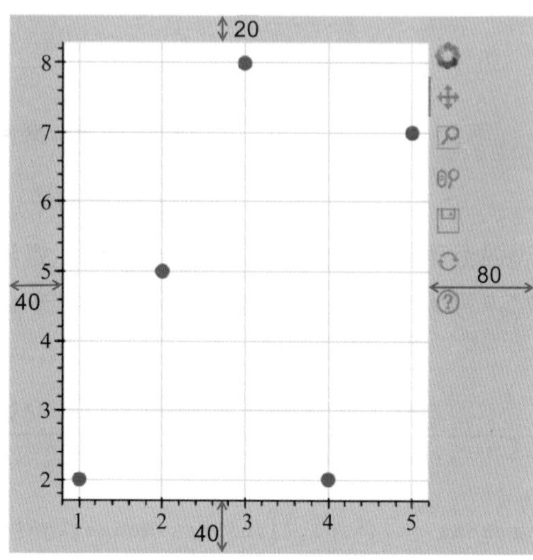

图 9-9　外边界范围示例图

9.2.4　轴线的设置

在 Bokeh 中轴线的设置主要分为三部分：轴线的线的设置、轴线的标签的设置和轴线的刻度的设置。

轴线的线的设置和标签的设置，可以参考之前所讲的基本设置中线的设置和字体的设置，如代码 9-9 所示。

代码 9-9

```
p = figure(plot_width=400, plot_height=400)
p.circle([1,2,3,4,5], [2,5,8,2,7], size=10)

# x 轴的线的设置
p.xaxis.axis_label = "X Axis"
p.xaxis.axis_line_width = 3
p.xaxis.axis_line_color = "red"

# y 轴的标签的设置
p.yaxis.axis_label = "Y Axis"
p.yaxis.major_label_text_color = "orange" p.yaxis.major_label_orientation =
    "vertical"

# x 轴范围的设置
p.xaxis.bounds = (2, 4)

show(p)
```

具体效果如图 9-10 所示。

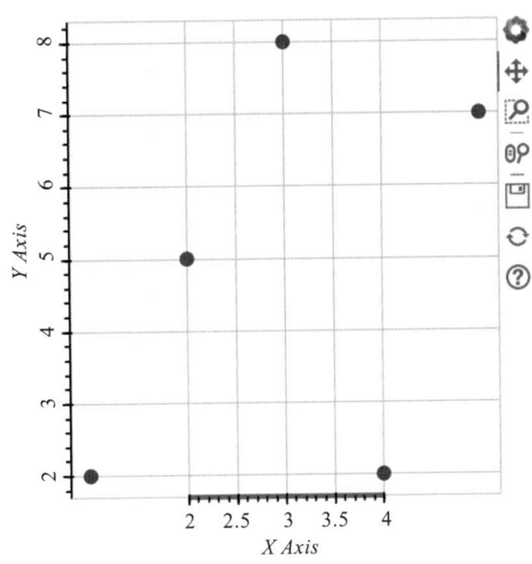

图 9-10　轴线的线和标签的设置

在介绍轴线的刻度设置前，我们需要先了解 major_tick 和 minor_tick 分别指的是哪部分。

以图 9-11 的 y 轴为例，我们可以简单理解成：刻度值为 3、4 等整数的刻度为主刻度；刻度值为 3.2、3.4 等，位于主刻度之间的，为次刻度。

主次刻度的设置除了刻度线的设置外，还可以通过 tick_in 和 tick_out 控制刻度线的方向和长度，如代码 9-10 所示。

代码 9-10

```
p = figure(plot_width=400, plot_height=400)
p.circle([1,2,3,4,5], [2,5,8,2,7], size=10)

# x 轴的标签的设置
p.xaxis.axis_label = "X Axis"
p.xaxis.minor_tick_out = 30

# y 轴的标签的设置
p.yaxis.axis_label = "Y Axis"
p.yaxis.major_tick_in = 30

show(p)
```

具体效果如图 9-12 所示。

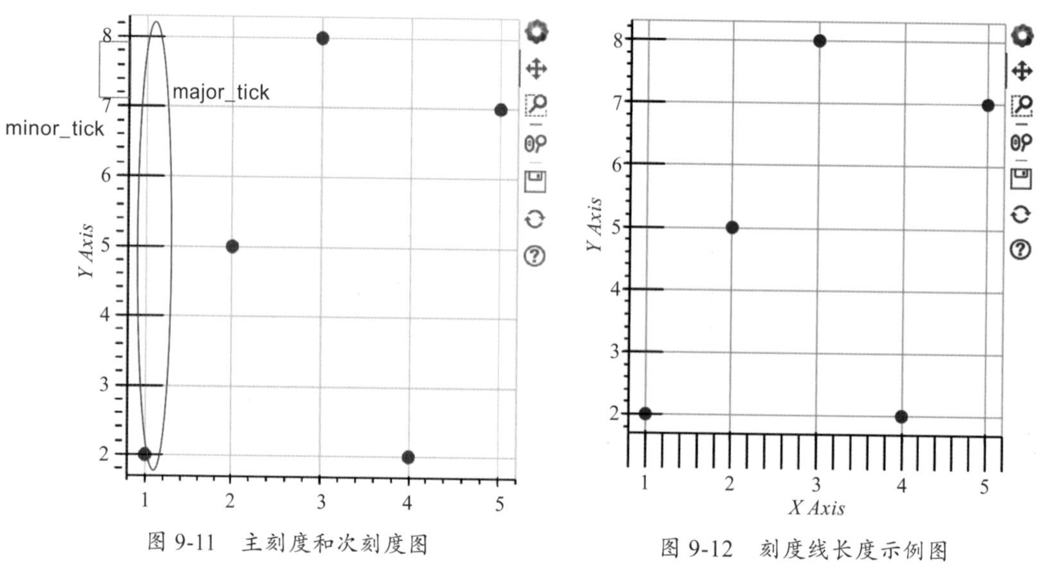

图 9-11　主刻度和次刻度图

图 9-12　刻度线长度示例图

可以看出，tick_in 控制的是朝内的长度，tick_out 控制的是朝外的长度。

9.2.5　网格的设置

在网格的设置中，我们可以通过修改 grid_line 来设置网格线的样式，还可以通过 band_fill 来设置填充的颜色等，如代码 9-11 所示。

代码 9-11

```
p = figure(plot_width=400, plot_height=400)
p.circle([1,2,3,4,5], [2,5,8,2,7], size=10)
```

```
# 设置 x 轴的网格线
# 通过设置 color=None 来隐藏 x 轴网格线
p.xgrid.grid_line_color = None

# 设置 y 轴的网格线
p.ygrid.grid_line_dash = [6, 4]
p.ygrid.grid_line_color = 'black'

# 设置 y 轴的网格线的填充颜色
p.ygrid.band_fill_alpha = 0.1
p.ygrid.band_fill_color = "blue"

show(p)
```

具体效果如图 9-13 所示。

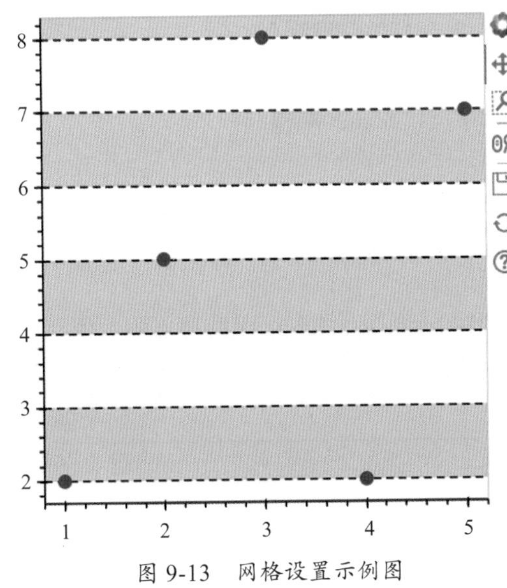

图 9-13　网格设置示例图

9.2.6　图例的设置

在设置图例时，我们需要注意，一定要在绘图时就设置好图例的名称，后续才能对图例的位置、颜色、字体等进行设置。

设置图例时一些常见的参数如下。

- legend.location：图例位置，可选参数有'top_left'、'top_center'、'top_right'、'center_right'、'bottom_right'、'bottom_center'、'bottom_left'、'center_left'、'center'，默认参数为 'top_right'。
- legend.orientation：图例排列方向，可选参数有 'vertical'、'horizontal'，默认参数为 'vertical'。

代码 9-12 进行了示例操作。

代码 9-12

```
p = figure(plot_width=600, plot_height=400)

# 创建图表
x = np.linspace(0, 4*np.pi, 100)
y = np.sin(x)
p.line(x, y, legend="sin(x)")

# 修改图例位置
p.legend.location = 'bottom_left'

# 修改图例字体
p.legend.label_text_font_size = '14px'
p.legend.label_text_font_style = 'italic'
p.legend.label_text_color = 'purple'

# 修改图例背景
p.legend.background_fill_color = "gray"
p.legend.background_fill_alpha = 0.2

# 修改图例外边框
p.legend.border_line_width = 3
p.legend.border_line_dash = [6, 4]
p.legend.border_line_color = "red"
p.legend.border_line_alpha = 0.3

show(p)
```

具体效果如图 9-14 所示。

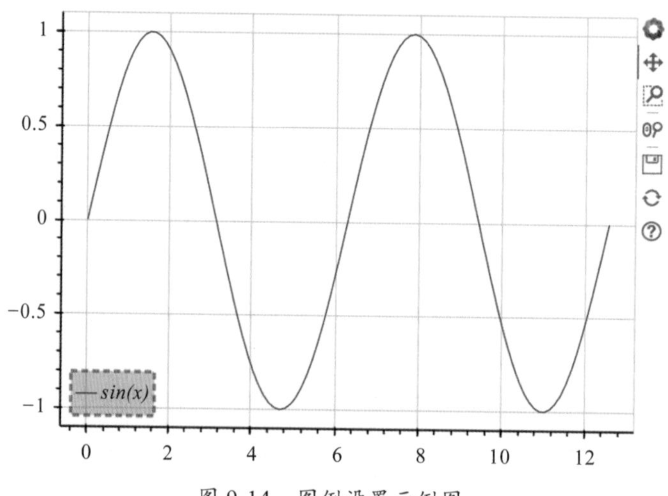

图 9-14 图例设置示例图

9.3　图表辅助参数设置

在绘图的时候，我们可能还需要一些辅助线、注释文本等辅助工具来丰富文本内容。

9.3.1　辅助线的设置

假设我们在绘图的时候用到了折线图，我们想用两条线标注出该折线图的最大值和最小值，就需要用到辅助线。

在 Bokeh 中，辅助线是通过 annotations 中的 Span 进行调用的，常见参数如下。

- location：设置位置，对应坐标值。
- dimension：设置方向，可选参数有 'width'（横向）、'height'（纵向）。

代码 9-13 进行了示例操作。

代码 9-13

```
# 导入 Span 模块
from bokeh.models.annotations import Span

# 创建 x，y 数据
x = np.linspace(0, 20, 200)
y = np.sin(x)
p = figure(y_range=(-1.5, 1.5))
p.line(x, y)

# 绘制上方辅助线
upper = Span(location = 1,              # 设置位置，对应坐标值
                dimension = 'width', # 设置方向
                line_color = 'green',
                line_width = 2,
                line_alpha = 0.3,
                line_dash = [6,4] )
p.add_layout(upper)

# 绘制下方辅助线
lower = Span(location=-1,
                dimension='width',
                line_color='red',
                line_width=2,
                line_alpha = 0.3,
                line_dash = [6,4] )
p.add_layout(lower)

show(p)
```

具体效果如图 9-15 所示。

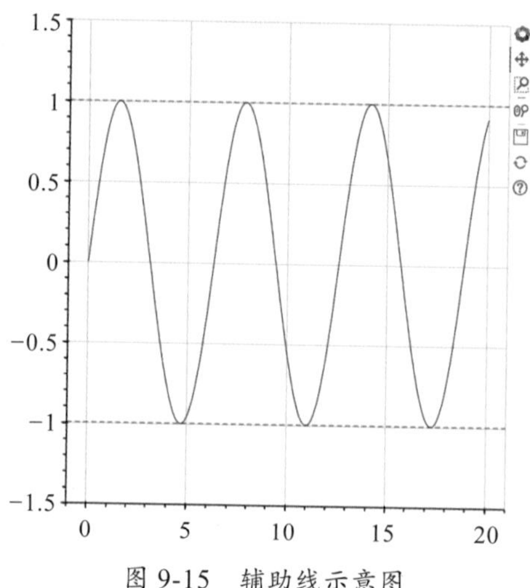

图 9-15 辅助线示意图

9.3.2 辅助矩形的设置

辅助矩形是通过 annotations 中的 BoxAnnotation 进行调用的。BoxAnnotation 常见参数如下。

- left：设置位置，左边界坐标值。
- right：设置位置，右边界坐标值。
- top：设置位置，上边界坐标值。
- bottom：设置位置，下边界坐标值。

代码 9-14 进行了示例操作。

代码 9-14

```
# 导入 BoxAnnotation 模块
from bokeh.models.annotations import BoxAnnotation

# 创建 x，y 数据
x = np.linspace(0, 20, 200)
y = np.sin(x)
p = figure(y_range=(-2, 2),plot_width=600, plot_height=400)
p.line(x, y)

# 绘制只有一个位置坐标的辅助矩形
upper = BoxAnnotation(bottom=1, fill_alpha=0.1, fill_color='olive')
p.add_layout(upper)

# 绘制参数更多的第二个辅助矩形
center = BoxAnnotation(top=0.5, bottom=-0.5,
                       left=5, right=15,  # 设置矩形四边位置
                       fill_alpha=0.1,
                       fill_color='navy', # 设置透明度、颜色
                       line_color = 'red',
```

```
                            line_width = 3,
                            line_alpha = 0.7,
                            line_dash = [6,4])
p.add_layout(center)

show(p)
```

具体效果如图 9-16 所示。

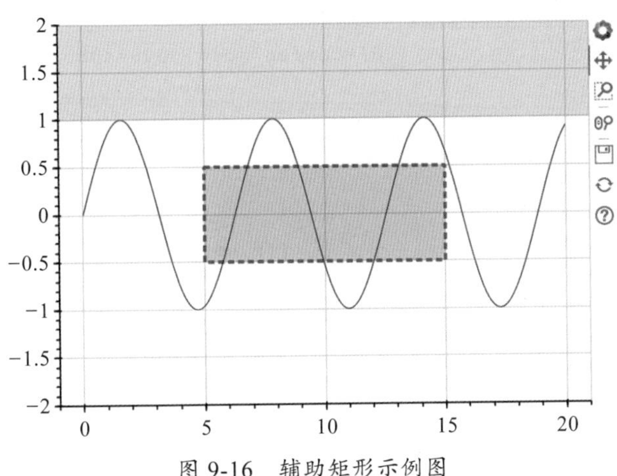

图 9-16 辅助矩形示例图

9.3.3 注释文本的设置

注释文本是通过 annotations 中的 Label 进行调用的，需要注意是 annotations 中的 Label 模块，而不是 axis 中的 Label 模块。

Label 常见参数如下。

- x,y：注释文本位置。
- text：注释文本内容。
- angel：注释文本旋转角度。

代码 9-15 进行了示例操作。

代码 9-15

```
from bokeh.models.annotations import Label

# 绘制散点图
p = figure(x_range=(0,10), y_range=(0,10),
                   plot_width=600, plot_height=400)
p.circle([2, 5, 8], [4, 7, 6], color="purple", alpha = 0.3,size=10)

label = Label(x=5.5, y=7, # 标注注释位置
                angle = 5,
                # 字体设置
```

```
                    text="Text Annotation",
                    text_font_size="14pt",
                    text_font_style = 'italic',
                    # 外边界线设置
                    border_line_color="red",
                    border_line_width = 3,
                    border_line_dash = [6,4],
                    # 外边界填充设置
                    background_fill_color="gray",
                    background_fill_alpha = 0.3 )
p.add_layout(label)

show(p)
```

具体效果如图 9-17 所示。

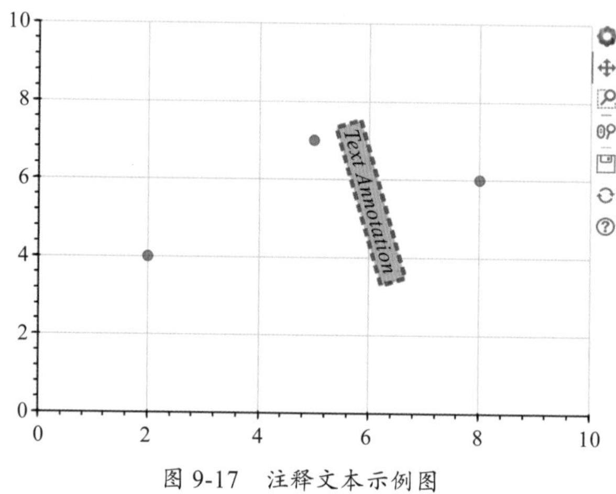

图 9-17 注释文本示例图

9.3.4 注释箭头的设置

注释箭头是通过 annotation 中的 Arrow 进行调用的。Arrow 常见参数如下。

- x_start, y_start, x_end, y_end：箭头矢量方向。
- start，end：arrow_heads 的实例。

其中 arrow_heads 中包含有三种常见的箭头类型：'OpenHead'、'NormalHead'、'VeeHead'，如代码 9-16 所示。

代码 9-16

```
from bokeh.models.annotations import Arrow
from bokeh.models.arrow_heads import OpenHead, NormalHead, VeeHead

p = figure(plot_width=600, plot_height=600)
p.circle(x=[0, 1, 0.5], y=[0, 0, 0.7], radius=0.1, color=["brown", "yellow",
    "blue"], fill_alpha=0.1)
```

```
# OpenHead 实例
p.add_layout(Arrow(end=OpenHead(line_color="green", line_width=2,line_dash
    = [6,4]),
                x_start=0, y_start=0, x_end=1, y_end=0) )

# NormalHead 实例
p.add_layout(Arrow(end=NormalHead(fill_color="purple",
    fill_alpha = 0.3),
    x_start=1, y_start=0, x_end=0.5, y_end=0.7))

# VeeHead 实例
p.add_layout(Arrow(end=VeeHead(size=15,line_color = 'navy',
                   fill_color = 'red',fill_alpha = 0.7),
                   line_color="red", x_start=0.5, y_start=0.7,
                   x_end=0, y_end=0))

show(p)
```

具体效果如图 9-18 所示。

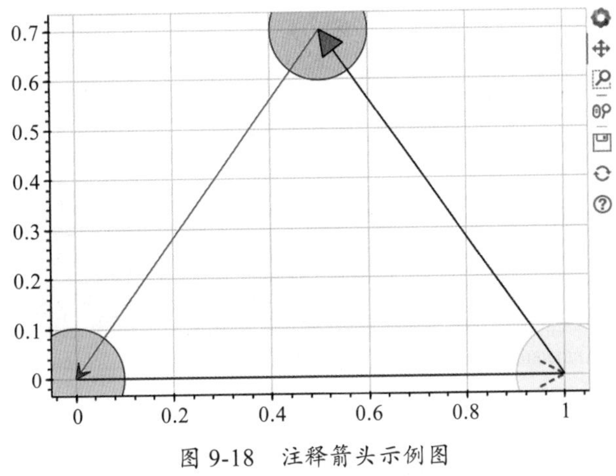

图 9-18 注释箭头示例图

9.3.5 调色板的设置

在 Bokeh 中，也有着类似 seaborn 中的调色板的存在，具体可参考官方文档[⊖]。

调色板通过 palettes 进行调用。我们可以通过 'palettes.__palettes__' 查看所有的调色板，如代码 9-17 所示。

代码 9-17

```
import bokeh.palettes as bp

print('所有调色板名称：\n',bp.__palettes__)
print('\n')
print('共计有：{}个调色板'.format(len(bp.__palettes__)))
```

⊖ http://bokeh.pydata.org/en/latest/docs/reference/palettes.html。

运行结果如图 9-19 所示。

```
5', 'Pastel1_6', 'Pastel1_7', 'Pastel1_8', 'Pastel1_9', 'Pastel2_3', 'Pastel2_4', 'Pastel2_5', 'Pastel2_6', 'Pastel2_7', 'Pastel2_8', 'P
iYG3', 'PiYG4', 'PiYG5', 'PiYG6', 'PiYG7', 'PiYG8', 'PiYG9', 'PiYG10', 'PiYG11', 'Plasma3', 'Plasma4', 'Plasma5', 'Plasma6', 'Plasma7',
'Plasma8', 'Plasma9', 'Plasma10', 'Plasma11', 'Plasma256', 'PuBu3', 'PuBu4', 'PuBu5', 'PuBu6', 'PuBu7', 'PuBu8', 'PuBu9', 'PuBuGn3', 'Pu
BuGn4', 'PuBuGn5', 'PuBuGn6', 'PuBuGn7', 'PuBuGn8', 'PuBuGn9', 'PuOr3', 'PuOr4', 'PuOr5', 'PuOr6', 'PuOr7', 'PuOr8', 'PuOr9', 'PuOr10',
'PuOr11', 'PuRd3', 'PuRd4', 'PuRd5', 'PuRd6', 'PuRd7', 'PuRd8', 'PuRd9', 'Purples3', 'Purples4', 'Purples5', 'Purples6', 'Purples7', 'Pu
rples8', 'Purples9', 'Purples256', 'RdBu3', 'RdBu4', 'RdBu5', 'RdBu6', 'RdBu7', 'RdBu8', 'RdBu9', 'RdBu10', 'RdBu11', 'RdGy3', 'RdGy4',
'RdGy5', 'RdGy6', 'RdGy7', 'RdGy8', 'RdGy9', 'RdGy10', 'RdGy11', 'RdPu3', 'RdPu4', 'RdPu5', 'RdPu6', 'RdPu7', 'RdPu8', 'RdPu9', 'RdYlBu3
', 'RdYlBu4', 'RdYlBu5', 'RdYlBu6', 'RdYlBu7', 'RdYlBu8', 'RdYlBu9', 'RdYlBu10', 'RdYlBu11', 'RdYlGn3', 'RdYlGn4', 'RdYlGn5', 'RdYlGn6',
'RdYlGn7', 'RdYlGn8', 'RdYlGn9', 'RdYlGn10', 'RdYlGn11', 'Reds3', 'Reds4', 'Reds5', 'Reds6', 'Reds7', 'Reds8', 'Reds9', 'Reds256', 'Set1
_3', 'Set1_4', 'Set1_5', 'Set1_6', 'Set1_7', 'Set1_8', 'Set1_9', 'Set2_3', 'Set2_4', 'Set2_5', 'Set2_6', 'Set2_7', 'Set2_8', 'Set3_3', '
Set3_4', 'Set3_5', 'Set3_6', 'Set3_7', 'Set3_8', 'Set3_9', 'Set3_10', 'Set3_11', 'Set3_12', 'Spectral3', 'Spectral4', 'Spectral5', 'Spec
tral6', 'Spectral7', 'Spectral8', 'Spectral9', 'Spectral10', 'Spectral11', 'Turbo3', 'Turbo4', 'Turbo5', 'Turbo6', 'Turbo7', 'Turbo8', '
Turbo9', 'Turbo10', 'Turbo11', 'Turbo256', 'Viridis3', 'Viridis4', 'Viridis5', 'Viridis6', 'Viridis7', 'Viridis8', 'Viridis9', 'Viridis1
0', 'Viridis11', 'Viridis256', 'YlGn3', 'YlGn4', 'YlGn5', 'YlGn6', 'YlGn7', 'YlGn8', 'YlGn9', 'YlGnBu3', 'YlGnBu4', 'YlGnBu5', 'YlGnBu6
', 'YlGnBu7', 'YlGnBu8', 'YlGnBu9', 'YlOrBr3', 'YlOrBr4', 'YlOrBr5', 'YlOrBr6', 'YlOrBr7', 'YlOrBr8', 'YlOrBr9', 'YlOrRd3', 'YlOrRd4', '
YlOrRd5', 'YlOrRd6', 'YlOrRd7', 'YlOrRd8', 'YlOrRd9']

共计有 405 个调色板
```

图 9-19　调色板数量图

如果我们想调用某个调色板，还需要调用 brewer 对调色板进行解析，并选择解析后的颜色数量，如代码 9-18 所示。

代码 9-18

```
import bokeh.palettes as bp
from bokeh.palettes import brewer

p = figure(plot_width=600, plot_height=400)
x=[0.2, 0.4, 0.6]
y=[0.2, 0.2, 0.2]
p.circle(x,y,radius=0.05, color=brewer['Reds'][len(x)],
fill_alpha=0.1)

show(p)
```

具体效果如图 9-20 所示。

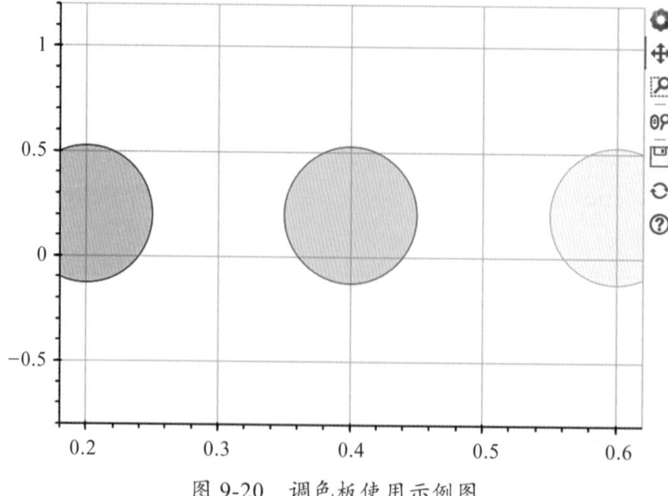

图 9-20　调色板使用示例图

可以看到，我们在这里使用了 'Reds' 这个调色板，并根据圆形的数量，将该调色板解析成三个颜色。

我们还可以直接查看解析后的颜色有哪些：直接通过解析整个调色板，去查看对于该调色板最多可以使用多少个颜色。同样以 'Reds' 这个调色板为例，如代码 9-19 所示。

代码 9-19

```
color_1 = brewer['Reds'][3]
print(color_1)

print('\n')

color_n = brewer['Reds']
print(color_n)
```

运行结果如图 9-21 所示。

```
('#de2d26', '#fc9272', '#fee0d2')


{3: ('#de2d26', '#fc9272', '#fee0d2'), 4: ('#cb181d', '#fb6a4a', '#fcae91', '#fee5d9'), 5: ('#a50f15', '#de2d26', '#fb6a4a', '#fcae91', '#fe
e5d9'), 6: ('#a50f15', '#de2d26', '#fb6a4a', '#fc9272', '#fcbba1', '#fee5d9'), 7: ('#99000d', '#cb181d', '#ef3b2c', '#fb6a4a', '#fc9272', '#
fcbba1', '#fee5d9'), 8: ('#99000d', '#cb181d', '#ef3b2c', '#fb6a4a', '#fc9272', '#fcbba1', '#fee0d2', '#fff5f0'), 9: ('#67000d', '#a50f15',
'#cb181d', '#ef3b2c', '#fb6a4a', '#fc9272', '#fcbba1', '#fee0d2', '#fff5f0'), 256: ('#67000d', '#69000d', '#6b010e', '#6d010e', '#6f020e', '
#71020e', '#73030f', '#75030f', '#77040f', '#79040f', '#7a0510', '#7c0510', '#7e0610', '#800610', '#820711', '#840711', '#860811', '#880811
', '#8a0812', '#8c0912', '#8e0912', '#900a12', '#920a13', '#940b13', '#960b13', '#980c13', '#9a0c14', '#9c0d14', '#9d0d14', '#9f0e14', '#a10
e15', '#a30f15', '#a50f15', '#a60f15', '#a81016', '#a91016', '#aa1016', '#ab1016', '#ac1117', '#ad1117', '#af1117', '#b01217', '#b11218', '#
b21218', '#b31218', '#b51318', '#b61319', '#b71319', '#b81419', '#b91419', '#bb141a', '#bc141a', '#bd151a', '#be151a', '#bf151b', '#c1161b',
'#c2161b', '#c3161b', '#c4161c', '#c5171c', '#c7171c', '#c8171c', '#c9181d', '#ca181d', '#cb181d', '#cc191e', '#ce1a1e', '#cf1c1f', '#d01d1f
', '#d11e1f', '#d21f20', '#d32020', '#d42121', '#d52221', '#d72322', '#d82422', '#d92523', '#da2723', '#db2824', '#dc2924', '#dd2a25', '#de2
b25', '#e02c26', '#e12d26', '#e22e27', '#e32f27', '#e43027', '#e53228', '#e63328', '#e83429', '#e93529', '#ea362a', '#eb372a', '#ec382b', '#
ed392b', '#ee3a2c', '#ef3c2c', '#f03d2d', '#f03f2e', '#f0402f', '#f14130', '#f14331', '#f14432', '#f24633', '#f24734', '#f34935', '#f34a36',
'#f34c37', '#f44d38', '#f44f39', '#f4503a', '#f5523a', '#f5533b', '#f6553c', '#f6563d', '#f6583e', '#f7593f', '#f75b40', '#f75c41', '#f85d42
', '#f85f43', '#f96044', '#f96245', '#f96346', '#fa6547', '#fa6648', '#fa6849', '#fb694a', '#fb6b4b', '#fb6c4c', '#fb6d4d', '#fb6e4e', '#fb7
050', '#fb7151', '#fb7252', '#fb7353', '#fb7555', '#fb7656', '#fb7757', '#fb7858', '#fb7a5a', '#fb7b5b', '#fb7c5c', '#fb7d5d', '#fc7f5f', '#
fc8060', '#fc8161', '#fc8262', '#fc8464', '#fc8565', '#fc8666', '#fc8767', '#fc8969', '#fc8a6a', '#fc8b6b', '#fc8d6d', '#fc8e6e', '#fc8f6f',
'#fc9070', '#fc9272', '#fc9373', '#fc9474', '#fc9576', '#fc9777', '#fc9879', '#fc997a', '#fc9b7c', '#fc9c7d', '#fc9d7f', '#fc9e80', '#fca082
', '#fca183', '#fca285', '#fca486', '#fca588', '#fca689', '#fca78b', '#fca98c', '#fcaa8d', '#fcab8f', '#fcad90', '#fcae92', '#fcaf93', '#fcb
095', '#fcb296', '#fcb398', '#fcb499', '#fcb69b', '#fcb79c', '#fcb89e', '#fcb99f', '#fcbba1', '#fcbca2', '#fcbda4', '#fcbea5', '#fcbfa7', '#
fcc1a8', '#fcc2aa', '#fcc3ab', '#fcc4ad', '#fdc5ae', '#fdc6b0', '#fdc7b2', '#fdc9b3', '#fdcab5', '#fdcbb6', '#fdccb8', '#fdcdb9', '#fdcebb',
'#fdd0bc', '#fdd1be', '#fdd2bf', '#fdd3c1', '#fdd4c2', '#fdd5c4', '#fdd7c6', '#fed8c7', '#fed9c9', '#fedaca', '#fedbcc', '#fedccd', '#fedecf
', '#fedfd0', '#fee0d2', '#fee1d3', '#fee1d4', '#fee2d5', '#fee3d6', '#fee3d7', '#fee4d8', '#fee5d8', '#fee5d9', '#fee6da', '#fee7db', '#fee
7dc', '#fee8dd', '#fee8de', '#fee9df', '#feeae0', '#feeae1', '#ffebe2', '#ffece3', '#ffece4', '#ffede5', '#ffeee6', '#ffeee7', '#ffefe8', '#
fff0e8', '#fff0e9', '#fff1ea', '#fff2eb', '#fff2ec', '#fff3ed', '#fff4ee', '#fff4ef', '#fff5f0')}
```

图 9-21　调色板解析运行结果图

运行结果的含义是，对于 'Reds' 这个调色板而言，若解析成三个颜色，这三个颜色分别为 '#de2d26'、'#fc9272'、'#fee0d2'。

而对于第二段运行结果，我们可以看到，是由好几个类似字典的结构组成，其中左边的数字，就是解析的颜色数量，右边则为对应的颜色。

可以看到，'Reds' 这个调色板最多可以解析出 256 个颜色。

9.4　基本图形绘制

在学习了这么多基本参数和辅助参数后，我们应该对如何使用 Bokeh 有了大概的印象，接下来就开始学习绘制一些基本图形。

9.4.1 散点图

Bokeh 中的散点图，除了前面见过的 circle，还有 12 种散点样式。其函数及展示效果如图 9-22 所示。

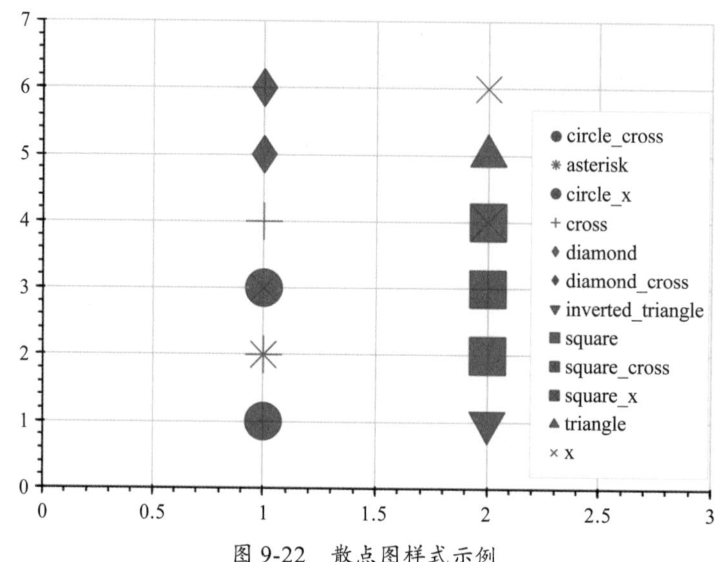

图 9-22 散点图样式示例

这些函数的参数大同小异，我们以 diamond 为例。diamond 常见参数如下。

- x,y：离散点的 x 坐标和 y 坐标，列名或者列表。
- size：离散点的大小，默认值为 4。
- angle：离散点旋转角度，默认值为 0.0。
- source：Bokeh 专属数据格式。

代码 9-20 进行了示例操作。

代码 9-20

```
# 创建数据
np.random.seed(10)
s = pd.Series(np.random.randn(80))
p = figure(plot_width=600, plot_height=400)

p.diamond(x = s.index, y = s.values, size=25, color="blue",
            # 单独设置填充的颜色和透明度
            fill_color = 'red',fill_alpha = 0.3,
            # 单独设置线的样式
            line_color = 'green',line_alpha = 0.5,
            line_dash = 'dashed',line_width = 1.5,
            legend = 'Diamond Scatter')

p.legend.location = "top_left"

show(p)
```

运行效果如图 9-23 所示。

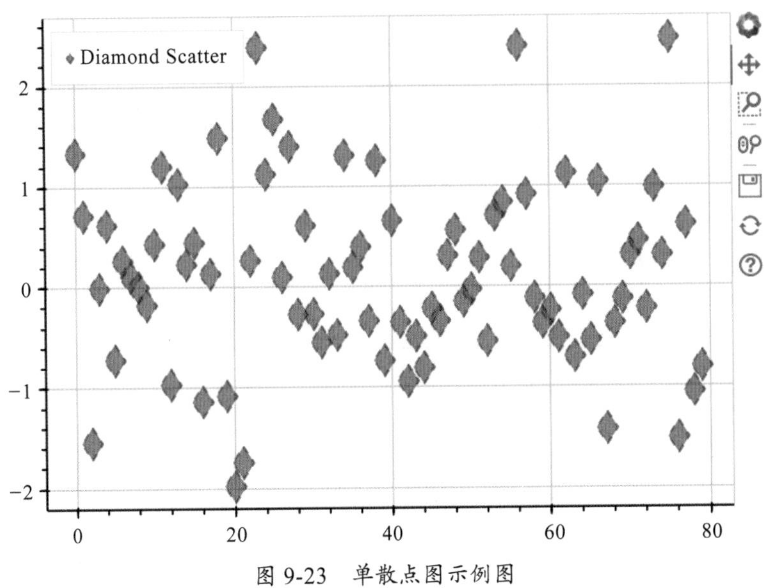

图 9-23　单散点图示例图

如果我们想绘制不同颜色的散点图，有以下两种方法。

（1）专门设置一列颜色的数据，如代码 9-21 所示。

代码 9-21

```
np.random.seed(10)
rng = np.random.RandomState(1)

datadf = pd.DataFrame(rng.randn(100,2)*100,columns = ['A','B'])

# 设置辅助颜色列
colormap1 = {1: 'red', 2: 'green', 3: 'blue'}
datadf['color1'] = [colormap1[x] for x in rng.randint(1,4,100)]
p = figure(plot_width=600, plot_height=400)
p.circle(datadf['A'],datadf['B'],
            line_color = 'white',size = 15,
            fill_color = datadf['color1'],
            fill_alpha = 0.5 )

show(p)
```

具体效果如图 9-24 所示。

（2）遍历数据分开做图，如代码 9-22 所示。

具体效果如图 9-25 所示。

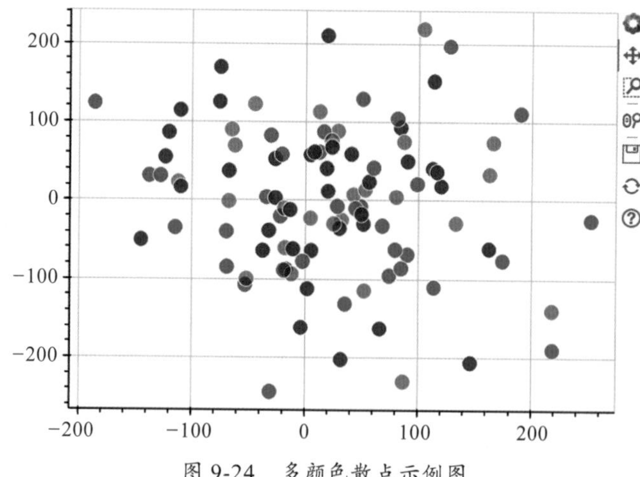

图 9-24 多颜色散点示例图

代码 9-22

```
np.random.seed(10)
rng = np.random.RandomState(1)
df = pd.DataFrame(rng.randn(100,2)*100,columns = ['A','B'])

df['type'] = rng.randint(0,3,100)
colormap1 = ["red","green","blue"]
p = figure(plot_width=600, plot_height=400)
# 遍历绘制三个散点图在同一个表上
for t in df['type'].unique():
            p.circle(df['A'][df['type'] == t],
            df['B'][df['type'] == t],
            size = 15,alpha = 0.5,
            color = colormap1[t])

show(p)
```

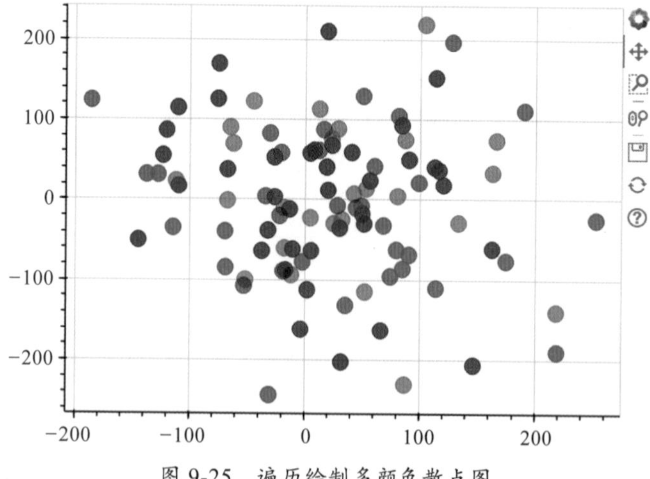

图 9-25 遍历绘制多颜色散点图

9.4.2　折线图

一条折线的折线图绘制起来比较简单，直接通过 line 就可以执行。line 的常见参数如下。

➢ x，y：x 坐标和 y 坐标，列名或者列表。

➢ line_alpha：线条颜色的透明度。

➢ line_color：线条的颜色。

➢ line_dash：设置线条样式，可选值有 'solid'、'dashed'、'dotted'、'dotdash'、'dashdot'。

这些参数在前面的章节已经介绍过，在此不重复讲解，示例如代码 9-23 所示。

代码 9-23

```
# 创建数据
np.random.seed(20)
x = [1,2,3,4,5,6,7]
y = np.random.randint(1,10,7)

p = figure(plot_width=600, plot_height=400)
p.line(x,y,line_color = 'blue',
           line_alpha = 0.7, line_dash = 'dotdash')

show(p)
```

具体效果如图 9-26 所示。

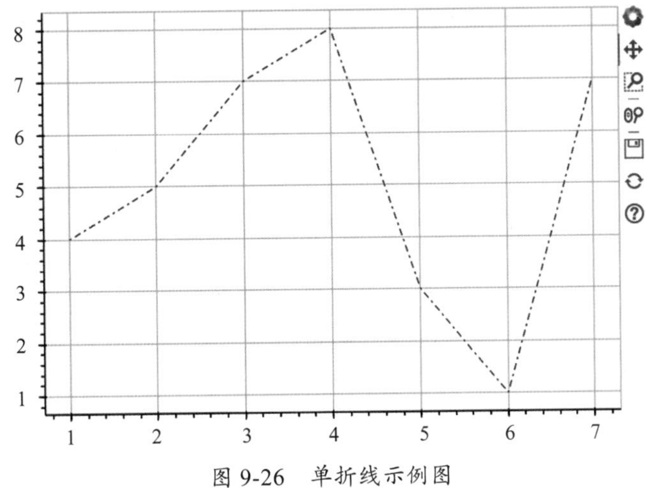

图 9-26　单折线示例图

我们还可以在这个折线图的基础上增加散点图，突出每个坐标点的位置，如代码 9-24 所示。

代码 9-24

```
# 创建数据
np.random.seed(20)
```

```
x = [1,2,3,4,5,6,7]
y = np.random.randint(1,10,7)

p = figure(plot_width=600, plot_height=400)
p.line(x,y,line_color = 'blue', line_alpha = 0.7,
        line_dash = 'dotdash')
p.circle(x,y,size = 10,color = 'yellow',alpha = 0.7,
        line_color = 'red',line_dash = 'dotdash')

show(p)
```

具体效果如图 9-27 所示。

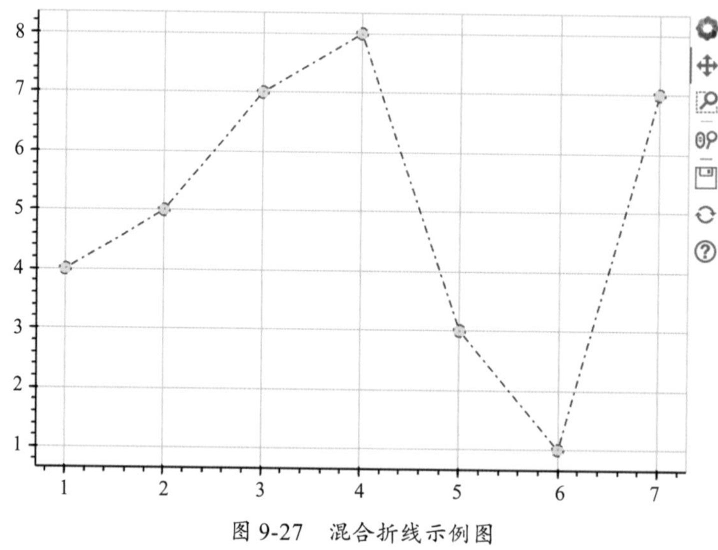

图 9-27　混合折线示例图

如果我们想绘制有多条折线的折线图，有以下两种方式实现。

（1）multi_line：在 Bokeh 中，专门有个函数 multi_line 可以用于绘制多条折线的折线图，与 line 传入的参数有所差异，multi_line 传入的 x 和 y 是多个列表，如代码 9-25 所示。

代码 9-25

```
p = figure(width=600, height=400)

xs=[[1, 2, 3, 4], [1, 2, 3, 4]] ys=[np.random.randint(1,10,4),np.random.
    randint(1,10,4)]
p.multi_line(xs,ys,color=['red','green'],
                alpha = [0.7,0.5],
                line_dash = ['dotdash','dotted'],
                line_width =[3,2] )

show(p)
```

具体效果如图 9-28 所示。

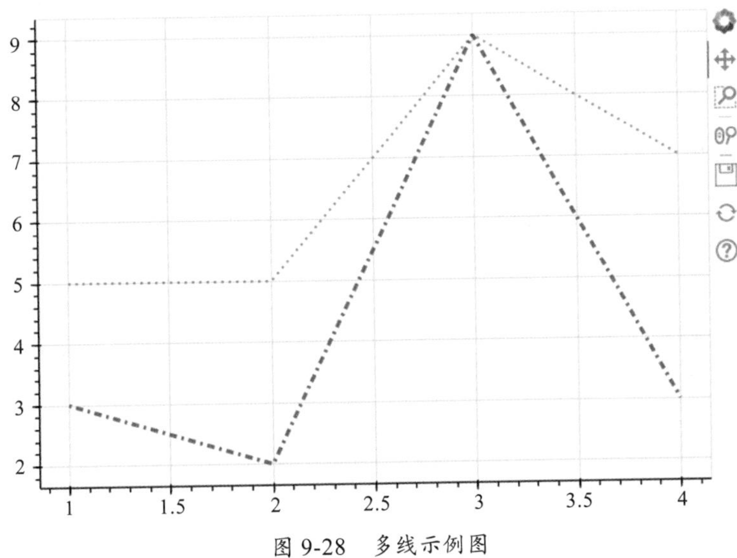

图 9-28 多线示例图

（2）多个 line：我们还可以在一个 figure 上绘制多个 line，也可实现多条折线的效果，如代码 9-26 所示。

代码 9-26

```
p = figure(width=600, height=400)
x1 = [1,2,3,4,5,6,7]
x2 = [1,2,3,4,5,6,7]
y1 = np.random.randint(1,10,7)
y2 = np.random.randint(1,10,7)
p = figure(plot_width=600, plot_height=400)

# 第一条折线
p.line(x1,y1,line_color = 'red', line_alpha = 0.7,
        line_dash = 'dotdash', line_width = 3,
        legend = 'Line 1')

# 第二条折线
p.line(x2,y2,line_color = 'green', line_alpha = 0.5,
        line_dash = 'dotted', line_width = 2,
        legend = 'Line 2')

p.legend.location = "top_left"

show(p)
```

具体效果如图 9-29 所示。

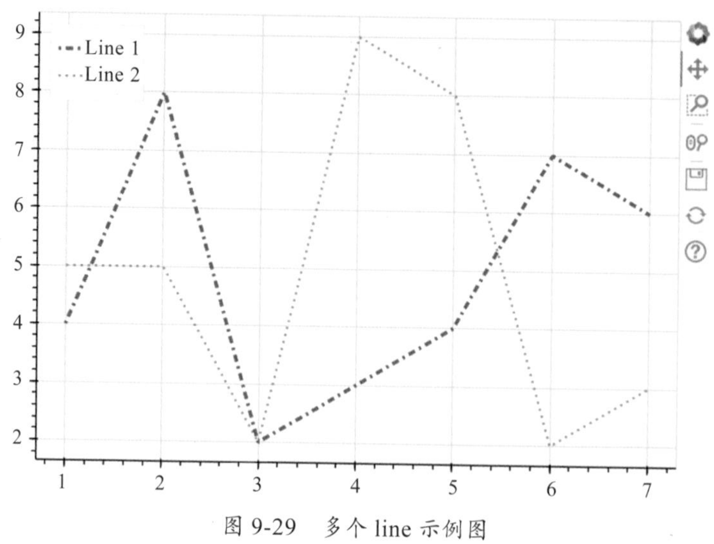

图 9-29 多个 line 示例图

9.4.3 饼状图

在 Bokeh 中通过函数 wedge 绘制饼状图。wedge 常见参数如下。

- x，y：圆心的 x 轴坐标和 y 轴坐标。
- radius：圆的半径。
- start_angle：起始角度。
- end_angle：终止角度。
- direction：起止方向，默认参数为 'anticlock'（逆时针）。

绘制的过程相对折线图和散点图复杂一点，我们需要先将各个类别的占比计算出来，才能绘制出饼状图，如代码 9-27 所示。

代码 9-27

```
from math import pi
from bokeh.transform import cumsum

# 创建数据集
x = { 'Apple':43, 'orange':32, 'banana':25 }
data = pd.Series(x).reset_index(name = 'value').\
         rename(columns = {'index':'fruits'})
data['angle'] = data['value']/data['value'].sum()*2*pi
data['color'] = ['red','yellow','blue']

p = figure(width=600, height=400)
p.wedge(x = 0, y = 1, radius = 0.5, start_angle = \
        cumsum('angle',include_zero = True),
        end_angle = cumsum('angle'),
        line_color = 'white', fill_color = 'color',
        fill_alpha = 0.3, legend = 'fruits', source = data )
```

```
p.legend.title = 'Fruits'
p.legend.title_text_font_style = 'bold'
p.grid.grid_line_color = None

show(p)
```

具体效果如图 9-30 所示。

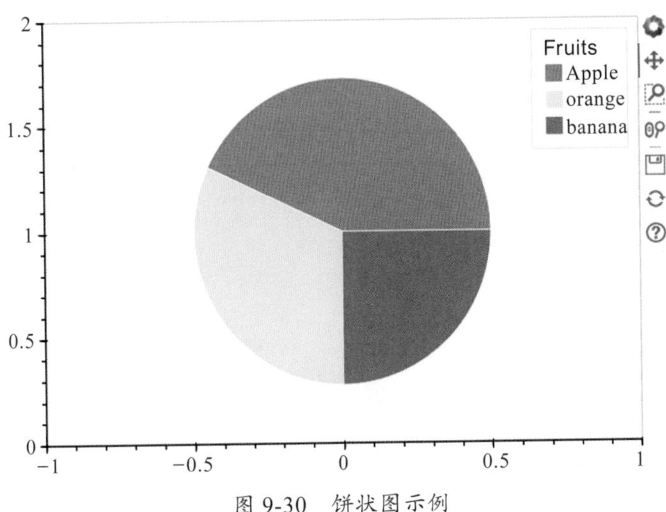

图 9-30　饼状图示例

而如果我们想绘制环形图，则需要调用 annular_wedge，其常见参数如下。

- x，y：圆环圆心的 x 轴坐标和 y 轴坐标。
- inner_radius：内环的半径。
- outer_radius：外环的半径。
- start_angle：起始角度。
- end_angle：终止角度。
- direction：起止方向，默认参数为 'anticlock'（逆时针）。

代码 9-28 进行了示例操作。

代码 9-28

```
from math import pi
from bokeh.transform import cumsum

# 创建数据集
x = { 'Apple':43, 'orange':32, 'banana':25 }
data = pd.Series(x).reset_index(name = 'value').\
          rename(columns = {'index':'fruits'})
data['angle'] = data['value']/data['value'].sum()*2*pi
data['color'] = ['red','yellow','blue']

p = figure(width=600, height=400)
```

```
p.annular_wedge(x = 0, y = 1, inner_radius = 0.3,
                outer_radius = 0.4, start_angle = \
                cumsum('angle',include_zero = True),
                end_angle = cumsum('angle'),
                line_color = 'white', fill_color = 'color',
                fill_alpha = 0.3, legend = 'fruits',
                source = data )

p.legend.title = 'Fruits'
p.legend.title_text_font_style = 'bold'
p.grid.grid_line_color = None

show(p)
```

具体效果如图 9-31 所示。

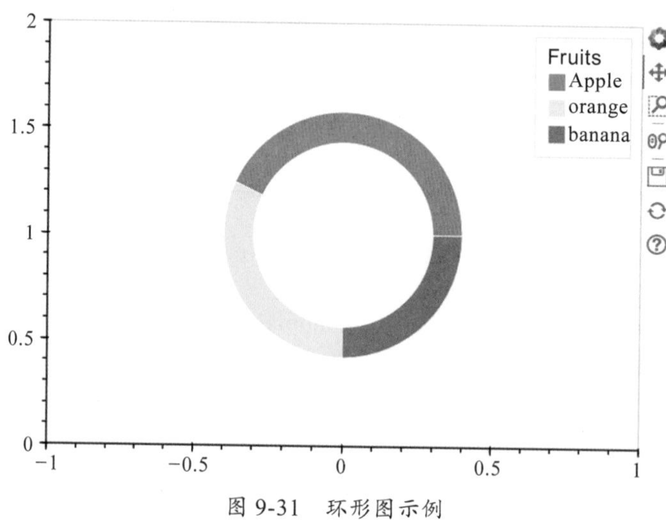

图 9-31 环形图示例

9.4.4 面积图

如果我们想在 Bokeh 中绘制面积图，可以调用 patch 函数进行绘制。常见的面积图有以下两种。

1. 一般面积图

对于一般面积图而言，所有的数据都是从相同的零轴开始的，如代码 9-29 所示。

代码 9-29

```
from bokeh.models.annotations import Arrow
from bokeh.models.arrow_heads import OpenHead, NormalHead, VeeHead

p = figure(width=600, height=400)
```

```
p.patch(x=[1, 2, 3, 2], y=[6, 7, 2, 2], color="#99d8c9")

p.circle(x=[1, 2, 3, 2], y=[6, 7, 2, 2], fill_color = 'white',
            size = 8, line_color = 'red')
p.add_layout(Arrow(end = OpenHead(line_color = 'red',line_dash = [6,4]),
                       x_start = 1,x_end = 2, y_start = 6,y_end = 7,
                       line_color = 'red'))
p.add_layout(Arrow(end = OpenHead(line_color = 'red',line_dash = [6,4]),
                       x_start = 2,x_end = 3, y_start = 7,y_end = 2,
                       line_color = 'red'))
p.add_layout(Arrow(end = OpenHead(line_color = 'red',line_dash = [6,4]),
                       x_start = 3,x_end = 2, y_start = 2,y_end = 2,
                       line_color = 'red'))
p.add_layout(Arrow(end = OpenHead(line_color = 'red',line_dash = [6,4]),
                       x_start = 2,x_end = 1, y_start = 2,y_end = 6,
                       line_color = 'red'))

show(p)
```

我们在这里可以运用之前介绍的注释箭头，以便理解面积图的绘制过程。运行效果如图 9-32 所示。

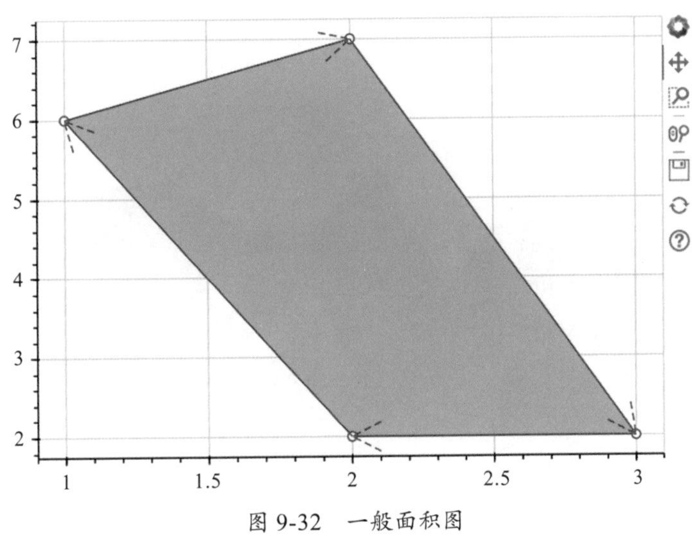

图 9-32　一般面积图

首先从点（1, 6）出发，再分别到点（2, 7）、（3, 2）、（2, 2），最后回到点（1, 6），并将该过程形成的区域用设定的 color 进行填充，完成面积图的绘制。

2. 堆叠面积图

我们在了解到面积图的绘制过程后，就可以利用一般面积图来绘制层叠面积图，如代码 9-30 所示。

代码 9-30

```
from bokeh.palettes import brewer
# 创建数据
rng = np.random.RandomState(1)
df = pd.DataFrame(rng.randint(10, 100, size=(10, 5))).add_prefix('y')

# 该步骤为绘制堆积面积图最重要的步骤
# 1. 得到每一个面积图的最高点
df_top = df.cumsum(axis=1)
# 2. 得到每一个面积图的最低点，要反向形成闭环图
df_bottom = df_top.shift(axis=1).fillna({'y0': 0})[::-1]
# 3. 合并数据
df_stack = pd.concat([df_bottom, df_top], ignore_index=True)

# 构建 colormap
colors = brewer['Spectral'][df_stack.shape[1]]

x = np.hstack((df.index[::-1], df.index))
p = figure(width=600, height=400)
p.patches([x] * df_stack.shape[1], [df_stack[c].values
                for c in df_stack], color=colors, alpha=0.8, line_color=None)

show(p)
```

运行效果如图 9-33 所示。

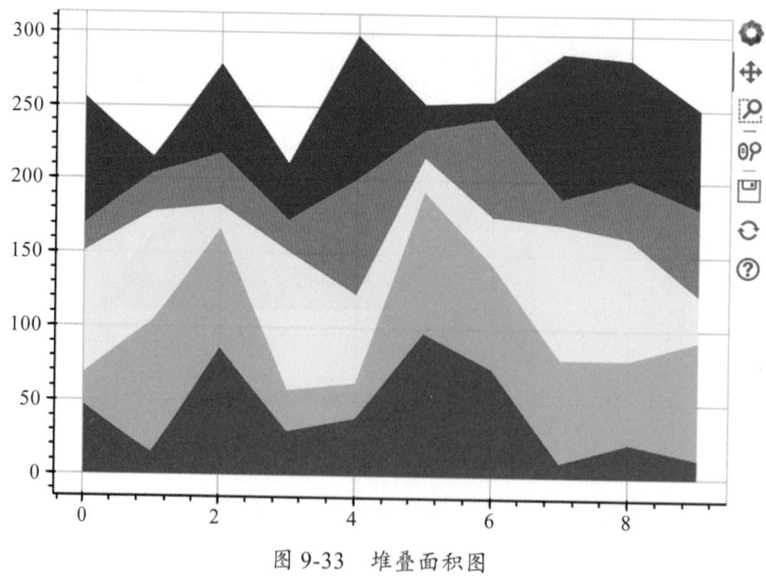

图 9-33 堆叠面积图

9.4.5 柱形图

在 Bokeh 中，我们通过 vbar 绘制纵向柱形图，通过 hbar 绘制横向柱形图。

vbar 的常用参数如下。

➢ x：横轴坐标。

➢ width：宽度。

➢ top：底高度。

➢ bottom：顶高度。

代码 9-31 进行了示例操作。

代码 9-31

```
p = figure(plot_width=600, plot_height=400)

# 创建数据
np.random.seed(15)
x = [1, 2, 3, 4, 5]
y = np.random.randint(1,5,5)
colormap = brewer['Blues'][len(x)]

p.vbar(x = x, top = y, width = 0.5, bottom = 0,
          fill_color = colormap,fill_alpha = 0.6,
          line_color = 'black',line_dash = 'dotted')

show(p)
```

运行效果如图 9-34 所示。

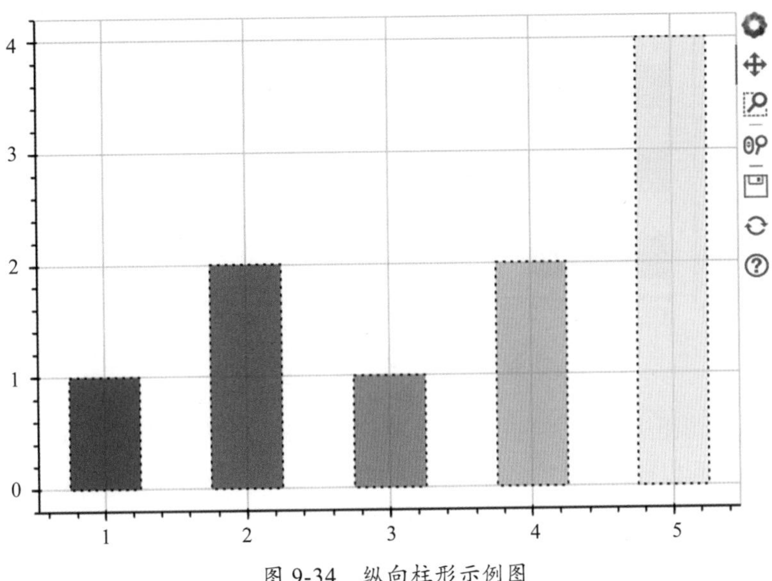

图 9-34　纵向柱形示例图

hbar 与 vbar 的常用参数十分类似，具体如下。

➢ y：纵轴坐标。

➢ height：厚度。

➢ left：左边最小值。

➢ right：右边最大值。

代码 9-32 进行了示例操作。

代码 9-32

```
p = figure(plot_width=600, plot_height=400)

# 创建数据
np.random.seed(15)
x = [1, 2, 3, 4, 5]
y = np.random.randint(1,5,5)
colormap = brewer['Blues'][len(x)]

p.hbar(y = x, right = y, left = 0, height = 0.5,
          fill_color = colormap,fill_alpha = 0.6,
          line_color = 'black',line_dash = 'dotted')

show(p)
```

运行效果如图 9-35 所示。

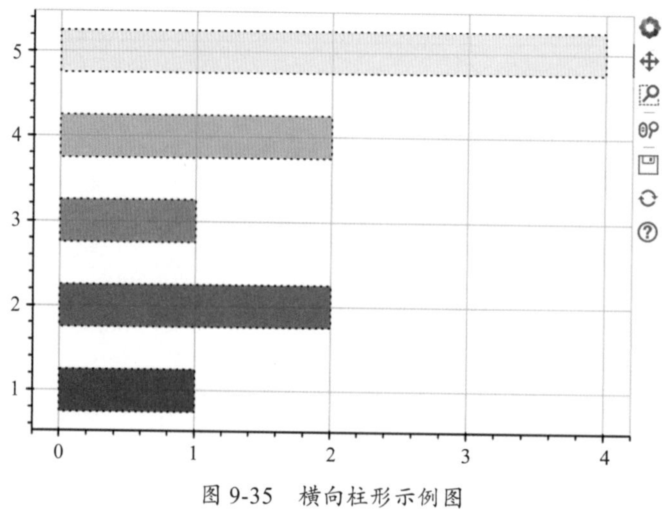

图 9-35　横向柱形示例图

我们通常将柱形图从类别的维度分为单系列柱形图和多系列柱形图，上述介绍的都是单系列柱形图，我们还可以根据数据集绘制多系列柱形图，并按颜色进行区分，如代码 9-33 所示。

代码 9-33

```
from bokeh.transform import factor_cmap
from bokeh.palettes import Spectral6
from bokeh.models import ColumnDataSource

# 创建数据集
fruits = ['apple', 'orange', 'banana']
```

```
counts = [43, 32, 25]
source = ColumnDataSource(data=dict(fruits=fruits, counts=counts))

p = figure(x_range=fruits, y_range=(0,50),
           plot_width=600, plot_height=400)

p.vbar(x='fruits', top='counts', source=source,
         width=0.5, alpha = 0.8,color = factor_cmap('fruits',\
         palette = Spectral6, factors = fruits), legend="fruits")

show(p)
```

运行效果如图 9-36 所示。

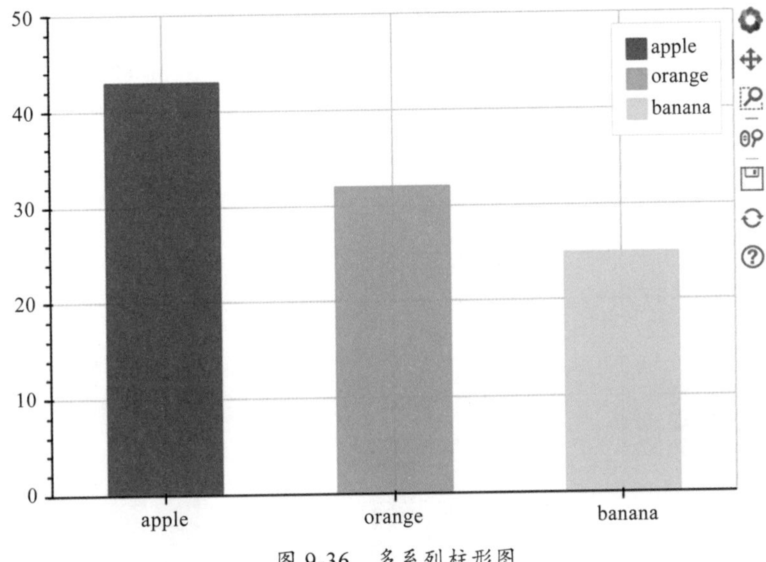

图 9-36　多系列柱形图

我们还可以调用类似 seaborn 中的 dodge 参数，对数据再进行分组，如代码 9-34 所示。

代码 9-34

```
from bokeh.transform import dodge
from bokeh.core.properties import value

# 生成数据，数据格式为 dict
np.random.seed(15)
x_2020 = np.random.randint(1,20,3)
np.random.seed(25)
x_2021 = np.random.randint(1,20,3)
np.random.seed(30)
x_2022 = np.random.randint(1,20,3)
fruits = ['apple', 'orange', 'banana']
df = pd.DataFrame({'2020':x_2020,'2021':x_2021, '2022':x_2022},\
                         index = fruits)
```

```
# 系列名
years = df.columns.tolist()
data = {'index':fruits} for year in years:
                              data[year] = df[year].tolist()

source = ColumnDataSource(data=data)
p = figure(x_range=fruits, y_range=(0, 20), plot_height=350)

# dodge(field_name, value, range=None)
# 转换成一个可分组的对象，value 为元素的位置
# value(val, transform=None)
# 按照年份分为 dict
p.vbar(x=dodge('index', -0.25, range=p.x_range),top='2020',
       width=0.2, source=source,color="#00FFFF", legend=value("2020"))
p.vbar(x=dodge('index', 0.0, range=p.x_range), top='2021',
       width=0.2, source=source,color="#FF6A6A", legend=value("2021"))
p.vbar(x=dodge('index', 0.25, range=p.x_range), top='2022',
       width=0.2, source=source,color="#FFFF00", legend=value("2022"))

p.legend.location = "top_left"

show(p)
```

运行效果如图 9-37 所示。

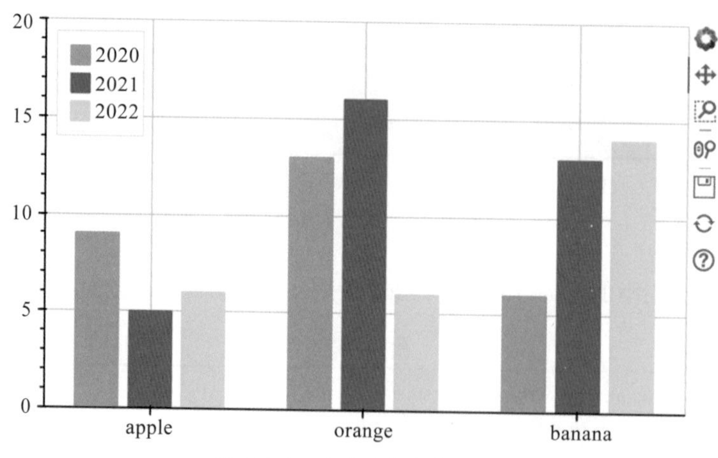

图 9-37　多系列分组柱形图

如果我们想绘制堆叠柱形图，则需要调用 vbar_stack 或 hbar_stack 函数，如代码 9-35 所示。

代码 9-35

```
# 生成数据，数据格式为 dict
np.random.seed(15)
x_2020 = np.random.randint(1,20,3)
np.random.seed(25)
```

```
x_2021 = np.random.randint(1,20,3)
np.random.seed(30)
x_2022 = np.random.randint(1,20,3)
fruits = ['apple', 'orange', 'banana']
colors = ['#00FFFF', '#FF6A6A', '#FFFF00']
df = pd.DataFrame({'2020':x_2020,'2021':x_2021, '2022':x_2022},
                    index = fruits)
# 系列名
years = df.columns.tolist()
data = {'index':fruits}
for year in years:
          data[year] = df[year].tolist()
source = ColumnDataSource(data=data)

p = figure(x_range=fruits,plot_width=600,plot_height=350)

# 第一个参数需要是 years，用于识别不同对叠层
p.vbar_stack(years,x = 'index',source = source, width = 0.3,
                color = colors, legend=[value(x) for x in years],
                alpha = 0.5,name=years )

p.xgrid.grid_line_color = None
p.axis.minor_tick_line_color = None
p.legend.location = "top_left"

show(p)
```

运行效果如图 9-38 所示。

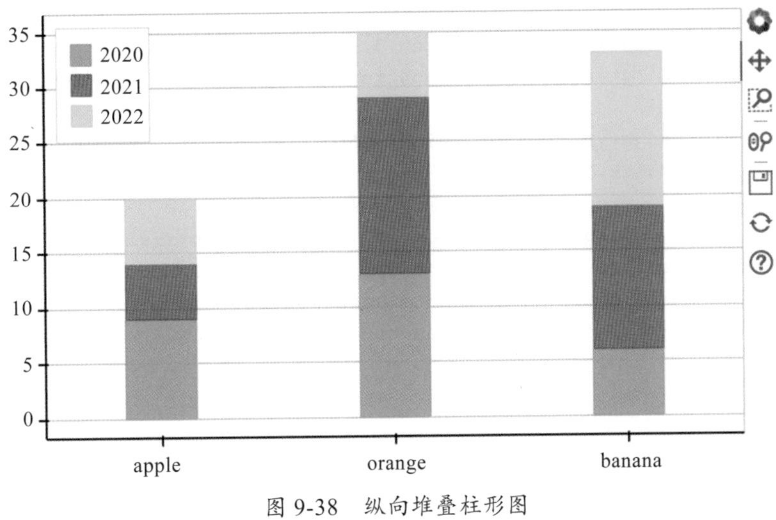

图 9-38　纵向堆叠柱形图

我们还可以对数据集中的数据进行加工，用于绘制百分比堆叠柱形图，但是前期的数据处理工作可能会有一点麻烦，如代码 9-36 所示。

代码 9-36

```
from bokeh.palettes import GnBu3, OrRd3

fruits = ['apple', 'orange', 'banana']
years = ['2020', '2021', '2022']
np.random.seed(15)
x_imports = np.random.randint(1,20,len(fruits)*3)
np.random.seed(35)
x_outports = np.random.randint(1,20,len(fruits)*3)

# imports 数据处理
im_tem = np.array([
                  [i/sum(x_imports[:3])*100 for i in x_imports[:3]],
                  [i/sum(x_imports[3:6])*100 for i in x_imports[3:6]],
                  [i/sum(x_imports[6:])*100 for i in x_imports[6:]]
                  ])
im_tem_1 = im_tem[:,0]
im_tem_2 = im_tem[:,1]
im_tem_3 = im_tem[:,2]
imports = {'years': years, 'apple' : list(im_tem_1),
                'orange' : list(im_tem_2), 'banana' : list(im_tem_3)}
# outports 数据处理
out_tem = np.array([
                   [-i/sum(x_outports[:3])*100 for i in x_outports[:3]],
                   [-i/sum(x_outports[3:6])*100 for i in x_outports[3:6]],
                   [-i/sum(x_outports[6:])*100 for i in x_outports[6:]]
                   ])
out_tem_1 = out_tem[:,0]
out_tem_2 = out_tem[:,1]
out_tem_3 = out_tem[:,2]
outports = {'years': years, 'apple' : list(out_tem_1),
                'orange' : list(out_tem_2), 'banana' : list(out_tem_3)}

p = figure(y_range=years,plot_height=350)
p.hbar_stack(fruits, y='years', height=0.7, color=GnBu3,
                   source=ColumnDataSource(imports),
                   legend=["%s imports" % x for x in fruits])
p.hbar_stack(fruits, y='years', height=0.7, color=OrRd3,
                   source=ColumnDataSource(outports),
                   legend=["%s outports" % x for x in fruits])
# 其他参数设置
p.y_range.range_padding = 0.2
p.ygrid.grid_line_color = None
p.legend.location = "top_center"
p.legend.label_text_font_size = '8px'
p.legend.orientation = "horizontal"
p.legend.border_line_color = 'purple'
p.legend.border_line_dash = 'dotted'
p.legend.padding = 0
```

```
p.axis.minor_tick_line_color = None
p.outline_line_color = None
show(p)
```

运行效果如图 9-39 所示。

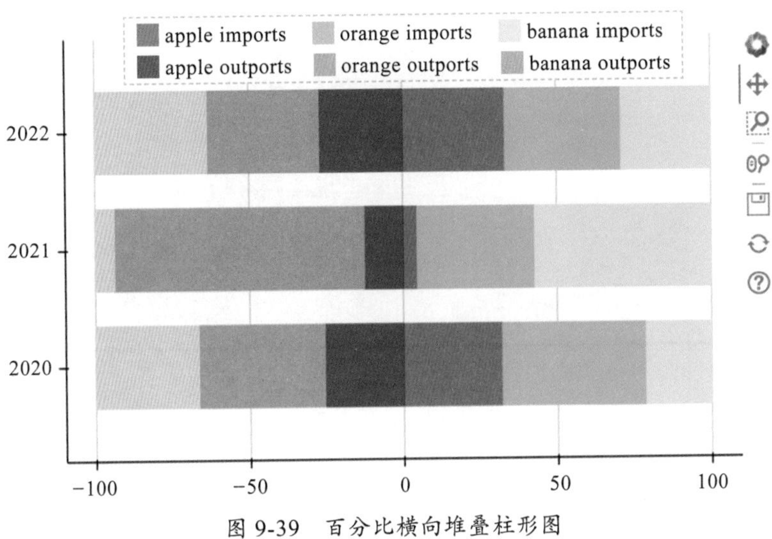

图 9-39　百分比横向堆叠柱形图

9.4.6　直方图

在 Bokeh 中，通过调用 quad 函数绘制直方图，且传入的参数是每个柱子的四边值，如代码 9-37 所示。

代码 9-37

```
# 创建数据
np.random.seed(50)
top = np.random.randint(1,20,5)
bottom = 0
left = [1,1.5,2,2.5,3]
right = [1.5,2,2.5,3,3.5]
p = figure(plot_width = 600,plot_height=450)
p.quad(top = top,bottom = bottom, left = left,
         right = right, width = 0.5,line_color = 'white',
         fill_color = '#90EE90', fill_alpha = 0.5)
p.xgrid.grid_line_color = None
p.ygrid.grid_line_color = None

show(p)
```

运行效果如图 9-40 所示。

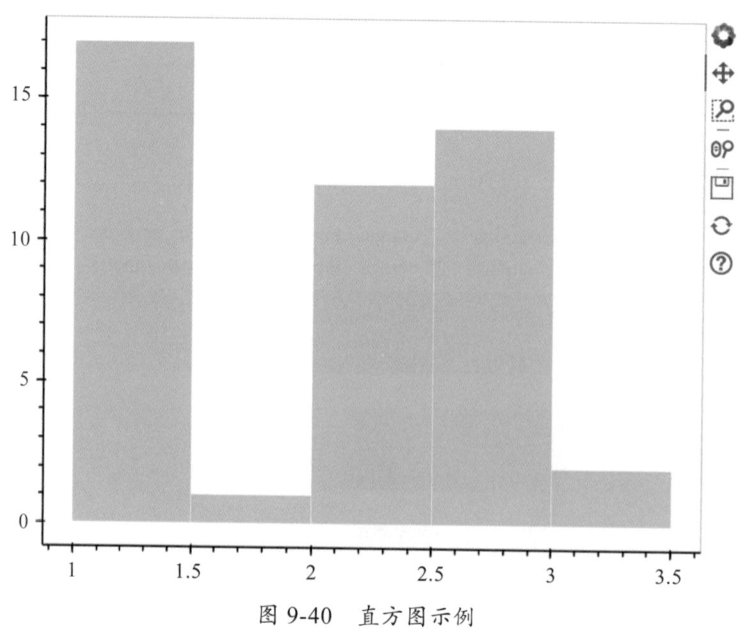

图 9-40 直方图示例

9.4.7 矩形图

最后我们介绍一下矩形图。不同于面积图，矩形图传入的为每个矩形的几何中心的坐标。常见的绘制矩形图的函数有 square()、square_cross()、square_dot()、square_pin() 和 square_x()。代码 9-38 进行了示例操作。

代码 9-38

```
# 创建数据集
np.random.seed(15)
x = np.random.randint(1,10,5)
np.random.seed(55)
y = np.random.randint(1,20,5)
np.random.seed(45)
size = np.random.randint(20,30,5)

p = figure(width=600, height=400)

p.square(x = x[0],y = y[0], size = size[0], color="#74ADD1",
            legend = 'Square')
p.square_cross(x = x[1],y = y[1], size = size[1], color="#FDAE6B",
            legend = 'Square_cross', fill_color=None)
p.square_dot(x = x[2],y = y[2], size = size[2], color="#98FB98",
            legend = 'Square_dot', fill_color=None)
p.square_pin(x = x[3],y = y[3], size = size[3], color="#8B4500",
            legend = 'Square_pin')
p.square_x(x = x[4],y = y[4], size = size[4], color="#CD5B45",
            legend = 'Square_x', fill_color=None)
```

```
p.legend.location = "top_left"

show(p)
```

运行效果如图 9-41 所示。

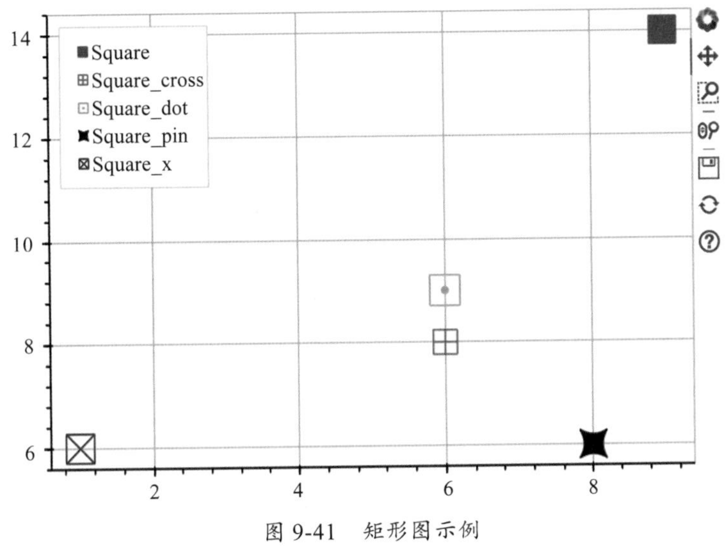

图 9-41　矩形图示例

9.5　图表进阶操作

在学习了前面所讲的很多基本操作后，我们就已经可以通过排列组合绘制出非常多的图形了，但对于一些复杂的图形，可能需要更多地用到本章所讲的进阶操作。

9.5.1　ColumnDataSource

在上述的绘图过程中，我们用到了 ColumnDataSource 这个数据形式。ColumnDataSource 是 Bokeh 中一种非常独特且很实用的数据形式，ColumnDataSource() 方法有一个参数为 'data'。

'data' 主要有以下三种类型。

1. 'data' 为字典

当 'data' 的表现形式是一个字典的形式时，一般情况下，字典的 key 值是一个字符串，代表列名称，而 value 则是 list 形式或者 numpy 的 array 形式，如代码 9-39。

代码 9-39

```
from bokeh.models import ColumnDataSource

data = {'x':[1, 2, 3, 4, 5],
        'y':[10,15,19,4,23]}
```

```
source = ColumnDataSource(data)

print(source)
print('\n')
print(type(source))
```

运行效果如图 9-42 所示。

```
ColumnDataSource(id='1003', ...)


<class 'bokeh.models.sources.ColumnDataSource'>
```

图 9-42 ColumnDataSource 类型图

从上面结果来看，source 是一个 ColumnDataSource 对象，不能直接打印出来结果，但可以在绘图时直接传入参数进行使用，如代码 9-40。

代码 9-40

```
data = {'x':[1, 2, 3, 4, 5],
        'y':[10,15,19,4,23] }

source = ColumnDataSource(data)
p = figure(width=600, height=400)

p.diamond_cross(x = 'x',y = 'y',fill_color = 'white',
                source = source,size = 25)

show(p)
```

运行效果如图 9-43 所示。

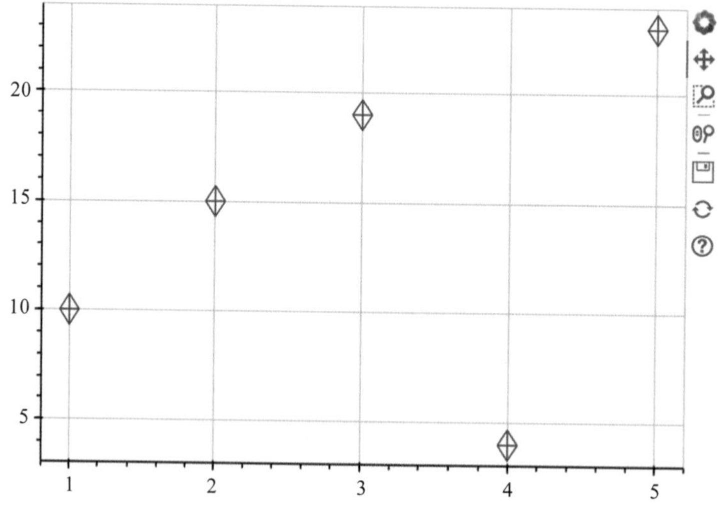

图 9-43 基于 dict 的 ColumnDataSource 示例图

2. 'data' 为 DataFrame

ColumnDataSource 的 data 参数，也可以是 pandas 的 DataFrame。当 ColumnDataSource 的参数是 DataFrame 时，可以直接用 DataFrame 的列名称作为索引名称，也可以直接用 DataFrame 已有的列名称，如果没有索引名称，则索引名称一般默认用 'index'，如代码 9-41 所示。

代码 9-41

```
data = {'x':[1, 2, 3, 4, 5],
        'y':[10,15,19,4,23] }

df = pd.DataFrame(data)
source = ColumnDataSource(df)

p = figure(width=600, height=400)

p.circle_dot(x = 'x',y = 'y',fill_color = 'white',
                  source = source,size = 25,color = 'red',
                  alpha = 0.3)

show(p)
```

运行效果如图 9-44 所示。

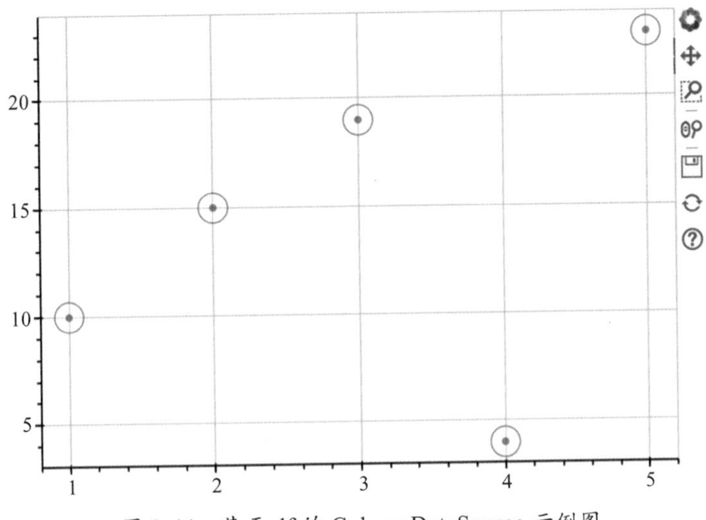

图 9-44　基于 df 的 ColumnDataSource 示例图

3. 'data' 为 DataFrame 中的 GroupBy 对象

ColumnDataSource 的 data 参数，还也可以是 pandas 的 DataFrame 的 groupby 对象。当 ColumnDataSource 的参数是 DataFrame 的 groupby 对象时，在绘图时使用的列名为 groupby 对象的 groupby.describe() 方法中的列名称。由于 groupby 会有多个统计参数，在引用时，列表会合并到一起，形式如 column_mean 等见代码 9-42。

代码 9-42

```
import random
random.seed(10)

# 创建数据
dates = pd.date_range('20210101', periods=365)
df = pd.DataFrame(np.random.randn(365,2), index=dates,
                  columns=list('AB'))
cls = ['Good', 'Bad', 'Common']
df['C'] = ''
df['month'] = df.index.month

for i in range(len(df['A'])):
        df['C'][i] = random.choice(cls)

gb = df.groupby('month')
gb.describe()
```

运行效果如图 9-45 所示。

	A								B							
	count	mean	std	min	25%	50%	75%	max	count	mean	std	min	25%	50%	75%	m
month																
1	31.0	0.267331	1.096541	-2.245594	-0.248669	0.375726	1.039305	2.086523	31.0	0.371931	0.911408	-1.630339	-0.189061	0.530181	0.818284	2.
2	28.0	-0.037435	0.848586	-2.145364	-0.512833	0.000065	0.518720	1.755476	28.0	0.301533	1.054794	-2.348026	-0.290743	0.289060	0.742799	2.
3	31.0	0.195163	0.940426	-1.869860	-0.677225	0.542109	0.794033	2.332428	31.0	-0.073677	1.041041	-2.178877	-0.785982	-0.147907	0.803131	1.
4	30.0	-0.122549	0.877344	-2.350083	-0.641919	0.106671	0.326454	1.369384	30.0	-0.177128	1.252109	-2.617824	-0.906588	-0.305371	0.637438	2.
5	31.0	-0.235808	1.000940	-1.891284	-0.920207	-0.325193	0.600688	1.710279	31.0	-0.347173	1.030634	-2.820494	-0.708922	-0.409273	0.288542	2.
6	30.0	0.164816	1.117577	-2.137634	-0.328821	0.012104	1.004622	2.688526	30.0	0.156075	1.000707	-1.618630	-0.363467	0.011798	0.765477	2.
7	31.0	0.047623	1.025894	-2.194911	-0.515633	-0.060003	0.675814	2.356546	31.0	0.170118	1.042899	-1.527377	-0.499675	0.012501	0.995192	2.
8	31.0	0.190716	1.064166	-2.402991	-0.571370	0.103231	0.914648	2.220040	31.0	0.000373	1.004209	-1.470246	-0.759864	-0.051563	0.460536	2.
9	30.0	0.029079	0.955956	-2.036026	-0.381042	0.186842	0.603724	1.630690	30.0	0.096145	1.082952	-2.090061	-0.756125	0.245919	0.762278	2.
10	31.0	-0.233920	0.824538	-1.712428	-0.841673	-0.241416	0.184553	1.563579	31.0	0.167635	1.356742	-3.283767	-0.748846	0.401678	1.047633	3.
11	30.0	-0.094504	1.150816	-2.429518	-0.855626	-0.129609	0.864528	2.319339	30.0	-0.178473	0.944817	-1.875545	-0.713821	-0.262911	0.503388	1.
12	31.0	0.068636	0.948202	-2.027948	-0.464204	0.067694	0.681893	1.569184	31.0	-0.167372	1.035774	-2.543881	-0.868454	-0.181978	0.405589	2.

图 9-45　groupby 结果图

我们在绘图时可以直接使用 groupby.describe() 方法中的列名称，如代码 9-43 所示。

代码 9-43

```
sourcegb = ColumnDataSource(gb)

p = figure(plot_width=600, plot_height=400)
p.vbar(x='month', width=0.3, bottom=0, top='A_mean',
            source=sourcegb, color = '#FDAE6B',alpha = 0.5,
            line_color = 'red',line_width = 2, line_dash = 'dotted')

show(p)
```

运行效果如图 9-46 所示。

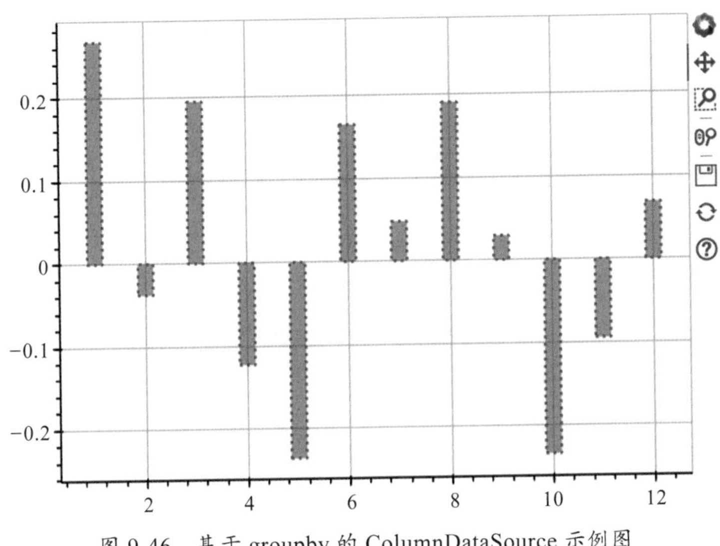

图 9-46　基于 groupby 的 ColumnDataSource 示例图

9.5.2　轴线的进阶设置

有时我们的数据集并不完全是数字类型，可能需要 x 轴是类别变量，可能 x 轴是时间序列，也可能 y 轴会是其他类型的数据。这时，就需要另外对轴线进行设置。

1. x 轴的进阶设置

我们首先要对数据集本身的格式进行修改，具体如代码 9-44。

代码 9-44

```
df = pd.DataFrame({'count':[10,15,19,4,23]},
                  index = ['苹果','香蕉','梨','西瓜','菠萝'])

df.index.name = 'fruits_name'

df
```

运行效果如图 9-47 所示。

	count
fruits_name	
苹果	10
香蕉	15
梨	19
西瓜	4
菠萝	23

图 9-47　数据格式示例图

当数据构建好了后，再通过 x_range 设置横轴标签，就可以实现 x 轴标签的字符串设置了，具体如代码 9-45 所示。

代码 9-45

```
source = ColumnDataSource(df)
# 提取水果名称
name = df.index.tolist()

p = figure(x_range = name, plot_height = 440, title = '水果数量分布')

p.circle(x = 'fruits_name', y = 'count', source = source,
            size = 20, line_color = 'green', line_dash = 'dotted',
            line_width = 3, fill_color = 'red',fill_alpha = 0.8)

show(p)
```

运行效果如图 9-48 所示。

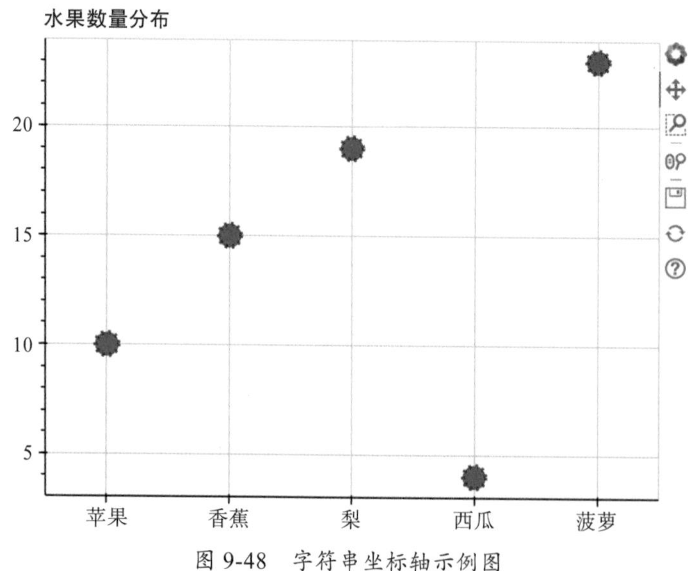

图 9-48　字符串坐标轴示例图

2. y 轴的进阶设置

当一组数据的最大值和最小值相差过大时，我们可以考虑使用对数法，那么如何在 y 轴中体现对数呢？我们可以通过修改 y 轴的 axis_type 设置对数坐标轴，具体如代码 9-46 所示。

代码 9-46

```
x = [0.1, 0.5, 1.0, 1.5, 2.0, 3.0, 10.0]
y = [10**i for i in x]

p = figure(plot_width=600, plot_height=400, y_axis_type="log")
```

```
p.line(x, y, line_width=2)
p.circle(x, y, fill_color="white", size=10)

p.axis.minor_tick_line_color = None

show(p)
```

运行效果如图 9-49 所示。

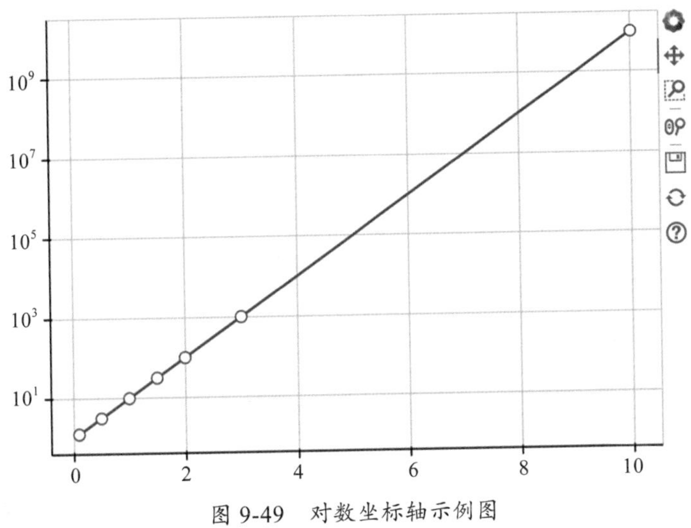

图 9-49　对数坐标轴示例图

9.5.3　多图表设置

如果我们想在一个 Figure 上显示多个图表，有以下两种方法。

1. 多次调用不同的 Figure

我们可以多次调用不同的 Figure，将多个图表显示在一起，具体如代码 9-47 所示。

代码 9-47

```
# 创建数据
x = list(range(11))
y0 = x
y1 = [10-i for i in x]

# 第一个 figure
f1 = figure(plot_width=300, plot_height=200)
f1.circle(x, y0, size=10, color="navy", alpha=0.5)

# 第二个 figure
f2 = figure(plot_width=300, plot_height=200)
f2.circle_cross(x, y1, size=10, fill_color="white", color =
                     'red',alpha=0.5)
```

```
show(f1)
show(f2)
```

运行效果如图 9-50 所示。

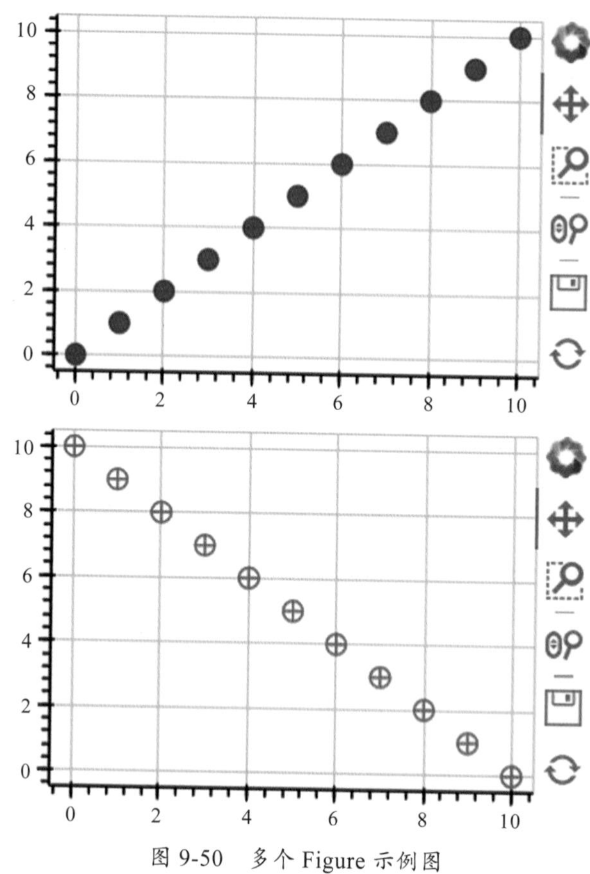

图 9-50　多个 Figure 示例图

2. 调用 gridplot 模块

可能有细心的读者发现，通过多个 Figure 绘制出来的图形，不能一起联动，如果想要一起联动的话，就需要调用 gridplot 模块，具体如代码 9-48 所示。

代码 9-48

```
from bokeh.layouts import gridplot

# 创建数据
x = list(range(11))
y0 = x
y1 = [10-i for i in x]

# 第一个 figure
f1 = figure(plot_width=300, plot_height=400)
f1.circle(x, y0, size=10, color="navy", alpha=0.5)
```

```
# 第二个 figure
f2 = figure(plot_width=300, plot_height=400)
f2.circle_cross(x, y1, size=10, fill_color="white",
                        color = 'red',alpha=0.5)

p = gridplot([[f1,f2]])

show(p)
```

运行效果如图 9-51 所示。

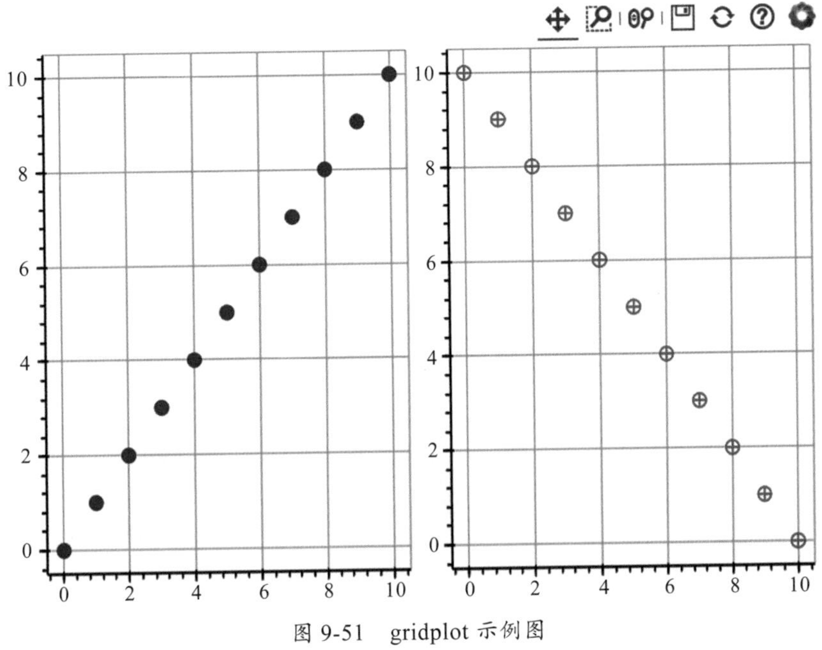

图 9-51　gridplot 示例图

9.6　工具栏设置

与 Matplotlib 和 Seaborn 相比，Bokeh 的工具栏是非常独特的一个功能，我们可以利用工具栏移动图形，筛选数据，它有着很多实用的功能。接下来就让我们学习 Bokeh 中工具栏的简单使用。

9.6.1　工具栏位置设置

工具栏的位置参数通过 toolbar_location 参数进行控制，可选参数有 'above'、'below'、'left'、'right'，默认参数为 'right'。如果我们设置工具栏位置为 'above' 时，可以增加设置 toolbar_sticky 参数为 True，使得 toolsbar 不被遮挡，如代码 9-49 所示。

代码 9-49

```
np.random.seed(15)
x = np.random.randn(100)
np.random.seed(222)
y = np.random.randn(100)

p = figure(plot_width=600, plot_height=400,
               toolbar_location="below", toolbar_sticky=True)

p.circle(x,y,size = 20,color = 'red',alpha = 0.5)

show(p)
```

运行效果如图 9-52 所示。

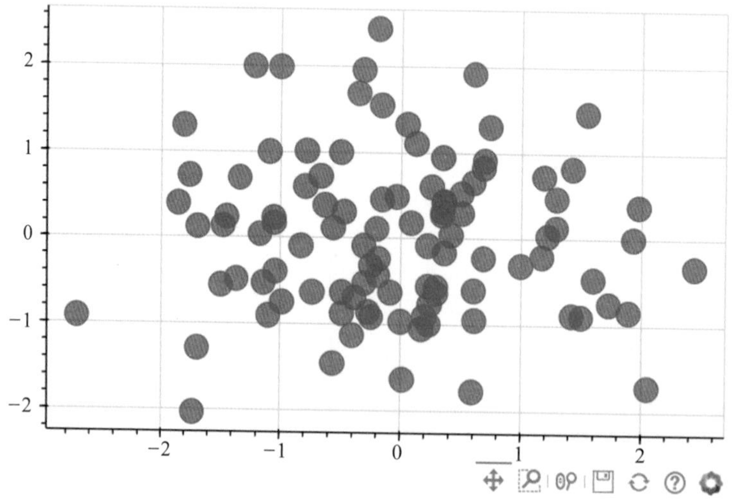

图 9-52　工具栏位置设置示例图

9.6.2　工具栏功能设置

常见的工具栏功能可以分为移动、放大缩小、保存、刷新、选择、提示框和十字线，且在设定功能后，会默认激活所设置的第一个功能。

1. 移动

移动功能又可分为全局移动、沿 x 轴移动和沿 y 轴移动三种，如代码 9-50 所示。

代码 9-50

```
# 移动
# pan、xpan、ypan
np.random.seed(15)
x = np.random.randn(100)
np.random.seed(222)
```

```
y = np.random.randn(100)

tools = 'xpan, ypan, pan'
p = figure(plot_width=600, plot_height=400,
               toolbar_location = 'above', tools = tools)

p.circle(x,y,size = 20,color = 'blue',alpha = 0.5)
show(p)
```

运行效果如图 9-53 所示。

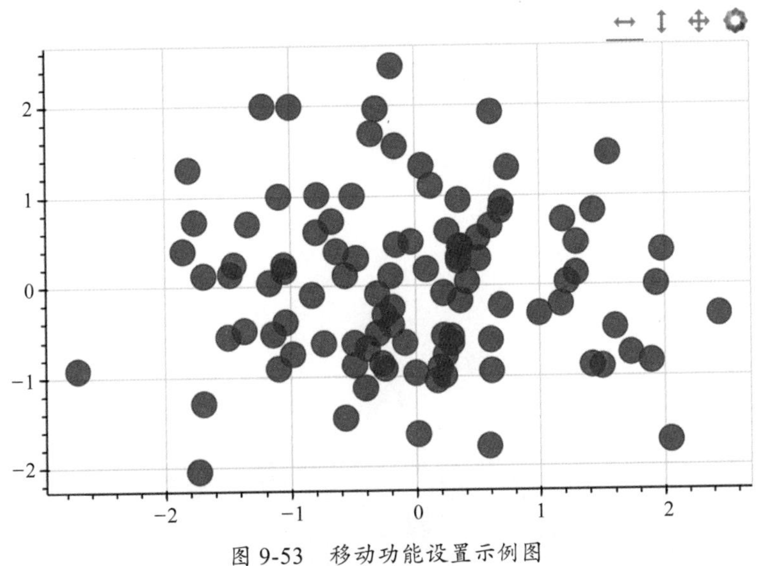

图 9-53　移动功能设置示例图

由此可见，我们在 tool 中设置的第一个功能为 xpan，运行后该功能是默认激活的。

2. 放大缩小

放大缩小的功能很多，大致可以再分为以下三种。

（1）全局放大缩小：box_zoom、wheel_zoom、zoom_in、zoom_out。其中 box_zoom 是根据 box 所框中的区域进行放大缩小，wheel_zoom 是通过鼠标滚轮控制放大缩小。

（2）沿 x 轴放大缩小：xwheel_zoom、xzoom_in、xzoom_out。

（3）沿 y 轴放大缩小：ywheel_zoom、yzoom_in、yzoom_out。

代码 9-51 进行了示例操作。

代码 9-51

```
# 放大缩小
# box_zoom,wheel_zoom, zoom_in,zoom_out
# xwheel_zoom, xzoom_in,xzoom_out
# ywheel_zoom, yzoom_in,yzoom_out

np.random.seed(15)
```

```
x = np.random.randn(100)
np.random.seed(222)
y = np.random.randn(100)

tools = '''
            box_zoom,wheel_zoom, zoom_in,zoom_out,
            xwheel_zoom, xzoom_in,xzoom_out,
            ywheel_zoom, yzoom_in,yzoom_out
'''

p = figure(plot_width=600, plot_height=400,
                toolbar_location = 'above', tools = tools)

p.circle(x,y,size = 20,color = 'purple',alpha = 0.5)

show(p)
```

运行效果如图 9-54 所示。

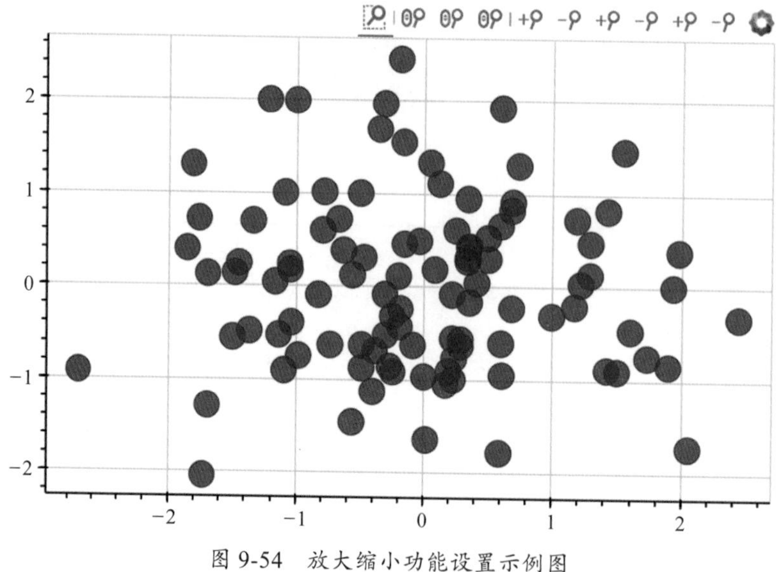

图 9-54　放大缩小功能设置示例图

3. 保存

我们可以通过设置保存功能，将所绘制的图形另存为图片并存到指定路径下，如代码 9-52 所示。

代码 9-52

```
# 保存
np.random.seed(15)
x = np.random.randn(100)
np.random.seed(222)
y = np.random.randn(100)
```

```
tools = 'save'
p = figure(plot_width=600, plot_height=400,
              toolbar_location = 'above', tools = tools)
p.circle_cross(x,y,size = 20,color = 'purple',alpha = 0.5, fill_color = 'white')

show(p)
```

运行效果如图 9-55 所示。

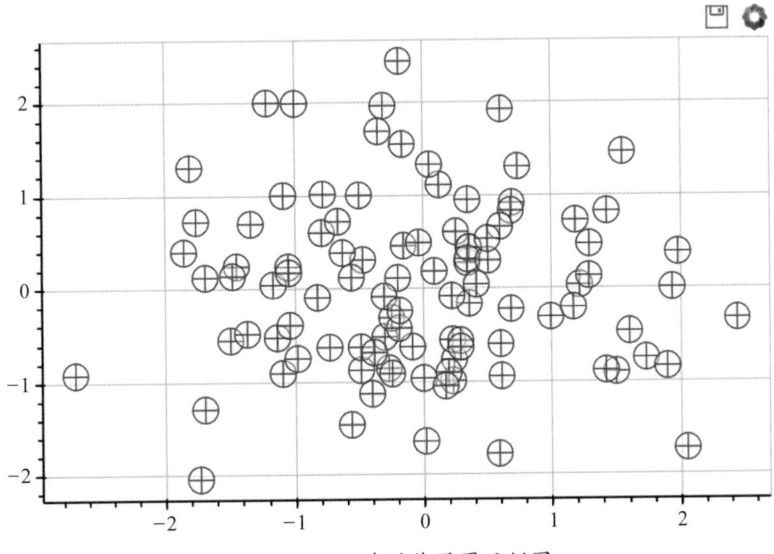

图 9-55　保存功能设置示例图

4. 刷新

当我们用放大缩小或其他功能使得图形发生变化后，若想还原图形，可以直接设置刷新功能并点击就可实现，如代码 9-53 所示。

代码 9-53

```
# 刷新
np.random.seed(15)
x = np.random.randn(100)
np.random.seed(222)
y = np.random.randn(100)

tools = 'reset'
p = figure(plot_width=600, plot_height=400,
              toolbar_location = 'above', tools = tools)

p.circle_dot(x,y,size = 20,color = 'green',alpha = 0.5,
                 fill_color = 'white')

show(p)
```

运行效果如图 9-56 所示。

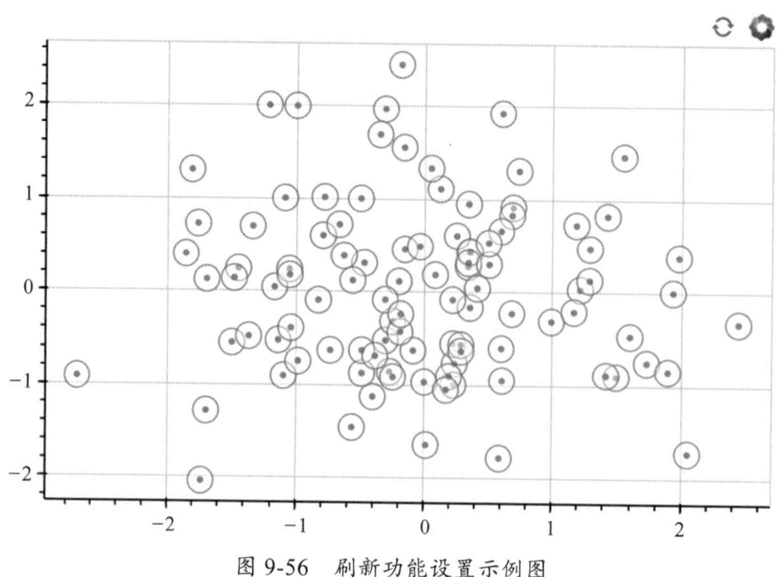

图 9-56 刷新功能设置示例图

5. 选择

选择功能常用于多图联动中，我们通过选择框选择数据后，对应所有图形中都会筛选该部分的数据进行展示，如代码 9-54。

代码 9-54

```
# 选择
# 创建数据

x = list(range(-20, 21))
y0 = [abs(i) for i in x]
y1 = [j**2 for j in x]
source = ColumnDataSource(data=dict(x=x, y0=y0, y1=y1))

tools = "box_select,lasso_select,reset"
f1 = figure(tools= tools, plot_width=300, plot_height=400) f1.circle('x', 'y0',
    source=source)

f2 = figure(tools= tools, plot_width=300, plot_height=400)
f2.circle('x', 'y1', source=source)

p = gridplot([[f1, f2]])

show(p)
```

运行效果如图 9-57 所示。

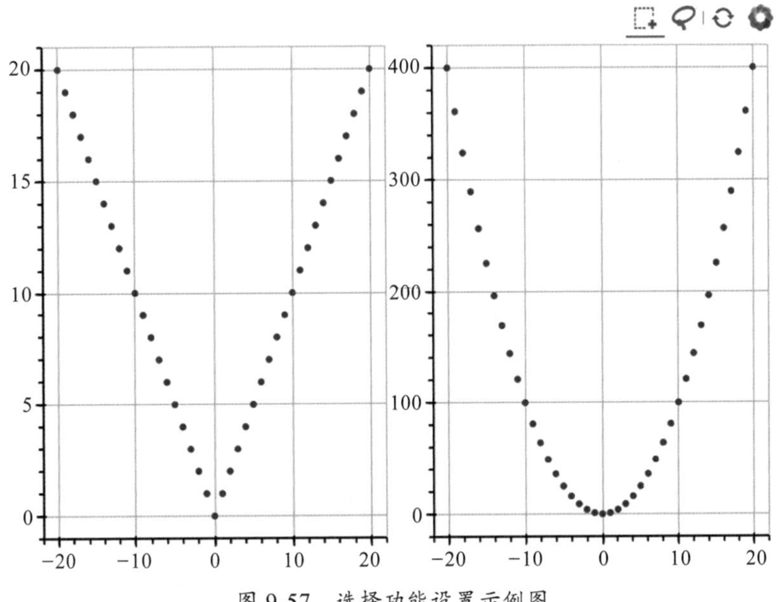

图 9-57 选择功能设置示例图

6. 提示框

我们可以通过提示框来展示某个具体的点的信息，但该功能涉及的比较复杂，在此就简单介绍一下，如代码 9-55 所示。

代码 9-55

```
# 提示框
# 用于设置显示标签内容
from bokeh.models import HoverTool

df = pd.DataFrame({'A':np.random.randn(500)*100,
                   'B':np.random.randn(500)*100,
                   'type':np.random.choice(['pooh','rabbit',\
                   'piglet','Christopher'],500),
                   'color':np.random.choice(['red','yellow',\
                   'blue','green'],500)})
df.index.name = 'index'
source = ColumnDataSource(df)

hover = HoverTool(tooltips=[ ("index", "$index"), ("(x,y)","($x, $y)"),
                             ("A","@A"), ("B","@B"), ("type","@type"),
                             ("color","@color"),])
# $index: 自动计算数据 index
# $x: 自动计算数据 x 值
# $y: 自动计算数据 y 值
# @A: 显示 ColumnDataSource 中对应字段值

p = figure(plot_width=600, plot_height=400,
           toolbar_location = "above", tools = [hover])
```

```
p.circle(x = 'A',y = 'B',source = source, size = 10,alpha = 0.3,
         color = 'color')

show(p)
```

运行效果如图 9-58 所示。

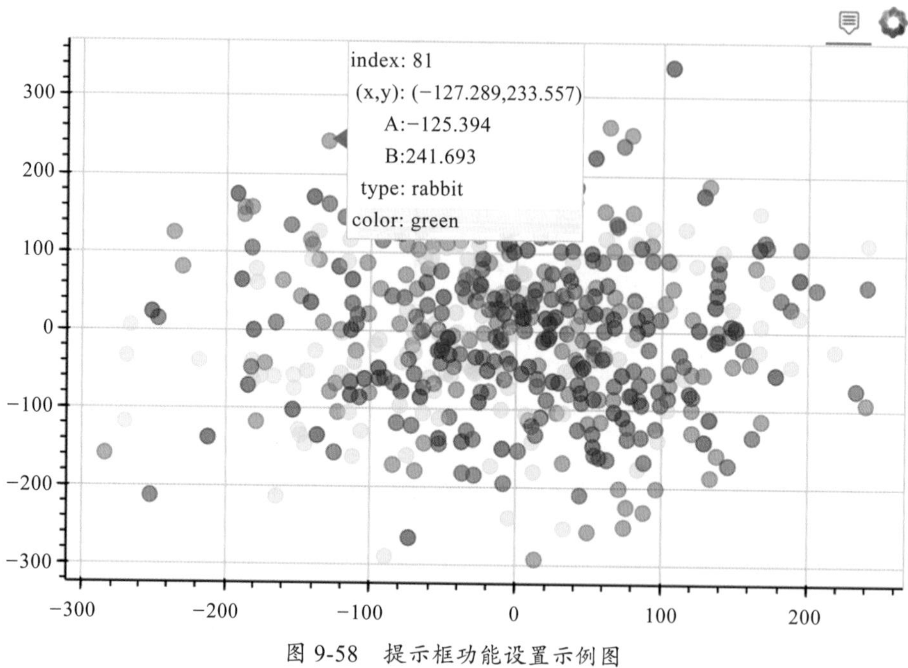

图 9-58 提示框功能设置示例图

7. 十字线

十字线功能即在图中用十字线实时标记出鼠标所处的位置，常和提示框功能一起使用，如代码 9-56。

代码 9-56

```
# 提示框
# 用于设置显示标签内容
from bokeh.models import HoverTool

df = pd.DataFrame({'A':np.random.randn(500)*100,
                   'B':np.random.randn(500)*100,
                   'type':np.random.choice(['pooh','rabbit',\
                   'piglet','Christopher'],500),
                   'color':np.random.choice(['red','yellow',\
                   'blue','green'],500)})
df.index.name ='index'
source = ColumnDataSource(df)

hover = HoverTool(tooltips=[ ("index","$index"), ("(x,y)","($x, $y)"),
```

```
                                    ("A", "@A"), ("B", "@B"), ("type", "@type"),
                                    ("color", "@color"), ])
# $index: 自动计算数据 index
# $x: 自动计算数据 x 值
# $y: 自动计算数据 y 值
# @A: 显示 ColumnDataSource 中对应字段值

p = figure(plot_width=600, plot_height=400,
              toolbar_location = "above",
    tools = [hover,'crosshair'])

p.circle(x = 'A',y = 'B',source = source, size = 10,alpha = 0.3,
             color = 'color')

show(p)
```

运行效果如图 9-59 所示。

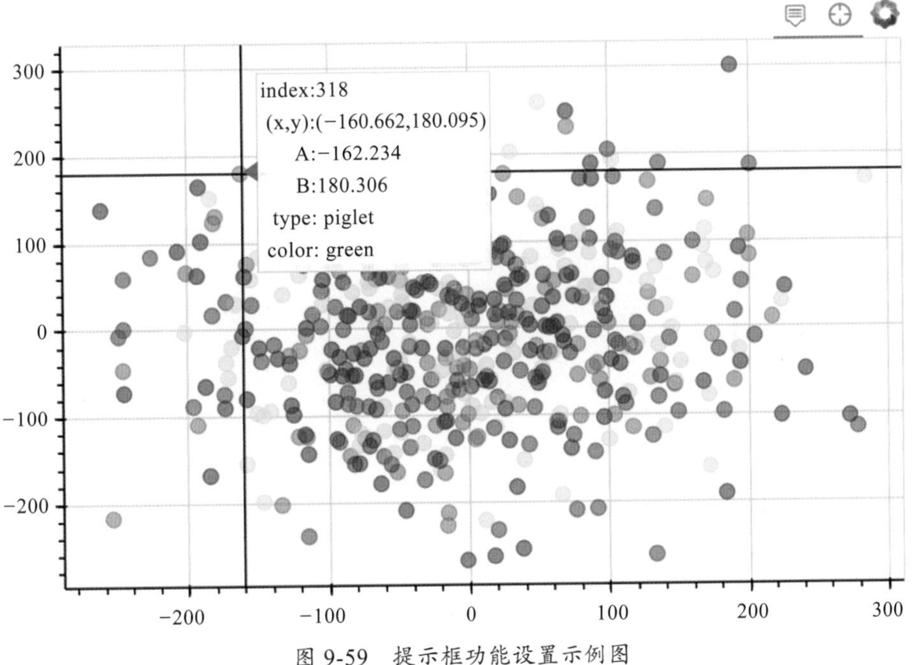

图 9-59　提示框功能设置示例图

9.7　其他交互工具设置

最后我们介绍几个比较有意思的交互工具。

1. 图例隐藏

在 echarts 中，如果显示了图例，可以通过点击图例达到隐藏某类别数据的功能。Bokeh 中有着同样的设定，通过参数 click_policy 进行控制。click_policy 有两个可选值：

hide 和 mute。hide 即为在点击图例后将该类别数据隐藏起来，mute 即对该类数据进行消隐处理，如代码 9-57 所示。

代码 9-57

```
from bokeh.palettes import Spectral8
# 创建数据
df = pd.DataFrame({'A':np.random.randn(500).cumsum(),
                   'B':np.random.randn(500).cumsum(),
                   'C':np.random.randn(500).cumsum(),
                   'D':np.random.randn(500).cumsum()},
                   index = pd.date_range('20210101',\
                   freq = 'D',periods=500))

p = figure(plot_width=600, plot_height=400, x_axis_type="datetime")

for col,color in zip(df.columns.tolist(),Spectral8):
        p.line(df.index,df[col],line_width=2, color=color,
               alpha=0.8,legend = col, muted_color=color,
               muted_alpha=0.2)

p.legend.location = "top_left"
p.legend.click_policy="mute"

show(p)
```

运行效果如图 9-60 所示。

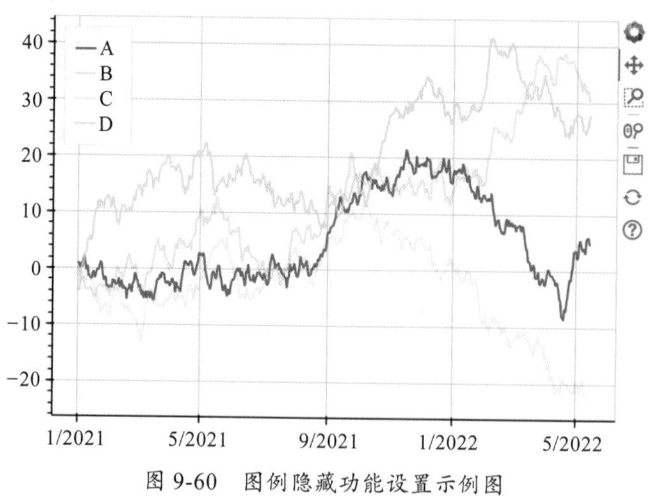

图 9-60　图例隐藏功能设置示例图

2. 图表分页

在图表比较多的时候，我们可以通过图表分页增强表现效果，其实现主要通过 Panel 和 Tabs 两个函数。其中，Panel 用于控制页码和分页名称，Tabs 用于控制分页按钮，如代码 9-58 所示。

代码 9-58

```
from bokeh.models.widgets import Panel, Tabs
p1 = figure(plot_width=600, plot_height=400)
p1.circle([1, 2, 3, 4, 5], [6, 7, 2, 4, 5], size=20,
              color="navy", alpha=0.5)
# child → 页码
# title → 分页名称
tab1 = Panel(child=p1, title="circle")

p2 = figure(plot_width=600, plot_height=400)
p2.line([1, 2, 3, 4, 5], [4, 2, 3, 8, 6], line_width=3,
          color="navy", alpha=0.5)
tab2 = Panel(child=p2, title="line")

# 设置分页图表
tabs = Tabs(tabs=[ tab1, tab2 ])

show(tabs)
```

运行效果如图 9-61 所示。

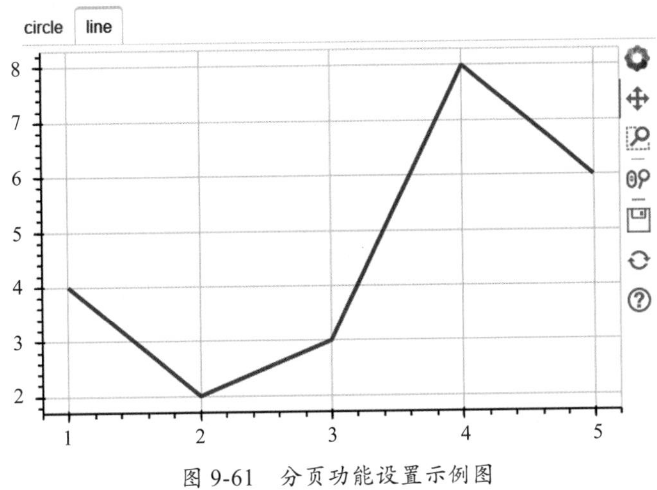

图 9-61　分页功能设置示例图

◎ 本章小结

本章主要介绍了 Bokeh 数据可视化中图表的基本参数设置（包括背景、轴线、网格、图例等），辅助参数设置（包括辅助线、辅助矩形、注释文本、注释箭头、调色板等的设置），基本图形的绘制（包括散点图、折线图、饼状图、面积图、柱形图、直方图、矩形图等图形的绘制），还介绍了 Bokeh 中关于图表的进阶操作，如 ColumnDataSource 数据形式、轴线的进阶设置、多图表设置等。另外，对 Bokeh 的工具栏设置以及其他交互工具等的设置也进行了简要介绍。

◎ 课后习题

1. 若我们想隐藏 x 轴网格线，下列设置正确的是（　　）。

A. p.xgrid.grid_line_color = None　　B. p.xgrid.line_color = None

C. p.xgrid.grid_line_color = ‘white’　　D. p.ygrid.grid_line_color = None

2. 我们通过以下哪个函数调用辅助矩形（　　）。

A. Span　　B. BoxAnnotation

C. Box　　D. Arrow

3. 常见的注释箭头类型有（　　）。

A. OpenHead　　B. NormalHead

C. VeeHead　　D. 以上都是

4. 在 Bokeh 中，我们可以通过以下哪个函数绘制饼状图（　　）。

A. pie　　B. barplot

C. patch　　D. wedge

5. 在 Bokeh 中，我们通过以下哪个函数绘制直方图（　　）。

A. bar　　B. barplot

C. quad　　D. countplot

6. 当我们想创建一个 ColumnDataSource 时，传入的数据格式为（　　）。

A. 字典　　B. DataFrame

C. DataFrame 中的 GroupBy 对象　　D. 以上都是

7. toolbar_location 的默认参数为（　　）。

A. above　　B. below

C.left　　D. right

◎ 思考题

1. 探索当 line_dash 的值为一个 list 的时候，其表现形式及原因。
2. 面积图与矩形图绘制过程的不同之处是什么？
3. 探索分页功能和 gridplot 功能是否可以结合使用，实现类似 tableau 中仪表板的表现效果。

CHAPTER 10

第10章 银行产品客户复购数据可视化分析案例

银行产品客户复购是指银行客户在首次购买金融产品后二次购买，主要反映银行客户对某一银行产品的用户黏性。通过分析和预测银行产品客户复购行为，可以帮助管理者更精准地进行产品营销，促进客户与品牌形成持续的、良好的互动关系。本章将从数据查看与准备、客户基本特征分析与复购影响因素分析三个方面对银行产品客户复购数据进行可视化操作的呈现。

10.1 数据查看与准备

本章的案例数据为阿里云天池大赛–金融数据分析赛题（银行客户认购产品预测）所用数据，包括客户个人基本特征数据、银行营销数据以及宏观经济数据。本章选用公开的“train”子数据集文件，具体数据集可通过阿里云天池大赛官网获取[㊀]，该数据集记录的数据项如表10-1所示。

表10-1 数据集字段一览表

字段	说明	字段	说明
id	序号	housing	是否有房贷
age	年龄	loan	是否有贷款
job	工作	contact	联系方式
marital	婚姻	month	上一次联系的月份
education	受教育程度	day_of_week	上一次联系是星期几
default	是否违约	duration	上一次联系时长（秒）

㊀ 数据来源 https://tianchi.aliyun.com/competition/entrance/531993/information，注册后即可下载。

（续）

字段	说明	字段	说明
campaign	联系次数	cons_price_index	消费者价格指数
pdays	上一次联系后的间隔天数	cons_conf_index	消费者信心指数
previous	本次活动前联系次数	lending_rate3m	银行同业拆借率 3个月利率
poutcome	之前的营销结果	nr_employed	雇员人数
emp_var_rate	就业变动率	subscribe	是否复购

（1）查看 train 数据集。

代码 10-1 可用于查看 train 数据集，即可以在大致了解数据集描述后首先观察数据的基本结构，方便后续绘图。

代码 10-1

```
import pandas as pd                              # 导入模块 pandas，便于处理数据
file_path = r'D:\数据分析教材'                    # 数据文件路径
data = pd.read_csv(file_path+'\\train.csv')      # 导入数据
data.head()                                      # 查看数据前 5 行
```

运行结果如图 10-1 所示。

	id	age	job	marital	education	default	housing	loan	contact	month	...	campaign	pdays
0	1	51	admin.	divorced	professional.course	no	yes	yes	cellular	aug	...	1	112
1	2	50	services	married	high.school	unknown	yes	no	cellular	may	...	1	412
2	3	48	blue-collar	divorced	basic.9y	no	no	no	cellular	apr	...	0	1027
3	4	26	entrepreneur	single	high.school	yes	yes	yes	cellular	aug	...	26	998
4	5	45	admin.	single	university.degree	no	no	no	cellular	nov	...	1	240

previous	poutcome	emp_var_rate	cons_price_index	cons_conf_index	lending_rate3m	nr_employed	subscribe
2	failure	1.4	90.81	−35.53	0.69	5219.74	no
2	nonexistent	−1.8	96.33	−40.58	4.05	4974.79	yes
1	failure	−1.8	96.33	−44.74	1.50	5022.61	no
0	nonexistent	1.4	97.08	−35.55	5.11	5222.87	yes
4	success	−3.4	89.82	−33.83	1.17	4884.70	no

图 10-1　数据集基本结构

（2）查看数据集是否存在缺失值。

在对数据集进行可视化之前，需要对数据进行预处理。当样本存在一定程度的缺失时，可能会影响后续分析的准确性，因此，可利用 isnull().any() 函数查看数据集是否存在缺失值，见代码 10-2。

代码 10-2

```
data.isnull().any()    # 查看数据集是否存在缺失值
```

运行结果如图 10-2 所示。

```
id                    False
age                   False
job                   False
marital               False
education             False
default               False
housing               False
loan                  False
contact               False
month                 False
day_of_week           False
duration              False
campaign              False
pdays                 False
previous              False
poutcome              False
emp_var_rate          False
cons_price_index      False
cons_conf_index       False
lending_rate3m        False
nr_employed           False
subscribe             False
dtype: bool
```

图 10-2　数据集缺失值情况

为了方便后续绘图与理解，将数据集字段名以及“subscribe”字段数据转换成为中文，如代码 10-3 所示。

代码 10-3　数据集字段名以及“subscribe”字段数据转换

```
new_col = ['序号','年龄','工作','婚姻','受教育程度',
           '是否违约','是否有房贷','是否有贷款','联系方式',
           '上一次联系的月份','上一次联系是星期几','上一次联系时长(秒)',
           '联系次数','上一次联系后的间隔天数','本次活动前联系次数',
           '之前的营销结果','就业变动率','消费者价格指数','消费者信心指数',
           '银行同业拆借率 3个月利率','雇员人数','是否复购']
data.columns = new_col        # 将数据列名更改为中文，方便数据处理
data.loc[:,'是否复购'].replace({'yes':'复购','no':'未复购'},inplace = True)
    # 将 subscribe(是否复购)的值更改为'复购'与'未复购'，便于理解
data.head()       # 查看数据前 5 行
```

运行结果如图 10-3 所示。

	序号	年龄	工作	婚姻	受教育程度	是否违约	是否有房贷	是否有贷款	联系方式	上一次联系的月份	…	联系次数	上一次联系后的间隔天数	本次活动前联系次数	之前的营销结果	就业变动率	消费者价格指数	消费者信心指数	银行同业拆借率3个月利率	雇员人数	是否复购
0	1	51	admin.	divorced	professional.course	no	yes	yes	cellular	aug	…	1	112	2	failure	1.4	90.81	−35.53	0.69	5219.74	未复购
1	2	50	services	married	high.school	unknown	yes	no	cellular	may	…	1	412	2	nonexistent	−1.8	96.33	−40.58	4.05	4974.79	复购
2	3	48	blue−collar	divorced	basic.9y	no	no	no	cellular	apr	…	0	1 027	1	failure	−1.8	96.33	−44.74	1.50	5022.61	未复购
3	4	26	entrepreneur	single	high.school	yes	yes	yes	cllular	aug	…	26	998	0	nonexistent	1.4	97.08	−35.55	5.11	5222.87	复购
4	5	45	admin.	single	university.degree	no	no	no	cellular	nov	…	1	240	4	success	−3.4	89.82	−33.83	1.17	4884.70	未复购

5rows x 22 columns

图 10-3 重命名后的数据集

10.2 客户基本特征分析

10.2.1 客户年龄特征分析

数据集中关于客户基本特征的数据包括客户的年龄数据，若想要直观地查看客户群体的年龄分布规律，可以利用 Matplotlib 库绘制客户年龄分布直方图，如代码 10-4 所示。

代码 10-4

```
import matplotlib.pyplot as plt                          # 导入 matplotlib.pyplot 模块绘图
plt.rcParams['font.family'] = 'SimHei'                   # 将字体设置为黑体
plt.rcParams['axes.unicode_minus'] = False               # 显示负号
plt.figure(figsize= (12,8),dpi=72)                       # 设置图片大小
plt.title('客户年龄分布直方图',fontsize =20)             # 设置标题，并将字体大小设置为 20
plt.hist(data['年龄'],color = 'cornflowerblue') # 绘制直方图，并设置颜色
plt.grid(True)                                   # 显示网格
plt.xlabel('年龄(岁)',size = 25)                 # 设置 x 轴
plt.ylabel('人数(人)',size = 25)                 # 设置 y 轴
plt.xticks(size = 20)                            # 设置 x 轴刻度，并将字体大小设置为 20
plt.yticks(size = 20)                            # 设置 y 轴刻度，并将字体大小设置为 20
plt.show()                                       # 显示图像
```

运行结果如图 10-4 所示。

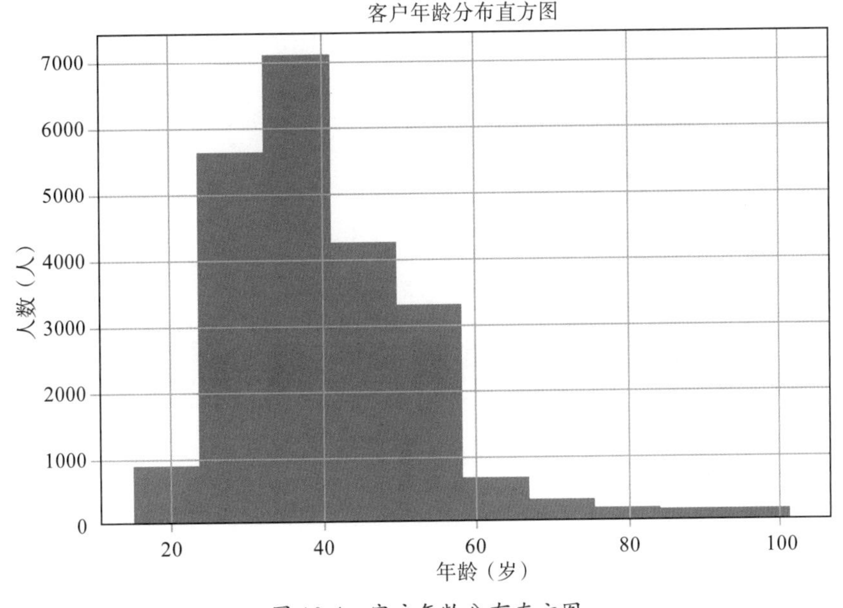

图 10-4　客户年龄分布直方图

10.2.2 客户联系时长分析

数据集中关于客户基本特征的数据包括银行与客户上一次联系时长的数据，这是一

组连续型数据，为了查看上一次联系时长的分布情况，可以利用 Matplotlib 库绘制上一次联系时长分布直方图，如代码 10-5 所示。

代码 10-5

```
import matplotlib.pyplot as plt                    # 导入 matplotlib.pyplot 模块绘图
plt.rcParams['font.family'] = 'SimHei'             # 将字体设置为黑体
plt.rcParams['axes.unicode_minus'] = False         # 显示负号
plt.figure(figsize= (12,8),dpi=72)                 # 设置图片大小
plt.title('上一次联系时长分布直方图',fontsize =20)  # 设置标题，并将字体大小设置为 20
plt.hist(data['上一次联系时长(秒)'],color = 'mediumslateblue')    # 绘制直方图，
    并设置颜色
plt.grid(True)                          # 显示网格
plt.xlabel('时长(秒)',size = 25)        # 设置 x 轴
plt.ylabel('人数(人)',size = 25)        # 设置 y 轴
plt.xticks(size = 20)                   # 设置 x 轴刻度，并将字体大小设置为 20
plt.yticks(size = 20)                   # 设置 y 轴刻度，并将字体大小设置为 20
plt.show()                              # 显示图像
```

运行结果如图 10-5 所示。

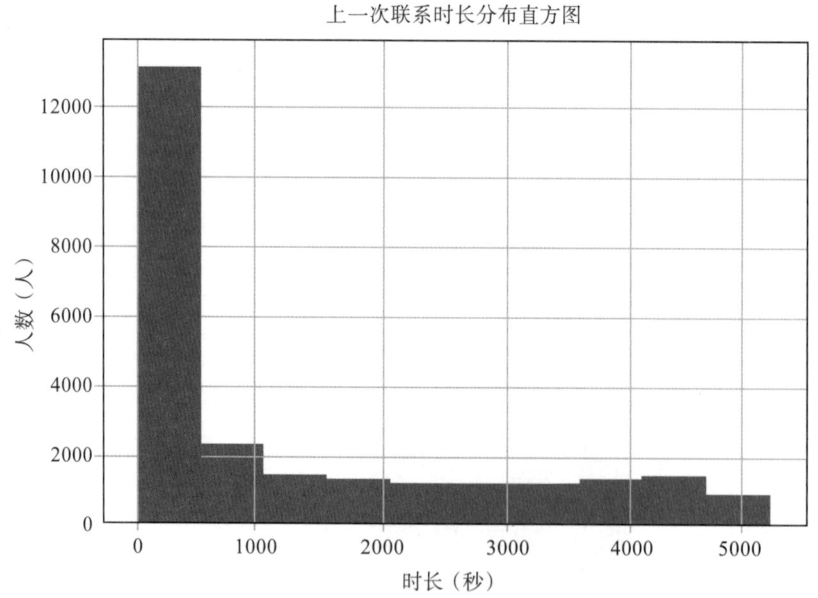

图 10-5　上一次联系时长分布直方图

10.2.3 客户婚姻状况分析

数据集中关于客户婚姻状况的字段，有已婚（married）、单身（single）、离婚（divorced）、未知（unknown）四个类别，想要查看上述四个类别在客户群体中的分布情况，可以利用 Matplotlib 库中的 pie() 函数绘制饼图，如代码 10-6。

代码 10-6

```
import matplotlib.pyplot as plt                    # 导入 matplotlib.pyplot 模块绘图
plt.rcParams['font.family'] = 'SimHei'             # 将字体设置为黑体
plt.rcParams['axes.unicode_minus'] = False         # 显示负号
plt.figure(figsize= (12,8),dpi=72)                 # 设置图片大小
plt.title('客户婚姻状况分布饼图',fontsize =20)      # 设置标题，并将字体大小设置为 20
y = data['婚姻'].value_counts()                    # 对'婚姻'字段进行分类计数
plt.pie(y,
        labels=y.index,                            # 设置标签为婚姻状况的 4 个类别
        autopct='%3.1f%%',                         # 显示小数点后 1 位数
        colors=['cornflowerblue','mediumslateblue','violet','hotpink'],
            # 设置饼图颜色
        textprops={'fontsize':20, 'color':'black'}) # 设置标签字体大小及颜色
plt.legend(loc=[0.8,0.8],fontsize = 20)            # 设置图例，指定位置为右上角
plt.show()                                         # 显示图像
```

运行结果如图 10-6 所示。

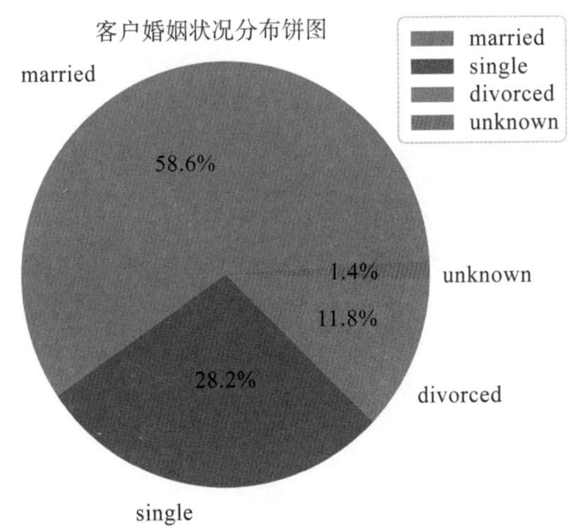

图 10-6　客户婚姻状况分布饼图

10.2.4　客户房贷状况分析

数据集中关于客户是否有房贷的字段，有是（yes）、否（no）、未知（unknown）三个类别，若想得知客户群体中承担房贷人群的分布比例，同样可以通过 Matploylib 库中的 pie() 函数绘制环形图，如代码 10-7 所示。

代码 10-7

```
import matplotlib.pyplot as plt                    # 导入 matplotlib.pyplot 模块绘图
plt.rcParams['font.family'] = 'SimHei'             # 将字体设置为黑体
plt.rcParams['axes.unicode_minus'] = False         # 显示负号
plt.figure(figsize= (12,8), dpi=72)                # 设置图片大小
plt.title('客户房贷状况分布环形图',fontsize =20)    # 设置标题，并将字体大小设置为 20
```

```
y = data['是否有房贷'].value_counts()          # 对“是否有房贷”字段进行分类计数
plt.pie(y,
        labels=y.index,                        # 设置标签为房贷状况的 3 个类别
        autopct='%3.1f%%',                           # 显示小数点后 1 位数
        colors=['cornflowerblue','mediumslateblue','violet'],  # 设置环形图颜色
        textprops={'fontsize':20, 'color':'black'}, # 设置标签字体大小及颜色
        wedgeprops={'width':0.5})                    # 设置环形图宽度
plt.legend(loc=[0.8,0.8],fontsize = 20)             # 设置图例，指定位置为右上角
plt.show()                                          # 显示图像
```

运行结果如图 10-7 所示。

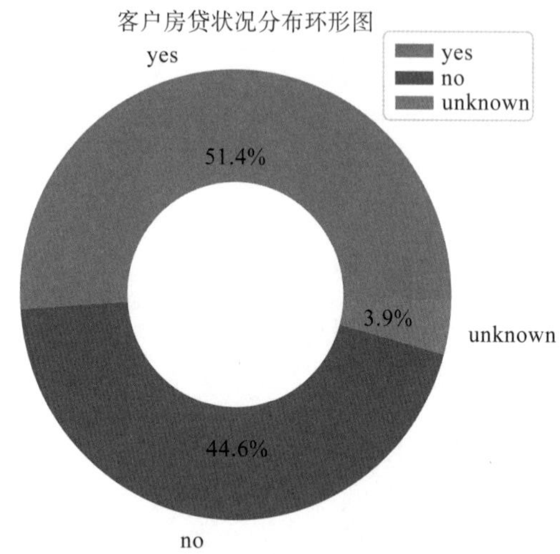

图 10-7　客户房贷状况分布环形图

注：百分比的数据只保留小数点后一位，四舍五入后相加不等于 100%。

10.2.5　客户违约情况分析

数据集中关于客户是否违约的字段，有是（yes）、否（no）、未知（unknown）三个类别，若想要查看客户的违约情况，除饼图与环形图之外还可以利用玫瑰图进行可视化。玫瑰图又名鸡冠花图，该图以扇形的面积代表数值的大小，面积越大则表示数值越大。玫瑰图可以有效地凸显不同类别之间的差异，利用 pyecharts.charts 模块中的 Pie() 函数进行绘制，如代码 10-8 所示。

代码 10-8

```
from pyecharts.charts import Pie               # 导入 pyecharts.charts 模块用于绘图
from pyecharts import options as opts          # 导入 options 模块设置格式
y = data['是否违约'].value_counts()            # 对违约情况进行计数
pie1 = Pie(init_opts=opts.InitOpts(width='1000px',
                                  height='800px', bg_color='white'))     # 设置
                                      图像大小及背景颜色
pie1.add(series_name = '是否违约',
```

```
        data_pair = [list(i) for i in zip(y.index,y)],    # 设置数据
        radius=['20%','80%'],                              # 设置环形大小
        center=['50%', '50%'],                  # 设置玫瑰图在画布上的位置
        rosetype='radius'                       # 将图片展示为玫瑰图
).set_series_opts(label_opts=opts.LabelOpts(position='poutside',   # 将标签显
    示位置设置于图的外部
                                    formatter='{b}: {c}',font_size=25)
                                        # 设置标签文字格式
).set_global_opts(title_opts=opts.TitleOpts(title=' 违约情况玫瑰图 ',      # 设置
    图像标题
                                    pos_left='400',   # 设置标题左右位置
                                    pos_top='20',     # 设置标题上下位置
                                    title_textstyle_opts=opts.TextStyleOpts
                                       (color='black', font_size=25)),
                                      # 设置标题字体颜色及大小
                legend_opts=opts.LegendOpts(is_show=True, # 设置显示图例
                                    pos_left='600',      # 设置图例左右位置
                                    pos_top='2',         # 设置图例上下位置
textstyle_opts=opts.TextStyleOpts(font_size=25))         # 设置图例大小
).set_colors(['mediumslateblue','violet','hotpink']      # 设置图形颜色
).render(' 客户违约情况分布玫瑰图 .html')                 # 设置文件名称
```

运行结果如图 10-8 所示。

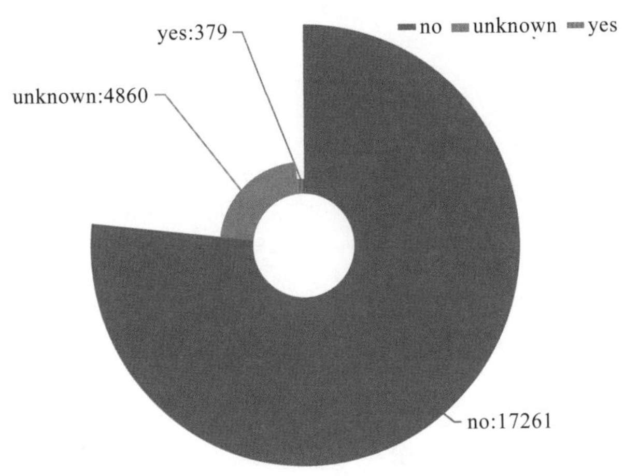

图 10-8　客户违约情况分布玫瑰图

10.2.6　客户复购率分析

数据集中包含之前的营销结果和是否复购两个字段，可以通过这两项数据计算客户复购率。为了更直观地查看客户复购率，可以借助仪表盘图或水球图进行可视化。

1. 客户复购率仪表盘图

利用 pyecharts.charts 模块中的 Gauge() 函数绘制仪表盘图，如代码 10-9 所示。

代码 10-9

```
from pyecharts.charts import Gauge          # 导入 pyecharts.charts 模块用于绘图
from pyecharts import options as opts       # 导入 options 模块设置格式
import math                                 # 导入 math 模块便于计算
y = data ['是否复购'].value_counts()['复购']/data['是否复购']. count () #计
    算复购率
# 设置图像大小及背景颜色
gauge = Gauge(init_opts=opts.InitOpts(width='1000px', height='800px', bg_
    color='white'))
gauge.add(series_name='复购率',             # 设置名称
        data_pair=[('复购率', math.floor(y*10000)/100)],       # 传入数据，显示
            小数点后两位数
        radius='80%',                      # 设置半径
        detail_label_opts=opts.LabelOpts(formatter='{value}%',font_size=32,
            color='red',
                    font_family='Microsoft YaHei'), # 数值标签的格式设定
axisline_opts=opts.AxisLineOpts(linestyle_opts=opts.LineStyleOpts(color=
    [(0.25,'cornflowerblue'), (0.5,'mediumslateblue'), (0.75,'violet'),
    (1,'hotpink')], width=40)),                # 设置仪表盘宽度
    pointer=opts.GaugePointerOpts(is_show=True,   # 显示指针
                            length='80%',      # 设置指针长度为仪表盘半径的 80%
                            width=10)          # 设置指针宽度
).set_global_opts(title_opts=opts.TitleOpts(title='复购率仪表盘图',     # 设置
    图像标题
                            pos_left='400', # 设置标题左右位置
                            pos_top='20',   # 设置标题上下位置
                            title_textstyle_opts=opts.TextStyleOpts
                                (color='black', font_size=20)),# 设置标
                                题字体颜色及大小
                legend_opts=opts.LegendOpts(is_show=True, # 设置显示图例
                            pos_left='600',          # 设置图例左右位置
                            pos_top='40')            # 设置图例上下位置
).render('客户复购率仪表盘图.html')                    # 设置文件名称
```

运行结果如图 10-9 所示。

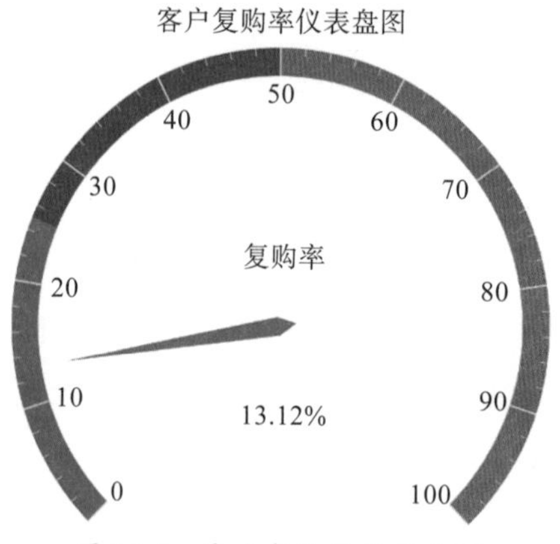

图 10-9 客户复购率仪表盘图

2. 客户复购率水球图

运用 pyecharts.charts 模块中的 Liquid() 函数绘制水球图，进行客户复购率可视化展示，如代码 10-10 所示。

代码 10-10

```
from pyecharts.charts import Liquid       # 导入 pyecharts.charts 模块用于绘图
from pyecharts import options as opts     # 导入 options 模块设置格式
import math                               # 导入 math 模块便于计算
y = data ['是否复购'].value_counts()['复购']/data['是否复购']. count ()  # 计
    算复购率
# 设置图像大小及背景颜色
liquid = Liquid (init_opts=opts.InitOpts(width='1000px', height='800px',
    bg_color='white'))
liquid.add('复购率',                                # 设置指标名称
           [y],                                     # 传入数据
           center = ['50%', '50%'],                 # 设置水球在画布中的位置
           shape = 'circle',                        # 选择水球形状
           label_opts=opts.LabelOpts(formatter='复购率:'+ str(math.floor(y*10000)/
               100)+'%', # 设置数据标签显示样式，此处保留两位小数
                                   position = 'inside')  # 设置标签显示位置为图中
).set_global_opts(title_opts=opts.TitleOpts(title='复购率水球图', # 设置标题名称
                                           pos_left='450',      # 设置标题左右位置
                                           pos_top='150',       # 设置标题上下位置
                                           title_textstyle_opts=opts.TextStyleOpts
                                               (color='black', font_size=20))
                                               # 设置标题字体颜色及大小
).render('客户复购率水球图.html')                     # 设置文件名称
```

运行结果如图 10-10 所示。

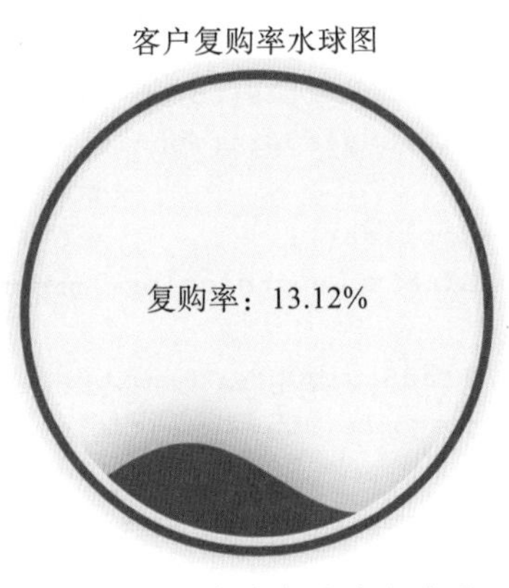

图 10-10　客户复购率水球图

10.2.7　客户复购与未复购群体特征比较

了解客户复购与未复购群体有何差异，可用于后续分析复购的影响因素。由于涉及

多维度比较，因此可以用雷达图进行可视化。雷达图也称为蜘蛛图，该图由多个从中心向外辐射的坐标轴组成，每个坐标轴代表一个维度，使用线将每个坐标轴上的数据点相连。雷达图绘制如代码 10-11 所示。

代码 10-11

```
from pyecharts.charts import Radar              # 导入 pyecharts.charts 模块用于绘图
from pyecharts import options as opts           # 导入 options 模块设置格式
import math                                     # 导入 math 模块便于计算

y1_data = data.groupby('是否复购').get_group('复购')[['上一次联系时长(秒)',
    '联系次数','上一次联系后的间隔天数','本次活动前联系次数']].mean().apply(lambda
    x: round(x,2))
# 计算复购类别下四个指标的平均值并保留两位小数
y2_data = data.groupby('是否复购').get_group('未复购')[['上一次联系时长(秒)',
    '联系次数','上一次联系后的间隔天数','本次活动前联系次数']].mean().apply(lambda x:
    round(x,2))
# 计算未复购类别下四个指标的平均值并保留两位小数
radar = Radar(init_opts=opts.InitOpts(width='1000px', height='800px', bg_color=
    'white'))
radar.add_schema(schema=[opts.RadarIndicatorItem(name='上一次联系时长(秒)', max_=
    1500),
                opts.RadarIndicatorItem(name='联系次数', max_=8),
                opts.RadarIndicatorItem(name='上一次联系后的间隔天数', max_=900),
# 设置图像大小  opts.RadarIndicatorItem(name='本次活动前联系次数', max_=2)],
                shape='circle',             # 设置雷达图形状
                center=['50%', '50%'],      # 设置雷达图在画布中位置
                splitarea_opt=opts.SplitAreaOpts(is_show=True,    # 设置分割格式
                                areastyle_opts=opts.AreastyleOpts
                                    (opacity=1))
).add(series_name='不购买',                     # 绘制不购买类别图像
    data=[y2_data.values.tolist()],            # 将数据转换为二维列表
    linestyle_opts=opts.LineStyleOpts(color='blue',width=2), # 设置线条颜色和粗细
    areastyle_opts=opts.AreaStyleOpts(opacity=0.5)          # 设置阴影比例
).add(series_name='购买',                       # 绘制购买类别图像
    data=[y1_data.values.tolist()],            # 将数据转换为二维列表
    linestyle_opts=opts.LineStyleOpts(color='greenyellow',width=2), # 设置颜色
        以区别于第一条线
    areastyle_opts=opts.AreaStyleOpts(opacity=0.5) # 设置阴影比例
).set_global_opts(title_opts=opts.TitleOpts(title='复购与未复购群体特征比较雷达图',
                                pos_left=350,pos_top=0),   # 设置标题格式
            legend_opts=opts.LegendOpts(is_show=True,
                                pos_left=700,pos_top=50)   # 设置图例格式
).set_colors(['mediumslateblue','greenyellow']       # 设置颜色
).render('客户复购与未复购群体特征比较雷达图.html')      # 设置文件名称
```

运行结果如图 10-11 所示。

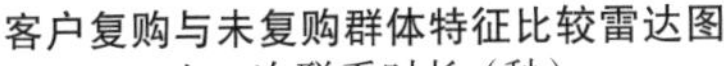

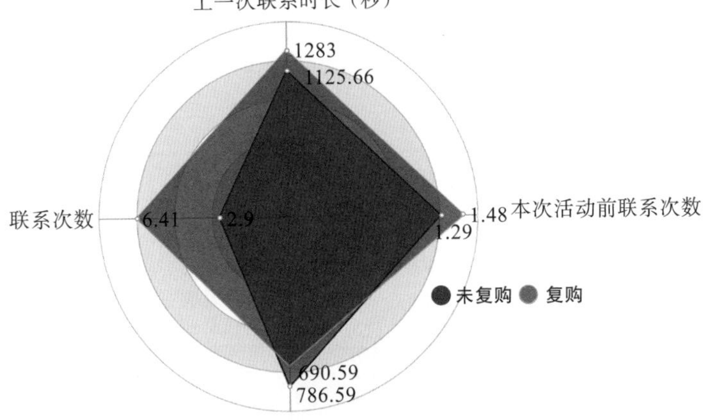

图 10-11　客户复购与未复购群体特征比较雷达图

10.3　复购影响因素分析

10.3.1　客户婚姻状况对复购的影响分析

用多维饼图呈现复购与未复购人群的婚姻状况，可以通过 Matplotlib 库实现，如代码 10-12 所示。

代码 10-12

```
import matplotlib.pyplot as plt                # 导入 matplotlib.pyplot 模块绘图
plt.rcParams['font.family'] = 'SimHei'         # 将字体设置为黑体
plt.rcParams['axes.unicode_minus'] = False     # 显示负号

plt.figure(figsize= (5,5),dpi=72)              # 设置图像大小
labels = ['复购:married','复购:single','复购:divorced','复购:unknown',
          '未复购:married','未复购:single','未复购:divorced','未复购:unknown']
                # 设置标签名称

plt.pie(data.groupby('是否复购').get_group('复购')['婚姻'].value_counts(),# 设置数据
        colors=['slateblue','mediumturquoise','lightblue','lightsteelblue'],
           # 设置颜色
        pctdistance=0.85,                      # 数据显示位置
        autopct='%3.1f%%',                     # 数据显示格式
        radius=4,                              # 环形宽度
        textprops={'fontsize':20, 'color':'black'})    # 设置标签格式
plt.pie(data.groupby('是否复购').get_group('未复购')['婚姻'].value_counts(),
    # 设置数据
        colors=['goldenrod','darkKhaki','gold','lightyellow'],  # 设置颜色
        pctdistance=0.5,                       # 数据显示位置
        autopct='%3.1f%%',                     # 数据显示格式
        radius=3,                              # 环形宽度
textprops={'fontsize':20, 'color':'black'}) # 设置标签格式
```

```
plt.legend(labels=labels,        # 设置图例内容
           loc=[2,1.5],          # 设置图例位置
           fontsize = 20)        # 设置图例标签
plt.title('客户婚姻状况对复购的影响分析多维饼图',fontsize = 20,x=0.5,y=2.5)    # 设
    置标题字体大小及位置
plt.show()                       # 显示图像
```

运行结果如图 10-12 所示。

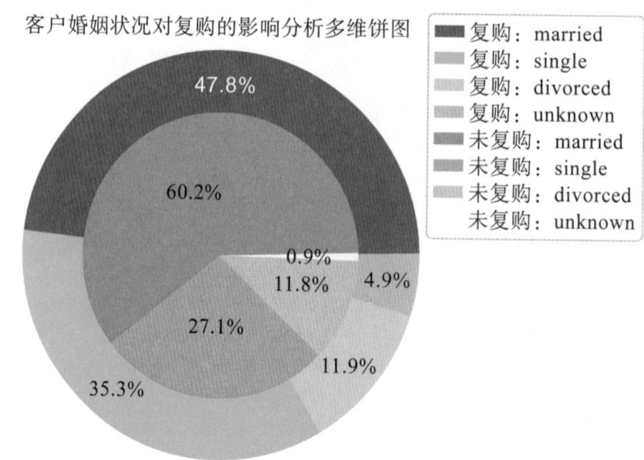

图 10-12　客户婚姻状况对复购的影响分析多维饼图

10.3.2　客户房贷状况对复购的影响分析

为了探究房贷对于复购率的影响，即计算不同房贷情况群体的复购情况，可通过 Matplotlib 库绘制多维条形图进行可视化展示，如代码 10-13 所示

代码 10-13

```
import numpy as np                            # 导入numpy便于计算
import matplotlib.pyplot as plt               # 导入matplotlib.pyplot模块绘图
plt.rcParams['font.family'] = 'SimHei'        # 将字体设置为黑体
plt.rcParams['axes.unicode_minus'] = False    # 显示负号

plt.figure(figsize=(8,10),dpi=72)             # 设置图像大小

# 计算不同房贷情况下复购与未复购行为的占比
y1_data = [data.groupby('是否有房贷').get_group('yes')['是否复购'].value_counts()
    [0]/data.groupby('是否有房贷').get_group('yes')['是否复购'].count(),
          data.groupby('是否有房贷').get_group('no')['是否复购'].value_counts()
              [0]/data.groupby('是否有房贷').get_group('no')['是否复购'].count(),
          data.groupby('是否有房贷').get_group('unknown')['是否复购'].value_
              counts()[0]/data.groupby('是否有房贷').get_group('unknown')['是
              否复购'].count()]
y2_data = [data.groupby('是否有房贷').get_group('yes')['是否复购'].value_counts()
    [1]/data.groupby('是否有房贷').get_group('yes')['是否复购'].count(),
```

```
        data.groupby('是否有房贷').get_group('no')['是否复购'].value_counts()
            [1]/data.groupby('是否有房贷').get_group('no')['是否复购'].count(),
        data.groupby('是否有房贷').get_group('unknown')['是否复购'].value_
            counts()[1]/data.groupby('是否有房贷').get_group('unknown')['是
            否复购'].count()]

x1_width = range(0,3)                         # 设置未复购类别条形图位置
x2_width = [i+0.3 for i in x1_width]          # 设置复购类别条形图位置

plt.bar(x1_width,y1_data,lw=0.5,fc='mediumslateblue',width=0.3)     # 绘制未复
    购类别条形图
plt.bar(x2_width,y2_data,lw=0.5,fc='greenyellow',width=0.3)       # 绘制复购类别
    条形图
plt.xticks(range(0,3),data['是否有房贷'].value_counts().index,fontsize = 20)
    # 设置 x 坐标轴
plt.yticks(fontsize=20)                       # 设置 y 坐标轴
plt.legend(data.groupby('是否有房贷').get_group('yes')['是否复购'].value_counts().
    index,fontsize=20)                        # 设置图例
plt.xlabel('是否有房贷',size = 25)            # 设置 x 轴标签
plt.ylabel('复购率',size = 25)                # 设置 y 轴标签

index = np.arange(len(y1_data))
for a,b in zip(index,y1_data):                # 在图上显示数据
    plt.text(a*1.03,b*1.03,'%.3f%%'%(b*100),ha='center',va='center',fontsize=20)
for a,b in zip(index,y2_data):                # 在图上显示数据
    plt.text(a*1.02+0.3,b*1.02+0.3,'%.3f%%'%(b*100),ha='center',va='bottom',
        fontsize=20)
plt.show()                                    # 显示图像
```

运行结果如图 10-13 所示。

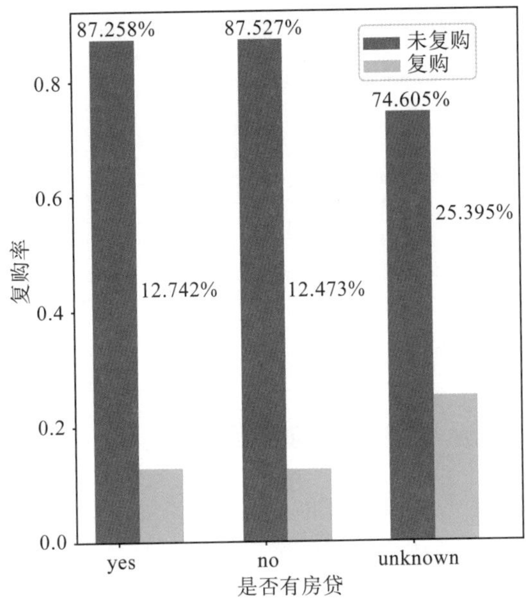

图 10-13　客户房贷状况对复购的影响分析多维条形图

10.3.3 之前的营销结果对复购的影响分析

若要直观呈现之前成功营销群体的复购比例，可以通过 pyecharts.charts 模块中的 Pie() 函数绘制玫瑰图进行可视化展示，如代码 10-14 所示。

代码 10-14

```
from pyecharts.charts import Pie          # 导入 pyecharts.charts 模块用于绘图
from pyecharts import options as opts     # 导入 options 用于初始化

y = data.groupby('之前的营销结果').get_group('success')['是否复购'].value_counts()/
    data.groupby('之前的营销结果').get_group('success')['是否复购'].count()
    # 对成功营销群体的复购行为进行统计
y = round(y,3)     # 保留 3 位小数
# 设置图像大小及背景颜色
pie = Pie(init_opts=opts.InitOpts(width='1000px', height='800px', bg_color=
    'white'))
pie.add(series_name = '是否复购',
        data_pair = [list(i) for i in zip(y.index,y)], # 设置数据
        radius=['20%','80%'],                          # 设置环形大小
        center=['50%', '50%'],                         # 设置环形在画布中的位置
        rosetype='radius'                              # 将图片展示为玫瑰图
).set_series_opts(label_opts=opts.LabelOpts(position='poutside',   # 将标签显
    示位置设置于图的外部
                          formatter='{b}: {c}')        # 设置标签文字格式
).set_global_opts(title_opts=opts.TitleOpts(title='之前成功营销群体的复购比例玫
    瑰图',     # 设置图像标题
                          pos_left='400',              # 设置标题左右位置
                          pos_top='10',                # 设置标题上下位置
                          # 设置标题字体颜色及大小
                          title_textstyle_opts=opts.TextStyleOpts(color=
                              'black', font_size=20)),
    legend_opts=opts.LegendOpts(is_show=True,          # 设置显示图例
                                pos_left='700',        # 设置图例左右位置
                                pos_top='50',          # 设置图例上下位置
                       ,textstyle_opts=opts.TextStyleOpts(font_size=20))  # 设
                          置图例字体大小
).set_colors(['mediumslateblue','greenyellow']         # 设置图形颜色
).render('之前成功营销群体的复购比例玫瑰图.html')      # 设置文件名称
```

运行结果如图 10-14 所示。

10.3.4 前期联系情况及年龄与复购的相关性分析

数据集中上一次联系时长（秒）、年龄、上一次联系后的间隔天数、联系次数均为连续性数据。想知道不同复购群体中上述四个指标的分布是否存在差异，可以借助小提琴图或箱线图进行可视化展示。

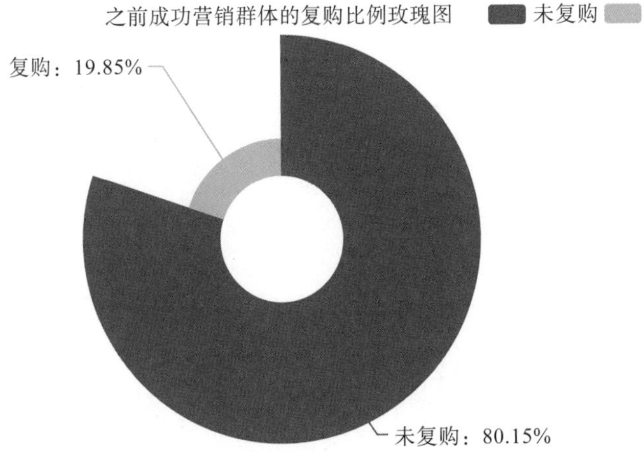

图 10-14　之前成功营销群体的复购比例玫瑰图

（1）利用 Matplotlib 库绘制小提琴图，如代码 10-15 所示。

代码 10-15

```
import seaborn as sns                                  # 导入绘图所需要的模块
import matplotlib.pyplot as plt                        # 导入绘图所需要的模块
import numpy as np                                     # 导入 numpy 便于计算
%matplotlib inline

plt.style.use('ggplot')                                # 设置绘图主题
plt.rcParams['font.family'] = 'SimHei'                 # 将字体设置为黑体
plt.rcParams['axes.unicode_minus'] = False             # 显示负号
# 数据准备
y1_data = [data.groupby('是否复购').get_group('复购')[['上一次联系时长(秒)']],
    data.groupby('是否复购').get_group('未复购')[['上一次联系时长(秒)']]]
y2_data = [data.groupby('是否复购').get_group('复购')[['年龄']],data.groupby
    ('是否复购').get_group('未复购')[['年龄']]]

plt.figure(figsize= (20,6),dpi=72)                     # 设置图像大小
for i in range(1,3):
      plt.subplot(1,4,i)
      d = [y1_data,y2_data][i-1]
      sns.violinplot(data=d,palette='Set2_r',scale='width')     # 绘制小提琴图
      plt.title('{}'.format(d[0].columns[0]+'小提琴图'),fontsize=20) # 设置标题
      plt.xticks(range(0,2),['复购','未复购'],fontsize = 20)    # 设置 x 轴
      plt.yticks(fontsize = 20)                                 # 设置 y 轴
      plt.xlabel('是否复购',fontsize = 20)                      # 设置 x 轴标签
plt.show()                                                      # 显示图像
```

运行结果如图 10-15 所示。

（2）利用 Matplotlib 绘制箱线图，如代码 10-16 所示。

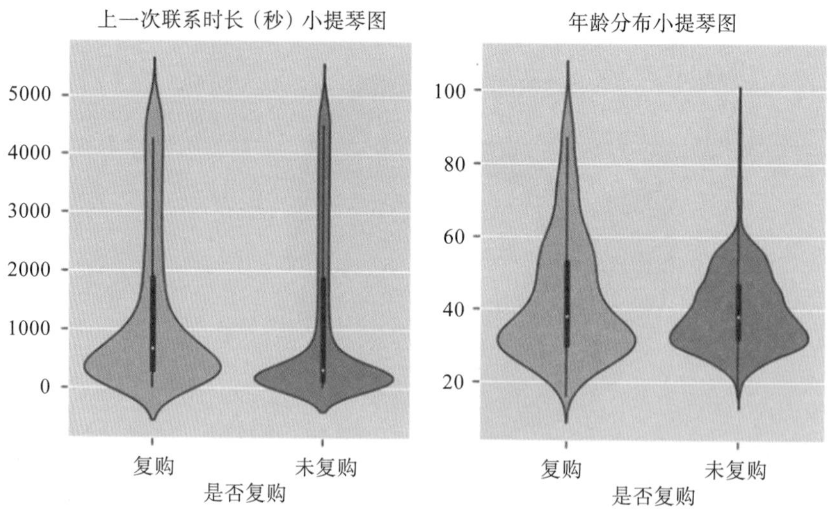

图 10-15　复购与未复购人群的上一次联系时长（秒）和年龄分布小提琴图

代码 10-16

```
import seaborn as sns                                # 导入绘图所需要的模块
import matplotlib.pyplot as plt                      # 导入绘图所需要的模块
import numpy as np                                   # 导入 numpy 便于计算
%matplotlib inline

plt.style.use('ggplot')                              # 设置绘图主题
plt.rcParams['font.family'] = 'SimHei'               # 将字体设置为黑体
plt.rcParams['axes.unicode_minus'] = False           # 显示负号

# 数据准备
col = ['是否复购','上一次联系后的间隔天数','联系次数']
y1_data = data[col]

plt.figure(figsize= (24,6),dpi=72)                   # 设置图像大小
order = ['复购','未复购']
for i in range(1,3):
    plt.subplot(1,4,i)
    sns.boxplot(x='是否复购',y=col[i],data=y1_data,linewidth = 3,order=order,
        palette='Set2_r', notch=True)                # 绘制箱线图
    plt.title('{}'.format(col[i]+'箱线图'),fontsize=20)    # 设置标题
    plt.xticks(range(0,2),data['是否复购'].value_counts().index,fontsize = 20)
        # 设置 x 轴坐标
    plt.yticks(fontsize = 20)                        # 设置 y 轴坐标
    plt.xlabel('是否复购',fontsize = 20)              # 设置 x 轴标签
    plt.ylabel(col[i],fontsize = 20)                 # 设置 y 轴标签

plt.show()                                           # 显示图像
```

运行结果如图 10-16 所示。

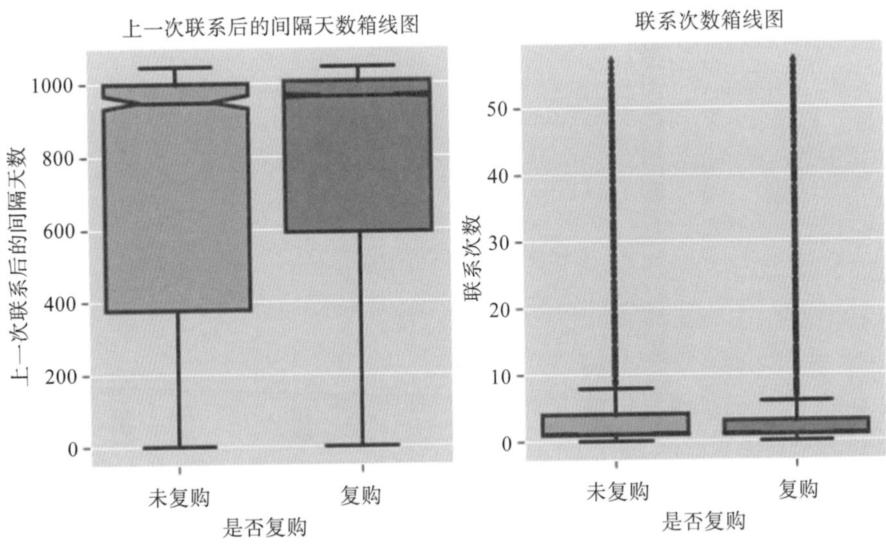

图 10-16　复购与未复购人群的上一次联系后的间隔天数、联系次数分布箱线图

10.3.5　本次活动前联系次数与复购的相关性分析

想要了解复购与未复购人群本次活动前联系次数的分布差异，可以利用 Matplotlib 库绘制多维条形图进行可视化展示，如代码 10-17 所示。

代码 10-17

```
import numpy as np                                  # 导入 numpy 便于计算
import matplotlib.pyplot as plt                     # 导入绘图所需要的模块

plt.rcParams['font.family'] = 'SimHei'              # 将字体设置为黑体
plt.rcParams['axes.unicode_minus'] = False          # 显示负号

plt.figure(figsize=(12,8),dpi=72)                   # 设置图像大小

# 计算不同房贷情况下是否复购行为的占比
y1_data = data.groupby('是否复购').get_group('复购')['本次活动前联系次数']
y2_data = data.groupby('是否复购').get_group('未复购')['本次活动前联系次数']

plt.hist([y1_data,y2_data],color=['greenyellow','mediumslateblue'])     # 绘制
    多维条形图
plt.xticks(fontsize = 20)                           # 设置 x 坐标轴
plt.yticks(fontsize=20)                             # 设置 y 坐标轴
plt.legend(['复购','未复购'],fontsize=20)           # 设置图例
plt.xlabel('是否复购',size = 25)                    # 设置 x 轴标签
plt.ylabel('本次活动前联系次数',size = 25)          # 设置 y 轴标签
plt.show()                                          # 显示图像
```

运行结果如图 10-17 所示。

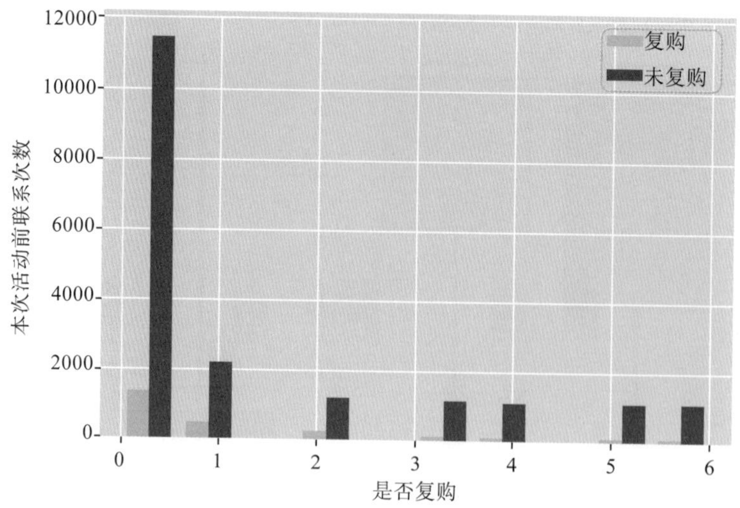

图 10-17　复购与未复购人群本次活动前联系次数多维条形图

10.3.6　本次活动前联系次数与上一次联系时长（秒）的相关性分析

想了解本次活动前联系次数与上一次联系时长（秒）是否存在相关性，可以借助 Matplotlib 库绘制折线图进行可视化展示，如代码 10-18 所示。

代码 10-18

```
import matplotlib.pyplot as plt          # 导入 matplotlib.pyplot 模块绘图
import seaborn as sns                    # 导入 seaborn 模块绘图
import numpy as np
%matplotlib inline

plt.rcParams['axes.unicode_minus']=False
sns.set(style='white',font='SimHei')

y1_data = data.groupby('本次活动前联系次数')[['上一次联系时长(秒)']].mean()
    # 数据准备

plt.figure(figsize=(12,8),dpi=72)     # 设置图像大小
plt.grid(True)                        # 显示网格
sns.lineplot(x='本次活动前联系次数',y='上一次联系时长(秒)',data=y1_data,markers=
    True)
plt.title('本次活动前联系次数与上一次联系时长(秒)相关性分析折线图',fontsize = 20)
plt.xticks(fontsize=20)               # 设置 x 坐标轴
plt.yticks(fontsize=20)               # 设置 y 坐标轴
plt.xlabel('本次活动前联系次数',size = 25)      # 设置 x 轴标签
plt.ylabel('上一次联系时长(秒)',size = 25)      # 设置 y 轴标签
```

运行结果如图 10-18 所示。

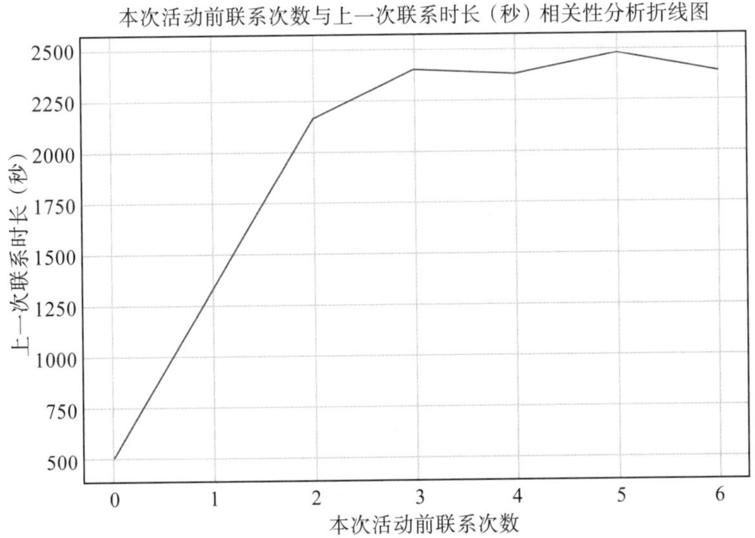

图 10-18　本次活动前联系次数与上一次联系时长（秒）相关性分析折线图

10.4　数据可视化大屏

在上述可视化案例中，我们绘制了许多图表，可以将图 10-8、图 10-9、图 10-11 整合到一张图中，形成一个简易的数据可视化大屏。为方便读者观看，我们将图片底色设置为白色，如代码 10-19 所示。

代码 10-19

```
from pyecharts.charts import Page      # 导入模块 Pyecharts 模块中的 Page，绘制数据
    可视化大屏

file_path = r'D:\可视化教材'

page = Page()
page.add(pie1)
page.add(gauge)
page.add(radar)
page.render(file_path + r'\page.html')              # 将图片添加到页面

import os
from bs4 import BeautifulSoup      # 导入 bs4 模块中的 BeautifulSoup，用于解析网页


with open(os.path.join(os.path.abspath("."),        # 打开代码 10-11 中的文件路径
        file_path + "\page.html"),'r+',encoding="utf8") as html:
    html_bf=BeautifulSoup(html,"lxml")              # 解析网页
    divs=html_bf.find_all("div")

    divs[1]["style"]="width:800px;height:600px;position:absolute;top:100px;
```

```
    left:800px;border-style:solid;border-color:#444444;border-width:
    0px;"     #修改客户违约情况玫瑰图大小、位置、边框
divs[2]["style"]="width:800px;height:600px;position:absolute;top:100px;
    left:-100px;border-style:solid;border-color:#444444;border-width:0px;"
    #修改客户复购率仪表盘图大小、位置、边框
divs[3]["style"]="width:800px;height:600px;position:absolute;top:100px;
    left:1600px;border-style:solid;border-color:#444444;border-width:0px;"
    #修改客户复购与未复购群体特征比较雷达图大小、位置、边框


html_new=str(html_bf)
#修改页面背景色、追加标题
html_new=html_new.replace("<body>","<body style=\"background-color:#FFFFFF;
    \">\n \<div align=\"center\"style=\"width:2400px;\">\n \<span style=
    \"font-size:52px;font face=\'黑体\';color:#444444\"><b>数据可视化大屏
    </b></div>")
html.seek(0,0)
html.truncate()
html.write(html_new)
html.close()
```

运行结果如图 10-19 所示。

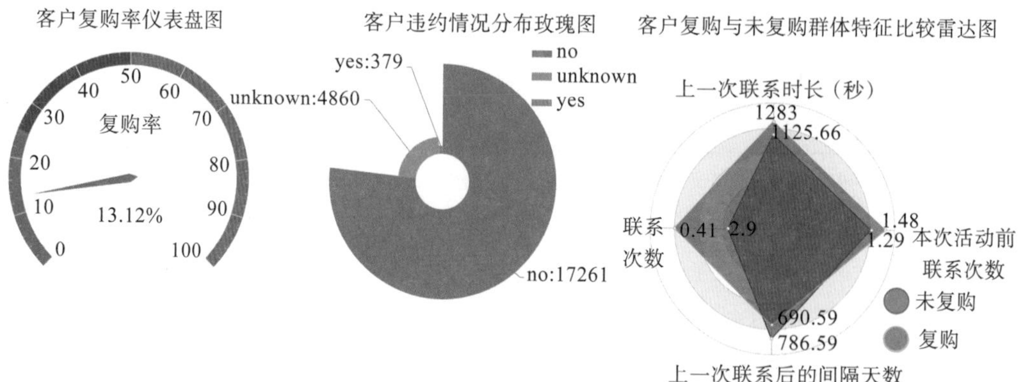

图 10-19　数据可视化大屏

◎ 本章小结

本章基于银行产品客户复购案例数据，进行了可视化方面的介绍，主要包括条形图、饼图、水球图、仪表盘图、雷达图和玫瑰图等图形的使用。在前几章的可视化模块学习中，还介绍了许多其他的可视化图形，读者可以根据前面所介绍的技术和方法，对本案例数据进行其他可视化展示。

◎ 课后习题

1. 针对代码 10-6，尝试使用 Seaborn 绘制饼图。
2. 尝试使用多维柱形图分析客户婚姻状况和违约情况的联合分布特征。

◎ 思考题

1. 如何分析解释图 10-11 的结果？
2. 针对本章涉及的客户数据，还可以进行哪些有意义的数据可视化分析？

C H A P T E R 1 1

第 11 章

金融数据可视化分析案例

金融是市场主体利用金融工具将资金从资金盈余方流向资金稀缺方的经济活动，主要是指与货币流通和银行信用相关的各种活动。我们生活中的现金存取、房屋贷款以及日常消费等产生的数据都是金融数据的组成部分。本案例将从宏观金融数据、股票数据和汇率数据三个方面对数据进行可视化操作[㊀]。

11.1 宏观金融数据可视化

11.1.1 全国居民消费价格指数

全国居民消费价格指数（CPI）涵盖了全国城乡居民生活消费的食品烟酒、衣着、居住、生活用品及服务、交通和通信、教育文化和娱乐、医疗保健、其他用品和服务 8 大类、262 个基本分类的商品与服务价格。

1. 查看 CPI 数据

CPI 数据可通过 tushare.pro_api().cn_cpi()[㊁]API 来获取。大致了解了数据描述后，让我们来看看 CPI 数据，方便后续绘图，如代码 11-1 所示。

代码 11-1

```
import pandas as pd          # 导入模块 pandas，便于数据预处理
import tushare as ts
ts.set_token('你的 token') # https://tushare.pro/ 注册获取 token，并通过积分获取权限
```

㊀ 本案例所有数据均从 Python 的 tushare 库中获取。

㊁ 需提前安装 tushare 工具包，然后在 https://tushare.pro/ 网站注册并获取 token。

```
pro= ts.pro_api()
CPI = pro.cn_cpi ()                    # 获取数据
CPI.head()                             # 查看数据前 5 行
```

运行结果如图 11-1 所示。

	month	nt_val	nt_yoy	nt_mom	nt_accu	town_val	town_yoy	town_mom	town_accu	cnt_val	cnt_yoy	cnt_mom	cnt_accu
0	202110	101.5	1.5	0.7	100.7	101.6	1.6	0.7	100.8	101.2	1.2	0.7	100.5
1	202109	100.7	0.7	0.0	100.6	100.8	0.8	0.0	100.7	100.2	0.2	0.1	100.4
2	202108	100.8	0.8	0.1	100.6	101.0	1.0	0.1	100.7	100.3	0.3	0.2	100.4
3	202107	101.0	1.0	0.3	100.6	101.2	1.2	0.3	100.6	100.4	0.4	0.2	100.4
4	202106	101.1	1.1	−0.4	100.5	101.2	1.2	−0.4	100.6	100.7	0.7	−0.5	100.4

图 11-1　CPI 数据

2. 2012 年至 2021 年 CPI 月度变化折线图

我们看到的数据中包含全国 1990 年至今的月度 CPI 值，若我们想要直观地查看 CPI 变化趋势，可以利用 Matplotlib 库绘制如 2012 年至 2021 年 CPI 变化折线图，如代码 11-2 所示。

代码 11-2

```
# 导入 matplotlib.pyplot 模块绘图
import matplotlib.pyplot as plt

plt.rcParams['font.family']='SimHei'                    #'SimHei' 为黑体
plt.rcParams['axes.unicode_minus'] = False              # 显示负号

x = CPI['month'][0:120,][::-1]                          #2012 年至 2021 年数据，并翻转数据
y = CPI['nt_val'][0:120,][::-1]
xlabels = ['' for i in range(120)]
for i in range(10):
    xlabels[i*12+5]=str(i+2012)                         ## 只保留年份作为 x 轴标签
plt.figure(figsize=(15,7))                              # 设置画布大小
plt.title("2012 年至 2021 年 CPI 月度变化折线图 CPI 月度图表 ",fontsize=20) # 设置标题
plt.plot(x,y,linewidth=2)                               # 绘制折线图
plt.grid(True)                                          # 显示网格
plt.xlabel(' 年度 ',size=25)                            # 设置 x 轴
plt.ylabel("CPI(%)",size=25)                            # 设置 y 轴
plt.xticks(x, xlabels, size=20)                         # 设置 x 轴刻度及字体大小
plt.yticks(size=20)                                     # 设置 y 轴刻度及字体大小
plt.show()                                              # 显示图
```

运行结果如图 11-2 所示。

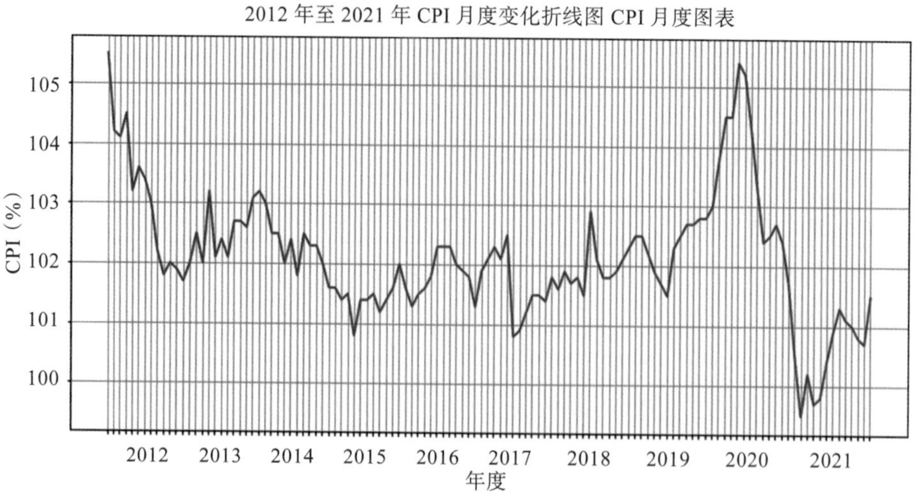

图 11-2 2012 年至 2021 年 CPI 月度变化折线图

11.1.2 国内生产总值

国内生产总值（GDP）是核算体系中一个重要的综合性统计指标，也是我国国民经济核算体系中的核心指标，它反映了一国（或地区）的经济实力和市场规模。

1. 查看 GDP 数据

年度 GDP 数据可通过 tushare.pro_api().cn_gdp ()API 获取，如代码 11-3 所示。

代码 11-3

```
import pandas as pd     # 导入模块 pandas，便于数据预处理
GDP = pro.cn_gdp(start_q='2011Q1', end_q='2020Q4')# 查看 2011 年至 2020 年季度数据
print(GDP.head())
```

运行结果如图 11-3 所示。

	quarter	gdp	gdp_yoy	pi	pi_yoy	si	si_yoy	ti	ti_yoy
0	2020Q4	1015986.2	2.3	77754.1	3.0	384255.3	2.6	553976.8	2.1
1	2020Q3	722786.4	0.7	48122.5	2.3	274266.7	0.9	400397.1	0.4
2	2020Q2	456614.4	−1.6	26053.0	0.9	172759.0	−1.9	257802.4	−1.6
3	2020Q1	206504.3	−6.8	10186.2	−3.2	73638.0	−9.6	122680.1	−5.2
4	2019Q4	990865.1	6.1	70466.7	3.1	386165.3	5.7	534233.1	6.9

图 11-3 年度 GDP 数据

注：2020Q4 对应的 GDP 为 1015986.2，表示 2020 年第四季度末全年的 GDP 初步核算为 1015986.2 亿元，不是第四季度 GDP 为 1015986.2 亿元，余同。

2. 2011 ～ 2020 年 GDP 构成同比增速变化折线图

用折线图呈现 2011 ～ 2020 年 GDP 构成同比增速的变化，如代码 11-4 所示。

代码 11-4

```
import matplotlib.pyplot as plt        # 导入模块 matplotlib，便于绘制图片
x=GDP['quarter'][::-1]
#2011~2020 年 GDP 构成数据
y1 = list(GDP ['pi_yoy'] [::-1])       # 第一产业同比增速（%）
y2 = list(GDP['si_yoy'] [::-1])        # 第二产业同比增速（%）
y3 = list(GDP['ti_yoy'] [::-1])        # 第三产业同比增速（%）
plt.figure(figsize=(12,6))
p1 = plt.plot(x,y1,label = '第一产业同比增速',linestyle='--')     # 设置绘制风格
p2 = plt.plot(x,y2,label = '第二产业同比增速',linestyle='-.')
p3 = plt.plot(x,y3,label = '第三产业同比增速',linewidth=3)

plt.title('2011~2020 年 GDP 构成同比增速变化折线图',fontsize=20)
xlabels = ['' for i in range(len(GDP))]
for i in range(10):
    xlabels[i*4+2]=str(i+2011)       ## 只保留年份作为 x 轴标签
plt.xticks(x,xlabels,rotation=45,fontsize=15)
plt.xticks(rotation=45,fontsize=15)
plt.yticks(fontsize=15)
plt.grid(True)                         # 显示网格
plt.legend()                           # 显示图例
plt.show()                             # 显示图片
```

运行结果如图 11-4 所示。

图 11-4　2011 ～ 2020 年 GDP 构成同比增速变化折线图

11.1.3　货币供应量

货币供应量也称货币存量或货币供应，是指某一时点流通中的货币量。货币供应量

是各国中央银行编制和公布的主要经济统计指标之一。参照国际通用原则，根据我国实际情况，中国人民银行将我国货币供应量指标分为以下五个层次：

M0：流通中的现金；

M1：M0 + 企业活期存款 + 机关团体部队存款 + 农村存款 + 个人持有的信用卡类存款；

M2 ：M1 + 城乡居民储蓄存款 + 企业存款中具有定期性质的存款 + 外币存款 + 信托类存款；

M3：M2 + 金融债券 + 商业票据 + 大额可转让存单等；

M4：M3 + 其他短期流动资产。

1. 查看货币供应量数据

货币供应量数据可以通过 tushare.pro_api().cn_m()API 获取，如代码 11-5 所示。

代码 11-5

```
import pandas as pd    # 导入模块 pandas，便于数据预处理
money = pro.cn_m(start_m='199201', end_m='202012')
print (money.head())
```

运行结果如图 11-5 所示。

	month	m0	m0_yoy	m0_mom	m1	m1_yoy	m1_mom	m2	\
0	202012	84300.0	9.2	3.31	625600.0	8.6	1.13	2186800.0	
1	202011	81600.0	10.3	0.74	618600.0	10.0	1.54	2172000.0	
2	202010	81000.0	10.4	−1.70	609200.0	9.1	1.15	2149700.0	
3	202009	82400.0	11.1	3.00	602300.0	8.1	0.17	2164100.0	
4	202008	80000.0	9.4	0.17	601300.0	8.0	1.71	2136800.0	

图 11-5　货币供应量数据

2. M1 和 M2 变化折线图

我们绘制 M1 和 M2 变化折线图，在折线图上添加重大金融历史事件文字标签，方便观察 1997 年亚洲金融危机、2007 年美国次贷危机、2008 年四万亿刺激计划和 2017 年金融去杠杆等事件对 M1、M2 增长率的影响，如代码 11-6 所示。

代码 11-6

```
import matplotlib.pyplot as plt          # 导入模块 matplotlib，便于绘制图片
x=money['month'][::-1]
y1 = list(money['m1_yoy'])[::-1]         # M1 同比增长率
y2 = list(money['m2_yoy'])[::-1]         # M2 同比增长率

plt.figure(figsize=(12,6))
p1 = plt.plot(x,y1,label = 'M1 同比增长率 ',linestyle='-')
p2 = plt.plot(x,y2,label = 'M2 同比增长率 ',linestyle='-.')
plt.annotate(' 亚洲金融危机 ',size=13,      # 设置显示文字
    xy=('199707',20),                    # 设置箭头显示位置
```

```
    xytext=('199801',27),                    # 设置文字显示位置
    arrowprops=dict(facecolor='green',shrink=0.05)) # 设置颜色
plt.annotate(' 美国次贷危机 ',size=13,xy=('200708',17),
    xytext=('200801',27),arrowprops=dict(facecolor='green',shrink=0.05))
plt.annotate(' 四万亿刺激计划 ',size=13,xy=('200902',25),
    xytext=('201301',23),arrowprops=dict(facecolor='green',shrink=0.05))
plt.annotate(' 金融去杠杆 ',size=13,xy=('201608',12),
    xytext=('201705',17),arrowprops=dict(facecolor='green',shrink=0.05))

plt.title("M1 和 M2 变化折线图 ", fontsize=20)
plt.legend()
plt.grid(axis='y')                           # 显示网格
xlabels = ['' for i in range(len(money['month']))]
for i in range(6):
    xlabels[i*60+12]=str(i*5+1993)           ## 只保留几个年份作为 x 轴标签
plt.xticks(x,xlabels,size = 20)
plt.xlabel(' 年份 ',size=20)                 # 设置 x 轴标签及字体大小
plt.ylabel("(%)",size=20)                    # 设置 y 轴标签及字体大小
plt.show()
```

运行结果如图 11-6 所示。

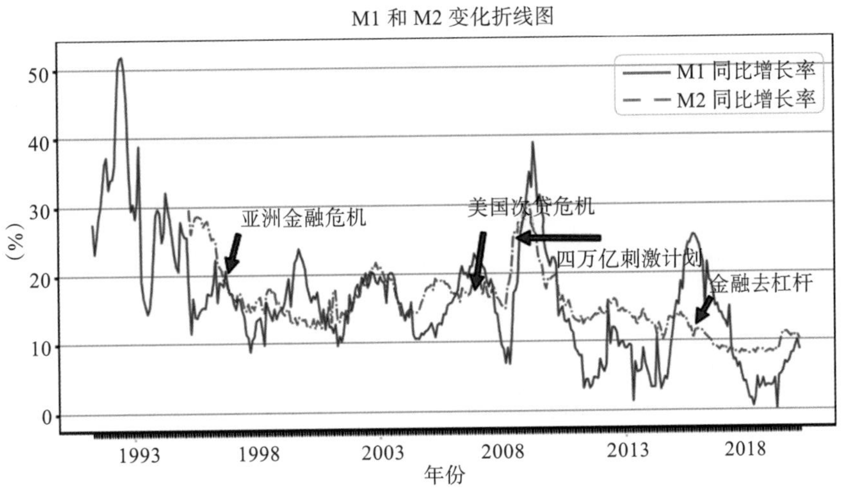

图 11-6　M1 和 M2 变化折线图

3. GDP 年度增长和货币供应量的关系折线图

货币供应量可以通过 tushare.pro_api().cn_m()API 获取。直接计算 GDP 年度增长和货币供应量关系（用 M1 和 M2 分别除以 GDP 得到的数据）进行绘图，如代码 11-7 所示。

代码 11-7

```
import pandas as pd                    # 导入模块 pandas，便于数据预处理
import matplotlib.pyplot as plt        # 导入模块 matplotlib，便于绘制图片
# 数据预处理
GDP = pro.cn_gdp(start_q='1992Q1', end_q='2020Q4')
money = pro.cn_m(start_m='199201', end_m='202012')
```

```
df=pd.DataFrame()
df['month_year'] = list(range(1992,2021))
df['m1_Year'] = [money['m1'][i*12] for i in range (len(month_year))] # 按年度
    保留 M1 货币供应量
df['m2_Year'] = [money['m2'][i*12] for i in range (len(month_year))] # 按年度
    保留 M2 货币供应量
df['GDP_Year'] = [GDP['gdp'][i*4] for i in range (len(month_year))]
df['M1_GDP'] = df['m1_Year']/df['GDP_Year']
df['M2_GDP'] = df['m2_Year'] /df['GDP_Year']
# 绘图
plt.figure(figsize=(20,12))
plt.plot(df['month_year'] ,df['M1_GDP'][::-1],label = 'M1/GDP',linestyle='-')
plt.plot(df['month_year'] ,df['M2_GDP'][::-1],label = 'M2/GDP',linestyle='-.')
plt.annotate(' 亚洲金融危机 ',size=20, xy=(1997,1.2),
                xytext=(1998,2),arrowprops=dict(facecolor='green',shrink=
                    0.05)) # 设置颜色
plt.annotate(' 美国次贷危机 ',size=20,xy=(2007,1.5),
                xytext=(2008,2),arrowprops=dict(facecolor='green',shrink=
                    0.05))
plt.annotate(' 四万亿刺激计划 ',size=20,xy=(2009,1.8),
                xytext=(2010,1.5),arrowprops=dict(facecolor='green',shrink=
                    0.05))
plt.annotate(' 金融去杠杆 ',size=20,xy=(2016,2.1),
                xytext=(2017,2),arrowprops=dict(facecolor='green',shrink=0.05))

plt.title("GDP 年度增长和货币供应量的关系折线图 ",fontsize=20)      # 设置标题
plt.xlabel(' 年份 ',size=20)
plt.xticks(size = 20)
plt.yticks(size = 20)
plt.legend(fontsize =20)
plt.grid(axis='y')
plt.show()
```

运行结果如图 11-7 所示。

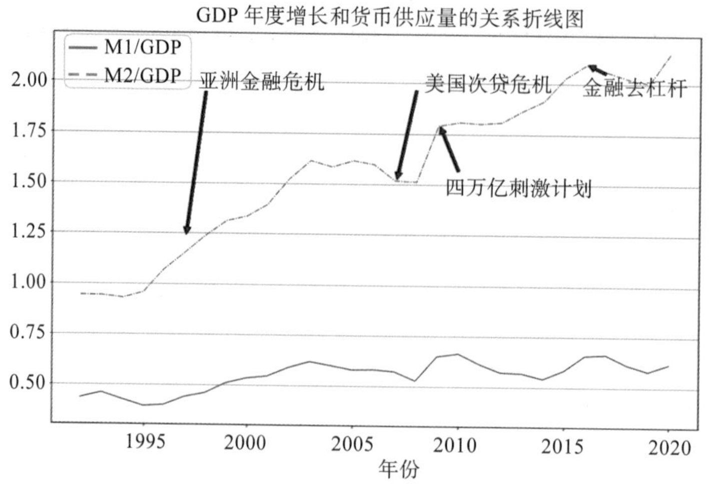

图 11-7　GDP 年度增长和货币供应量的关系折线图

11.1.4　子图

我们可以利用 Matplotlib 库中的 Gridspec 模块绘制子图，将多个图拼接在一张图上，如代码 11-8 所示。

代码 11-8

```
import matplotlib.gridspec as gridspec # 导入模块 matplotlib，便于绘制子图

gs = gridspec.GridSpec(18,40) #设置底图大小
year = list(range(1992,2021))
GDP_Year = [GDP['gdp'][i*4] for i in range (len(month_year))][::-1]

ax1 = plt.subplot(gs[0:8,:]) #设置图一范围
plt.plot(year,GDP_Year,label='GDP',linewidth=2)
plt.grid(True)
plt.legend(fontsize =10)

ax2 = plt.subplot(gs[10:18,0:18]) #设置图二范围
y1 = [GDP['pi_yoy'][i*4] for i in range (len(month_year))][::-1]    #第一产业同
    比增速（%）
y2 = [GDP['si_yoy'][i*4] for i in range (len(month_year))][::-1]    #第二产业同
    比增速（%）
y3 = [GDP['ti_yoy'][i*4] for i in range (len(month_year))][::-1]    #第三产业同
    比增速（%）
plt.plot(year,y1,label='第一产业同比增速',linestyle='--')
plt.plot(year,y2,label='第二产业同比增速',linestyle='-.')
plt.plot(year,y3,label='第三产业同比增速',linewidth=3)
plt.legend(fontsize =10)
plt.grid(True)

ax3 = plt.subplot(gs[10:18,22:40]) #设置图三范围
y4 = df['M1_GDP']
y5 = df['M2_GDP']
plt.plot(year,y4,label='M1/GDP')
plt.plot(year,y5,label='M2/GDP')
plt.grid(True)
plt.legend(fontsize =10)
plt.show()
```

运行结果如图 11-8 所示。

11.2　股票数据可视化

上海证券交易指数简称“上证指数”或“上证综指”，其样本股是证券交易所全部上市股票（包括 A 股和 B 股），反映了上海证券交易所上市股票价格的变动情况。上海证券交易指数自 1991 年 7 月 15 日起正式发布。本案例股票数据涉及 2012 ～ 2021 年 10 年间的股票数据。

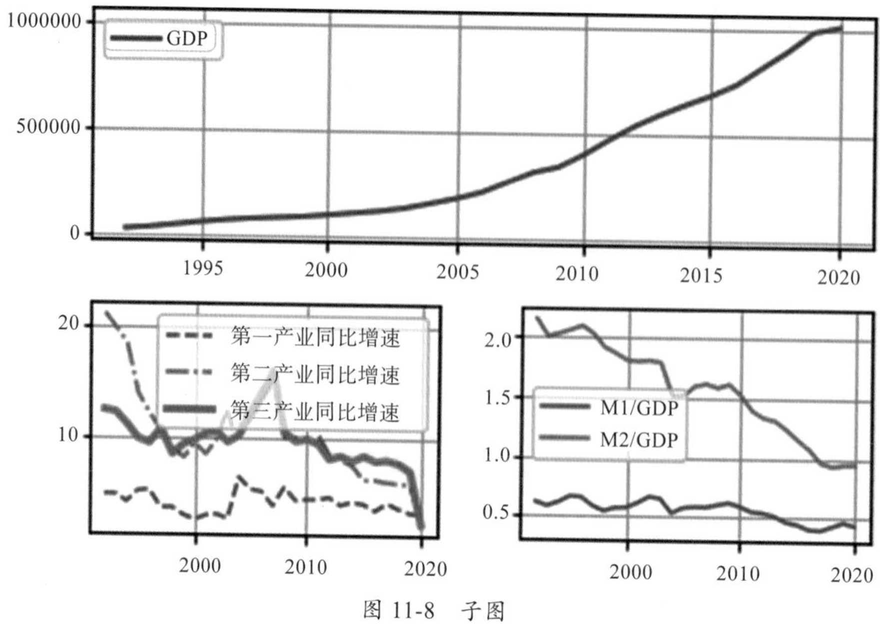

图 11-8　子图

1. 查看上证指数

上证指数可以通过 tushare.pro.ts.pro_bar()API 获取，如代码 11-9 所示。

代码 11-9　查看上证指数

```
import tushare as ts     # 导入模块 tushare，便于获取金融数据
sh= ts.pro_bar(ts_code='000001.SH', asset='I', start_date='20180101', end_date=
    '20201231')
sh.head()                # 查看数据前 5 行
```

运行结果如图 11-9 所示。

	ts_code	trade_date	close	open	high	low	pre_close	change	pct_chg	vol	amount
0	000001.SH	20201231	3473.0693	3419.7267	3474.9182	3419.7267	3414.4527	58.6166	1.7167	335673926.0	450482318.9
1	000001.SH	20201230	3414.4527	3375.0086	3414.4539	3374.4156	3379.0362	35.4165	1.0481	291023543.0	377542350.9
2	000001.SH	20201229	3379.0362	3399.2939	3407.0884	3376.0876	3397.2854	−18.2492	−0.5372	311769185.0	382102563.8
3	000001.SH	20201228	3397.2854	3396.3590	3412.5193	3383.6540	3396.5626	0.7228	0.0213	316181542.0	398159968.8
4	000001.SH	20201225	3396.5626	3351.7901	3397.0066	3348.3453	3363.1133	33.4493	0.9946	294546895.0	359094444.7

图 11-9　上证指数数据

2. 上证指数开盘走势折线图

代码 11-10 展示了如何绘制上证指数开盘走势折线图。

代码 11-10

```
import matplotlib.pyplot as plt          # 导入模块 matplotlib，便于绘制图片
import pandas as pd                      # 导入模块 pandas，便于数据预处理

# 数据预处理
```

```
sh.index = pd.to_datetime(sh.trade_date)  # 将 date 作为索引列
sh['open'].plot(figsize=(12,6))            # 利用开盘数据绘制折线图
plt.title("上证指数开盘走势折线图",fontsize=20)
plt.xticks(fontsize=15)                    # 设置 x 轴字体大小
plt.yticks(fontsize=15)                    # 设置 y 轴字体大小
plt.xlabel('月份',size=20)                 # 设置 x 标签及大小
plt.show()                                 # 显示图片
```

运行结果如图 11-10 所示。

图 11-10　上证指数开盘走势折线图

3. K 线图

代码 11-11 展示了如何绘制 K 线图。

代码 11-11

```
from pyecharts.charts import Kline
import pyecharts.options as opts
import numpy as np

sh_oneyear = sh.loc[0:50,][::-1] #2020 年最后 50 天的数据，并从前往后排列
def kline():
    c = (
        Kline()
        .add_xaxis(list(sh_oneyear.loc[:, 'trade_date'].apply(lambda x: x.split()
            [0])))
        .add_yaxis("K 线图",
                    sh_oneyear.loc[:, ['open', 'close', 'low', 'close']].values.
                        tolist())
        .set_global_opts(
            yaxis_opts=opts.AxisOpts(is_scale=True),
            xaxis_opts=opts.AxisOpts(is_scale=True),
            title_opts=opts.TitleOpts(title="上证指数 K 线图"),
```

```
        )
    )
    return c
kline().render_notebook()
```

运行代码结果如图 11-11 所示。

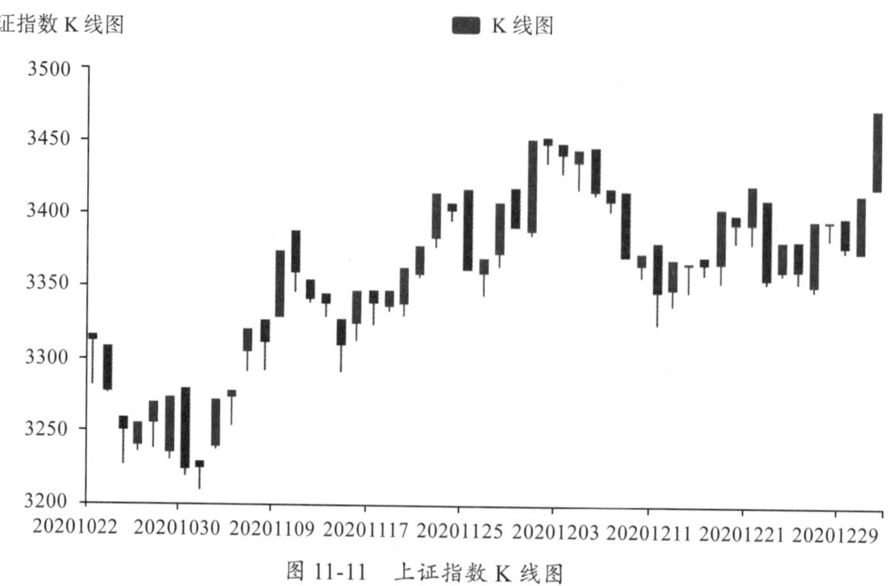

图 11-11　上证指数 K 线图

4. 上证指数日均线走势折线图

股票均线数据是当天累计的股票平均成交价格，由于从均线可以动态分析股价的走势，所以，股市交易中很多交易者以均线来设置止损点及止盈点。我们以 30 日均线、60 日均线和 90 日均线进行分析。30 日均线是沪、深股市大盘的中期生命线，是判断有庄无庄、庄家出没出货及其走势强弱的标准；60 日均线是某支股票在市场上往前 60 天的平均收盘价格，其意义在于它反映了这支股票 60 天的平均成本；90 日均线又称为万能均线，它的意义在于周期不是很长也不是很短，能够较为真实地反映最为接近股价的趋势。代码 11-12 展示了绘制过程。

代码 11-12

```
import matplotlib.pyplot as plt      # 导入模块 matplotlib，便于绘制图片
import pandas as pd                  # 导入模块 pandas，便于数据预处理

# 数据预处理
daymean=[30,60,90]
for m in daymean:
    cloumName="%s 日均线 "%(str(m))
sh[cloumName]=sh['close'].rolling(m).mean() # 计算滑动平均
sh_cut = sh.iloc[90:-1] # 只保留非空的数据
sh_cut [['close','30 日均线 ','60 日均线 ','90 日均线 ']].plot(figsize=(12,6))
```

```
plt.title("上证指数日均线走势", fontsize=20)
plt.xticks(fontsize=15)                    # 设置 x 轴字体大小
plt.yticks(fontsize=15)                    # 设置 y 轴字体大小
plt.xlabel('日', size=20)                  # 设置 x 标签及大小
plt.show()                                 # 显示图片
```

运行结果如图 11-12 所示。

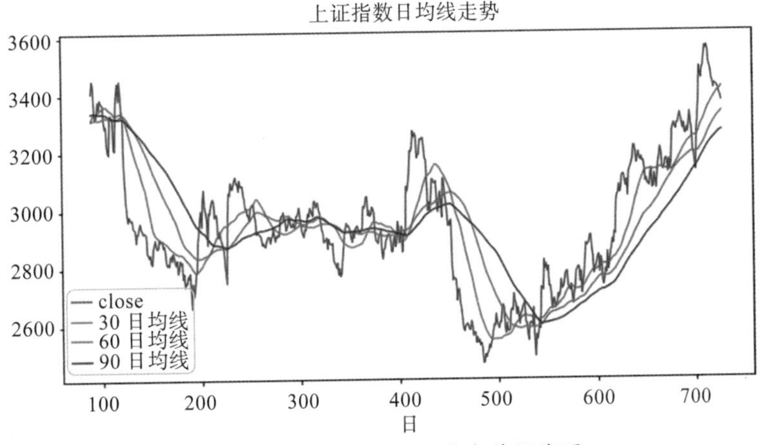

图 11-12　上证指数日均线走势折线图

5. 多只股票相关性散点图

代码 11-13 展示了如何绘制多只股票相关性散点图。

代码 11-13

```
import pandas as pd        # 导入模块 pandas，便于数据预处理
import tushare as ts
import seaborn as sns
# 数据预处理
a_code = {'上证指数':'000001.SH','深证指数':'399001.SZ','沪深 300':'000300.SH'}
stock_index = pd.DataFrame()
for sto in a_code.values():
        stock_index[sto]=ts.pro_bar(
                ts_code=sto, asset='I', start_date='20180101', end_date='20201231')
                    ['close']
print (stock_index.head())
a_data = stock_index.pct_change()[1:]    # 当前元素与先前元素的相差百分比
sns.pairplot(a_data,diag_kind=" kde" )   # 设置对角线上图的类型为核密度图
```

图 11-13 为多只股票的数据，代码 11-13 的运行结果如图 11-13 和图 11-14 所示。

	000001.SH	399001.SZ	000300.SH
0	3473.0693	14470.6832	5211.2885
1	3414.4527	14201.5654	5113.7105
2	3379.0362	13970.2105	5042.9361
3	3397.2854	14044.1005	5064.4147
4	3396.5626	14017.0570	5042.0137

图 11-13　多只股票的数据

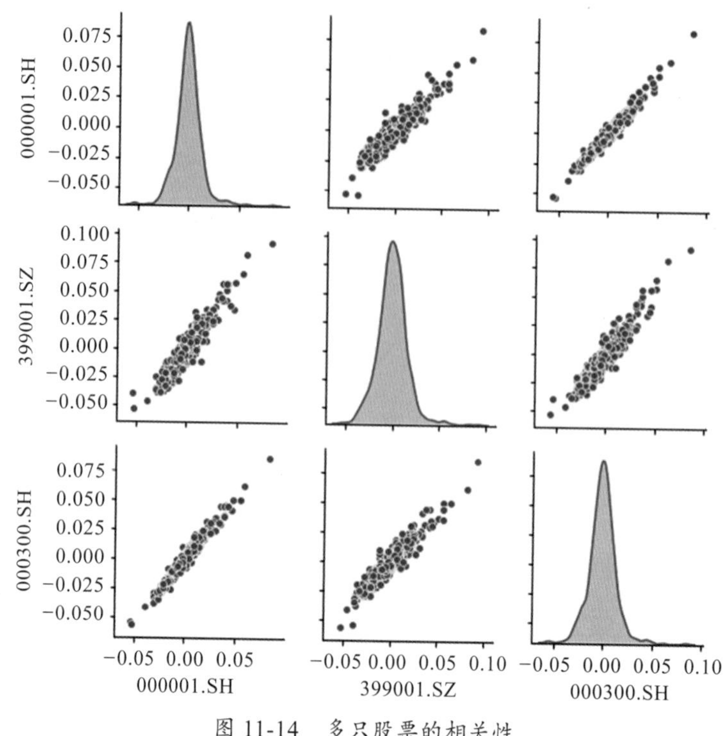

图 11-14 多只股票的相关性

11.3 汇率数据可视化

汇率报价一般为双向报价，即由报价方同时报出自己的买入价和卖出价，由客户自行决定买卖方向。买入价和卖出价的价差越小，对于投资者来说意味着成本越小。

1. 查看汇率数据

汇率数据可以通过 akshare.fx_spot_quote() 获取，如代码 11-14 所示。

代码 11-14

```
import akshare as ak              # 导入模块 akshare，便于获取数据
fx_df = ak.fx_spot_quote()        # 获取汇率数据
# 数据预处理
fx_df.rename(columns={'ccyPair':'货币对','bidPrc':'买报价','askPrc':'卖报价'},
    inplace=True)                 # 数据重命列名
fx_df.index=fx_df['货币对']       # 修改数据索引
fx_df.head()                      # 查看数据前 5 行
```

运行结果如图 11-15 所示。

2. 人民币汇率折线图

我们设置一个买卖差价字段，其数据为卖报价减买报价，然后绘制买卖差价和卖报价的折线图（货币对中的二级货币为 CNY），如代码 11-15 和 11-16 所示。

	货币对	买报价	卖报价	midprice	time
货币对					
USD/CNY	USD/CNY	6.5473	6.5488	---	
EUR/CNY	EUR/CNY	7.9903	7.9924	---	
100JPY/CNY	100JPY/CNY	6.3198	6.3215	---	
HKD/CNY	HKD/CNY	0.84439	0.84459	---	
GBP/CNY	GBP/CNY	8.6763	8.6787	---	

图 11-15　汇率数据

代码 11-15

```
import matplotlib.pyplot as plt        # 导入模块 matplotlib，便于绘制图片

# 数据预处理
fx_df['卖报价']= [float(i) for i in fx_df['卖报价']]
fx_df['买报价']= [float(i) for i in fx_df['买报价']]
fx_df['买卖差价'] = fx_df['卖报价'] - fx_df['买报价']
fx_df['买卖差价'].plot(figsize=(12,6))
plt.title("人民币汇率买卖差价折线图",fontsize=20)
plt.xticks(fontsize=15)                # 设置 x 轴字体大小
plt.yticks(fontsize=15)                # 设置 y 轴字体大小
plt.xlabel('货币对',size=20)           # 设置 x 标签及大小
plt.show()                             # 显示图片
```

运行结果如图 11-16 所示。

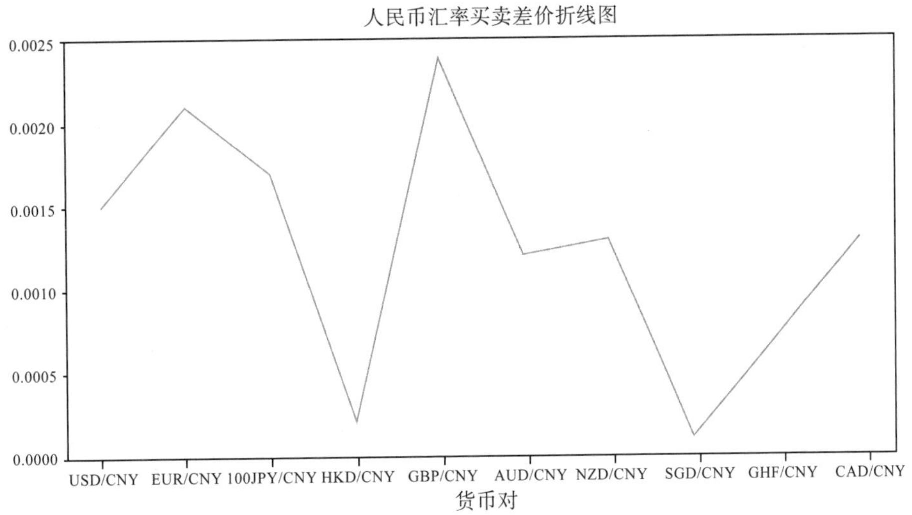

图 11-16　人民币汇率买卖差价折线图

代码 11-16

```
import matplotlib.pyplot as plt        # 导入模块 matplotlib，便于绘制图片

fx_df['卖报价'].plot(figsize=(12,6))
plt.title("人民币汇率卖报价折线图",fontsize=20)
```

```
plt.xticks(fontsize=15)                    # 设置 x 轴字体大小
plt.yticks(fontsize=15)                    # 设置 y 轴字体大小
plt.xlabel('货币对', size=20)              # 设置 x 标签及大小
plt.show()                                 # 显示图片
```

运行结果图 11-17 所示。

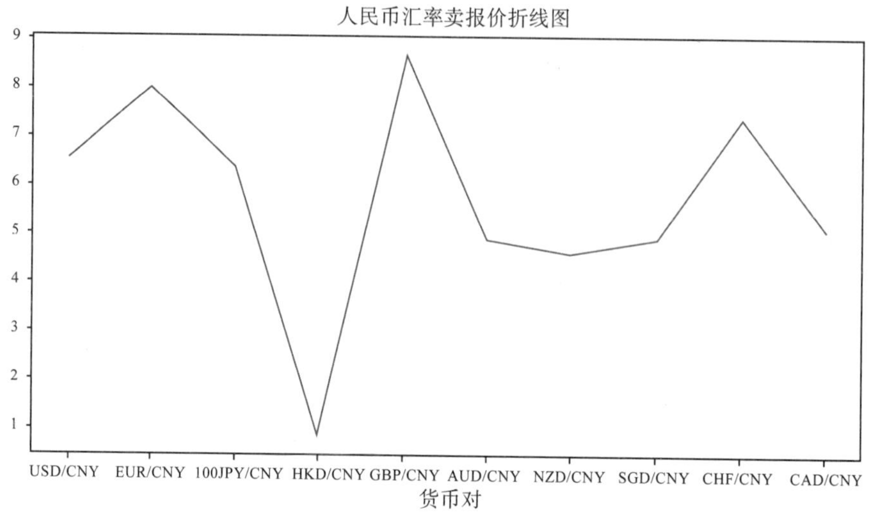

图 11-17 人民币汇率卖报价折线图

◎ 本章小结

本章以宏观金融数据、股票数据和汇率数据三种金融数据为例，对数据进行了可视化。由于金融数据的特殊性，基本都是时序数据，所以绘制的大多是折线图，反映了金融数据的变化。前几章的可视化模块学习中介绍了许多绘制折线图的方法，读者可以根据所学习和了解到的方法，绘制更为精美的金融数据可视化图片。

◎ 课后习题

1. Matplotlib.pyplot 中如何显示网格？
2. Seaborn 绘图中如何增加文本标签？

◎ 思考题

1. 代码 11-12 的代码 : sh_cut [['close', '30 日均线 ', '60 日均线 ', '90 日均线 ']].plot(figsize=(12,6)) 和用 plt.plot(x,y) 绘制有什么区别？
2. 本章涉及的宏观金融数据、股票数据和汇率数据三种金融数据，还可以进行哪些数据可视化操作？

CHAPTER 12

第12章 政务大数据可视化分析案例

近年来，我国大力提倡政府简政放权，建设高效型政府，提高政府办事效率以及为人民服务的能力和水平。随着互联网和大数据技术的应用不断发展，“互联网 + 政务服务”进入居民生活，智慧政务由此出现。智慧政务是政府通过网络等线上平台，进行政务的推进、落实、查询等，方便公众利用数字化信息了解政府机构相关政策的实施和进展情况，通过网络线上查询政务信息和办理政务业务，给公众带来了便利。

本案例主要对 2018 ～ 2020 年我国的政务服务指标数据[⊖]进行简单的可视化展示，主要包括折线图、柱形图、嵌套饼图、雷达图、地图热力图等的运用。

12.1 查看数据

1. 数据构成

本案例的政务服务指标数据由服务供给能力、服务响应能力和服务智慧能力构成。具体数据构成如表 12-1 所示，小括号内的百分比为指标权重。

表 12-1 数据构成

一级指标	二级指标	三级指标
服务供给能力（40%）	目录覆盖能力（30%）	责任清单（25%）
		权利清单（25%）
		政府信息公开目录（25%）
		公共服务清单（25%）

⊖ 《中国地方政府互联网服务能力发展报告（2020）》，社科文献出版社，2020 年。

（续）

一级指标	二级指标	三级指标
服务供给能力（40%）	应用整合能力（30%）	平台整合能力（50%）
		平台应用能力（40%）
		数据开放（10%）
	服务贯通能力（40%）	社保领域（10%）
		医疗领域（10%）
		教育领域（10%）
		就业领域（10%）
		住房领域（10%）
		交通领域（10%）
		企业开办变更（16%）
		企业经营纳税（12%）
		创新创业领域（12%）
服务响应能力（40%）	诉求受理能力（20%）	互动诉求受理能力（50%）
		办事诉求受理能力（50%）
	办事诉求响应能力（50%）	网上政务服务办理一级标准（20%）
		网上政务服务办理二级标准（20%）
		网上政务服务办理三级标准（30%）
		网上政务服务办理四级标准（30%）
	互动诉求反馈能力（30%）	诉求回复响应能力（45%）
		诉求回复应用能力（40%）
		主动感知能力（15%）
服务智慧能力（20%）	应用适配能力（40%）	终端包容度（15%）
		浏览器兼容度（15%）
		搜索引擎适配度（25%）
		无障碍应用度（10%）
		应用拓展度（35%）
	智能交互能力（40%）	智能搜索能力（50%）
		智能问答能力（50%）
	个性化服务能力（20%）	在线注册（30%）
		个性化定制（35%）
		智能推送（35%）

2. 查看数据[⊖]

本案例数据包含了2018年至2020年的所有政务服务指标数据，代码12-1展示了数据示例。

代码 12-1

```
import pandas as pd     # 导入模块 pandas，便于数据预处理
file_name= '政务数据.xlsx'
# 导入数据
data_2020 = pd.read_excel(file_name,sheet_name='2020')
```

⊖ 本章所有代码均在 jupyter notebook 上运行。

```
data_2019 = pd.read_excel(file_name,sheet_name='2019')
data_2018 = pd.read_excel(file_name,sheet_name='2018')
# 查看数据前5行
print (data_2020.head())
print (data_2019.head())
print (data_2018.head())
```

运行结果如图 12-1、12-2、12-3 所示。

	省级行政区	地级行政区	总分	服务供给能力	服务响应能力	服务智慧能力
0	四川	阿坝藏族羌族自治州	68.590634	28.729400	24.353989	15.507245
1	新疆	阿克苏地区	61.717081	23.122599	22.211000	16.383481
2	内蒙古	阿拉善盟	56.146113	27.474001	18.325782	10.346330
3	新疆	阿勒泰地区	51.648495	20.703200	18.842000	12.103295
4	西藏	阿里地区	51.483332	22.998800	18.028499	10.456033

图 12-1　2020 年政务服务指标数据

	省级行政区	地级行政区	总分	服务供给能力	服务响应能力	服务智慧能力
0	四川	阿坝藏族羌族自治州	64.484731	26.6462	30.364889	7.473643
1	新疆	阿克苏地区	56.267040	23.3450	25.757333	7.164707
2	内蒙古	阿拉善盟	49.650432	24.7498	17.410000	7.490632
3	新疆	阿勒泰地区	54.414322	22.6900	20.100667	11.623655
4	西藏	阿里地区	14.399174	12.5850	1.326000	0.488174

图 12-2　2019 年政务服务指标数据

	省级行政区	地级行政区	总分	服务供给能力	服务响应能力	服务智慧能力
0	四川	阿坝藏族羌族自治州	60.346163	29.9328	20.140000	10.273363
1	新疆	阿克苏地区	46.085351	25.2760	16.693333	4.116018
2	内蒙古	阿拉善盟	48.089321	26.8888	15.120000	6.080521
3	新疆	阿勒泰地区	24.153547	19.9960	2.740000	1.417547
4	西藏	阿里地区	22.936074	16.1560	5.546667	1.233407

图 12-3　2018 年政务服务指标数据

12.2　服务供给能力

服务供给能力[⊖]是指政府运用互联网主动提供服务的能力，是政府服务供给规范程度、协同水平和贯通效果的综合体现。它主要包括目录覆盖能力、应用整合能力和服务贯通能力。

12.2.1　2018 ～ 2020 年全国互联网服务供给能力折线图

将全国每年互联网服务供给能力得分进行排序，绘制服务供给能力折线图，能更好

⊖《中国地方政府互联网服务能力发展报告（2018）》，社科文献出版社，2018 年。

地看出 2018 年至 2020 年互联网服务供给能力的变化。由于 2020 年没有北京市、上海市、天津市和重庆市四个直辖市的数据，故我们不对直辖市做比较；2019 年 1 月国家正式撤销山东省莱芜市，所以将莱芜市过去的数据删除。代码 12-2 展示了全国互联网服务供给能力折线图的绘制过程。

代码 12-2

```
# 导入 matplotlib.pyplot 模块绘图
import matplotlib.pyplot as plt

%matplotlib inline                                     # 在 jupyter 中实时显示图片
plt.rcParams['font.family']='SimHei'                   #'SimHei' 为黑体
plt.rcParams['axes.unicode_minus'] = False             # 显示负号
x = data_2020['地级行政区'] [:-4]                       # 地级行政区
# 按照由高到低排序
y1 = data_2020['服务供给能力'].sort_values(ascending=False)[:-4]
y2 = data_2019['服务供给能力'].sort_values(ascending=False)[:-4]
y3 = data_2018['服务供给能力'].sort_values(ascending=False)[:-4]

plt.figure(figsize=(10,6))                             # 设置画布大小
# 绘制折线图
plt.plot(x,y1,label='2020')
plt.plot(x,y2,label='2019')
plt.plot(x,y3,label='2018')
# 以 2020 平均值数据，绘制平均值线，颜色为灰色，样式为虚线
plt.axhline(y1.mean(),color='gray',linestyle = 'dashed')
plt.xticks([])                                         # 由于地级市太多，不显示 x 轴数据
plt.yticks(fontsize=15)                                # 设置 y 轴字体大小
plt.xlabel('地级行政区',fontsize=15)                    # 设置 x 轴标签
plt.title('2018 ~ 2020 年全国互联网服务供给能力折线图',fontsize=20)  # 设置标题
plt.legend()                                           # 显示图例
plt.show()                                             # 显示折线图
```

运行结果如图 12-4 所示。

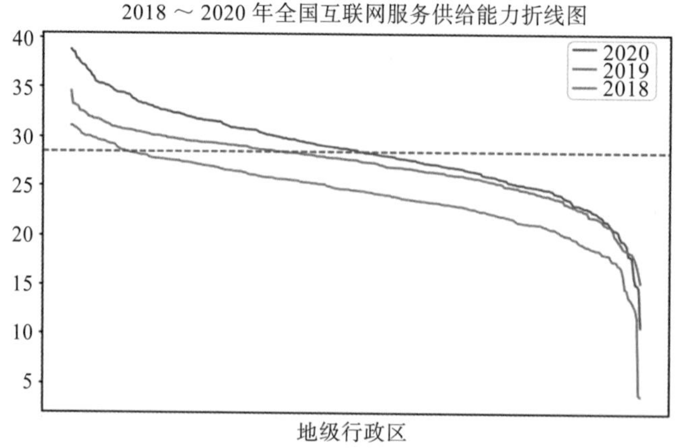

图 12-4　2018 ～ 2020 年全国互联网服务供给能力折线图

12.2.2　2020 年湖北省互联网服务供给能力分布图

1. 查看湖北省数据

代码 12-3 展示了如何查看湖北省数据。

代码 12-3

```
# 获取湖北省的数据
data_2020_hubei = data_2020[data_2020['省市'] == '湖北']
# 查看全部数据
data_2020_hubei
```

运行结果如图 12-5 所示。

	省市	地级行政区	总分	服务供给能力	服务响应能力	服务智慧能力
59	湖北	鄂州市	68.132715	25.033200	29.769000	13.330515
60	湖北	恩施土家族苗族自治州	70.486987	29.200000	25.053784	16.233203
109	湖北	黄冈市	75.442375	31.891200	31.522189	12.028986
112	湖北	黄石市	79.795491	31.894599	33.621600	14.279292
130	湖北	荆门市	74.546971	26.391800	32.824000	15.331171
131	湖北	荆州市	61.463530	24.135200	22.262600	15.065730
224	湖北	十堰市	65.196488	27.390600	24.105000	13.700888
235	湖北	随州市	66.531008	25.132401	29.738160	11.660447
263	湖北	武汉市	77.838074	31.572400	32.313600	13.952074
269	湖北	咸宁市	63.034957	22.936400	25.587631	14.510926
273	湖北	襄阳市	70.694885	26.014200	27.970784	16.709901
274	湖北	孝感市	73.514936	30.007101	28.030000	15.477835
295	湖北	宜昌市	76.399211	31.723000	30.020631	14.655580

图 12-5　2020 年湖北省数据

2. 绘制 2020 年湖北省服务供给能力分布图

代码 12-4 展示了绘制 2020 年湖北省服务供给能力分布图的过程。

代码 12-4

```
# 导入模块 pyecharts 模块中的 Map，绘制地图
from pyecharts.charts import Map
# 导入 pyecharts 模块中的 options，便于设置图形变量
from pyecharts import options as opts

# 数据预处理
data_2020_hubei = data_2020[data_2020['省市'] == '湖北']
city = list(data_2020_hubei['地级行政区'])
score = list(data_2020_hubei['服务供给能力'])
city_score = [list(z) for z in zip(city, score)]

# 绘制地图
```

```
map_in = Map()                                    # 实例化
map_in.add("",                                    # 图例标题（可为空）
              city_score,                         # 数据
         "湖北",                                  # 绘制湖北省的市级地图
              is_map_symbol_show=True             # 显示图例标签
              )
# 设置全局变量
map_in.set_global_opts(
         # 设置标题及标题位置
         title_opts=opts.TitleOpts(title="2020年湖北省互联网服务供给能力分布图",pos_
             left='center'),
         # 分数在(20,40)区间的颜色变红
visualmap_opts=opts.VisualMapOpts(min_=20,max_=40))
map_in.render_notebook()                         # 在jupyter notebook中显示
```

12.2.3 2020年全国互联网服务供给能力柱形分布图

将供给能力划分为(10,15]，(15,20]，(20,25]，(25,30]，(30,35]，(35,40]等6个区间，统计位于每个区间的地级市个数，绘制全国服务供给能力柱状分布图，如代码12-5所示。

代码12-5

```
# 导入matplotlib.pyplot模块绘图
import matplotlib.pyplot as plt
%matplotlib inline                                # 在jupyter中实时显示图片
plt.rcParams['font.family']='SimHei'              # 'SimHei'为黑体
plt.rcParams['axes.unicode_minus'] = False        # 显示负号

x = ['(10,15]','(15,20]','(20,25]','(25,30]','(30,35]','(35,40]']
y = [2,11,54,144,99,23]
plt.figure(figsize=(10,6))                        # 设置画布大小
plt.bar(x,y)                                      # 绘制柱形图
plt.xticks(fontsize=15)                           # 设置x轴字体大小
plt.yticks(fontsize=15)                           # 设置y轴字体大小
plt.title('2020年全国互联网服务供给能力柱形分布图',fontsize=20)
plt.show()                                        # 显示柱形图
```

运行结果如图12-6所示。

12.3 服务响应能力

服务响应能力[⊖]是指政府运用互联网渠道回应公众需求的能力，是线上渠道建设效果和线下整体服务水平的综合体现。它主要包括诉求受理能力、办事诉求响应能力和互动诉求反馈能力。

⊖ 《中国地方政府互联网服务能力发展报告(2018)》，社科文献出版社，2018年。

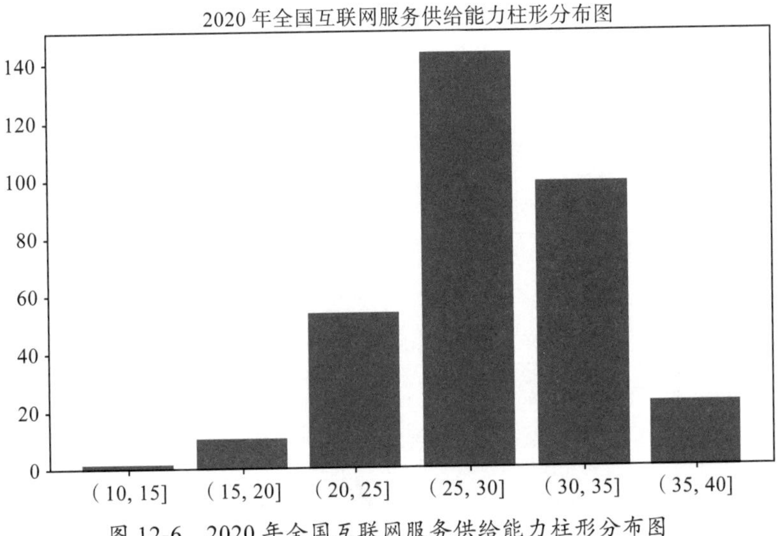

图 12-6 2020 年全国互联网服务供给能力柱形分布图

12.3.1 2018～2020 全国互联网服务响应能力折线图

代码 12-6 在图 12-4 的基础上增加了文字箭头标注。

代码 12-6

```
# 导入 matplotlib.pyplot 模块绘图
import matplotlib.pyplot as plt

%matplotlib inline                                    # 在 jupyter 中实时显示图片
plt.rcParams['font.family']='SimHei'                  #'SimHei' 为黑体
plt.rcParams['axes.unicode_minus'] = False            # 显示负号
x = data_2020['地级行政区']                            # 地级行政区
# 按照由高到低排序
y1 = data_2020['服务响应能力'].sort_values(ascending=False)
y2 = data_2019['服务响应能力'].sort_values(ascending=False)
y3 = data_2018['服务响应能力'].sort_values(ascending=False)

plt.figure(figsize=(10,6))                            # 设置画布大小
# 绘制折线图
plt.plot(x,y1,label='2020')
plt.plot(x,y2,label='2019')
plt.plot(x,y3,label='2018')
# 以 2020 平均值数据，绘制平均值线，颜色为灰色，样式为虚线
plt.axhline(y1.mean(),color='gray',linestyle = 'dashed')

plt.xticks([])                                        # 由于地级市太多，不显示 x 轴数据
plt.yticks(fontsize=15)                               # 设置 y 轴字体大小
plt.xlabel('地级行政区',fontsize=15)                   # 设置 x 轴标签及字体大小
# 显示文字箭头标注
plt.annotate('宿迁市',size=15,                         # 设置显示文字
```

```
xy=('洛阳市',25.5),                                    # 设置箭头显示位置
xytext=('南京市',29),                                  # 设置文字显示位置
arrowprops=dict(facecolor='green',shrink=0.05))               # 设置颜色

plt.title('2018 ~ 2020 年全国互联网服务响应能力折线图',fontsize=20)  # 设置标题
plt.legend()                                           # 显示图例
plt.show()                                             # 显示折线图
```

运行结果如图 12-7 所示。

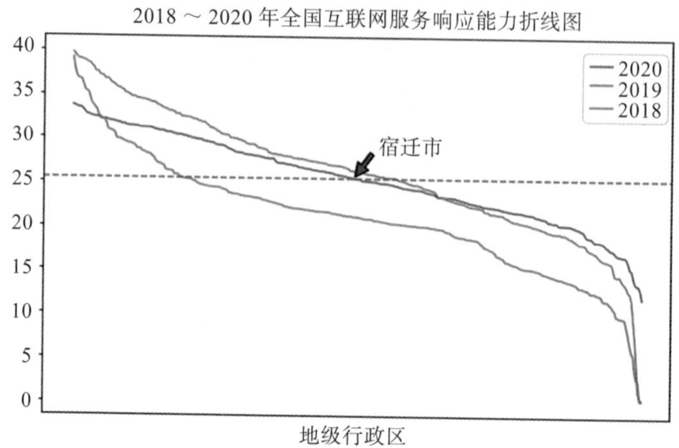

图 12-7　2018～2020 年全国互联网服务响应能力折线图

12.3.2　2018～2020 年武汉市平均互联网服务响应能力变化柱形图

以武汉市每年的服务响应能力和全国各城市服务响应能力均值，绘制 2018 年至 2020 年的服务响应能力变化柱形图，如代码 12-7 所示。

代码 12-7

```
# 导入 matplotlib.pyplot 模块绘图
import matplotlib.pyplot as plt

%matplotlib inline                                      # 在 jupyter 中实时显示图片
plt.rcParams['font.family']='SimHei'                    #'SimHei' 为黑体
plt.rcParams['axes.unicode_minus'] = False              # 显示负号

# 数字分别是武汉市的服务响应能力和全国平均值
x = ['2018','2019','2020']
y1 = [20.94,29.20]
y2 = [26.04,37.07]
y3 = [25.34,32.31]
df = pd.DataFrame([y1,y2,y3])
df.index = x                                            # 将 DataFrame 的下标改为年份
df.columns = ['全国平均值', '武汉市']                   # 修改列名
```

```
fig = df.plot(kind='bar',figsize=(12,6),fontsize = 15,title = '2018 ~ 2020
    年武汉市互联网服务响应能力变化柱形图')
fig.axes.title.set_size(20)                           # 设置标题字体大小
plt.show()                                            # 显示柱形图
```

运行结果如图 12-8 所示。

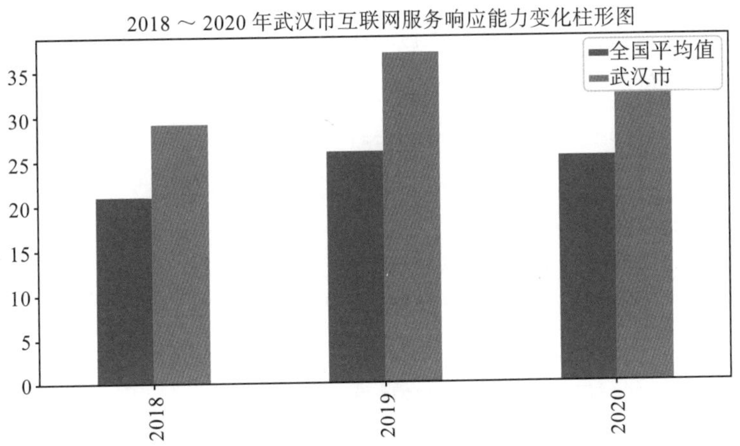

图 12-8　2018 ～ 2020 年武汉市互联网服务响应能力变化柱形图

12.3.3　2018 ～ 2020 年全国互联网服务诉求回复响应分布嵌套饼图

将 2018 年至 2020 年全国互联网服务诉求回复的响应与未响应百分比绘制成嵌套饼图，便于对比分析，如代码 12-8 所示。

代码 12-8

```
# 导入 matplotlib.pyplot 模块绘图
import matplotlib.pyplot as plt
%matplotlib inline                                    # 在 jupyter 中实时显示图片
plt.rcParams['font.family']='SimHei'                  #'SimHei' 为黑体
plt.rcParams['axes.unicode_minus'] = False            # 显示负号

element = ['未响应','响应']
d1 = [162,171]
d2 = [9,324]
d3 = [55,278]

fig = plt.figure(figsize=(12, 8),
                 facecolor='cornsilk')                # 设置背景颜色
# 绘制外环
plt.pie(d1,autopct='2020 年'+' %3.1f%%',
        radius=1,
        pctdistance=0.85,
        colors=['b','orange'],
        textprops=dict(fontsize=10))
```

```
# 绘制白边
plt.pie(x=[1],
          radius=0.72,
          colors=[fig.get_facecolor()])
plt.pie(d2,autopct='2019 年 '+' %3.1f%%',
          radius=0.7,
          pctdistance=0.85,
          colors=['green','pink'],
          textprops=dict(fontsize=10))
plt.pie(x=[1],
          radius=0.42,
          colors=[fig.get_facecolor()])
plt.pie(d3,autopct='2018 年 '+' %3.1f%%',
          radius=0.4,
          pctdistance=0.55,
          colors=['red','yellow'],
          textprops=dict(fontsize=10))
plt.pie(x=[1],
          radius=0.2,
          colors=[fig.get_facecolor()])
# 设置图例
plt.legend(labels=element,
             title=' 标签 ',
             facecolor = fig.get_facecolor(),    # 图例框的填充颜色
             edgecolor='darkgray',
             fontsize=12)
plt.title('2018 ～ 2020 年全国诉求回复响应分布嵌套饼图 ',fontsize=20)
plt.show()                                       # 显示饼图
```

运行结果如图 12-9 所示。

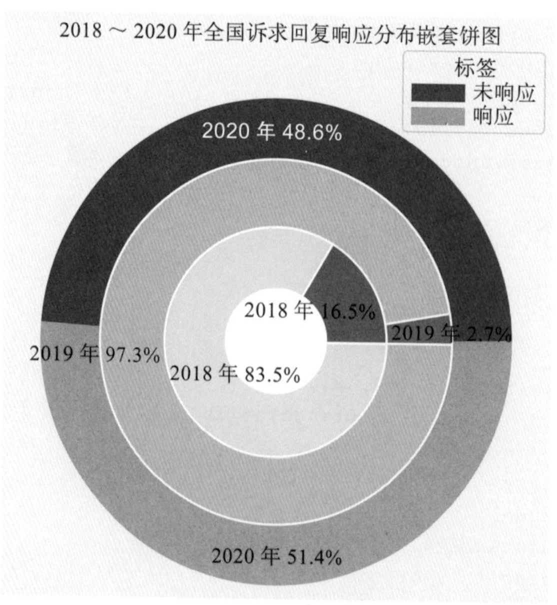

图 12-9　2018 ～ 2020 年全国诉求回复响应分布嵌套饼图

12.4　服务智慧能力

服务智慧能力[⊖]是指政府通过互联网满足社会和公众多元化需求的能力，是政府服务应用效果和智能服务水平的综合体现。它主要包括应用适配能力、智能交互能力和个性化服务能力。

12.4.1　2018 ～ 2020 年全国互联网服务智慧能力折线图

代码 12-9 的折线图绘制与前面所示代码 12-2、12-6 大致相同，读者可先尝试自行绘制图片，也可增加若干文字标注。

代码 12-9

```
# 导入 matplotlib.pyplot 模块绘图
import matplotlib.pyplot as plt

%matplotlib inline                                      # 在 jupyter 中实时显示图片
plt.rcParams['font.family']='SimHei'                   #'SimHei' 为黑体
plt.rcParams['axes.unicode_minus'] = False              # 显示负号
x = data_2020['地级行政区']                              # 地级行政区
# 按照由高到低排序
y1 = data_2020['服务响应能力'].sort_values(ascending=False)
y2 = data_2019['服务响应能力'].sort_values(ascending=False)
y3 = data_2018['服务响应能力'].sort_values(ascending=False)

plt.figure(figsize=(10,6))                              # 设置画布大小
# 绘制折线图
plt.plot(x,y1,label='2020')
plt.plot(x,y2,label='2019')
plt.plot(x,y3,label='2018')
# 以 2020 平均值数据，绘制平均值线，颜色为灰色，样式为虚线
plt.axhline(y1.mean(),color='gray',linestyle = 'dashed')

plt.xticks([])                                          # 由于地级市太多，不显示 x 轴数据
plt.yticks(fontsize=15)                                 # 设置 y 轴字体大小
plt.xlabel('地级行政区',fontsize=15)                     # 设置 x 轴标签及字体大小
# 显示文字箭头标注
plt.annotate('沧州市',size=15,                           # 设置显示文字
xy=('南京市',25.5),                                      # 设置箭头显示位置
xytext=('莆田市',29),                                    # 设置文字显示位置
arrowprops=dict(facecolor='purple',shrink=0.05))        # 设置颜色

plt.annotate('晋城市',size=15,xy=('嘉峪关市',25.5),xytext=('兰州市',29),arro
    wprops=dict(facecolor='purple',shrink=0.05))
plt.annotate('嘉兴市',size=15,xy=('佛山市',25.5),xytext=('海口市',29),arrowp
```

⊖《中国地方政府互联网服务能力发展报告（2018）》，社科文献出版社，2018 年。

```
    rops=dict(facecolor='purple',shrink=0.05))

plt.title('2018 ~ 2020 年全国互联网服务智慧能力折线图 ',fontsize=20)  # 设置标题
plt.legend()                          # 显示图例
plt.show()                            # 显示折线图
```

运行结果如图 12-10 所示。

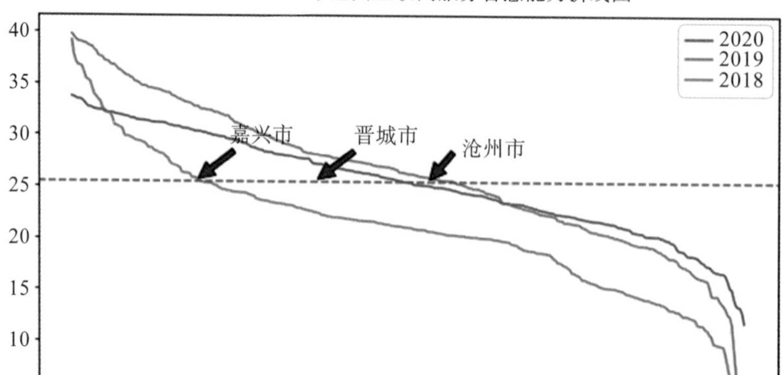

图 12-10　2018 ～ 2020 年全国互联网服务智慧能力折线图

12.4.2　2020 年全国互联网服务智慧能力分布图

按照省级行政区分类，计算各省级行政区的服务智慧能力，绘制全国服务智慧能力分布图，如代码 12-10 所示。

代码 12-10

```
# 导入模块 pyecharts 模块中的 Map，绘制地图
from pyecharts.charts import Map
# 导入 pyecharts 模块中的 options，便于设置图形变量
from pyecharts import options as opts

# 数据预处理
data_province =  data_2020.groupby(' 省市 ')[' 服务智慧能力 '].sum()
province = data_province.index
province_score = [list(z) for z in zip(province, data)]

# 绘制地图
map = Map()                              # 实例化
map.add("",                              # 图例标题（可为空）
        city_score,                      # 数据
        is_map_symbol_show=True          # 显示图例标签
```

```
        )
# 设置全局变量
map.set_global_opts(
        # 设置标题及标题位置
        title_opts=opts.TitleOpts(title="2020 年全国互联网服务智慧能力分布图",pos_left=
            'center'),
        # 分数在 (100,350) 区间的颜色变红
visualmap_opts=opts.VisualMapOpts(min_=100,max_=350))
map.render_notebook()                          # 在 jupyter notebook 中显示
```

12.4.3　2018 ～ 2020 年全国互联网服务智慧能力指标雷达图

服务智慧能力包括应用适配能力、智能交互能力和个性化服务能力。将这三个指标绘制服务智慧能力雷达图，如代码 12-11。

代码 12-11

```
# 导入模块 pyecharts 模块中的 Radar，绘制雷达图
from pyecharts.charts import Radar
# 导入 pyecharts 模块中的 options，便于设置图形变量
from pyecharts import options as opts

# 数据
data = [{"value": [23.4398,15.006,6.1722]}]
c_schema = [
    {"name": "应用适配能力", "max": 26.64, "min": 0},
    {"name": "智能交互能力", "max": 26.64, "min": 0},
    {"name": "个性化服务能力", "max": 13.32, "min": 0},
]
# 绘制雷达图
radar = Radar()                               # 实例化
radar.set_colors(["#4587E7"])
radar.add_schema(
        schema=c_schema,                      # 雷达指示器配置项
        shape="circle",                       # 雷达图绘制类型，可选 'polygon' 和 'circle'
        center=["50%", "50%"],                # 雷达的中心（圆心）坐标
        radius="80%",
)
radar.add("",                                 # 图例标题（可为空）
            data,                             # 数据
            areastyle_opts=opts.AreaStyleOpts(opacity=0.1),  # 配置填充区域
)
# 设置全局变量
radar.set_global_opts(
        # 设置标题及标题位置
        title_opts=opts.TitleOpts(title="2018～2020 年全国互联网服务智慧能力雷达图",
            pos_left='center')
)
radar.render_notebook()                       # 在 jupyter notebook 中显示
```

运行结果如图 12-11 所示。

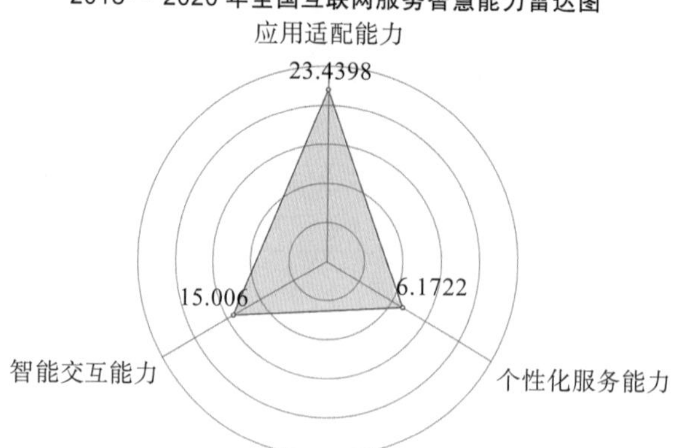

图 12-11　2018 ～ 2020 年全国互联网服务智慧能力雷达图

12.5　地方政府互联网服务能力

政府互联网服务能力[㊀]是指政府运用互联网、大数据、云计算、人工智能等信息化技术手段，实现科学决策、精准治理、高效服务，增强人民群众的获得感、幸福感，是推进国家治理体系和治理能力现代化的综合体现。政府互联网服务能力包含了服务供给能力、服务响应能力和服务智慧能力。

12.5.1　2018 ～ 2020 年中国东部、中部、西部政府互联网服务平均能力柱形图

本书重点为数据的可视化，较复杂的数据预处理过程将不予展示，直接利用汇总后的数据进行可视化，如代码 12-12 所示。

代码 12-12

```
# 导入 matplotlib.pyplot 模块绘图
import matplotlib.pyplot as plt

%matplotlib inline                                  # 在 jupyter 中实时显示图片
plt.rcParams['font.family']='SimHei'                #'SimHei' 为黑体
plt.rcParams['axes.unicode_minus'] = False          # 显示负号

x = ['东部','中部','西部']
# 以下三个列表数据分别是中国东部、中部、西部省份 2018 ～ 2020 年的政府互联网服务能力平均值
e_score = [44.62,47.75,52.96]
z_score = [58.08,62.15,67.00]
```

㊀ 《中国地方政府互联网服务能力发展报告（2018）》，社科文献出版社，2018 年。

```
w_score = [49.28,55.16,61.41]
df = pd.DataFrame([e_score,z_score,w_score])
df.index = x                                  # 将 DataFrame 的下标改为年份
df.columns = ['2018','2019','2020']           # 修改列名

fig = df.plot(kind='bar',figsize=(12,6),fontsize = 15,title = '2018 ~ 2020
    年中国东部、中部、西部政府互联网服务平均能力柱形图 ')
fig.axes.title.set_size(20)                   # 设置标题字体大小

plt.show()                                    # 显示柱形图
```

运行结果如图 12-12 所示。

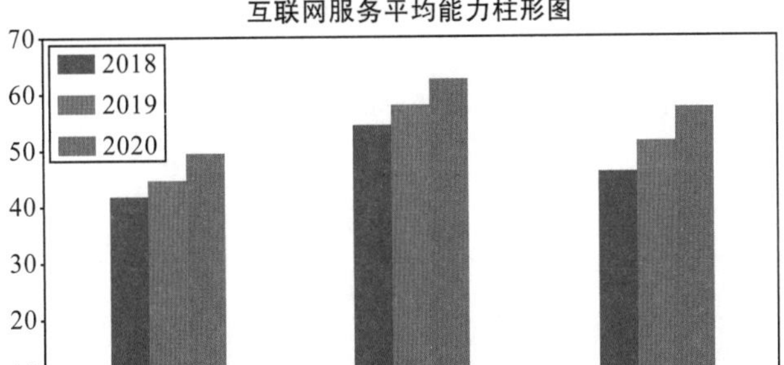

图 12-12　2018 ～ 2020 年中国东部、中部、西部政府互联网服务平均能力柱形图

12.5.2　2020 年全国地方政府互联网服务能力等级分布图

按省份分类计算全国各省级行政区（直辖市除外）的互联网服务能力，低于 60 分的等级为 1，60 至 65 分（不含 65 分）为等级 2，65 至 70 分（不含 70 分）为等级 3，70 至 75 分（不含 75 分）为等级 4，大于 75 分为等级 5，如代码 12-13 所示。

代码 12-13

```
# 导入模块 pyecharts 模块中的 Map，绘制地图
from pyecharts.charts import Map
# 导入 pyecharts 模块中的 options，便于设置图形变量
from pyecharts import options as opts

# 数据预处理
num_2020 = [5,2,3,5,2,3,5,2,5,3,2,5,3,1,4,3,3,2,5,3,4,3,1,4,2,4,3,5,2,1,2]
    # 分级结果
province = data_province.index
province_num = [list(z) for z in zip(province, num_2020)]

# 绘制地图
```

```
map = Map()                                          # 实例化
map.add("",                                          # 图例标题（可为空）
            province_num,                            # 数据
            is_map_symbol_show=True                  # 显示图例标签
           )
# 设置全局变量
map.set_global_opts(
        # 设置标题及标题位置
    title_opts=opts.TitleOpts(title="2020 年全国互联网服务能力分布图
                                          ",pos_left='center')
    visualmap_opts=opts.VisualMapOpts(min_=1,max_=5))
map.render_notebook()                                # 在 jupyter notebook 中显示
```

12.5.3　2020 年全国地方政府互联网服务能力总体得分

计算 2020 年全国政府互联网服务能力总体平均得分，绘制仪表盘图，如代码 12-14 及图 12-13 所示。

代码 12-14

```
# 导入模块 pyecharts 模块中的 Gauge，绘制仪表盘
from pyecharts.charts import Gauge
# 导入 pyecharts 模块中的 options，便于设置图形变量
from pyecharts import options as opts

def gauge1():
    c = (
        Gauge()
        .add("", [(" 总体得分 ", 67.02)]
        ,detail_label_opts = opts.LabelOpts(formatter="{value}"))
        .set_global_opts(title_opts=opts.TitleOpts(title="2020 年全国地方政府互
            联网服务能力总体得分 "))
    )
    return c
gauge1 ().render_notebook()
```

运行结果如图 12-13 所示。

2020 年全国地方政府互联网服务能力总体得分

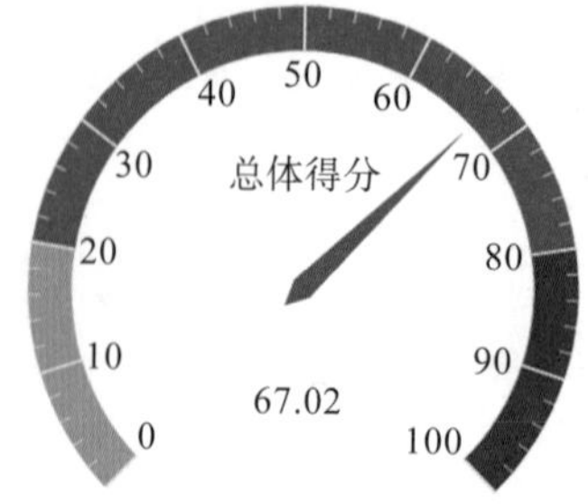

图 12-13　2020 年全国地方政府互联网服务能力总体得分

◎ 本章小结

本章主要对 2018 年至 2020 年我国的智慧政务服务指标数据进行了可视化展示，包括政府的互联网服务供给能力、响应能力、智慧能力以及地方政府的互联网服务能力等数据，利用折线图、柱形图、嵌套饼图、雷达图、仪表盘图等对数据进行了展示。读者可以根据本书前 9 章的学习，对本案例数据进行更丰富的可视化展示。

◎ 课后习题

1. 如何在图 12-6 上增加 2018 年和 2019 年与平均值线对应的文字箭头标注？
2. 将代码 12-5 中的画布大小设置为 (8,6)。
3. 绘制的雷达图设置形状除了 circle 还可以设置什么参数？

◎ 思考题

1. 为什么代码 12-6 中显示文字箭头标注的代码，箭头显示位置为洛阳市而不是宿迁市？
2. 绘制图片时只对 y 轴数据进行排序有什么影响？